环境保护与可持续发展

Huanjing Baohu yu Kechixu Fazhan

（第3版）

主　编　程发良　孙成访
副主编　张　敏　陈妹琼
　　　　苏小欢　叶凯贞

清华大学出版社
北京

内 容 简 介

本书比较全面地阐述了有关环境保护的基本概念和基本知识，比较系统地论述了环境问题的产生和发展以及可持续发展的战略意义。同时，对人类活动引起的各种环境要素（包括大气污染、水体污染、土壤污染、物理性污染等）的污染过程、危害以及污染控制原理和方法进行了比较详尽的介绍，并对环境影响与环境评价、清洁生产和循环经济等相关问题进行了探讨。

本书可作为高等院校非环境保护专业学生及环境保护人员培训班的教材，也可作为工矿企业管理人员、环境保护工作干部及经济管理干部的参考书。

本书封面贴有清华大学出版社防伪标签，无标签者不得销售。
版权所有，侵权必究。举报：010-62782989，beiqinquan@tup.tsinghua.edu.cn。

图书在版编目（CIP）数据

环境保护与可持续发展/程发良，孙成访主编．—3 版．北京：清华大学出版社，2014（2023.3重印）
ISBN 978-7-302-35351-5

Ⅰ.①环… Ⅱ.①程… ②孙… Ⅲ.①环境保护–可持续性发展 Ⅳ.①X22

中国版本图书馆 CIP 数据核字（2014）第 020971 号

责任编辑：杜春杰
封面设计：刘　超
版式设计：文森时代
责任校对：赵丽杰
责任印制：丛怀宇

出版发行：清华大学出版社
网　　址：http://www.tup.com.cn，http://www.wqbook.com
地　　址：北京清华大学学研大厦 A 座　　邮　编：100084
社 总 机：010-83470000　　邮　购：010-62786544
投稿与读者服务：010-62776969，c-service@tup.tsinghua.edu.cn
质量反馈：010-62772015，zhiliang@tup.tsinghua.edu.cn
课件下载：http://www.tup.com.cn，010-62788951-223

印 装 者：三河市铭诚印务有限公司
经　　销：全国新华书店
开　　本：185mm×260mm　　印　张：23　　字　数：585 千字
版　　次：2002 年 9 月第 1 版　2014 年 6 月第 3 版　印　次：2023 年 3 月第 10 次印刷
定　　价：59.80 元

产品编号：053924-03

第3版前言

本书第2版发行至今已五年有余。承蒙读者厚爱，第1版、第2版已累计印刷了14次，发行量接近30 000册。

人类在享受社会发展和科技进步成果的同时，环境问题也日益严重。随着环境科学理论和实践的不断充实和发展，人类对环境问题的认识在不断深化，控制环境污染的技术和措施也在不断完善，对环境与发展的关系也有了进一步的认识。我们仅通过本书探讨环境科学的研究对象、任务、内容，分析环境污染与人类健康及生态系统的关系，讨论各环境要素在人类活动影响下出现的污染及一般的治理原则和技术措施，阐述坚持可持续发展理论以及清洁生产的意义，介绍最新的环境质量标准和环境监测方法以及环境质量评价、环境规划、环境管理等环境质量宏观调控手段。本书力图使读者在掌握和应用本专业知识及从业过程中始终坚持环境保护、可持续发展和清洁生产的理念。

随着环保产业和环境学科的不断发展，新的政策、法律、法规的颁布，以及国家可持续发展战略的进一步实施，这些都要求本书的内容也必须与时俱进地进行修订。第3版与第2版相比，全书的总体结构没有太大的变动，除了对一些内容进行了更新外，主要在如下几个方面进行了调整：

1．在第1章中增加了全球十大环境问题，补充更新了一些相关数据。

2．将第2章更名为"环境生态"，主要是增加了干扰对生态系统的影响，退化生态系统的恢复与重建的原理、过程及相应案例，生态系统管理，环境污染引起生态平衡破坏等内容，使生态学的内容更加丰富。

3．在第3章中补充了世界环境日主题，增加了历年世界环境日中国主题，《我们共同的未来》一书的相关知识，中国土地、水、生物、矿产资源的状况等内容，补充了"可持续发展的战略措施"一节。

4．对第4章增加了车内污染对人体健康的影响和生态环境病章节内容。

5．在第5章中更新了大气环境质量标准，增加了各污染指标的详细介绍，如PM2.5等，并删掉了原5.4节"全球性大气环境问题"。

6．在第6章中增加了水体污染物和水体污染的类型、水体富营养化案例以及水污染的案例研究等内容。

7．在第7章中增加了土壤的各组成成分的介绍，补充了土壤性质、土壤污染的类型、污染土壤的防治措施、污染土壤的修复技术等内容，增加了土壤污染的影响和危害及我国土壤污染现状的相关内容。

8．在第8章中更新了固体废物污染现状相关数据，增加了城市垃圾的处理和利用现状及我国城市垃圾资源化存在的问题与对策、我国农村生活垃圾处理与利用现状、世界各国废物回收利用情况。

9．在第9章中补充了噪声的分类方法、噪声评价方法、放射性物质进入人体的途径等内容，在电磁辐射源部分补充了电脑的例子，增加了世界各地射频辐射职业安全标准限值，电磁辐射的防护中增加了常用电器的防护注意事项，"光污染与防护"小节增加了光污染的分类及光污染相关法规。

10. 在第 10 章中更新了环境质量的概念并简述了新概念的先进性，补充了环境质量评价的目的、意义，并增加了生态学评价方法的内容。

11. 在第 11 章中补充更新了环境监测的概念及分类。

12. 在第 12 章中增加了我国环境保护监督管理机构的职责的内容。

13. 在第 13 章中对清洁生产的产生与发展部分内容进行了一定的删减，将第 2 版中的 13.1 节与 13.2 节内容进行了合并；增加了清洁生产科学方法的环境管理会计内容；将第 2 版中 13.5 节与 13.6 节的内容进行合并，主要内容更加突出；同时增加了清洁生产案例研究。

本书共 14 章，第 1 章和第 4 章由孙成访修订，第 2 章和第 6 章由苏小欢修订，第 3 章和第 9 章由叶凯贞修订，第 5 章和第 7 章由陈妹琼修订，第 8 章和第 10 章由张敏修订，第 11 章至第 13 章由程发良修订，全书由程发良、孙成访统编定稿。

教材修订的素材源于平时的教学积累，其中既有同类教材相关内容，又有专业期刊相关内容，还有大量的素材来自网络，特别是中国知网。由于篇目数量太多，无法在"参考文献"中逐一列明，只能在此对有关作者表示感谢。

为了方便本书的使用，编者收集了大量图片，制作了图文并茂的教学课件，并建立了与本书配套的课程网站。以此为基础，编者在教学研究、精品课程建设以及教学成果总结等方面都取得了一定的成绩。以上工作为本书的修订再版积累了大量的理论和实践素材，是编者持续不断地审视全书篇章结构及其选材合理性的最主要动力。在此，编者要向第 1 版编写者、东莞理工学院城市学院以及教务处的领导和同事们一直以来的关心和支持表示感谢！

此外，清华大学出版社也为本书的出版及再版倾注了大量心血，感谢出版社的全体编辑！

当然，由于环境保护产业和环境科学发展迅速，加之作者水平有限，不足之处在所难免，敬请同行和读者批评指正。

编　者
2013 年 10 月

第 2 版前言

本书第 1 版发行至今已五年有余。承蒙读者厚爱,第 1 版已累计印刷了 9 次,发行量超过了 16 000 册。

人类在享受社会发展和科技进步成果的同时,环境问题也日益严重。随着环境科学理论和实践的不断充实和发展,人类对环境问题的认识在不断深化,控制环境污染的技术和措施也在不断完善,对环境与发展的关系也有了进一步的认识。我们仅通过本书探讨环境科学的研究对象、任务、内容,分析环境污染与人类健康及生态系统的关系,讨论各环境要素在人类活动影响下出现的污染及一般的治理原则和技术措施,阐述坚持可持续发展理论以及清洁生产的意义,介绍最新的环境标准和环境监测方法以及环境质量评价、环境规划、环境管理等环境质量宏观调控手段。本书力图使读者在掌握和应用本专业知识及从业过程中始终坚持环境保护、可持续发展和清洁生产的理念。

随着环保产业和环境学科的不断发展,新的政策、法律、法规的颁布,以及国家可持续发展战略的进一步实施,这些都要求本书的内容也必须与时俱进地进行修订。同时将第 1 版"环境保护基础"更名为"环境保护与可持续发展",以体现时代特色。第 2 版与第 1 版相比,全书的总体结构没有太大的变动,除了对一些内容进行更新外,主要在如下几个方面进行了调整:

1. 在第 1 章中增加了"环境思想和环境意识"一节,补充了一些相关数据。
2. 在第 2 章中补充了城市生态系统的概念及其不同于自然生态系统的特点。
3. 在第 3 章中补充了可持续发展的内涵,增加了"可持续发展环境伦理观"一节。
4. 对第 4 章进行了更新补充,增加了食品对健康的影响。
5. 在第 5 章中增加了"全球性大气环境问题"一节。
6. 对第 6 章的第一、二节内容进行了合理的调整和更新。
7. 在第 7 章第四节中增加了土壤污染防治的原则、措施等内容。
8. 在第 8 章中对固体废物处理的原则进行了补充。
9. 在第 9 章中对电磁辐射污染的危害进行了补充。
10. 对 11 章的结构做了较大的调整,尤其是对"环境监测的组织"一节进行了较大的变更和补充。
11. 增加了"清洁生产和循环经济"章节,作为第 13 章的内容。

本书共 14 章,第 1 章和第 2 章由孙成访编写,第 3 章由吴运建编写,第 4 章至第 6 章由苏小欢编写,第 7 章至第 9 章由叶凯贞编写,第 11 章和第 12 章由程发良编写,第 13 章由程发良、孙成访编写,最后由程发良统编定稿。

教材修订的素材源于平时的教学积累,其中既有同类教材,又有专业期刊,还有大量的素材来自网络,特别是中国知网。由于篇目数量太多,无法在"参考文献"中逐一列明,只能在此对有关作者表示感谢。

为了方便本书的使用，编者收集了大量图片，制作了图文并茂的教学课件，并建立了与本书配套的课程网站。以此为基础，编者在教学研究、精品课程建设以及教学成果总结等方面都取得了一定的成绩。以上工作为本书的修订再版积累了大量的理论和实践素材，是编者持续不断地审视全书篇章结构及其选材合理性的最主要动力。在此，编者要向第 1 版编写者、东莞理工学院城市学院以及教务处的领导和同事们一直以来的关心和支持表示感谢！

此外，清华大学出版社也为本书的出版及再版倾注了大量心血，感谢出版社的全体编辑！

当然，由于环境保护产业和环境科学的发展迅速，加之作者水平有限，不足之处在所难免，敬请同行和读者批评指正。

编　者
2009 年元旦

第 1 版前言

生态、环境、可持续发展是当今世界使用频率最高的词汇，环境问题是当今人类面临的重要问题，环境保护是世界各国共同关注的热点、难点和焦点。人类是否能够解决环境问题及保护好人类的家园，将深刻地影响人类社会的持续发展，甚至影响地球的生态系统、人类的生存和繁衍以及世界的和平与安宁。随着世界人口的增长和人类社会的进步，环境问题已渗透至经济、贸易、政治、文化和军事等各个方面。环境保护现已成为我国的基本国策。世界各国人民正不断努力，以求人类和环境共同、可持续的发展。

要保护人类的生存环境，首先要认识环境、了解环境是如何被污染的，生态是如何被破坏的。所以，加强全体人民的环境教育是十分必要的。早在 1984 年，国务院在《关于在国民经济调整时期加强环境保护工作的决定》中明确提出"大学和中等专业学校的理、工、农、医、经济、法律专业要开设环境保护课程"。1992 年，全国环境教育工作会议提出"环境教育是教育战线在新形势下需要加强的一个重要方面，今后学生如果不了解和掌握一定的环境科学知识将不是一个合格的毕业生"。近几年来，环境知识普及教育的课程已陆续在全国的学校开设。加强环境教育、学习环境法规、提高全民的环境意识，是解决环境问题的重要途径。

随着环境科学理论和实践的不断充实和发展，人类对环境问题的认识不断深化，控制环境污染的技术和措施不断完善，对环境与发展的关系有了进一步的认识。我们仅通过本书探讨环境科学的研究对象、任务、内容及分科，分析环境污染与人类健康及生态系统的关系，讨论各环境要素在人类活动影响下出现的污染及一般的治理原则和技术措施，阐述可持续发展理论的意义，介绍最新的环境标准和环境监测方法以及环境质量评价、环境规划、环境管理等环境质量宏观调控手段。本书力图使读者在掌握和应用本专业知识及从业过程中始终保持环境保护的意识和可持续发展的理念。

全书共分 13 章，第 1 章至第 10 章由常慧、程发良编写，第 11 章由程发良编写，第 12 章由陈舰、程发良编写，第 13 章由宁满霞编写，程发良还编写了附录部分并负责全文的润饰工作。

本书在编写过程中得到了阮湘元教授的热情支持，他对本书提出了宝贵的意见，梁永鸿、袁淦泉、李志勤同志绘制了全书的图表，蒋欣同志参加了本书初稿的部分工作，在此一并致谢。

由于编者水平所限，书中如出现不足和疏漏，望同行和读者批评、指正。

编　者

2002 年 3 月

目 录

第1章 绪论 ... 1
　1.1 环境概述 ... 1
　　1.1.1 环境的概念 ... 1
　　1.1.2 环境的分类 ... 1
　　1.1.3 环境的功能特性 ... 3
　1.2 环境问题 ... 3
　　1.2.1 环境问题及其分类 ... 3
　　1.2.2 环境问题的产生和发展 ... 4
　　1.2.3 当代全球环境问题 ... 7
　　1.2.4 中国的环境问题 ... 17
　1.3 环境科学 ... 23
　　1.3.1 环境科学的概念 ... 23
　　1.3.2 环境科学研究的对象和任务 ... 23
　　1.3.3 环境科学的内容和分科 ... 24
　1.4 环境思想和环境意识 ... 25
　　1.4.1 中国古代的环境意识及"天人合一" ... 25
　　1.4.2 西方环境思想的发展与环境保护的兴起 ... 27
　1.5 环境伦理观与环境伦理学 ... 28
　　1.5.1 基本概念 ... 28
　　1.5.2 环境伦理观：困惑与争议 ... 28
　　1.5.3 环境伦理准则 ... 29
　1.6 环境保护的重要性 ... 30
　　1.6.1 环境保护的概念 ... 30
　　1.6.2 环境保护是中国的一项基本国策 ... 30

第2章 环境生态 ... 32
　2.1 环境生态学定义及其发展 ... 32
　　2.1.1 生态学定义 ... 32
　　2.1.2 环境生态学定义 ... 32
　　2.1.3 环境生态学的发展 ... 33
　　2.1.4 环境生态学的研究内容 ... 34
　2.2 生态系统 ... 34
　　2.2.1 生态系统的含义 ... 34
　　2.2.2 生态系统的组成 ... 35

    2.2.3 生态系统的结构 ... 36
    2.2.4 生态系统的功能 ... 38
  2.3 干扰与生态恢复 ... 41
    2.3.1 干扰对生态系统的影响 ... 41
    2.3.2 生态恢复 ... 44
  2.4 生态系统管理 ... 51
    2.4.1 生态系统管理定义 ... 51
    2.4.2 生态系统管理的主要途径与技术 ... 52
  2.5 生态学在环境保护中的应用 ... 55
    2.5.1 全面考察人类活动对环境的影响 ... 55
    2.5.2 对环境质量的生物监测与生物评价 ... 56
    2.5.3 对污染环境的生物净化 ... 57
    2.5.4 以生态学规律指导经济建设 ... 57

第3章 资源与可持续发展 ... 61
  3.1 可持续发展 ... 61
    3.1.1 文明发展及其特征 ... 61
    3.1.2 可持续发展的定义和内涵 ... 62
    3.1.3 可持续发展是历史发展的必然 ... 64
  3.2 自然资源的可持续性利用 ... 67
    3.2.1 自然资源的概念与分类 ... 67
    3.2.2 自然资源是可持续发展的基础 ... 68
    3.2.3 我国自然资源的概况 ... 69
    3.2.4 自然资源的可持续利用 ... 74
  3.3 可持续发展环境伦理观 ... 75
  3.4 中国可持续发展战略的实施 ... 77
    3.4.1 可持续发展是中国唯一正确的选择 ... 77
    3.4.2 可持续发展的基本目标 ... 78
    3.4.3 可持续发展的战略任务 ... 80
    3.4.4 可持续发展的战略措施 ... 81
    3.4.5 可持续发展的新课题 ... 84

第4章 环境与人体健康 ... 86
  4.1 人和环境的关系 ... 86
    4.1.1 人与环境物质组成的相关性 ... 86
    4.1.2 环境致病因素对人体的影响程度 ... 87
  4.2 环境污染及其对人体的作用 ... 89
    4.2.1 环境污染物及其分类 ... 89
    4.2.2 环境污染物在人体内的转归 ... 90
    4.2.3 环境污染物对人体产生危害作用的因素 ... 92

4.3 环境污染的特征和危害 93
4.3.1 环境污染的特征 93
4.3.2 环境污染对人体的危害 95
4.3.3 生态环境病 100
4.4 室内环境与健康 102
4.4.1 吸烟引起的污染 102
4.4.2 居室装修及新家具引起的污染 102
4.5 生活用品对健康的影响 103
4.5.1 化妆和洗涤用品 103
4.5.2 食品包装材料对健康的影响 103
4.5.3 车内空气污染对健康的影响 103
4.6 食品对健康的影响 105

第5章 大气污染及其防治 107
5.1 概述 107
5.1.1 大气圈及其结构 107
5.1.2 大气的组成 109
5.1.3 大气环境质量标准 109
5.2 大气污染源及污染类型 110
5.2.1 大气污染及其分类 110
5.2.2 大气污染源 110
5.2.3 主要大气污染物及其发生机制 111
5.3 大气污染的危害 116
5.4 大气污染的防治 119
5.4.1 控制大气污染的基本原则和措施 119
5.4.2 主要大气污染物的治理技术 120

第6章 水环境污染及其防治 126
6.1 水环境概述 126
6.1.1 天然水资源分布 126
6.1.2 天然水在环境中的循环 127
6.2 水体污染与水体自净作用 127
6.2.1 水体污染 127
6.2.2 水体污染物和水体污染的类型 128
6.2.3 水体自净作用和水环境容量 130
6.2.4 水质及水质指标 131
6.3 污染物在水体中的扩散及迁移转化 132
6.3.1 水中污染物的迁移和转化模式 132
6.3.2 常见水体污染物的转化 133
6.4 水环境污染的危害 139

         6.4.1 水污染严重影响人的健康 ... 139
         6.4.2 水污染造成水生态系统破坏 ... 139
         6.4.3 水污染加剧了缺水状况 ... 140
         6.4.4 水污染对农作物的危害 ... 140
         6.4.5 水污染造成了较大的经济损失 ... 140
   6.5 水环境污染防治 ... 143
         6.5.1 水污染防治的原则 ... 143
         6.5.2 污水处理技术概述 ... 144

第7章 土壤污染及其防治 ... 150
   7.1 土壤概述 ... 150
         7.1.1 土壤及其组成 ... 150
         7.1.2 土壤的性质 ... 152
         7.1.3 土壤背景值和土壤环境容量 ... 155
   7.2 土壤环境污染 ... 155
         7.2.1 土壤环境污染及其污染特征 ... 155
         7.2.2 土壤环境污染的类型 ... 156
         7.2.3 土壤的自然净化过程 ... 157
   7.3 土壤环境污染的危害 ... 157
         7.3.1 农药与土壤污染 ... 158
         7.3.2 重金属与土壤污染 ... 160
         7.3.3 土壤污染的影响和危害 ... 164
   7.4 我国土壤污染现状与防治 ... 165
         7.4.1 土壤污染的现状 ... 165
         7.4.2 土壤污染防治的原则 ... 169
         7.4.3 土壤污染的预防措施 ... 170
         7.4.4 污染土壤修复 ... 172

第8章 固体废物的处理和利用 ... 176
   8.1 概述 ... 176
         8.1.1 基本概念 ... 176
         8.1.2 固体废物污染及固体废物的分类 ... 176
         8.1.3 固体废物的危害及处理原则 ... 178
   8.2 工业固体废物的处理利用 ... 180
         8.2.1 一般工矿业固体废物的综合利用 ... 180
         8.2.2 一般工矿业固体废物的处理 ... 182
         8.2.3 危险固体废物的处理和处置 ... 182
   8.3 城市垃圾的利用与治理 ... 183
         8.3.1 处理城市垃圾的原则 ... 183
         8.3.2 城市垃圾的资源化处理 ... 183

        8.3.3 城市垃圾的其他无害化处理 ... 185
        8.3.4 城市垃圾的处理和利用 ... 187
　　8.4 农村生活垃圾的利用与治理 ... 189
        8.4.1 农村生活垃圾的产生来源 ... 190
        8.4.2 处理农村生活垃圾面临的问题 ... 190
        8.4.3 生活垃圾的处理与回收利用 ... 191
        8.4.4 生活垃圾的处理与回收利用的对策 ... 192
　　8.5 电子垃圾处理现状 ... 194
        8.5.1 我国电子垃圾的现状 ... 194
        8.5.2 我国电子垃圾处理存在的问题 ... 195
        8.5.3 建议措施 ... 195

第9章 物理性污染及其防治 ... 196
　　9.1 噪声污染及其控制 ... 196
        9.1.1 环境噪声的特征与噪声源分类 ... 196
        9.1.2 噪声的评价和检测 ... 198
        9.1.3 环境噪声的危害 ... 203
        9.1.4 噪声的控制 ... 205
　　9.2 放射性污染与防治 ... 209
        9.2.1 放射性及其度量单位 ... 209
        9.2.2 放射性污染源 ... 211
        9.2.3 放射性污染的危害 ... 213
        9.2.4 放射性污染的防治 ... 214
　　9.3 电磁辐射污染与防治 ... 216
        9.3.1 电磁辐射及辐射污染 ... 216
        9.3.2 电磁辐射源 ... 217
        9.3.3 电磁辐射污染的危害与控制 ... 218
        9.3.4 光污染与防护 ... 220
　　9.4 热污染及其防治 ... 222
        9.4.1 热污染及其对环境的影响 ... 222
        9.4.2 热污染的控制与综合利用 ... 223

第10章 环境质量评价 ... 225
　　10.1 环境质量评价概述 ... 225
        10.1.1 环境质量 ... 225
        10.1.2 环境质量评价的概念 ... 225
        10.1.3 环境质量评价的目的 ... 226
        10.1.4 环境质量评价的类型 ... 226
        10.1.5 环境质量评价的方法 ... 226
　　10.2 环境质量现状评价 ... 228

10.2.1	环境质量现状评价的基本程序	228
10.2.2	环境质量现状评价的内容	229
10.2.3	环境质量现状评价的方法	230
10.2.4	大气环境质量现状评价	230
10.2.5	水环境质量现状评价	233
10.2.6	总环境质量综合评价	236

10.3 环境影响评价 238
- 10.3.1 环境影响评价的程序 238
- 10.3.2 环境影响评价的类型 239
- 10.3.3 环境影响报告书的编制 239

第 11 章 环境分析与环境监测 241

11.1 环境分析与环境监测概述 241
- 11.1.1 环境分析与环境监测的概念 241
- 11.1.2 环境监测的作用及目的 242
- 11.1.3 环境监测的要求和特点 243
- 11.1.4 环境监测的分类 245

11.2 环境标准 246
- 11.2.1 环境标准的种类和作用 246
- 11.2.2 环境标准发展的历史 247
- 11.2.3 环境标准制定的原则 248
- 11.2.4 环境标准物质 248

11.3 环境监测的组织 249
- 11.3.1 环境监测方案的制订 249
- 11.3.2 地面水质监测方案的制订 250
- 11.3.3 大气污染监测方案的制订 252
- 11.3.4 样品的采集和保存 254
- 11.3.5 样品的预处理 258

11.4 环境监测主要方法简介 260
- 11.4.1 物理监测方法 260
- 11.4.2 化学监测方法 261
- 11.4.3 生物监测方法 265

11.5 环境监测的质量控制 267
- 11.5.1 实验室内部质量控制 268
- 11.5.2 实验室外部质量控制 269

第 12 章 环境保护法规与环境管理 271

12.1 环境法概述 271
- 12.1.1 环境法的概念和特点 271
- 12.1.2 环境法的产生和发展 272

12.2　环境法的基本原则和基本制度 ... 273
　12.2.1　环境法的基本原则 ... 273
　12.2.2　环境法的基本制度 ... 276
12.3　国家对环境的管理 ... 279
　12.3.1　环境管理的概念、原则和范围 ... 279
　12.3.2　环境管理是国家的一项基本职能 ... 280
　12.3.3　环境管理机构 ... 280
12.4　我国的环境保护基本法 ... 288
　12.4.1　环境保护基本法的概念 ... 288
　12.4.2　环境保护基本法的地位 ... 289
　12.4.3　我国环境保护基本法的主要内容 ... 290

第 13 章　清洁生产与循环经济 ... 291

13.1　清洁生产概述 ... 291
　13.1.1　清洁生产的由来 ... 291
　13.1.2　清洁生产的定义 ... 292
　13.1.3　清洁生产的内容 ... 293
　13.1.4　清洁生产的意义 ... 293
13.2　清洁生产的科学方法 ... 293
　13.2.1　生命周期评价 ... 293
　13.2.2　生态设计 ... 295
　13.2.3　绿色化学 ... 296
　13.2.4　环境标志 ... 298
　13.2.5　环境管理会计 ... 299
13.3　企业清洁生产审核 ... 300
　13.3.1　清洁生产审核原理 ... 300
　13.3.2　清洁生产审核程序 ... 301
13.4　循环经济 ... 304
　13.4.1　循环经济产生的时代背景 ... 304
　13.4.2　循环经济的含义 ... 305
　13.4.3　循环经济的理论基础 ... 306
　13.4.4　循环经济的"3R"原则 ... 307
　13.4.5　发展循环经济的战略意义 ... 307
　13.4.6　循环经济的主要模式 ... 308
13.5　资源节约型社会的构建 ... 313
　13.5.1　构建资源节约型社会的必要性 ... 314
　13.5.2　资源节约型社会的构成 ... 314
　13.5.3　构建资源节约型社会的途径 ... 315

第14章 实验 325

14.1 水样物理性质及其 pH 值、溶解氧的测定 325
14.1.1 第1部分 325
14.1.2 第2部分 328

14.2 氨氮的测定 332
14.2.1 纳氏试剂比色法 332
14.2.2 电极法 334

14.3 化学需氧量的测定 335
14.3.1 重铬酸钾法（COD_{Cr}） 335
14.3.2 库仑滴定法 337

14.4 五日生化需氧量的测定（微机 BOD_5 测定法） 339
14.4.1 基本原理 339
14.4.2 测定原理 339
14.4.3 仪器和试剂 340
14.4.4 测定步骤 340

14.5 尿液中氟化物的测定（氟离子选择电极法） 341
14.6 废液中酚类的测定（气相色谱法） 342
14.7 大气中 SO_2 的测定（盐酸副玫瑰苯胺分光光度法） 344
14.8 大气中 CO 的测定（非色散红外吸收法） 347
14.9 土壤中镉的测定（原子吸收分光光度法） 348
14.10 环境噪声监测 349

参考文献 351

第1章 绪 论

1.1 环境概述

1.1.1 环境的概念

环境,就其词义而言,是指周围的事物。但是当我们讲到周围事物的时候,必然暗含着一个中心事物,否则,环境一词就失去了明确的含义。本书涉及的是人类的环境,即以人类为中心事物,其他生物和非生命物质被视为环境要素,构成人类的生存环境。也有人把人类和整个生物界作为环境的中心事物,而把其他非生命物质看作生物界的环境,生态学家往往持这种看法。

环境科学所研究的环境是以人类为主体的外部世界,即人类生存、繁衍所必需的相适应的环境或物质条件的综合体,可分为自然环境和人为环境。本书所要讨论的环境问题,主要为自然环境。

自然环境是人类目前赖以生存、生活和生产所必需的自然条件和自然资源的总称,包括空气、水、岩石、土壤、阳光、温度、气候、地磁、动植物、微生物以及地壳的稳定性等直接或间接影响到人类的一切自然形成的物质、能量和自然现象。

世界各国的一些环境保护法规中,往往把环境要素或应保护的对象称为环境。《中华人民共和国环境保护法》明确指出:"本法所称环境是指:影响人类社会生存和发展的各种天然的和经过人工改造的自然因素总体,包括大气、水、土地、矿藏、森林、草原、野生动物、自然古迹、人文遗迹、自然保护区、风景名胜区、城市和乡村等。"这就以法律的语言准确地规定了应予保护的环境要素和对象。

从哲学上讲,与某一中心事物有关的周围事物,就是该中心事物的环境。二者构成了矛盾的两个方面,二者之间经常进行物质、能量和信息的交流,如图1-1所示。

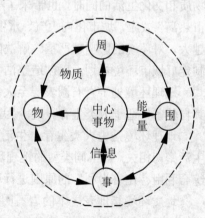

图 1-1 中心事物与环境的关系

1.1.2 环境的分类

环境是一个非常复杂的系统,可按不同的分类方法进行分类。

1. 按环境要素的不同分类

按照环境要素的不同,可以把环境分为自然环境和人为环境两大类。

自然环境是时刻环绕着人类的空间中，对人类的生存和发展产生直接影响的一切自然物所构成的整体，如大气环境、水环境、土壤环境、生物环境等。这些环境要素构成了相互联系、相互制约的自然环境系统。

人为环境是人类为了提高物质和文化生活，在自然环境的基础上，经过人类人为改造出来的，如城市、居民点、水库、名胜古迹等。

2. 按环境范围的大小分类

按环境范围的大小，可以把环境分为聚落环境、地理环境、地质环境和星际环境等。聚落环境按规模、性质和功能可分为院落环境、村落环境和城市环境。

作为基本环境单位的院落环境是由建筑物和与其联系在一起的场院组成的。院落环境是人类在发展过程中适应自己生产和生活的需要而因地制宜改造出来的，因而具有明显的时代特征和地方特征。

院落环境的污染主要来自生活"三废"（废气、废水、废渣）。可以通过科学的规划设计，创造出内部结构合理、外部环境协调的院落环境。村落环境是农业人口聚居的地方。村落环境的多样性取决于自然条件的差异，农业活动的种类、规模和现代化程度的不同等。村落环境的污染主要来自农业污染和生活污染源，如化肥、农药、洗涤剂等。可以通过用有机肥代替化肥，用易降解农药代替难降解农药，综合利用太阳能、风能等代替常规能等方法减少环境污染。针对我国农村的特点，大力推广沼气，既方便生活又可保护环境，不失为一条有效的发展之路。

城市环境是非农业人口聚居的地方，是人类利用和改造环境而创造出的高度人工化的自下而上的环境。在世界范围内，城市化的速度日益加快。城市化的发展在为居民提供了丰富的物质和文化生活的同时，也带来了严重的环境污染。城市化改变了大气的热量状况，形成"城市热岛"效应，城市化向大气、水中排放了大量的污染物质，导致地下水面下降等，城市规模越大，对环境的影响越严重。解决的办法在于大力发展中小城镇，在大城市设置建立卫星城，制定好城市环境规划，以创造整洁、优美的城市环境。

地理环境处于岩石圈表层至大气圈的对流层顶之间的 10km～20km 范围内，包括土壤层，其自然条件适于人类生存。迄今为止，人类只能正常地生活在地理环境中。

地理环境是由人类生存、生活所必需的水、土壤、大气、生物等环境因子组成，与人类生活密切相关。对不同类型的地理环境结构单元，必须区别对待，坚持"全面规划、合理布局、综合利用、化害为利"的原则进行环境保护工作。

地质环境指地表之下的岩石圈。人类生产活动所需的矿产资源都来自地质环境。随着人类生产活动的发展，越来越多的矿产资源被引入到地理环境中，其对地理环境的影响是不可低估的。

人类生存环境中一切能量均来源于星际环境（太阳辐射），如何最大限度地利用太阳能将是环境科学面临的重要课题。

人类进入宇宙空间并开始利用宇宙资源，是人类文明史上一次伟大的飞跃，但与此同时也不可避免地给地球的宇宙环境带来了一系列问题，特别是空间垃圾的大量产生已经为人类开发宇宙的活动埋下了巨大的隐患。

3. 按环境功能的不同分类

按环境功能的不同，可把环境分为生活环境和生态环境。

1.1.3 环境的功能特性

1. 整体性与区域性

环境的整体性是指环境各要素构成一个完整的系统。即在一定空间内，环境要素（大气、水、土壤、生物等）之间存在着确定的类量、空间位置的排布和相互作用关系。通过物质转换和能量流动以及相互关联的变化规律，在不同的时刻，系统会呈现出不同的状态。

环境的区域性是指环境整体特性的区域差异，即不同区域的环境有不同的整体特性。

环境的整体性与区域性是同一环境特性在两个不同侧面上的表现。

2. 变动性与稳定性

环境的变动性是指在自然过程和人类社会的共同作用下，环境的内部结构和外在状态始终处于变动之中。人类社会的发展史就是环境的结构与状态在自然过程和人类社会行为相互作用下不断变动的历史。

环境的稳定性是指环境系统具有在一定限度范围内自我调节的能力。即环境可以凭借自我调节能力在一定限度内将人类活动引起的环境变化抵消。

环境的变动性是绝对的，稳定性是相对的。人类必须将自身活动对环境的影响控制在环境自我调节能力的限度内，使人类活动与环境变化的规律相适应，以使环境朝着有利于人类生存发展的方向变动。

3. 资源性与价值性

环境的资源性表现在物质性和非物质性两方面，其物质性（如水资源、土地资源、矿产资源等）是人类生存发展不可缺少的物质资源和能量资源；而非物质性同样可以是资源，如某一地区的环境状态直接决定其适宜的产业模式。因而，环境状态就是一种非物质性资源。环境的价值性源于环境的资源性，是由其生态价值和存在价值组成的。环境是人类社会生存和发展所不可缺少的，具有不可估量的价值。

1.2 环 境 问 题

1.2.1 环境问题及其分类

所谓环境问题，是指作为中心事物的人类与作为周围事物的环境之间的矛盾。人类生活在环境之中，其生产和生活不可避免地对环境产生影响。这些影响有些是积极的，对环境起着改善和美化的作用；有些是消极的，对环境起着退化和破坏的作用。另一方面，自然环境也从某些方面（如严酷的环境和自然灾害）限制和破坏人类的生产和生活。上述人类与环境之间相互的消极影响就构成环境问题。

如果从引起环境问题的根源考虑,可以将环境问题分为两类。由自然界本身的变异引起的问题为原生环境问题,又称第一环境问题,它主要是指火山活动、地震、台风、洪涝、干旱和滑坡等自然灾害问题。对于这类环境问题,目前人类的抵御能力还很脆弱。由人类的社会经济活动引起的为次生环境问题,也叫第二环境问题,它又可分为环境污染和生态环境破坏两类。

环境污染是指人类活动产生并排入环境的污染物或污染因素超过了环境容量和环境自净能力,使环境的组成或状态发生了改变,导致环境质量恶化,从而影响和破坏了人类正常的生产和生活。例如,工业"三废"排放引起的大气、水体和土壤污染。

生态环境破坏是指人类开发利用自然环境和自然资源的活动超过了环境的自我调节能力,使环境质量恶化或自然资源枯竭,影响和破坏了生物正常的发展和演化,以及可更新自然资源的持续利用。例如,砍伐森林引起的土地沙漠化、水土流失和一些动植物物种灭绝等。

有时把污染和生态破坏统称为环境破坏,有的国家则统称为环境公害。环境问题的分类如图1-2所示。

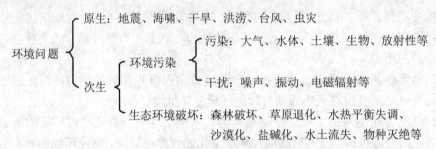

图1-2 环境问题的分类

原生和次生两类环境问题都是相对的,它们常常相互影响,重叠发生,形成所谓的复合效应。例如,过量开采地下水有可能诱发地震;大面积毁坏森林可导致降雨量减少;大量排放CO_2可使温室效应加剧,使地球气温升高、干旱加剧。目前,人类对第一类环境问题尚不能有效防治,只能侧重于监测和预报。本书讨论的主要是第二类环境问题。

1.2.2 环境问题的产生和发展

随着人类的出现、生产力的发展和人类文明程度的提高,环境问题也随之产生。人类通过自己的生产与消费作用于环境,从中获取生存和发展所需的物质和能量,同时又将"三废"排放到环境中。环境对人类活动的影响(特别是环境污染和生态破坏)又以某种形式反作用于人类,人与环境之间以物质、能量和信息连接起来,形成了复杂的人类环境关系。

当人类的活动违背自然规律时,就会对环境质量造成一定程度的破坏,从而产生环境问题,并由小范围、低程度危害,发展到大范围、对人类生存造成不容忽视的危害,即由轻污染、轻破坏、轻危害向重污染、重破坏、重危害方向发展。可以说,环境问题是伴随着人类的出现而产生的。但在古代,由于人类对自然的开发和利用规模很小,所以问题不是十分突出。环境问题成为严重的社会问题,是从工业革命开始的。

现以环境污染为例,讨论世界上工业发达国家环境问题发展的几个阶段。

1. 从工业革命开始到 20 世纪初

这一时期的能源主要是煤炭,由于重工业的出现,大气中的主要污染物是粉尘和 SO_2;水体污染则主要是由矿山冶炼、制碱工业引起的。如 19 世纪末期,美国田纳西州一个小镇的附近有一家炼铜厂,炼铜厂排放的废气使树木枯萎,排放的废水使河鱼绝迹,致使居民先后离乡他去,炼铜厂也被迫关闭,小镇化为废墟。

2. 20 世纪 20 年代到 40 年代

这一时期的能源除煤炭以外又增加了石油,且石油所占的比例逐渐增加。因此,一方面煤炭污染有所增加;另一方面,又出现了石油及石油产品引起的污染,大气中氮氧化合物含量增加,出现了光化学烟雾现象。同时,有机化学工业和汽车工业的发展,使环境问题更具有社会普遍性。

3. 20 世纪 50 年代到 70 年代初

随着工业发展、人口增加和城市化进程的加快,环境污染逐渐加剧,并成为很多国家的重大社会问题。这一时期除了石油及石油产品引起的污染急剧增加外,又出现了巨型油轮污染海洋,高空飞行器污染大气,有毒化学品、化肥、农药的大量使用,以及放射性、噪声、振动、垃圾、恶臭、电磁辐射、地面沉降等新的环境问题。著名的"八大公害事件"大多发生在这一时期,如表 1-1 所示。

表 1-1 国外八大公害事件

公害事件名称	富山事件(骨痛病)	米糠油事件	四日事件(哮喘病)	水俣事件	伦敦烟雾事件	多诺拉烟雾事件	洛杉矶光化学烟雾事件	马斯河谷烟雾事件
主要污染物	镉	多氯联苯	SO_2、煤尘、重金属、粉尘	甲基汞	烟尘及 SO_2	烟尘及 SO_2	光化学烟雾	烟尘及 SO_2
发生时间	1931—1975 年(集中在 50 至 60 年代)	1968 年	1955 年以来	1953—1961 年	1952 年 12 月	1948 年 10 月	1943 年 5 至 10 月	1930 年 12 月(1911 年发生过,但无死亡)
发生地点	日本富山县神通川流域,蔓延至群马县等地 7 条河的流域	日本九州爱知县等 23 个府县	日本四日市,并蔓延几十个城市	日本九州南部熊本县水俣镇	英国伦敦市	美国多诺拉镇(马蹄形河湾,两岸山高 120m)	美国洛杉矶市(三面环山)	比利时马斯河谷(长 24km,两侧山高为 90m)
中毒情况	至 1968 年 5 月确诊患者 258 例。其中,死亡 128 例,1977 年 12 月又死亡 79 例	患病者 5 000 多人,死亡 16 人,实际受害者超过 1 万人	患者 500 多人,其中 36 人因哮喘病死亡	截至 1972 年有 180 多人患病,50 多人死亡,22 个婴儿生来神经受损	5 天内死亡 4 000 人,历年共发生 12 起,死亡近万人	4 天内 43% 的居民(6 000 人)患病,20 人死亡	大多数居民患病,65 岁以上老人死亡 400 人	几千人中毒,60 人死亡

续表

中毒症状	开始关节痛,继而神经痛和全身骨痛,最后骨骼软化萎缩、自然骨折,饮食不进,衰弱疼痛至死	眼皮浮肿、多汗、全身有红丘疹,重者恶心呕吐、肝功能下降、肌肉疼痛、咳嗽不止,甚至死亡	支气管炎、支气管哮喘、肺气肿	口齿不清、步态不稳、面部痴呆、耳聋眼瞎、全身麻木,最后精神失常	胸闷、咳嗽、喉痛、呕吐	咳嗽、喉痛、胸闷、呕吐、腹泻	刺激眼、喉、鼻,引起眼病和咽喉炎	咳嗽、呼吸短促、流泪、喉痛、恶心、呕吐、胸闷窒息
公害成因	炼锌厂未经处理的含镉废水排入河中	米糠油生产中用多氯联苯作熟载体,因管理不善,多氯联苯进入米糠油中	工厂大量排出 SO_2 和煤粉,并含钴、锰、钛等重金属微粒	氮肥厂含汞催化剂,随废水排入海湾,转化成甲基汞被鱼和贝类摄入	居民取暖燃煤中含硫量高,排出大量 SO_2 和烟尘,又遇逆温天气	工厂密集于河谷形盆地中,又遇逆温和多雾天气	该城400万辆汽车每天耗油 $2.4×10^7$ L,排放烃类1 000多吨,盆地地形不利于空气流通	谷地中工厂集中,烟尘量大,逆温天气又有雾

4. 20世纪80年代以来

这一时期,人类经济与社会发展是以扩大开采自然资源和无偿利用环境为代价的。一方面,创造了空前巨大的物质财富和前所未有的社会文明;另一方面,也造成了全球性的生态破坏、资源短缺、环境污染加剧等重大问题。总体而言,全球环境仍在进一步恶化,这就从根本上削弱和动摇了现代经济社会赖以存在和持续发展的基础。

这一阶段从产业革命开始到1984年发现南极臭氧空洞为止。瓦特于1784年发明了蒸汽机,使生产力获得了飞跃性的发展。工业的发展促进了老城市的发展扩大,同时出现了许多新城市。城市人口迅速增加,城市的规模和结构布局也迅速扩大和变化,于是就出现了"城市病"这样的环境问题。

所谓"城市病",是指城市基础设施(包括水、电、气、道路等)落后,跟不上城市工业和人口发展的需要,而引起道路堵塞、交通拥挤、"三废"成灾、污染严重等症状。

20世纪以来,人口增长迅速,世界各国城市化进程加快,环境污染与公害发生的频率与强度越来越严重。表1-2列出了近30多年来世界发生的公害事故及相关资料。

表1-2 近30多年来世界发生的严重公害事件

事 件	发生时间	发生地点	产生危害	产生原因
阿摩柯卡的斯油轮泄油事件	1978年3月	法国西北部布列塔尼半岛	藻类、湖间带动物、海鸟灭绝	油轮触礁,$2.2×10^5$ 吨原油入海
三哩岛核电站泄漏事件	1979年3月	美国宾夕法尼亚州	直接损失超过10亿美元	核电站反应堆严重失水
威尔士饮用水污染事件	1985年1月	英国威尔士州	200万居民饮用水污染,44%的人口中毒	化工公司将酚排入迪河
墨西哥油库爆炸事件	1984年11月	墨西哥	4 200人受伤,400人死亡,10万人要疏散	石油公司油库爆炸

续表

事 件	发生时间	发生地点	产生危害	产生原因
博帕尔农药泄漏事件	1984年12月	印度中央邦博帕尔市	2万人严重中毒，1 408人死亡	45吨异氰酸甲酯泄漏
切尔诺贝利核电站泄漏事件	1986年4月	苏联乌克兰	203人受伤，31人死亡，直接损失30亿美元	4号反应堆机房爆炸
莱茵河污染事件	1986年11月	瑞士巴塞尔市	事故段生物绝迹，160km内鱼类死亡，480km内的水不能饮用	化学公司仓库起火，30吨硫、磷、汞等剧毒物进入河流
莫农格希拉河污染事件	1988年11月	美国	沿岸100万居民生活受严重影响	石油公司油罐爆炸，$1.3\times10^4 m^3$原油进入河流
埃克森瓦尔迪兹油轮漏油事件	1989年3月	美国阿拉斯加	海域严重污染	漏油$4.2\times10^4 m^3$
松花江水污染事件	2005年11月	中国松花江	污染带长约80km	吉林石化公司双苯厂爆炸事故
墨西哥原油泄漏事件	2010年5月	美国墨西哥湾	墨西哥湾广大海域严重污染	美国南部路易斯安那州沿海一个石油钻井平台爆炸
渤海湾康菲漏油事件	2010年6月	中国渤海湾	海域污染，渔民损失达10亿元人民币	蓬莱19-3油田石油泄露
俄罗斯森林与泥炭火灾	2010年7月	俄罗斯	直接导致52人死亡，烟雾持续笼罩莫斯科	大部分地区罕见高温干旱天气
日本地震核泄漏	2011年3月	日本福岛	海域严重污染	第一核电站多个反应堆爆炸

1.2.3 当代全球环境问题

自工业革命，特别是20世纪以来，随着科学技术的飞速发展，人类干扰、改造自然界的力量日益强大，环境问题出现的频率增加，强度增大，范围也更广。环境问题已从局部的、小范围的环境污染与生态破坏演变成区域性、全球性的环境问题。

1. 全球气候变暖

（1）温室效应加剧

大气中的温室气体，如CO_2、N_2O、甲烷、氟氯烃、O_3等，允许太阳辐射的能量穿过大气到达地表，同时防止地球反射的能量逸散到天空。这些气体的作用如一个温室的罩子，其结果使低层大气变暖，因此称温室效应，如图1-3所示。

大气中主要的温室气体，如CO_2、O_3等，虽然含量很少，但其温室效应十分强烈。温室效应的结果是使地面温度升高。如果没有这些温室气体，大气将比目前的温度低30℃以上，地球上的许多生态系统将不复存在。但是，若其含量超过正常或少于正常，由此引起的气候变化，又使许多生态系统产生很大变化。由此可见温室气体对于全球温度的重要作用。

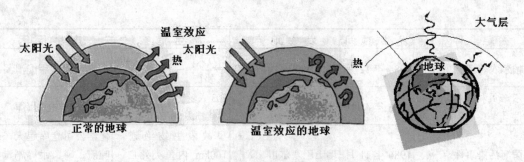

图 1-3 地球对太阳能的吸收与反射

世界气象组织（WMO）于 2012 年 11 月 19 日发布的《WMO 温室气体公报（2011 年）第 8 期》显示，2011 年大气二氧化碳（CO_2）、甲烷（CH_4）和氧化亚氮（N_2O）的全球平均浓度继续创出新高，其中 CO_2 为 390.9 ± 0.1ppm，CH_4 为 1 813 ± 2ppb，N_2O 为 324.2 ± 0.1ppb，分别为工业革命前的 140%、259% 和 120%。近几十年来，平流层中 O_3 在减少，而对流层中的 O_3 在增加，年增长率为 2%～3%。大气中一些主要的温室气体在工业革命前、1990 年、2011 年的平均浓度和增长率具体如表 1-3 所示。

表 1-3 人类活动影响下的温室气体

温室气体种类	CO_2	CH_4	CFC-11	CFC-12	N_2O
工业革命时期（1750—1800 年）	280ppm	700ppb	0ppt	0ppt	288ppb
1990 年	353ppm	1 720ppb	280ppt	484ppt	310ppb
2011 年	390.9ppm	1 813ppb	240ppt	530ppt	324.2ppb
2011 年相对于 1750 年的增长率	140%	259%			120%
2010—2011 年绝对增量	2.0ppm	5.0ppb			1.0ppb
2010—2011 年相对增量	0.51%	0.28%			0.31%
过去 10 年的年平均绝对增量	2.0ppm/年	3.2ppb/年			0.78ppb/年

在温室气体增加的同时，海水温度也随之升高，这将使海水膨胀，造成海平面抬高。此外，由于极地剧烈增温，冰雪融化，水界向极地萎缩，融化的水量也将造成海平面抬升，将使世界上许多沿海大城市受到威胁。另外，人类活动引起的气候增暖，必然将引起全球生态系统变化。

（2）全球气候变化

气候变化是近年来人们最关注的环境问题之一。尽管存在某些区域性和时间阶段性的差异，但近百年来全球气候确实呈现变暖的趋势，给人类环境造成了日益严重的影响。科学家们预言，人类如不采取果断和必要的措施，到 2030—2050 年，大气中 CO_2 含量将比工业革命时（1850 年）增加 1 倍，即 540×10^{-6}（体积分数）。全球平均气温有可能上升 1.5℃～4.5℃。变暖速度是过去 100 年的 5～10 倍。与此同时，海平面可能上升 30cm～50cm。

生物是全球变暖首当其冲的受害者。森林、湿地和极地冻土的破坏，导致生存在其中的许多物种加速灭绝。海水变暖，冰川冰帽融化，海平面升高，亚洲低洼三角洲和泛滥平原上的水稻种植遭受的经济损失将无法估量。大片沿海湿地上的水产养殖将被吞没。最大的威胁不是平均气温升高，极端高温、百年不遇的干旱、异乎寻常的热浪、疯狂肆虐的飓风和龙卷风等带来的灾难才是致命的。全球变暖更加重了对食物供应的威胁。世界上大约有 1/3 的人口生活在沿海岸线 60km 的范围内，如果全球变暖，海平面升高，一些城市、城镇和乡村有可能被淹没。

2. 臭氧层被破坏

地球上空的平流层中，有一臭氧层，虽然它的浓度从未超过 10μL/L，质量仅占大气质量的百万分之一，但如果没有它的保护，地面上的紫外线辐射就会达到使人致死的程度，整个地球生命就将遭到毁灭。因此臭氧层有"地球保护伞"之称，如图 1-4 所示。

图 1-4 臭氧层示意图

但这一天然屏障正在遭到严重破坏。据监测，1978—1987 年全球臭氧层浓度平均下降了 3.4%～3.6%。在北纬 30°～64°的北半球上空，臭氧损耗了 1%～4%。1985 年 10 月，英国科学家首次报道了南极上空出现巨大臭氧空洞，这一现象已被雨云 7 号卫星的观察所证实。1986 年，人们又发现北极上空出现了臭氧空洞，其面积与格陵兰岛相等。1995 年 7 月，科学家发出警告说，南极上空的臭氧空洞还在不断扩大，已到达南美洲智利，为历年之冠。

臭氧层的破坏，主要是氟氯烃与氮氧化物引起的。氟氯烃极其稳定，在低空中难以分解，最终升入高空的平流层中。一个氟氯烃分子分解生成的氯原子可以分解近十万个臭氧分子。

由于臭氧层遭到破坏，太阳紫外线对地球辐射增强。强烈的紫外线辐射，可引起白内障和皮肤癌，还能降低人体的抵抗能力，抑制人体免疫系统的功能，使许多疾病发生；还会使农作物和微生物受损，杀死海洋中的浮游生物，伤害生物圈的食物链及高等植物的表皮细胞，抑制植物的光合作用和生产速度；强烈的紫外线辐射还将引起各种材料的巨大损失。

为了保护臭氧层，联合国环境规划署于 1985 年和 1987 年先后组织制定了《保护臭氧层维也纳公约》、《关于消耗臭氧层物质的蒙特利尔议定书》。1989 年 5 月召开的议定书缔约国第一次会议在北欧一些国家的推动下，又发表了《保护臭氧层赫尔辛基宣言》。按照协议书规定，发达国家在 1996 年 1 月 1 日前，发展中国家到 2010 年最终淘汰臭氧层消耗物质。我国政府严格执行蒙特利尔协议书的协议，中国的冰箱业已于 2005 年停止使用氟氯烃物质。

3. 酸雨蔓延

酸雨通常是指 pH 值小于 5.6 的酸性降水。全世界的酸雨污染范围日益扩大。原来只发生在北美和欧洲工业发达国家和地区的酸雨，逐渐向一些发展中国家和地区扩展，如印度、东南亚、中国等。同时酸雨的酸度也在逐渐增加。但是一些国家控制得有效，则酸度在降低，如据欧洲大气化学监测网近 30 年（1977—2007）连续监测的结果表明，欧洲雨水 pH 值由 1997 年的 4.74 变为 2007 年的 5.15。

酸雨的危害（见图 1-5 和图 1-6）主要有：

（1）造成森林生态系统衰退和森林衰败，许多国家受酸雨影响的森林面积在 20%～30% 之间，甚至更高。

（2）造成土壤酸化，土壤酸化可使一些有毒的金属离子溶出，这些离子可使人体致病，如水中铝离子浓度的增加并在人体中累积可使人类发生早衰和老年痴呆症。

（3）酸雨导致生物多样性减少，如当水的 pH 值小于 4.8 时，鱼类就消失了。

（4）酸雨严重损害建筑材料和历史古迹。全世界每年生产的钢铁中，约有 10% 是被腐蚀掉的。

图 1-5 酸雨对湖泊、森林的影响

图 1-6 酸雨对森林破坏的示意图

污染造成的危害不断加剧，据中国绿色国民经济核算研究报告估计，中国 2007 年因环境污染造成的损失，相当于当年国内生产总值（GDP）的 6%。这是中国首次将日益严重的环境污染对经济造成的影响进行量化。环保总局和国家统计局首次在《中国绿色国民经济核算研究报告 2004》给出了数据：2004 年，全国因环境污染造成的经济损失为 5 118 亿元，占当年 GDP 的 3.05%；虚拟治理成本为 2 874 亿元，占当年 GDP 的 1.8%。而环境污染造成的健康损失占整个污染损失的 33%。这个数字显示出环境污染对人体健康的影响是巨大的。大气污染的主要危害对象为城市人口。核算结果表明，2004 年全国由于大气污染共造成近 35.8 万人死亡、约 64 万呼吸和循环系统病人住院，以及约 25.6 万新发慢性支气管炎病人，造成的经济损失高达 1 527.4 亿元。这也就意味着，2004 年中国平均每 1 万个城市居民，就有 6 人因为空气污染死亡、10 人因为大气污染引发呼吸或脑血管系统疾病住院。水污染的主要健康危害对象是农民。目前，仍有 3 亿农民喝不到安全饮用水。估算结果表明，由于饮用水污染造成的农村居民癌症死亡人数为 11.8 万人，造成的经济损失为 167.8 亿元。由于喝不到安全饮用水，患介水性传染病所造成的经济损失为 10.7 亿元。因此，保守估计 2004 年由于水污染造成的健康经济损失为 178.6 亿元。

4. 生物多样性锐减

所谓生物多样性是指地球上所有生物（动物、植物、微生物）所包含的基因以及由这些生物与环境相互作用所构成的生态系统多样化程度。

总部设在瑞士的世界自然保护联盟日前发布了《2007 受威胁物种红色名录》。全球目前有 16 306 种动植物面临灭绝危机，比起 2006 年又增加了 188 种，占了所评估的全部物种的近 40%。

2012 年世界自然保护联盟（IUCN）濒危物种红色名录在联合国里约地球峰会上公布。在被评估的 63 837 个物种中，801 个物种已灭绝，63 个野外灭绝，3 947 个严重濒危，5 766 个濒危，10 104 个脆弱（易受伤害）。在 19 817 个受威胁物种中，两栖动物占 41%，珊瑚占 33%，哺乳动物占 25%，鸟类占 13%，松柏类占 30%。

如此众多的生物，是自然界长达数十亿年演化的结果。在长期演化过程中，始终存在着物种的灭绝。生物学家把这种灭绝分为两大类：一类是生物物种经过多代的自然选择、遗传变异而形成了新的后代；另一类是物种的完全消失，即真正的灭绝。在过去的 5 亿年间，地球生物经历了五次大范围的灭绝，它们都是由自然因素造成的。今天，地球生物正面临的第六次大规模物种灭绝，却是人类活动的结果。人类所造成的物种灭绝的速度比历史上任何时候都快，比如鸟类和哺乳动物现在的灭绝速度可能是它们在未受干扰的自然界中的 100 倍至 1 000 倍。

生物多样性锐减的主要原因是由以下人类活动造成的：① 大面积对森林、草地、湿地等生境的破坏；② 过度捕猎和利用野生物种资源；③ 城市地域和工业区的大量发展；④ 外来物种的引入或侵入毁掉了原有的生态系统；⑤ 无控制旅游；⑥ 土壤、水和大气受到污染；⑦ 全球气候变化。这些活动在累加的情况下，会对生物物种的灭绝产生成倍加快的作用。其中，危害最大、影响最直接的两个方面是人为捕杀和生存环境破坏。

人类的生存离不开其他生物。人类从生物多样性中得到了所需的全部食品、许多药物和工业原料。物种为人类提供了食物的来源，作为人类基本食物的农作物、家禽和家畜等均源自野生相型。野生物种是培育新品种不可缺少的原材料，特别是随着近代遗传工程的兴起和发展，物种的保存有着更深远的意义。物种的灭绝和遗传多样性的丧失，将使生物多样性不断减少，逐渐瓦解人类生存的基础。

物种多样性对科学技术的发展是不可或缺的。仿生学的发展离不开丰富而奇异的生物世界。生物多样性是维持生态系统相对平衡的必要条件，某物种的消亡可能引起整个系统失衡甚至崩溃。

间接价值主要与生态系统的功能有关，通常它并不表现在国家核算体制上，但如果计算出来，它的价值大大超过其消费和生产性的直接价值。生物多样性的间接价值主要表现在固定太阳能、调节水文学过程、防止水土流失、调节气候、吸收和分解污染物、贮存营养元素并促进养分循环和维持进化过程等七个方面。随着时间的推移，生物多样性的最大价值可能在于为人类提供适应当地和全球变化的机会。生物多样性的未知潜力为人类的生存与发展展示了不可估量的美好前景。

保护生物多样性不仅需要加快治理环境污染，把保护工作纳入国民经济发展计划，更重要的是在生态系统水平上采取保护措施，传统的做法主要是建立自然保护区，通过排除或减少人为干扰来保护生态脆弱区。在一般情况下，这确是保护某些物种或生态系统的有效途径。但存在许多问题，需要加以完善，有必要通过立法的途径解决，主要是对自然保护区进行立法。

随着人口和用地的不断增长,被动的保护已很难真正达到保护的目的,为此提出可持续利用生物资源。

5. 大气污染

大气污染(或空气污染)指一些危害人体健康及周边环境的物质对大气层所造成的污染。这些物质可能是气体、固体或液体悬浮物等。我们日常呼吸的空气,是由多种化学物质所组成,最普遍的元素是氮,其次是氧。每种气体的成分并不是固定的,会有轻微的转变。如果空气中的污染物数量少的话,对人体和环境的影响会比较轻微,但当这些污染物增加至危险的水平,我们就要想办法把它们从空气里消除。空气污染主要可以分为化学污染和生物污染两部分。也有人把噪音、热量、辐射和光的污染归入空气污染的类别里。

据 1998 年国际卫生组织公布的一项报告表明,全球空气污染最严重的城市依次为:太原、米兰、北京、乌鲁木齐、墨西哥城、兰州、重庆、济南、石家庄、德黑兰。世界十大污染严重的城市中,我国占了 7 个。

在许多发展中国家,由于缺乏完善的地面监测网络,许多关于空气污染的评估并不准确,而现在,美国国家航空航天局(NASA)的科学家们发布了一张全球空气质量地图(见图 1-7),向我们展示了长期以来全球低于 2.5μm 的悬浮颗粒分布状况,在这张 2001—2006 年间平均全球空气污染形势图上,全球 PM2.5 最高的地区在北非和中国的华北、华东、华中全部。

图 1-7 全球空气质量地图

世界卫生组织(WHO)认为,PM2.5 小于 10 是安全的,中国的这些地区全部高于 50 接近 80,比撒哈拉沙漠还要高很多。

根据 2013 年 9 月 30 日在开普敦召开的世界清洁空气大会提供的数据,目前全世界每年有 10 亿人遭受空气污染的侵扰;空气污染每年造成的城市人口死亡数字高达 200 万。此外,空气污染给发达国家和发展中国家造成的经济损失分别占各自国内生产总值的 2%和 5%。

6. 森林锐减

森林锐减是指人类过度采伐森林或自然灾害所造成的森林大量减少的现象。

森林是陆地生态系统的主体,对维持陆地生态平衡起着决定性的作用。但是,最近 100 多年来,人类对森林的破坏达到了十分惊人的程度。人类文明初期地球陆地的 2/3 被森林所覆盖,约为 76 亿公顷;19 世纪中期减少到 56 亿公顷;20 世纪末期锐减到 34.4 亿公顷,森林覆盖率下降到27%。联合国发布的《2000年全球生态环境展望》指出，由于人类对木材和耕地等的需求，全球森林减少了一半，9%的树种面临灭绝，30%的森林变成农业用地，热带森林每年消失13万平方千米；地球表面覆盖的原始森林80%遭到破坏，剩下的原始森林不是支离破碎，就是残次退化，而且分布极为不均，难以支撑人类文明的大厦。科学家说，由于大量森林被毁，已经使人类生存的地球出现了比任何问题都要难以对付的严重生态危机，它有可能取代核战争成为人类面临的最大威胁。

森林锐减直接导致了全球六大生态危机：

（1）绿洲沦为荒漠

在非洲一些地区，20世纪50年代以前还有许多森林植被，由于滥伐滥垦，许多地区如今已变成沙漠。撒哈拉沙漠每年向南侵吞150万公顷土地，向北侵吞10万公顷农田，现已向南扩展了56万平方千米。南美洲的哥伦比亚，在近150年间由于砍伐了1500万公顷的森林，导致200万公顷土地变成荒漠。目前，全球荒漠化土地面积已经达到3600万平方千米，占陆地总面积的1/4，成为全球生态的"头号杀手"，而且每年仍在以5万~7万平方千米的速度扩展；全世界受荒漠化危害的国家达110多个，10亿人口受到直接威胁。这意味着，地球上已有1/4的土地基本失去了人类生存的条件，1/6的人口受到危害。

（2）水土大量流失

水土流失是森林破坏导致的最直接、最严重的后果之一。据测定，在自然力的作用下，形成1厘米厚的土壤需要100~400年的时间；在降雨340毫米的情况下，每公顷林地的土壤冲刷量仅为60千克，而裸地则达6750千克，流失量比有林地高出110倍。只要地表有1厘米厚的枯枝落叶层，就可以把地表径流减少到裸地的1/4以下，泥沙量减少到裸地的7%以下；林地土壤的渗透力更强，一般为每小时250毫米，超过了一般降水的强度。一场暴雨，一般可被森林完全吸收。由于森林的严重破坏，全球水土流失日益加剧。目前，全世界有1/3的土地受到严重侵蚀，每年有600多亿吨肥沃的表土流失，其中耕地土壤流失250多亿吨。全球地力衰退和养分缺乏的耕地面积已达29.9亿公顷，占陆地总面积的23%。

（3）干旱缺水严重

森林被誉为"绿色的海洋"、"看不见的绿色水库"。据测定，每公顷森林可以涵蓄降水约1000立方米，1万公顷森林的蓄水量即相当于1000万立方米库容的水库。1980年度的日本林业白皮书说，日本森林土壤中的贮水量估计达到2300亿立方米，相当于面积675平方千米的琵琶湖水量的8倍。美国前副总统戈尔在《濒危失衡的地球》一书中写道，埃塞俄比亚过去40年间，林地所占面积由40%下降到1%，降雨量大幅度下降，出现了长期的干旱、饥荒。20世纪80年代，非洲发生了严重大旱，30多个国家面临大饥荒，每天都有数以千计的人死于饥饿。1984—1985年，仅埃塞俄比亚就被夺走了近100万人的生命。由于森林锐减及水污染，造成了全球性的严重水荒。目前，60%的大陆面积淡水资源不足，100多个国家严重缺水，其中缺水十分严重的国家达40多个，20多亿人饮用水紧缺。预计今后30年内，全球约有2/3的人口处于缺水状况。所以，半个世纪以前，鲁迅先生讲过一句非常深刻的话："林木伐尽，水泽湮枯，将来的一滴水，将和血液等价。"

（4）洪涝灾害频发

水灾与旱灾是一对"孪生子"。破坏森林，必然导致无雨则旱，有雨则涝。大量事实说明，森林有很强的截留降水、调节径流和减轻涝灾的功能。森林凭借它庞大的林冠、深厚的枯枝落叶层和发达的根系，能够起到良好的调节降水的作用。我国山西省民间有一个说法："山上多栽树，等于修水库，雨时能蓄水，旱时它能吐。"孟加拉国由于大量砍伐森林，洪水灾害由历史上的50年一次上升到20世纪七八十年代的每4年一次；非洲、拉丁美洲由于天然林的大面积砍伐，水灾也频繁发生。森林的防洪作用主要表现在两个方面：一是截留和蓄存雨水；二是防止江、河、湖、库淤积。这两个作用被削弱后，一遇暴雨必然洪水泛滥。

（5）物种纷纷灭绝

科学家分析，一片森林面积减少10%，能继续在森林中生存的物种就将减少一半。地球上有500万~5 000万种生物，其中一半以上在森林中栖息繁衍。由于全球森林的大量破坏，现有物种的灭绝速度是自然灭绝速度的1 000倍。地球上的物种已消失了25%，还有20%~30%存在灭绝的危险。据统计，全世界每天有75个物种灭绝，每小时有3个物种灭绝。照此速度发展，至2050年地球陆地上1/4的动植物将遭灭顶之灾。英国的环境生态学家格兰杰曾经讲过："森林是一切生命之源，当一种文化达到成熟或过熟时，它必须返回森林，来使自己返老还童。如果一种文化错误地冒犯了森林，生物的衰败就不可避免。"

（6）温室效应加剧

近代人类大量使用化石燃料，如石油、煤炭、天然气等，使得大气中二氧化碳的浓度在过去110多年里由270毫升/立方米上升到350毫升/立方米，到21世纪中期将达到600毫升/立方米。世界观察研究所的研究人员说，由于温室效应的影响，北极地区的冰盖已减少了42%。近100年来，海洋面上升了50厘米。如果温室效应继续下去，海洋面再上升50厘米，全球30%的人口就得迁移。而森林吸收二氧化碳并放出氧气，每公顷森林平均每生产10吨干物质，就会吸收16吨二氧化碳，释放12吨氧气。1997年度日本林业白皮书说，日本现有森林的年降炭量是2 700万吨，相当于4 500万辆家用小轿车排放的废气量。

从这六大生态危机可以看出，破坏森林的后果是极其严重的。科学家们断言，假如森林从地球上消失，陆地90%的生物将灭绝；全球90%的淡水将白白流入大海；生物固氮将减少90%；生物放氧将减少60%；许多地区的风速将增加60%~80%；同时将伴生许多生态问题和生产问题，人类将无法生存。目前，森林锐减导致的一系列生态危机，已经构成了对人类的严重威胁，国际社会对此给予了前所未有的关注。1984年，罗马俱乐部的科学家们强烈呼吁："要拯救地球上的生态环境，首先要拯救地球上的森林。"联合国粮农组织原总干事萨乌马指出："森林即人类之前途，地球之平衡。"1992年，世界环发大会《关于森林问题的原则声明》称："在本次世界最高级会议要解决的问题中，没有任何问题比林业更重要了。"

7. 土地荒漠化

全球陆地面积占60%，其中沙漠和沙漠化面积29%。每年有600万公顷的土地变成沙漠。经济损失每年423亿美元。全球共有干旱、半干旱土地50亿公顷，其中33亿公顷遭到荒漠化威胁。致使每年有600万公顷的农田、900万公顷的牧区失去生产力。全世界10亿以上人口的生计面临威胁，8亿以上的人没有维持生命起码的粮食，1.35亿人背井离乡。人类文明的摇篮底格里斯河、幼发拉底河流域，由沃土变成荒漠。中国的黄河水土流失亦十分严重。

荒漠化被公认为是"地球的癌症"，它的迅猛扩展所威胁的是整个地球的一切生态领域，亦即人类的全部生存环境。

8. 水体污染水资源危机

水污染，又称水体污染，是指各种污染物进入水体，其数量超过水体自净能力的现象。水污染主要来自生活污水和工业废水，常见的污染水体物质有：无机物质、无机有毒物质、有机有毒物质、需氧污染物质、植物营养素、放射性物质、油类与冷却水以及病源微生物等。

2011年，全世界每年有4 200多亿立方米的人类污水排入江河湖海，污染了5.5万亿立方米的淡水，这相当于全球径流总量的14%以上。由于地下水污染严重，目前在印度市场上销售的12种软饮料有害残留物含量超标。有些软饮料中杀虫剂残留物含量超过欧洲标准10~70倍。

2012年，第六届世界水论坛提供的联合国水资源世界评估报告显示，随着世界经济的发展，对水的消耗日益增加。20世纪，世界人口数量由17亿增加到60亿，而对水的消耗增长了6倍之多。联合国发展报告指出，全世界尚有25亿人无法获取足够的卫生条件，8.8亿人无法喝到清洁的水。

世界各地水污染的严重程度主要取决于人口密度、工业和农业发展的类型和数量以及所使用的"三废"处理系统的数量和效率。据联合国环境规划署预测，如果人类不改变目前的生活方式，到2025年全球将有50亿人用水困难，其中25亿人将面临用水短缺。

据统计，目前水中污染物已达2 000多种，主要为有机化学物、碳化物、金属物，其中自来水里有765种（190种对人体有害，20种致癌，23种疑癌，18种促癌，56种易致细胞突变形成肿瘤）。在我国，只有不到11%的人饮用符合我国卫生标准的水，而高达65%的人饮用浑浊、苦碱、含氟、含砷、工业污染的水。2亿人饮用自来水，7 000万人饮用高氟水，3 000万人饮用高硝酸盐水，5 000万人饮用高氟化物水，1.1亿人饮用高硬度水。

在19世纪和20世纪曾发生好多起严重事件。如1832—1886年英国泰晤士河因水质为病菌污染，使伦敦流行过4次大霍乱，1849年一次死亡在14 000人以上，1892年德国汉堡饮用水受传染病菌污染，使16 000人生病，7 500人死亡。1965年春天，美国加利福尼亚的一个小镇，因饮用水受病菌污染，发生18 000多人患病、5人死亡的流行病。

9. 海洋污染

海洋污染通常是指人类改变了海洋原来的状态，使海洋生态系统遭到破坏。

海洋的污染主要是发生在靠近大陆的海湾。由于密集的人口和工业，大量的废水和固体废物倾入海水中，加上海岸曲折造成水流交换不畅，使得海水的温度、pH值、含盐量、透明度、生物种类和数量等性状发生改变，对海洋的生态平衡构成危害。目前，海洋污染突出表现为石油污染、赤潮、有毒物质累积、塑料污染和核污染等几个方面；污染最严重的海域有波罗的海、地中海、东京湾、纽约湾、墨西哥湾等。就国家来说，沿海污染严重的是日本、美国、西欧诸国和苏联原成员国。我国的渤海湾、黄海、东海和南海的污染状况也相当严重，虽然汞、镉、铅的浓度总体上尚在标准允许范围之内，但已有局部的超标区；石油和COD在各海域中有超标现象。其中污染最严重的渤海，由于污染已造成渔场外迁、鱼群死亡、赤潮泛滥，有些滩涂养殖场荒废，一些珍贵的海生资源正在丧失。

10. 危险性废物越境转移

危险性废物是指除放射性废物以外，具有化学活性或毒性、爆炸性、腐蚀性和其他对人类生存环境存在有害特性的废物。美国在资源保护与回收法中规定，所谓危险性废物是指一种固体废物和几种固体的混合物，因其数量和浓度较高，可能造成或导致人类死亡率上升，或引起严重的难以治愈的疾病或致残的废物。

城市的发展，人口集中，各种功能复杂，各种废弃物大量增加。在当地范围内处理废弃物已感困难，因此希望将废物转移到临近的城市、村镇以至邻国，以及更容易处理的地方。这样，在欧洲多个国家接壤且商业往来频繁的地方，废物的越境转移已成为日常的活动。然而，1982 年发生了污染土壤转移到国外的事件，使有害废物的越境转移变成国际性的问题。

从经济角度看，有害废物的越境转移无论是商品还是废弃物，几乎所有物货的转移，其背景都有经济的原因。作为交易进行转移时，送出和接受双方都各有其相应的利益。有害废弃物也不例外。接受地区或被投放地区的居民所遭受的损失和环境的破坏是不可逆转的，这里有付出巨大代价的危险。以下许多事件说明有害废弃物处置是个不可忽视的问题。

1978 年美国纽约州尼亚加拉瀑布市发生了拉伍运河事件后，根据全美国范围内所进行的调查结果发现，全美共有 2 万多个地方有可能因有害废物的不恰当处理，而对人体和环境造成危害。据美国国会技术评价局估计，净化这些地方所需费用达 100 亿~1 000 亿美元。

在德国发现了许多对人体及环境存在危险的废物投弃地和工厂旧址，同时以州为单位对可疑的投弃地进行了辨别，自 1989 年被确认为对有害废物处置不当的地方，仅查明的就有 5 万多个。按政府方面的估计，之后其净化费用最少也要 180 亿马克（时价约合 20 亿美元）。需要大量地下水的丹麦，估计有 2 000 个地方被污染，其净化所需费用估计也要 10 亿丹麦克朗（时价约合 1 500 万美元）。

20 世纪 90 年代以来，经查明发生多起有害废弃物的越境转移问题。例如，一家挪威企业从美国向几内亚出口 1.5 万吨有害废物并弃置而造成树林枯死事件；还有意大利向尼日利亚以化学品名义出口并弃置 3 900 吨有害废弃物的案件；又如美国费城装的 1.4×10^4 吨有害焚灰，在加勒比海各国、非洲、地中海沿岸等地遭拒绝入境以后，在海上徘徊了两年之久，最后被认为投进印度洋的事件等。近年来也发生多起发达国家向中国沿海地区转移有害废弃物事件。

为何要进行越境转移交易，特别是向发展中国家转移？其具有以下共同之处：一是接受有害废弃物的发展中国家对有害物大多没有法律规定，即便是合法的进出口，也不具备处理有害废物的技术。根据最近发生的许多事件看，发达国家和发展中国家投弃费用和处理费用差距很大，有的甚至达到 1:20，这对于陷于经济困境的国家是一种诱惑。接受有害废物是发展中国家受经济困窘左右，经济、环境恶性循环的后果。

由于对废物不正确处置给社会造成的损失很大，很可能抵消了社会从产生这些有害废弃物的产品中获得的利润。

有害废弃物问题，是所有发达国家共同面临的问题。随着发展中国家的工业化和有害废弃物的越境转移，这一问题已开始在全世界各地引起重视。事实上，就连曾被认为与工业生产毫无瓜葛的北极白熊的体内，现查明已受到 DDT、HCH、PCB、氯丹等的污染。南极企鹅也是如此命运。

为将这种有害废弃物越境转移所造成的损害消灭在发生之前，只靠一个国家是难以做到的，必须建立起巴塞尔公约试图建立的国际性框架，这是当务之急。继续坚持有害废弃物在产生国处理的原则，即使允许出口，也应使产生国保证该有害废弃物在对方国不发生污染。建立一个合理体制，规定执行有害废弃物产生的国际标准和在对方国家造成的有关损失及其赔偿。应从污染产生者负担赔偿的原则出发，至少要明确地将其制度化。

1.2.4 中国的环境问题

由于我国现在正处于迅速推进工业化和城市化的发展阶段，对自然资源的开发强度不断加大，加之粗放型的经济增长方式、技术水平和管理水平比较落后，污染物排放量不断增加。从全国总的情况来看，我国的环境污染仍在加剧，生态恶化积重难返，环境形势不容乐观。

1. 环境污染问题

（1）大气污染

我国的能源消耗以煤为主，占 70% 以上。我国大气污染以煤烟型污染为主要特征，主要污染物是大气总悬浮微粒和 SO_2。

2005 年监测的 522 个城市中，4.2% 的城市达到国家环境空气质量一级标准，56.1% 的城市达到二级标准，有 39.7% 的城市处于中度或重度污染，而机动车尾气排放已经成为大城市空气污染的重要来源。据《2010 年中国环境状况公报》显示，我国 SO_2、烟尘及工业粉尘排放量比 2009 年有所下降，但是情况仍然严重，具体情况如表 1-4 所示。

表 1-4 全国近年废气中主要污染物排放量

年度	二氧化硫排放量/万吨			烟尘排放量/万吨			工业粉尘排放量/万吨
	工业	生活	合计	工业	生活	合计	
2005	2 168.4	380.9	2 459.3	948.9	233.6	1 182.5	911.2
2006	2 237.6	351.2	2 588.8	864.5	224.3	1 088.8	808.4
2007			2 468.1	770.8	215.5	986.3	699.0
2008	1 991.3	329.9	2 321.2	670.7	230.9	901.6	584.9
2009	1 865.9	348.5	2 214.4	604.4	243.3	847.7	523.6
2010	1 864.4	320.7	2 185.1	603.2	225.9	829.1	448.7
2011			2 217.9				
2012			2 117.6				

2010 年，全国废气中 SO_2 排放量为 2 185.1 万吨，比 2009 年减少 1.3%。其中，工业 SO_2 排放量 1 864.4 万吨，占 SO_2 排放总量的 85.3%，与 2009 年基本持平；生活 SO_2 排放量 320.7 万吨，占 SO_2 排放总量的 14.7%，比 2009 年增加 8.0%；烟尘排放量 829.1 万吨，比 2009 年减少 2.2%。其中，工业烟尘排放量 603.2 万吨，占烟尘排放总量的 72.8%，与 2009 年基本持平；生活烟尘排放量 225.9 万吨，占烟尘排放总量的 27.2%，比 2009 年减少 7.2%。工业粉尘排放量 448.7 万吨，比 2009 年减少 14.3%。工业燃料燃烧 SO_2 排放达标率和工业生产工艺 SO_2 排放达标率分别为 93.1% 和 89.8%，分别比 2009 年提高 1.4 和 0.8 个百分点。

2012 年上半年，325 个地级及以上城市的二氧化硫（SO_2）、二氧化氮（NO_2）和可吸入颗粒物（PM10）平均浓度分别为 0.034 毫克/立方米、0.029 毫克/立方米和 0.079 毫克/立方米。同比 2011 年，SO_2 和可吸入颗粒物平均浓度分别下降 8.1% 和 6.0%，NO_2 无变化。参照 SO_2、NO_2 和 PM10 年均浓度标准，325 个城市中，空气质量达到一级标准的城市 9 个（占 2.8%）、二级标准的城市 249 个（占 76.6%）、三级标准的城市 62 个（占 19.1%）、劣于三级标准的城市 5 个（占 1.5%），梅州、河源、阳江、海口、三亚、马尔康、康定、香格里拉和阿勒泰共计 9 个城市的空气质量达到一级标准。

近年来，由于我国城市机动车辆的迅速增长，城市空气污染正由煤烟型污染向煤烟与机动车混合型污染转变，一些大中城市频繁出现灰霾天气。2007 年年底，我国机动车保有量达到 5 000 万辆，平均年增长率达 20%；据中国公安部透露，截至 2012 年 6 月底，中国机动车总保有量达 2.33 亿辆，其中汽车 1.14 亿辆，摩托车 1.03 亿辆。全国机动车驾驶人达 2.47 亿人，其中汽车驾驶人 1.86 亿人。由于我国机动车使用的油品质量低，排放水平不高，机动车已经成为大中城市的重要污染源，直接导致城市灰霾天气增加，汽车尾气污染型城市增多。据 2006 年统计，目前我国新生产机动车排放水平落后欧美发达国家 8 年以上，轿车排放氢氧化物是美国的 3.5 倍，氮氧化物是美国的 2.5 倍，农用车排放标准至少落后欧洲 20 年以上。

由于大气污染，我国已成为酸雨（主要是硫酸型）污染灾害严重的国家之一。2007 年，我国对全国 500 个城市（县）进行了酸雨监测，出现酸雨的城市 281 个，占 56.2%；酸雨发生频率在 25%以上的城市 171 个，占 34.2%；酸雨发生频率在 75%以上的城市 65 个，占 13.0%。而酸雨主要集中在长江以南，四川省、云南省以东的区域，包括浙江省、江西省、湖南省、福建省、重庆市的大部分地区以及长江、珠江三角洲地区。

世界银行的 2007 年研究报告表明，我国一些主要城市的大气污染物浓度远远超过国际标准，在世界主要城市中名列前茅，位于世界污染最为严重的城市之列，具体数值如表 1-5 所示。

表 1-5　2007、2012 年全国降水 pH 年均值统计表

年均 pH 值	<4.5	4.5～5.0	5.0～5.6	5.6～7.0	≥7.0
2007 年所占比例/%	9.4	15.8	14.0	43.8	17.0
2012 年所占比例/%	5.4	13.3	12.0		

2010 年对 443 个城市进行酸雨监测，其中 189 个城市出现酸雨，我国酸雨污染仍然较重。四川广安市、江苏溧水县、上海南汇区、江西鹰潭和瑞金市、浙江台州和温州市、福建厦门市等 8 个城市（区）酸雨频率为 100.0%。浙江、江西、湖南、福建、上海的大部分地区，广东中部、广西北部、贵州东北部、四川东部、重庆南部、湖北西部、安徽南部等地区酸雨分布集中。

2012 年，监测的 466 个市（县）中，出现酸雨的市（县）215 个，占 46.1%；酸雨频率在 25%以上的 133 个，占 28.5%；酸雨频率在 75%以上的 56 个，占 12.0%。2012 年，降水 pH 年均值低于 5.6（酸雨）、低于 5.0（较重酸雨）和低于 4.5（重酸雨）的市（县）分别占 30.7%、18.7%和 5.4%（见表 1-5）。与上年相比，酸雨、较重酸雨和重酸雨的市（县）比例分别下降 1.1、0.5 和 1.0 个百分点。2012 年，全国酸雨分布区域主要集中在长江沿线及以南—青藏高原以东地区，主要包括浙江、江西、福建、湖南、重庆的大部分地区，以及长三角、珠三角、四川东南部、广西北部地区。酸雨区面积约占国土面积的 12.2%。

（2）水环境污染

我国水环境恶化仍未能得到有效控制，水污染问题已成为威胁人民健康和制约社会经济发展的重要因素之一。

1990 年，全国工业废水排放量达 249 亿吨，主要污染物有氨、氮、有机物、挥发酚、重金属、石油类等。再加上我国农业生产使用的化肥、农药逐年增加，未利用的部分进入水环境，

引起农村地下水及饮用水污染。

2010 年，全国废水排放总量 617.3 亿吨，比 2009 年增加 4.7%。其中，工业废水排放量 237.5 亿吨，占废水排放总量的 38.5%，比 2009 年增长 1.3%；城镇生活污水排放量 379.8 亿吨，占废水排放总量的 61.5%，比 2009 年增加 6.9%。废水中化学需氧量排放量 1 238.1 万吨，比 2009 年减少 3.1%。其中，工业废水中化学需氧量排放量 434.8 万吨，比 2009 年减少 1.1%；城镇生活污水中化学需氧量排放量 803.3 万吨，比 2009 年减少 4.1%。废水中氨氮排放量 120.3 万吨，比 2009 年减少 1.9%。其中，工业氨氮排放量 27.3 万吨，与 2009 年持平；生活氨氮排放量 93.0 万吨，比 2009 年减少 2.4%。工业废水排放达标率 95.3%，比 2009 年提高 1.1 个百分点。工业用水重复利用率 85.7%，比 2009 年提高 0.7 个百分点。

据中国环境监测总站 2006 年 6 月发布的《113 个环境保护重点城市集中式饮用水源地水质月报》，有 16 个城市水质全部不达标，有 74 个饮用水源地不达标，有 5.27 亿吨水量不达标。此外，目前全国还有 3 亿多农民饮用不合格的水。

据《2011 年中国环境状况公报》统计，2011 年我国废水排放量为 652.1 亿吨；废气中 SO_2 的排放量约为 2 218 万吨。相关数据的检测结果表明，全国环境质量状况总体平稳，不过形势严峻。具体到各个方面，首先是全国地表水质轻度污染，湖泊（水库）的富营养化问题突出。吴晓青介绍说，长江、黄河、珠江、松花江、淮河、海河、辽河、浙闽片河流、西南诸河和内陆诸河等十大水系 469 个国控断面中，Ⅰ～Ⅲ 类、Ⅳ 和 Ⅴ 类、劣 Ⅴ 类水质的断面比例分别为 61.0%、25.3% 和 13.7%。西南诸河水质为优，长江、珠江、浙闽片河流和内陆诸河水质总体良好，黄河、松花江、淮河、辽河总体为轻度污染，海河总体为中度污染。在 26 个监测湖泊中，富营养化状态的湖泊（水库）占到了 53.8%；而在监测的 4 700 多个地下水监测点位中，较差或极差水质的监测点比例达到了 55%。

（3）固体废物污染

固体废物污染已成为影响环境质量的另一严重问题，它不仅占用土地，而且污染地下水及水源地，并释放有毒有害气体。2001 年，全国工业固体废物产生量为 8.87 亿吨，比上年增加 0.61 亿吨；工业固体废物排放量为 2 893.8 万吨，比上年减少 9.2%。工业固体废物综合利用量为 4.7 亿吨，综合利用率为 52.1%。2007—2011 年全国工业固体废物产生及处理情况如表 1-6 所示。

表 1-6　2007—2011 年全国工业固体废物产生及处理情况

年度	产生量/万吨		排放量/万吨		综合利用量/万吨		存贮量/万吨		处置量/万吨	
	合计	危险废物	合计	危险废物	合计	危险废物	合计	危险废物	合计	危险废物
2001	8.87		2 893.8		4.7					
2007	175 767	1 079	1 197	0.074	110 407	650	24 153	154	41 355	346
2008	190 127	1 357	782		123 482	819	21 883	196	48 291	389
2009	204 094.2	1 429.8	710.7		138 349	830.7	20 888.6	218.9	47 514	428.2
2010	240 943.5	1 586.8	498.2		161 772	976.8	23 918.3	166.3	57 264	512.7
2011	325 140.6				199 757.4					

2010 年，全国工业固体废物产生量为 240 943.5 万吨，比 2009 年增加 18.1%；排放量为 498.2 万吨，比 2009 年减少 29.9%；综合利用量（含利用往年贮存量）、贮存量、处置量分别

为161 772.0万吨、23 918.3万吨、57 263.8万吨，分别占产生量的67.1%、9.9%、23.8%。危险废物产生量为1 586.8万吨，综合利用量（含利用往年贮存量）、贮存量、处置量分别为976.8万吨、166.3万吨、512.7万吨。

2011年，全国工业固体废物产生量为325 140.6万吨，综合利用量（含利用往年贮存量）为199 757.4万吨，综合利用率为60.5%。

（4）噪声污染

我国城市噪声一般都处于高声级。近年来，由于城市车辆密度增加，城市路网密度又大，交通噪声逐年上升。《2012年中国环境状况公报》显示，全国城市区域声环境和道路交通声环境质量基本保持稳定；3类功能区达标率高于其他类功能区，0类及4类功能区夜间噪声超标较严重。

区域声环境：监测的316个城市中，区域声环境质量为一级的城市占3.5%，二级占75.9%，三级占20.3%，四级占0.3%。与2009年相比，城市区域声环境质量一级、三级和四级的城市比例分别下降1.3、1.2和0.3个百分点，二级城市比例上升2.8个百分点。

环保重点城市区域声环境等效声级范围为47.6dB(A)~57.4dB(A)，等效声级面积加权平均值为54.3dB(A)。区域声环境质量为一级和二级的城市占77.9%，三级占22.1%。

道路交通声环境：监测的316个城市中，城市道路交通噪声强度为一级的城市占75.0%，二级占23.1%，三级占1.9%。与2009年相比，城市道路交通噪声强度为一级、二级和四级的城市比例持平，三级的城市比例上升0.6个百分点，五级的城市比例下降0.6个百分点。环保重点城市道路交通噪声平均等效声级范围为61.9dB(A)~71.3dB(A)。道路交通噪声强度为一级的城市占63.7%，二级占34.5%，三级占1.8%。

城市功能区声环境：全国各类功能区共监测16 856点次，昼间、夜间各8 428点次。各类功能区昼间达标7 668点次，占昼间监测点次的91.0%；夜间达标5 865点次，占夜间监测点次的69.6%。环保重点城市各类功能区昼间达标率为90.6%，夜间达标率为65.4%。

总体上看，各类功能区昼间达标率高于夜间，3类功能区达标率高于其他类功能区，0类及4类功能区夜间达标率低于其他类功能区。

2. 生态环境恶化问题

（1）森林匮乏、草原退化

2005年公布的第六次全国森林资源清查结果显示，我国有森林面积1.75亿公顷，森林覆盖率为18.21%，位居世界第130位，森林蓄积量为124.56亿立方米。

2009年公布的第7次全国森林资源清查结果显示，全国森林面积1.95亿公顷，森林覆盖率20.36%，森林蓄积137.21亿立方米。人工林保存面积0.62亿公顷，蓄积19.61亿立方米，人工林面积继续保持世界首位。

但是，清查结果也反映出，我国森林资源保护和发展依然面临着以下突出问题：

一是森林资源总量不足。我国森林覆盖率只有全球平均水平的2/3，排在世界第139位。人均森林面积0.145公顷，不足世界人均占有量的1/4；人均森林蓄积量10.151立方米，只有世界人均占有量的1/7。

二是森林资源质量不高。乔木林每公顷蓄积量85.88立方米，只有世界平均水平的78%，平均胸径仅13.3厘米，人工乔木林每公顷蓄积量仅49.01立方米。

三是林地保护管理压力增加。第七次清查林地转为非林地的面积虽比第六次清查有所减少，但依然有831.73万公顷，其中有林地转为非林地面积377.00万公顷，征占用林地有所增加，个别地方毁林开垦现象依然存在。

四是营造林难度越来越大。我国现有宜林地质量好的仅占13%，质量差的占52%；全国宜林地60%分布在内蒙古和西北地区。今后全国森林覆盖率每提高1个百分点，需要付出更大的代价。

《2005年中国环境状况公报》显示，2005年我国90%的可利用天然草场不同程度退化，全国草原生态环境"局部改善、总体恶化"的趋势未得到有效遏制。我国天然草原面积共有3.93亿公顷，约占国土总面积的41.7%，其中可利用草原面积为3.31亿公顷，占草原总面积的84.3%。

（2）耕地面积逐年减少，质量下降

2005年，全国耕地面积18.31亿亩。人均耕地面积已由10年前的1.59亩和2004年的1.41亩，逐年减少到1.4亩。

2007年我国耕地为18.26亿亩，与2006年相比，耕地净减少61万亩。水土流失面积356万平方千米，占国土总面积的37.08%。其中，水蚀、风蚀面积分别为165万平方千米、191万平方千米，分别占国土总面积的17.18%、19.9%。耕地质量退化趋势加重，退化面积占耕地总面积的40%以上。土壤养分状况失衡，耕地缺磷面积达51%，缺钾面积达60%。肥料施用总量中，有机肥仅占25%。工矿企业"三废"对农田土壤造成的污染不容忽视。

我国坡耕地面积大，占耕地面积的34.7%。加上耕地重用轻养现象严重，肥料施用不当，有机肥施用量少，化肥施用量大，致使氮、磷、钾失衡，钾透支严重。由于大水漫灌，造成土壤次生盐渍化现象突出。化肥、农药的大量施用，造成土壤酸化和地下水污染。耕地面积减少，降低了农业生产的潜在能力，使现有耕地承受着更大的压力。

国土资源部发布2011年度全国土地变更调查数据显示，截至2011年12月31日，全国耕地保有量为18.2476亿亩。自2009年全国耕地保有量连续3年保持在18.24亿亩以上，这表明国家"十二五"期末18.18亿亩耕地保有量目标得到有效保障。

到2030年，若人口达到预测的16亿高峰时，我国的耕地因建设占用、生态退耕、灾害损毁等因素，将减少到18亿亩左右，人均耕将不足1.2亩，届时人多地少矛盾将更加尖锐。

（3）荒漠化现象严重

我国是全球土地荒漠化严重的国家之一。截至2004年，全国荒漠化土地为263.62万平方千米，占国土面积的27.46%。与1999年相比，5年间全国荒漠化土地面积净减少37 924平方千米，年均减少7 585平方千米。全国沙化土地面积为173.97万平方千米，占国土面积的18.12%。与1999年同监测范围内相比，5年间沙化土地面积净减少6 416平方千米，年均减少1 283平方千米。

截至2009年年底，全国荒漠化土地面积262.37万平方千米，沙化土地面积173.11万平方千米，分别占国土总面积的27.33%和18.03%。5年间，全国荒漠化土地面积年均减少2 491平方千米，沙化土地面积年均减少1 717平方千米。监测表明，我国土地荒漠化和沙化呈整体得到初步遏制，荒漠化、沙化土地持续净减少，局部地区仍在扩展的局面。

（4）生物物种减少

我国生物的多样性居全球第8位，居北半球的第1位。由于森林减少，草原退化，农药、杀虫剂的大量使用,尤其是人为的过度捕猎和捕捞,使大量动植物的生存环境不断缩小,造成种群减少甚至消失。我国动植物种类中已有总物种数的 15%~20%受到威胁,高于世界 10%~15%的水平。在《濒危野生动植物种国际贸易公约》所列的 640 种物种中,我国就占 156 种。近 50 年来,基本灭绝的动物有近 10 种,200 余种植物已灭绝。

(5) 自然灾害频繁

我国自然灾害越来越频繁,而且种类较多,主要自然灾害有洪涝、干旱、台风、冰雹、海啸、暴风潮,还有生物灾害、森林草原火灾等,如图 1-8 所示给出了 2006 年我国自然灾害的死亡人数和经济损失。

图 1-8 2006 年我国自然灾害的死亡人数和经济损失

由于生态环境遭到破坏,造成北方沙尘暴连年发生。1993 年 5 月 5 日,西北四省沙尘暴造成 116 人死亡,269 人受伤,成灾耕地 96.3 万亩,直接经济损失 5.4 亿元。1998 年 4 月 15 日,新疆发生的沙尘暴导致 11 人失踪,席卷了内蒙古、北京,直捣南京,在历史上极为罕见。2007 年 4~9 月份,甘肃省频繁发生干旱、冰雹、洪灾、干热风等气象自然灾害。据统计,频繁的自然灾害造成甘肃直接经济损失逾 36 亿元人民币,1 044.34 万人受灾。

2008 年春节期间的冻雨雪天气,给我国的经济造成了严重的损失,给人民生命财产带来了严重的危害。如从中国移动、中国联通、中国网通及中国电信 4 家运营商处了解到,4 家运营商的损失已经超过 1 亿元;江山市出现罕见的持续雨雪冰冻天气,全市受灾人口达 30 万余人,农作物受灾面积 19.1 万亩;毛竹、用材林受灾 21.5 万亩,畜禽死亡超 1 万只(头),损坏民房 135 间,倒塌房屋 74 间。交通严重受阻,长途客运线基本停开,60 余条农村班线停运,5 条县道、12 条乡道、47 条农村公路交通中断,4 万余人因交通受阻被困;电力线路受损严重,243 个村停电,216 个行政村广播电视网络全部瘫痪,因冰冻雪灾造成直接经济损失达 4.6 亿元等。

2012 年,各类自然灾害共造成 2.9 亿人次受灾,直接经济损失 4 185.5 亿元(不含港澳台地区数据)。2012 年,各类自然灾害共造成 1 338 人死亡(包含森林火灾死亡 13 人),192 人失踪,1 109.6 万人次紧急转移安置;农作物受灾面积 2 496.2 万公顷,其中绝收 182.6 万公顷；房屋倒塌 90.6 万间，严重损坏 145.5 万间，一般损坏 282.4 万间。

人类的不合理生产活动导致了环境的恶化，环境的恶化诱发或加重了自然灾害的发生，而自然灾害的发生又进一步破坏了环境，对人类进行了无情的报复，这是一个恶性循环的发生和延续。只有充分发挥人类社会的调控机能，遵循自然规律，在人与自然环境之间寻求和谐的关系，改善环境，减轻灾害，才能为人类生存和社会发展创造更加美好的环境条件。

1.3 环境科学

1.3.1 环境科学的概念

环境科学是在人们亟待解决环境问题的社会需要下迅速发展起来的，它是一个由多学科到跨学科的庞大科学体系组成的新兴学科，也是一个介于自然科学、社会科学和技术科学之间的边缘学科。环境科学形成的历史虽然只有短短的几十年，但它随着环境保护实际工作的迅速扩展和环境科学理论研究的深入，其概念和内涵日益丰富和完善。环境科学可定义为"一门研究人类社会发展活动与环境演化规律的相互作用关系，寻求人类社会与环境协同演化、持续发展途径与方法的科学"。

环境科学是研究人类活动与其环境质量关系的科学。从广义上来说，它是对人类生活的自然环境进行综合研究的科学；从狭义上来说，它是研究由人类活动所引起的环境质量的变化，以及保护和改进环境质量的科学，它所研究的只限于次生环境问题。环境科学的研究对象是人类与其生活环境之间的矛盾。在这一对矛盾中，人是矛盾的主要方面。因此，在环境科学中，人和社会因素占有主导地位，决定环境状况的因素是人而不是物。环境科学绝不是纯粹的自然科学，而是兼有社会科学和技术科学的内容和性质。它不仅要研究和认识环境中的自然因素及其变化规律，而且要认识和了解社会经济因素及其技术因素与规律，以及人和环境的辩证关系等。把自然环境同社会生产关系割裂开来的观点是错误的。

1.3.2 环境科学研究的对象和任务

环境科学的研究对象是"人类和环境"这对矛盾之间的关系，其目的是要通过调整人类的社会行为，以保护、发展和建设环境，从而使环境永远为人类社会持续、协调、稳定的发展提供良好的支持和保证。

环境科学研究环境在人类活动强烈干预下所发生的变化，以及为了保持这个系统的稳定性所应采取的对策与措施。在宏观上，它研究人类与环境之间相互作用、相互促进、相互制约的统一关系，揭示社会经济发展和环境保护协调发展的基本规律；在微观上，它研究环境中的物质，尤其是人类排放的污染物在有机体内迁移、转化和积累的过程与运动规律，探索其对生命的影响及作用机理等。

环境科学的任务就是揭示"人类和环境"这一对矛盾的实质，研究二者之间的辩证关系，掌握其发展规律，调控二者之间物质、能量与信息的交换过程，寻求解决矛盾的途径和方法，以求人类—环境系统的协调和持续发展。因此，环境科学的主要任务应包括以下几方面。

1. 了解人类与自然环境的发展演化规律

这是研究环境科学的前提。在环境科学诞生以前,有关的科学部门已经为此积累了丰富的资料,如人类学、人口学、地质学、地理学、气候学等。环境科学必须从这些相关学科中吸取营养,从而了解人类与环境的发展规律。

2. 研究人类与环境的相互依存关系

这是环境科学研究的核心。在人类与环境的矛盾中,人类作为矛盾的主体,一方面从环境中获取其生产与生活所必需的物质与能量,另一方面又把生产与生活中所产生的废弃物排放到环境之中,这就必然引起资源消耗与环境污染问题。而环境作为矛盾的客体,虽然消极地承受人类对资源的开采与废弃物的污染,但这种承受是有一定限度的,这就是所谓的环境容量。这个容量就是对人类发展的制约,超过这个容量就会造成环境的退化和破坏,从而给人类带来意想不到的灾难。

3. 探索在人类活动强烈影响下环境的全球性变化

这是环境科学研究的长远目标。环境是一个多要素组成的复杂系统,其中有许多正、负反馈机制。人类活动造成的一些暂时性的、局部性的影响,常常会通过这些已知的和未知的反馈机制积累、放大或抵消,其中必然有一部分转化为长期的和全球性的影响,例如上文述及的大气中 CO_2 浓度增加的问题。因此,关于全球环境变化的研究已成为环境科学的热点之一。

4. 开发环境污染防治技术与制定环境管理法规

这是环境科学的应用方面。在这方面,西方发达国家已取得一些成功的经验:从20世纪50年代的污染源治理,到60年代转向区域性污染综合治理,70年代则更强调预防为主,加强了区域规划和合理布局。同时,又制定了一系列有关环境管理的法规,利用法律手段推行环境污染防治的措施。近年来,我国在这两方面都取得了可喜的成就,但是要达到控制污染、改善环境的目标,还需做出更大的努力。

1.3.3 环境科学的内容和分科

1. 环境科学的内容

环境科学研究的是"人类—环境"的相互关系,这就决定了环境科学是一个跨学科的科学体系,是介于自然科学、社会科学、技术科学之间的边缘学科。

20世纪60年代,当环境问题日趋严重并引起人们广泛关注时,一些学科首先参与环境科学,并在这些学科内部产生了一些新的分支学科,如环境物理学、环境地学、环境化学、环境生物学、环境法学、环境经济学等。这些分支学科从不同的角度分别应用各自的观点和方法研究环境问题。进入70年代后,随着这些学科的相互渗透、相互作用,就产生了更高层次的、统一的、独立的新科学——环境学。环境学是环境科学的核心,其分支学科如下。

(1) 理论环境学:包括环境科学方法论、环境质量评估的原理与方法、环境区划与环境规划的原理和方法以及人类—社会生态系统研究的原理与方法。其主要任务是以辩证唯物论和历史唯物论为指导,应用系统论、信息论、控制论等现代科学理论,总结历史经验,继承和发展有关"人类—环境"的理论,以建立与现代科学技术水平相适应的环境科学的基本理论。其目的是建立一套调控人类与环境之间的物质和能量交换过程的理论和方法,为解决环境问题提供方向性、战略性的科学依据。

(2) 综合环境学:是全面研究"人类—环境"这一矛盾体发展、调控、改造和利用的科学。

(3) 部门环境学:是研究"人类—环境"这一矛盾体中某种特殊矛盾的发展、调控、改造和利用的科学。部门环境学向自然科学过渡就是自然环境学,如物理环境学、化学环境学、生物环境学等;向社会科学过渡就是社会环境学,如经济环境学、文化环境学、政治环境学等;向技术科学过渡就是工程技术环境学,这是研究人类与技术圈之间的对立统一关系的科学。

2. 环境科学的分科

环境科学是 20 世纪 70 年代新兴的一门科学,目前正处于蓬勃发展的阶段,对环境科学的分科体系还没有成熟一致的看法。不同的学者从不同的角度提出了各种不同的分科方法,图 1-9 所示是其中的一种分科体系。

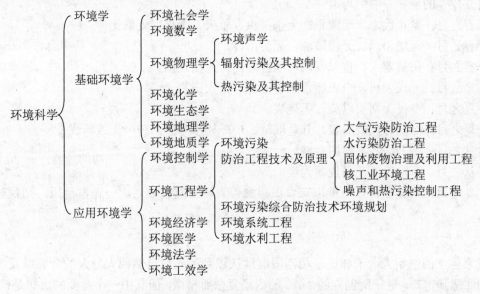

图 1-9 环境科学的一种分科体系示意图

1.4 环境思想和环境意识

1.4.1 中国古代的环境意识及"天人合一"

1. 环境意识

从远古时期起,我们的祖先就开始有了自然生态环境的思想。根据先秦的历史文献记载,我国出现自然保护的思想和由此产生的礼仪制度是很早的,在西周时期就形成了。

《商君书·画策》中说:"黄帝之世,不麛不卵。"这说明远在黄帝统治的时代,人们就不捕猎小鹿,不捡鸟蛋。鹿是古代最重要的狩猎兽,因此常被前人当作山兽的象征,而卵则是禽鸟发育的基础。

西周时期颁布的《伐崇令》规定："勿坏屋，勿填井，勿伐树木，勿动六畜。有不如令者，死无赦。"这是我国古代较早的保护水源、森林和动物的法令，而且极为严厉。

《诗经》中有"怀柔百川，及河乔岳"的说法。《国语·论语》中对此作了解释：九州名山川泽，是出产物质资源的地方，所以要祭祀。这说明，当时的人民之所以尊崇山川，已经不完全是迷信，而主要是因为山川是资源的产处。

春秋战国时期，由于铁器的大量使用，人们开发自然的能力迅速加强，伴随着社会生产的发展和统治阶级追求穷奢极欲的生活方式，促使不少山林薮泽被开垦和破坏。除农田面积的增加外，也造成局部环境问题的产生。当时这种问题的产生，尤其是一些不合理的开发，如焚林而猎、放火烧荒等不择手段地破坏生物资源现象的出现，不断引起当时政治思想家的严重关注，并制定相关的环境保护条文。

这些环境保护的条文比较系统地体现在战国末年成书的《吕氏春秋》一书中，其中颇有"顺时立政"的意味。书中写道：

孟春之月：禁止伐木，无覆巢，无杀孩虫、胎夭、飞鸟，无麑无卵。

仲春之月：无竭川泽，无漉陂池，无焚山林。

季春之月：田猎罼弋，罝罘罗网，喂兽之药，无出九门。

孟夏之月：无伐大树，……驱兽无害五谷，无大田猎。

仲夏之月：令民无刈蓝以染，无烧炭。

季夏之月：令渔师伐蛟取鼍，升龟取鼋。……树木方盛，……无或斩伐。

孟秋之月：鹰乃祭鸟，始用行戮。

季秋之月：草木黄落，乃伐薪为炭。

仲冬之月：山林薮泽，有能取疏食田猎禽兽者，野虞教导之。……日至短，则伐林木，取竹箭。

2. "天人合一"

道家哲学的创始人老子和庄子相当清醒地认识到了人与自然或人与人的分裂以及由此所产生的罪恶和苦难。老子所创立的"道"的内涵复杂而精微，但其中一个重要的思想是：宇宙、自然本是混沌同一的，因而分裂了的人性和人类社会也应该返璞归真，最终回到一种无为而治，人与自然、人与人和谐相处的理想社会中去。

正是因为道家看到了技术（即"机械、机事、机心"，见《庄子·外篇·天地第十二》）对人与自然和谐关系的影响，人与自然、人与人的分裂以及由此所产生的罪恶和苦难，所以提出了"天人合一"的思想。

"天人合一"的思想实际上在我国民族文化的孕育过程中就已经产生，与我国民族早期的发展经历有密切的关系。我国有"盘古开天地"的神话，相传最初天地不分，茫然一片，盘古孕育其中，以日增一丈的速度与天地同长。至一万八千岁，天地始分。盘古死后，呼吸化为风云，声音变成雷霆，左眼为日，右眼为月，四肢五脏化为四极五岳。血液化成江河，筋脉化成山脉，肌肉化成田土，发髭化成星辰，皮毛化成草木，齿骨化成金石，精髓化成珠玉，汗水化成雨泽，身上诸虫，化为黎民百姓。

在中国盘古开天地的神话中，人与天地（环境）一同孕育，共同生长。虽然后来分成了三大部分（天、地、人），但却紧密联系。人的机体各部分都能在天地中找到相应的表现。我国古代学术思想中的天、地、人三才之道，天人合一思想，在这个古代神话中就能找到影子。盘古实际上意味着自然。他有生有死，有血有肉。天、地、人互相依存，紧密联系。

1.4.2 西方环境思想的发展与环境保护的兴起

1. 西方环境思想的源流

在西方文化的源头——希腊文化中，一开始就表现出了一种内在的矛盾性，表达了两种基本文化信念：在其本体论中，强调的是人对自然的主宰，欧洲人以"世界是为人创造"的理性精神和"我为上帝，万物为我"的价值观，就是源自于古希腊的那种主宰、驾驭和改造自然的价值意愿；而在其物质观中，则强调了自然和自然本身的自我演化机制，认为世界秩序源自于强有力的自然个体的相互竞争的"天机"。这显示了人类对自然的认识及其对自身所处位置的宏观界定。人类归根结底是在自然之中，是自然的有机部分，遵循着大自然的法则而生活和劳作。

古希腊思想家柏拉图、亚里士多德等曾发出告诫：人类的发展要与环境的承载能力相适应，人口应当保持适度的规模。柏拉图以其敏锐的洞察力，深刻地揭示出如果生态环境受到破坏，那么今天的繁华之所到明天，将只留下一些"荒芜了的古神殿"。

16世纪后期，在欧洲文艺复兴的推动下，随着以实验为基础的近代科学的产生，极大地改变了人类的历史进程和人类的生活面貌。然而，这不但意味着西方人源自古希腊的那种主宰、驾驭和改造自然的价值意愿在数学，尤其是牛顿力学等科学中被极大地强化，而且还通过科学获得了主宰和改造自然的强有力的技术手段。这个时期兴起的机械唯物主义的思想使整个自然在西方人的眼里逐步变成了一部大机器，他们认为，自然"一切都是给定的"，都是由必然性所支配、严格按照轨道运行的，只要认识了这个必然性，把握了其中的规律，人类就可以像摆弄钟表那样控制和改造自然这部大机器，从而疯狂地征服自然。

科学的发展把人与环境完全割裂了开来，形成了二元对立、机械论和还原论的分析方法。在基督教文明圈中，宗教改革强化了"我为上帝，万物为我"的传统思想。这种种变化凑合在一起，促成了以工业主义为代表的人类中心主义文明。这种文明促成了人类历史的巨大进步，但也造成了地球生态系统的巨大破坏，几乎把人类文明逼入了难以为继的绝境。

2. 西方环境思想的发展与环境保护的兴起

20世纪50年代开始，随着以世界八大环境公害事件为代表的环境公害的频繁发生，人口的爆炸式增长，人们才开始对环境问题及其危害有了比较深刻的认识，并开始提出解决环境问题的要求。环境问题开始提到人们的议事日程上来，环境意识与环境思想有了长足的发展。富有责任感和开拓精神的科学家们感觉到，有必要进一步增进人类对于地球环境的全面认识，用科学手段解决各种环境问题，以重建社会和自然的新秩序。

R. 布朗在1948年出版的《美国历史地理》中不但强调了人类社会赖以生存的地理环境处于不断变化之中，还着重探讨了由于人的活动引起的某一地区在一定的历史时期发生的巨大变化。人类学发展到了与生态学相结合的生态人类学。它着重探讨人及其文化通过资源分布、生产方式、繁殖方式和消费方式与环境发生的关系。

人类的地球观开始转变，认识到地球是一个有限的球体这一事实。地球是有限的，没有任何取之不尽的资源可供开采或污染，在这种情况下，经济活动必须有所调整，以便与新的地球观相一致，人们才能正视环境问题的存在和危害，危机感开始出现。一系列震撼人心的环境保护与可持续发展巨著的发表，彻底扭转了人类社会的环境思想，其中，最有代表性的当推《寂静的春天》和《增长的极限》。同时，轰轰烈烈的环境保护运动首先在西方兴起，继而蔓延到全球。

1.5 环境伦理观与环境伦理学

1.5.1 基本概念

1. 什么是伦理学

伦理学是研究人（"个体"）通过自己的社会实践活动来实现自己的社会生存、发展和完善的学说。伦理学应分为"广义伦理学"和"狭义伦理学"。前者以"实践"为逻辑起点，形成美学、狭义伦理学、教育学和法学；后者就是通常所说的伦理学，它以"善"或"道德"为核心。

2. 环境伦理学

环境伦理学是研究人类与环境及非人类世界的道德关系以及环境与非人类世界的价值和道德地位的一门学科。作为一种全新的伦理学，它在强调人际平等、代际公平的同时，试图扩展伦理学的视野，把人之外的自然存在物纳入伦理关怀的范围，用道德来调节人与自然的关系。

自从 20 世纪 70 年代作为哲学的一门新的分支学科出现以来，环境伦理对传统的人类中心主义作出强而有力的挑战。首先，它质疑人类在地球诸物种中的道德优先权；其次，它理性地研究赋予自然环境及其非人类成员内在价值的可能性。

1.5.2 环境伦理观：困惑与争议

伦理价值观，是人类社会最深层次的文化核心，是人类社会最稳定、最内在的本质行为准则。如果说飞速发展的科学、技术及工业、经济，是人类社会以越来越快的速度发展的引擎的话，伦理价值观则是刹车，它无时无刻不提醒我们回过头来，反思一下我们的路径并展望一下我们的前途。伦理价值观转变较为缓慢，充满了冲突、困惑、焦虑与争议。环境伦理观，反映人类与环境及非人类世界的道德关系以及环境与非人类世界的价值和道德地位，作为矛盾的焦点，更是如此。

从历史中，我们不难发现，不同时代、不同文化的人类对大自然的态度，一直都在改变，大致上有三种价值取向：第一，人类屈从于自然，为强有力和不妥协的大自然所支配；第二，人类凌驾于自然，支配、利用和控扼自然；第三，人是自然固有的一部分，如同动物、植物和山川一样，应设法和大自然和谐共处。这种概括足以客观地反映出人类和自然之间的伦理关系及其历史发展。

随着工业文明的兴起，科技与生产力水平的极大进步以及征服自然的逐步胜利，人类在加快了对自然索取的同时，主宰自然、奴役自然、支配自然逐渐成为人类环境伦理的主流。培根主张通过获得知识达到对自然的统治，笛卡儿则宣称"人是自然界的主人和所有者"。可是，工业文明既为人类带来了前所未有的物质文明，也造成了各种各样的环境问题，如大气污染、温室效应、臭氧层破坏、水体污染、土壤污染、土地沙漠化、海洋污染和物种灭绝等。面对工业化引起的公害肆虐，学者、政治家和公众逐渐以科学理性的态度开展了对人与自然关系的再探讨、再认识。

而人类的主宰自然、改造自然，甚至是创造自然、创造人类自我的能力，对人类社会最本质的伦理价值观也提出了空前的挑战。一系列新的问题摆在了人类面前。人类开始对自己过度膨胀的能力与欲望感到惶恐不安，对人类社会未来的走向，对人类社会的伦理价值观开始反思。

假设扑灭自然之火、驱逐野生动物或者毁灭一些繁殖过度的本地物种的部分个体，将有助于保护某一特定生态系统的完整性。那么，这一系列行为在道德上是否是可允许的甚至是必要的？一家采矿公司在先前未经破坏的地区露天挖矿，该公司是否有道德义务来恢复该地区的地形地貌以及地表生态？与原初自然状态下的自然相比，经人工恢复的自然，其价值何在？人类污染、破坏自然环境，消耗地球上大量的自然资源，这种行为通常被认为是错误的。而其错误是否仅仅在于它对一个可持续的环境对于人类福利来说是至关重要的？还是说，自然环境及其多样物种具有特定价值，这些价值有无权利受到尊重与保护？

随着生命科学的发展，克隆技术的实用化，尤其困惑着我们的是，我们是否有权利复制动物、克隆动物，甚至是复制自己、克隆自己。

1.5.3 环境伦理准则

环境伦理从自然生态系统的角度看待各种价值，包括生命体的价值。因此，对人类及其个体生命价值的珍重与维护以及推而广之，对生态系统中每一种生命及环境系统的珍重与维护，成为环境伦理准则的根本。从权利的角度来看，环境权是个人的基本人权。人类对环境保护和对环境污染的治理，最终将受惠于每一个人，这也是无可置疑的。然而，环境问题的复杂性在于：人类面对环境的行为往往不是个人行为，因此，对环境的治理或者保护都需要群体的努力和合作；但是任何个人对环境的行为和做法，其环境后果都不限于个人，而会对周边环境乃至整个人类造成影响。所以，应当关心个人，关心人类，关心整个环境系统。

在处理环境问题上应当遵循下列准则：

其一，正义原则。按照环境伦理，任何向自然界排放污染物以及肆意破坏自然环境的行为都是非正义的，应当受到社会舆论的谴责；而任何有利于环境保护与生态价值维护的行为都是正义的，应该得到社会舆论的赞扬。

其二，公正原则。公正原则要求我们在治理环境和处理环境纠纷时维持公道。公正的做法是由环境污染的企业承担责任并赔偿环境污染造成的损失。

其三，权利平等原则。这里的平等是指在自然环境和自然资源使用上的平等。根据人类在地球上生存、享受和发展的权利平等的原则，富国不仅应该限制自己对自然资源的大量消耗、节制自己的奢侈和浪费行为，而且应该帮助穷国发展经济，摆脱贫穷。人类在对环境资源的享用方面应该遵守个体平等原则，而这种对环境享用的平等原则实际上也意味着所有个体对污染物排放权的平等,因而只有"人均等排放配额原则"才是公正合理的。

其四,合作原则。要开展环境保护与环境治理方面的国际合作和地区合作。只有这样,全球性的环境问题才能得到解决。在全球环境变化的风险中,无论是全球性的风险还是局域性的风险,均应由全球共同承担,因为这些风险归根到底是由全球人类活动造成的跨地区影响的结果。

1.6 环境保护的重要性

1.6.1 环境保护的概念

环境保护是一项范围广、综合性强,涉及自然科学和社会科学的许多领域,又有自己独特对象的工作。概括起来说,环境保护就是利用环境科学的理论与方法,协调人类和环境的关系,解决各种问题,是保护、改善和创建环境的一切人类活动的总称。

环境保护的内容,根据《中华人民共和国环境保护法》的规定,包括"保护自然环境"与"防治污染和其他公害"两个方面。这就是说,要运用现代环境科学的理论和方法,在更好地利用自然资源的同时,深入认识和掌握污染和破坏环境的根源和危害,有计划地保护环境,恢复生态预防环境质量的恶化,控制环境污染,促进人类与环境的协调发展。

随着社会主义现代化事业的发展和人们对环境问题认识的提高,人类对环境保护重要性的认识日益深化。环境保护的目的应该是随着社会生产力的进步,在人类"征服"自然的能力和活动不断增强的同时,运用先进的科学技术,研究破坏生态系统平衡的原因,更要研究人为原因对环境的影响和破坏,寻找避免和减轻破坏环境的途径和方法,化害为利,为人类造福。

1.6.2 环境保护是中国的一项基本国策

1983年年底,在国务院召开的第二次全国环境保护会议上,李鹏总理代表国务院宣布,保护环境是中国的一项基本国策。所谓国策,是立国、治国之策,是对国家经济、社会发展和人民物质文化生活的提高具有全局性、长久性和决定性影响的重大战略决策。这说明环境对国家的经济建设、社会发展和人民生活具有全局性、长期性和决定性的影响,是至关重要的。环境保护作为一项基本国策的重要意义主要有如下几点。

1. 防治环境污染,维护生态平衡,是保证农业发展的重要前提

我国陆地面积为960万平方千米,仅次于俄罗斯、加拿大,位列世界第三位,物产丰富,品种齐全,堪称地大物博。但是,我国是一个拥有13亿人口的大国,按人均资源来说,却并不丰富,特别是人均生物资源不丰富。2005年人均耕地1.41亩,仅为世界人均量的2/5;人均森林面积0.132公顷,不到世界平均水平的1/4;人均森林蓄积量9.421立方米,不到世界平均水平的1/6。随着人口的增加和建设用地的扩展,今后人均耕地还将进一步下降。在这数量有限的耕地上,除了栽种粮食作物外,还要种植棉、麻、蔗、茶等经济作物,为轻纺工业提供原料。因此,充分合理地使用、精心妥善地保护有限的耕地资源和生物资源,使之免遭污染

和破坏，保证人民主、副食的供应和必需消费品的供应，不能不说是一项基本国策。

2. 制止环境继续恶化，进一步提高环境质量是促进经济发展的重要条件

我国的环境污染已到了相当严重的地步，污染物的排放量在世界上也是最多的国家之一，自然环境受到严重破坏，影响了人民的生产和生活，已经成为突出的社会问题，并且浪费了宝贵的资源和能源。就水污染来说，污染使水质变坏，更加重了水资源的短缺问题。我国是一个发展中国家，资金、能源等都不足，环境的污染更加剧了困难。显然，不改变这一状况，现代化建设就难以顺利进行。因此，采取得力措施，保护和改善环境质量，为经济发展扫清道路，就必然成为一项重要的战略任务。

3. 环境保护是两个文明建设的重要组成部分

发展生产力，并在这个基础上逐步提高人民的生活水平，这就是建设物质文明的要求。与生产力发展关系十分密切的工业、农业、城建、交通、能源等方面几乎都有各自的污染问题。如果能通过完善生产流程以及加强生产、技术、设备、资源、劳动等管理来提高资源利用率，减少污染物的排放，则既可以取得较好的环境效益，又可以取得较好的经济效益和社会效益，创造更多的物质财富。

社会主义精神文明建设包括思想道德建设和教育科学建设两个方面。因而，加强社会主义环境道德建设，加强环境教育，提高人们的环境意识，使人的行为与环境相和谐，是解决环境问题的一条根本途径。这是环保的基础保证，已被各国政府所认同。

4. 保护环境是关系到人类命运前途的大事

保护资源，创建一个清洁优美的生活环境和自然环境是人类生活和健康的需要，是涉及子孙后代命运前途的大事。环境是全人类共同的财富，当代人的生存发展需要它，后代人的生存发展更需要它。深刻认识环境保护作为我国一项基本国策的重要意义，要在发展生产的过程中搞好环境保护，做到经济效益与环境效益的统一，为当代人创造一个美好的环境，为后代人留下一个美好的环境。

复习思考题
1. 什么是环境？什么是环境问题？
2. 环境问题是如何产生和发展的？
3. 简述我国环境污染的现状。
4. 我国环境问题的特点是什么？
5. 试述当前世界关注的全球环境问题及其成因和危害。

第 2 章 环 境 生 态

2.1 环境生态学定义及其发展

环境问题不是孤立存在的，环境问题所产生的各种生态效应也是相互联系的，如何处理环境问题及其所带来的生态效应成为环境科学研究的重点。

环境是人类以及生物有机体赖以生存的各种外界客观条件。从环境的功能和作用意义上，环境可以定义为人类或者生物生存所需要的条件和各种物质资源的综合，从这个角度来说，环境涵盖了生态的概念。而生态更加强调以生命为中心，可以理解为生物系统及其所处的环境系统之间的相互关系，生态学研究也偏重生物内在的作用机理以及生物与环境间相互作用规律的研究。

环境系统是一个相互联系、相互制约的统一体。由于人类的干扰，更多的环境问题凸显出来，这些环境问题造成了更大范围的生态问题。局部生态环境的破坏效应叠加，可以引起全球生态环境的恶化，是一个量变引起的质变过程。生态环境的恶化成为各种环境问题的焦点，而生物圈中的生命有机体既是环境污染危害的对象，也是环境污染危害程度的调节者。恢复生态平衡，首先要保护生物资源，重视生命成分在维持生物圈中的地位和作用，以增加生态系统的功能为出发点。就环境科学发展趋势而言，生态学相关理论和方法已成为解决环境问题的重要理论基础，为环境科学探索解决环境问题的有效途径提供方法和技术的支持。

2.1.1 生态学定义

生态学是研究生态系统的科学。生态系统是指一定空间中共同栖居的所有生物以及生物与其环境之间的由于不断的物质循环和能量流动过程而形成的统一整体。

生态学是"研究生物与环境之间相互关系及其作用机理的科学"。生物包括植物、动物和微生物，环境包括非生物环境和生物环境。1869 年，德国动物学家赫克尔（Haeckel）最早提出生态学（Ecology）的定义：生态学就是研究生命有机体和周围环境之间相互关系的科学。

2.1.2 环境生态学定义

环境生态学是环境科学与生态学之间的交叉学科，是生态学的重要应用学科之一。环境生态学是研究人为干扰下，生态系统内在的变化机理、规律和对人类的反效应，寻求受损生态系统恢复、重建和保护对策的科学，即运用生态学理论，阐明人与环境间的相互作用及解决环境问题的生态途径。环境生态学不同于以研究生物与其生存环境之间相互关系为主的经典生态学；也不同于只研究污染物在生态系统中的行为规律和危害的污染生态学和研究社会生态系统结构、功能、演化机制以及人的个体和组织与周围自然、社会环境相互作用的社会生态学，它解决的是环境污染和生态破坏这两类环境问题的学科。

2.1.3 环境生态学的发展

环境生态学始于20世纪五六十年代,随着全球性环境问题日益严重,如全球性气候变化、酸雨、臭氧层破坏、荒漠化扩展、生物多样性减少等带来的环境不断破坏、资源日益衰竭的严重生态危机,使全球环境和生态系统失衡。这些生态危机多是人类造成的(见图2-1)。在无数的教训中,人们开始认识到地球的环境是脆弱的,各种资源也不是取之不尽;环境被破坏、资源被过度利用以后是很难恢复的。人们也逐渐认识到,必须依赖于生态学原理和方法才能使维护人类赖以生存的环境和持续利用各种资源成为可能。

图2-1 人类活动干扰生态环境

(a) 黄土高原侵蚀外貌。水土流失面积约占我国国土陆地面积的38%,我国是世界上水土流失最为严重的国家之一。(b) 水体富营养化导致水质恶化,影响供水水质并增加供水成本,对水生生态的影响极大。(c) 森林树木遭到砍伐,资源过度消耗,导致动植物物种、森林植被类型等的加速灭绝。(d) 草原的过度放牧、过度开采,导致草原、高山灌丛等植被的退化。

20世纪60年代初,美国海洋生物学家R. Carson的著作《寂静的春天》的出版对环境生态学的发展起到了极大的推动作用。该书描述了使用农药造成的严重污染,阐明了人类生产活动与春天寂静间的内在机制;阐述了人类同大气、海洋、河流、土壤及生物之间的密切关系。

这些论述有力地促进了生态系统与现代环境科学的结合。

20世纪70—80年代是环境生态学的迅速发展时期。W. Barbara等在1972年出版的《只有一个地球》一书中，从整个地球的发展前景出发，从社会、经济和政治的不同角度，论述了经济发展和环境污染对不同国家产生的影响，指出人类所面临的环境问题，呼吁各国重视维护人类赖以生存的地球。该书的出版对环境生态学的发展起到了重要的作用。这一时期，国际上出版了一系列有影响的环境生态学方面的专著，如《环境生态学：生物圈、生态系统和人》(Anderson, 1980)，《人口、资源、环境——人类生态学的课题》(Ehrlich, 1972)，《生态科学：人口、资源和环境》(Holdren, 1977)，《环境、资源、污染和社会》(Murdock, 1975)，《我们生态危机的历史根源》(White, 1967)，《人口炸弹》(Ehrlich, 1968)等。

20世纪70年代后期，研究者们在有关受干扰和受害生态系统恢复和重建的理论和实际应用方面做了大量的工作。1975年在美国召开了题为"受害生态系统的恢复"的国际会议，专家们第一次讨论了受害生态系统的恢复和重建等许多重要的环境生态学问题。Carins等在1980年出版了《受害生态系统的恢复过程》一书，广泛探讨了受害生态系统恢复过程中的重要生态学理论和应用问题。1983年美、法两国专家召开了题为"干扰与生态系统"的学术讨论会，系统地探讨了人类的干扰对生物圈、自然景观、生态系统、种群和生物个体的生理学特性的影响。1996年召开了第一届世界恢复生态学大会。自20世纪70年代之后，我国在区域生态环境破坏的历史分析，区域生态环境质量的评价，生态系统稳定性的维护和受害生态系统的恢复、重建等领域也开展了大量的工作，并取得了非常可喜的成果。

2.1.4 环境生态学的研究内容

环境问题是环境生态学研究的出发点，在人类的干扰下造成了各种生态环境退化，环境生态学是伴随着环境问题而出现和发展的。

目前环境生态学主要研究内容有：

（1）人为干扰下生态系统的内在变化机理和规律；

（2）各类生态系统的功能、保护和利用；

（3）生态系统退化的机理及其修复；

（4）解决环境问题的生态对策；

（5）全球性环境生态问题的研究。

维护生态系统的正常功能、改善人类生存环境并使之协调发展，是环境生态学的根本目的。运用生态学理论，保护和合理利用自然资源，防止和治理环境污染与生态破坏，恢复和重建生态系统，以满足人类生存发展的需要，是环境生态学的主要任务。

2.2 生态系统

2.2.1 生态系统的含义

系统是指由多个相互联系的部件组成的能够执行一定功能的整体。生态系统是指自然界一定空间内的生物与环境之间相互作用、相互制约、不断演变,达到动态平衡、相对稳定的统一整体,是具有一定结构和功能的单位。简单地说,生态系统是生物和环境之间进行物质和能量交换,并在一定时间内处于动态平衡的基本单位。

在生态系统中,各生物彼此之间以及生物与非生物的环境因素之间互相作用、关系密切,而且不断进行着物质循环和能量流动。如果把地球上所有生存的生物和周围环境条件看作一个整体,那么这个整体就称为生物圈。目前,人类所生活的生物圈内有无数大小不同的生态系统。一个复杂的大生态系统中又包含无数个小的生态系统,湖泊、河流、海洋、森林、高山、平原、城市、矿区等,都可以构成不同的生态系统。生态系统虽然有大和小、简单和复杂之分,但其结构和功能都相似,都是自然界的一个基本活动单元。生物圈就是由无数个形形色色、丰富多彩的生态系统有机地组合而成的。因此可以说,生物圈是地球上最大的生态系统,其余的生态系统都是构成生物圈的基本功能单元。

2.2.2 生态系统的组成

生态系统是由生物成分和非生物成分两部分组成的。

1. 生物成分

生物成分包括生产者、消费者和分解者。

(1) 生产者

能进行光合作用制造有机物或能够利用化学能把无机物转化成有机物的绿色植物和自养微生物多属于生产者。绿色植物通过光合作用把 CO_2、H_2O 和无机盐转化成有机物,把太阳能转化成化学能。因此,绿色植物是整个生态系统(包括绿色植物本身)食物和能量的供应者。

(2) 消费者

消费者是指以有机物质作为食物来源的各种动物、某些寄生和腐生的菌类。按食性的差别分为以草为食物的一级消费者、以草食性动物为食物的二级消费者和以二级消费者为食物的三级消费者等。

(3) 分解者

分解者又称还原者,主要是指细菌和真菌等微生物和土壤中的小型动物。分解者的作用,就在于把生产者和消费者的残体分解为简单的物质,再供给生产者。所以,分解者对生态系统中的物质循环起着非常重要的作用。

分解者的分解作用可分为以下三个阶段:

① 物理的或生物的作用阶段,分解者把动植物残体分解成颗粒状的碎屑。
② 腐生生物的作用阶段,分解者将碎屑再分解成腐植酸或其他可溶性的有机酸。
③ 腐植酸的矿化作用阶段。

从广义角度来讲,参与这三个阶段的各种生物都应属于分解者。蚯蚓、蜈蚣、马陆以及各种土壤线虫等土壤动物,在动植物残体分解过程的第一阶段起着非常重要的作用。所以分解者主要是指微生物及某些小型动物。

2. 非生物成分

非生物成分是指生态系统中的原料部分(如温度、阳光、水、土壤、气候、各种矿物质等)、媒质部分(水、土壤、空气等)和基质(岩石、泥土、砂等),是生态系统中生物赖以生存的物质、能量的源泉和活动的场所。

以上两部分构成了一个有机的统一整体。在这个有机整体中,能量与物质在不断地流动,并在一定条件下保持着相对平衡。图2-2所示是某一区域的生态系统。

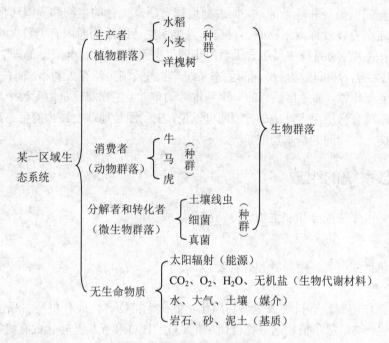

图 2-2 某一区域生态系统组成

2.2.3 生态系统的结构

1. 形态结构

生态系统的生物群落在空间上明显的垂直和水平分布构成了生态系统的形态结构。例如,一个森林生态系统,其中植物、动物和微生物的种类与数量基本上是稳定的。它们在空间分布上具有明显的成层现象,即明显的垂直分布。在地上部分,自上而下有乔木层、灌木层、草本植物层和苔藓地衣层;在地下部分,有浅根系、深根系及其根际微生物。在森林中栖息的各种动物也都有其各自相对的空间分布位置,许多鸟类在树上营巢,许多动物在地面筑窝,许多鼠类在地下掘洞。在水平分布上,林缘、林内植物和动物的分布也有明显不同。

形态结构的另一种表现是时间变化。同一个生态系统,在不同的时期或不同季节,存在着有规律的时间变化。如长白山森林生态系统,冬季满山白雪覆盖,到处是一片林海雪原;春季冰雪融化,绿草如茵;夏季鲜花遍野,五彩缤纷;秋季又是果实累累,气象万千。不仅在不同季节有着不同的季相变化,就是昼夜之间,其形态也会表现出明显的差异。

2. 营养结构

生态系统各组成部分之间建立起来的营养关系就是生态系统的营养结构,营养结构是生态系统中物质循环和能量流动的基础。

(1) 食物链

所谓食物链,指生物圈中的各种生物以食物为联系建立起来的链锁。就是一种生物以另一种生物为食,彼此形成一个以食物连接起来的链锁关系。民谚所说的"大鱼吃小鱼,小鱼吃虾米"就是食物链的生动写照。一般情况下食物链可分成四种类型,即捕食食物链、碎食食物链、寄生性食物链和腐生性食物链。

(2) 食物网

在生态系统中,食物关系往往很复杂,各种食物链彼此互相交织在一起,形成复杂的供养关系组合,称之为食物网。如图2-3所示是一个简化的陆地食物网。能量的流动、物质的迁移和转化,就是通过食物链和食物网进行的。一般食物链都是由4~5个环节组成的。

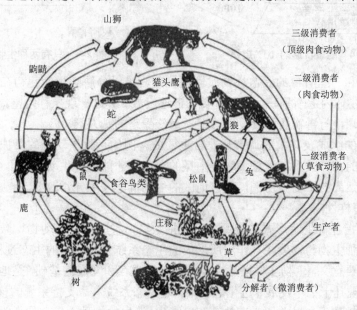

图 2-3 一个简化了的陆地食物网

(3) 营养级

食物链上的每一个环节称为营养级。简单的食物链只有2个营养级,通常一个食物链由4~5个营养级组成,一般不超过6级。各营养级上的生物不会只有一种,凡在同一层次上的生物都属于同一营养级。由于食物关系的复杂性,同一生物也可能隶属于不同的营养级。低位营养级是高位营养级的营养和能量的供应者,但某一级营养级中储存的能量仅有10%左右能被其上一营养级的生物利用。其余大部分能量消耗在该营养级生物的呼吸作用上,并以热量形式释放到环境中,这就是生态学上的10%定律,如图2-4所示。

(4) 食物链的稳定性

所谓稳定是指一个环境里的生物总数(种群所有个体的数目)大体保持一个恒量。越复杂的食物网越趋于稳定,越简单的食物网则越容易出现波动。图2-5所示是一个只有两种生物的食物链的情况。

食物链在生态系统中起着重要的作用。从太阳能开始,自然界的能量经过绿色植物的固定,沿着食物链和食物网流动,最终由于生物的代谢、死亡和分解,而以热量的形式逐渐扩散到周围空间中去。自然界中的各种物质,经由植物摄取,也沿着食物链和食物网移动并且浓缩,最终随着生物的死亡、腐烂和分解返回无机自然界。由于这些物质可以被植物重新吸收和利用，所以它们周而复始，循环不已。

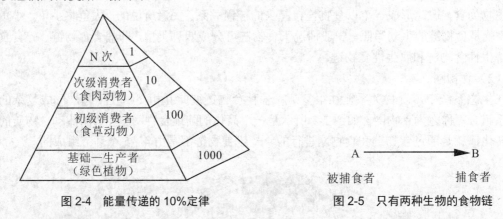

图 2-4　能量传递的 10% 定律　　　　图 2-5　只有两种生物的食物链

重金属元素和一些有毒的脂溶性物质性质稳定，难以分解。虽然起初在环境中的浓度很低，但可以在生物体内逐渐累积，并通过食物链逐级放大，这一现象称为富集作用。人类往往处于食物链的顶端，有毒物质沿食物链浓缩，最终受害的是人类。

研究食物链的组成及其量的调节是非常重要的。例如，野生动物的保护，就必须明确该环境内动植物间的营养关系，注意食物链中量的调节，才能使野生动物种群得以稳定和保存，否则将会破坏自然界的平衡与协调，使该地区的生物群落发生异常改变。

（5）生物多样性

生物多样性指各种生命形式的资源，它包括数百万种的植物、动物、微生物、各物种所拥有的基因和各种生物与环境相互作用所形成的生态系统以及它们的生态过程。生物多样性对环境保护具有重要意义，生物多样性是人类社会赖以生存和发展的基础，是地球最显著的特征之一，是生命景观几十亿年发展、进化的结果，是生态系统生命支持系统的核心组成部分。目前世界上的生物物种正在以前所未有的高速度消失,消失的物种不仅会使人类失去一种自然资源，还会引起其他物种的消失。由于环境污染、资源的不合理利用、森林乱砍滥伐、草场过度放牧、外来物种的入侵等原因，我国的生物多样性遭受到的破坏和面临的威胁都是非常严重的。因此，保护生物多样性就是保护我们的环境。

生物多样性具有很高的价值，生物多样性的直接价值是作为人类可直接利用的生物资源。植物不单为人类提供了基本粮食、蔬菜、水果等，也为作为人类蛋白质、油脂主要来源的畜禽、海产等提供了基本的食物和饲料。此外，生物多样性还提供多种多样的工业原料。生物多样性的间接价值较其直接价值更为重要。完善稳定的生态系统对调节气候、稳定水文、保护土壤作用巨大，目前没有得到利用的诸多物种在所处的生态系统中几乎都有不可替代的重要作用。此外，生物多样性还有不可估量的美学、文化价值，同样也是旅游资源中极为重要的成分。

2.2.4　生态系统的功能

1. 生态系统中的能量流动

生态系统中生命活动所需的全部能量均来自太阳能。太阳能在生态系统中流动，同样遵循热力学定律，即能量守恒原则。

地球所获取的太阳能约占太阳能输出总量的二十亿分之一，到达地球大气层的太阳能是 $8.12J/(cm^2 \cdot min)$，其中约有 34%被反射回去，20%被大气吸收，到达地面的为 46%，照射到绿色植物上的约为 10%，能被绿色植物吸收利用的只占 1%左右。绿色植物利用这一部分太阳能，通过光合作用，每年制造约 2×10^{11} 吨的有机物质，同时将太阳能转化为化学能储存在这些有机物质中。通过食物链将这些能量首先流向食草动物，再流动到食肉动物。动植物尸体在分解过程中，复杂的有机物分解为简单的无机物，同时有机物中储存的能量释放到环境中去。另外，生产者、消费者和分解者自身生命活动所消耗的一部分能量也释放到了环境中去，这就是生态系统中的能量流动。

2. 生态系统中的物质循环

生态系统中不断进行着物质循环，其中占原生质 97%的碳、氢、氧、氮、磷、硫等元素的循环构成了生态系统的基本物质循环，其他生命必需的元素（如镁、钙、钾、硫等）也构成了各自的循环体系。主要有水、碳、氮、硫的循环，分别如图 2-6～图 2-9 所示。

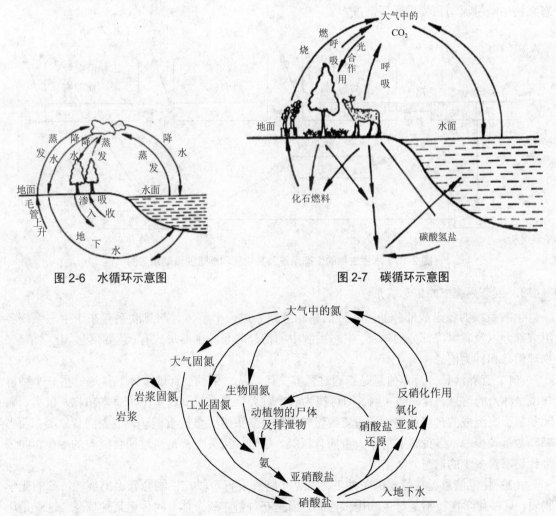

图 2-6 水循环示意图

图 2-7 碳循环示意图

图 2-8 氮循环示意图

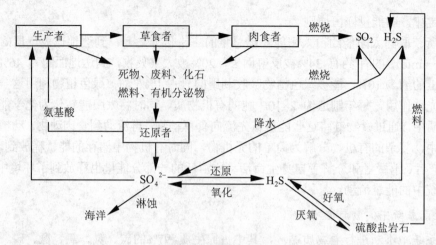

图 2-9 硫循环示意图

生态系统的能量流动和物质循环一起保持生态系统的平衡。图 2-10 所示为水生生物的生态系统中能量流动和物质循环情况。

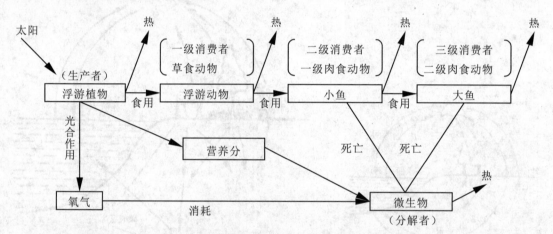

图 2-10 水生生物的生态系统及其物质和能量的流动示意图

3. 生态系统中的信息联系

生态系统的各组成部分通过各种信息相互联系成一个整体。信息联系存在于生态系统各组成部分以及各组成部分的内部。生态系统中的信息联系的主要形式有：营养信息、化学信息、物理信息和行为信息。

（1）营养信息。营养信息是指通过营养交换，从一个种群（或个体）传递给另一个种群（或个体）的信息。食物链（网）即可视为一个营养信息系统。在一个由草本植物、鼠类、鹌鹑和猫头鹰组成的食物链中，当鹌鹑数量较多时，猫头鹰大量捕食鹌鹑，很少捕食鼠类；而当鹌鹑数量较少时，猫头鹰不得不大量捕食鼠类。这里，猫头鹰就是通过捕食鼠类的多少，向鼠类传递鹌鹑多少的信息。

（2）化学信息。在特定的条件下，或某个特殊发育阶段，生物会分泌出某些特殊的化学物质，这些化学物质不是对生物提供营养，而是在种群（或个体）间传递某种信息，这就是化学信息。如动物发情时，会分泌出性激素。

（3）物理信息。鸟鸣、兽吼、颜色、光等构成了生态系统的物理信息。如鸟鸣、兽吼可以传达惊慌、安全、恫吓、警告、嫌恶、有无食物和寻求配偶等信息；昆虫可以根据花的颜色判断食物——花蜜的有无等。

（4）行为信息。无论是同一种群还是不同种群，个体之间都存在行为信息的表现。不同的行为动作传递着不同的信息，如同一物种间以飞行姿势、跳舞动作传递求偶信息等。

2.3　干扰与生态恢复

2.3.1　干扰对生态系统的影响

1. 干扰的定义和内涵

干扰是在不同时空尺度上偶然发生的不可预知的事件，直接影响着生态系统的结构和功能演替。从生态因子角度考虑，"干扰"较普遍和典型的定义是：群落外部不连续存在的因子的突然作用或连续存在的因子超"正常"范围的波动，引起有机体、种群或群落发生全部或部分明显变化，从而使生态系统的结构和功能受到损害或者发生改变的现象。干扰是自然界无时无处不在的一种现象。

干扰的类型多种多样，有自然干扰和人为干扰；物理干扰、化学干扰和生物干扰等。比如火、风暴、火山爆发、地壳运动、洪水泛滥、病虫害、生物入侵、砍伐、放牧、农田施肥、修建大坝、道路、土地利用结构改变等。长期以来，干扰的生态学意义一直未引起生态学家的重视。随着生态学家对干扰理论研究的不断深入，以及人们对干扰现象和机理研究的普遍重视，对干扰的生态学意义的认识也不断深化。

生物入侵就是一种干扰。引进或消灭某些生物种群会引起生态平衡的破坏。在一个生态系统中增加一个物种，有可能使生态平衡遭受破坏。我国国家环保局在2003年3月6日公布了16种外来入侵物种，分别为：紫茎泽兰、薇甘菊、空心莲子草、豚草、毒麦、互花米草、飞机草、凤眼莲（水葫芦，见图2-11）、假高粱、蔗扁蛾、湿地松粉蚧、强大小蠹、美国白蛾、非洲大蜗牛、福寿螺、牛蛙。这些外来物种的入侵每年给我国造成的经济损失达574亿元之巨。

图2-11　水葫芦泛滥造成河道淤塞

阅读材料

小龙虾与大闸蟹

克氏原螯虾，名字虽然比较陌生，却十分贴近我们的生活，它就是麻辣小龙虾这道菜中的"小龙虾"。虽然目前小龙虾风行大江南北，尤其在长江流域尤其盛产，但它实际上不是中国本土物种，而是来自美国和墨西哥交界处的沼泽地区，1918 年从美国引进日本，并随后在 20 世纪 30 年代进入国内。

和所有入侵物种一样，它的适应能力强，在河、湖、沟、渠、池塘和稻田中均能生长繁殖，白天多潜入洞穴，夜间出洞觅食、蜕壳、交配，一般在水边的近岸掘穴，而且在不同程度的水体污染环境下都能很好地生存，能忍受最高达 4 个月的枯水期，个体较大，这些都使原生物种难以与之抗衡；繁殖速度快，一年可产卵 3~5 次，每次产卵 500~2 000 粒，这导致其数量远超过原生本地物种，压制了本地物种的生存空间；幼体摄食浮游植物，小型枝角类和桡足类，成体食性杂，主要以小型甲壳类、软体动物、水生昆虫幼体、藻类、鱼类和有机碎屑为食，还可以从小沟爬入棉花地或其他农田，取食棉花嫩苗和其他庄稼，因此其对鱼类、甲壳类动物以及水稻等农作物也有很大危害。

而且，小龙虾堤坝打洞的习性还会危及农田、堤防。资料显示，其洞穴深度平均为 0.5~0.8 米，直径 0.05~0.12 米，有垂直洞也有水平洞，这些虾洞若是在田埂上，能造成稻田走漏水，土壤肥力下降。据调查，一只 0.025 千克的小龙虾一年可打洞移土大约 0.000 1 立方米，全国因虾洞走漏的水量就达 100 亿千克。而且小龙虾可以离水上岸，长途跋涉到其他水域，扩大了其破坏范围。在堤坝段上，它们的洞穴甚至能达到 1 米左右的长度，贯穿农田里的堤坝形成管涌甚至溃堤。事实上，1998 年长江爆发特大洪水，许多地段出现的险情就是小龙虾惹的祸。防汛人员在长江荆江大堤章化段巡视检查时发现清水漏洞，在进行抢险时，从堤身挖出大量小龙虾；当时在鄂州，长江干堤上也发现很多小龙虾洞危害大堤的情况，当时的媒体还对此进行了报道。实际上，虽然当时小龙虾还未风靡全国，但已经在我们当地占据了很大的食用市场，而且其分布十分广，可谓有水的地方就有它。

另一个经典的生物入侵案例则是从我国流入欧洲的，正式名称是中华绒螯蟹，也就是我们平时吃的大闸蟹。它本来是分布在我国长江流域的，19 世纪随着一艘荷兰的商船到了欧洲，由于荷兰等地的水系在温度和盐度上都和长江水系很接近，这些大闸蟹就在荷兰定居了。不断的繁殖和迁徙进行着，由于缺乏竞争对手和天敌，它们迅速占领了欧洲大陆的各个水系。

在欧洲各水系中原有的鳗鱼和龙虾等物种，都无法对付大闸蟹的双螯，最后成为其食物，最终大闸蟹占领整个河流，其他水生生物甚至失去踪迹。在荷兰一个海洋研究所中，保存着 1937 年一个生物学博士写的一篇关于大闸蟹的论文，其中描述了欧洲渔民们用来捕捉鳗鱼和龙虾的网中，几乎塞得满满的都是大闸蟹，而且由于欧洲人不吃大闸蟹，只能再把它们放回河中；而在波罗的海的英国沿岸，大闸蟹捕食当地的保护动物白螯小龙虾，也造成了巨大的危害。而时至今日，这种当地的小龙虾已经濒临灭绝。

大闸蟹很多特性和小龙虾很像，不仅个体大，甲壳坚硬难遇敌手，还喜欢打洞，其锋利的螯钳甚至可以割断河道里的水草根，打起洞来比小龙虾毫不逊色。而且由于其食性广，不仅吃成年鱼虾，更不放过幼体和卵，这常常会导致一些当地种属被赶尽杀绝，从这一点上看，其危害比小龙虾有过之而无不及。

而且它们还会经常成群阻塞拦网。1998 年，75 万~100 万只大闸蟹阻塞了英国一个水电站的拦鱼网，并在那儿将接踵而至的鱼虾吃光。同一年，在美国加利福尼亚州的旧金山湾，处于繁殖期的大闸蟹成群赶往河口产卵，它们堵住了用于净化水质的滤网和水管，当地的水处理系统几乎瘫痪。那一个礼拜，工作人员每天要清除两万只大闸蟹。

大闸蟹泛滥的另外一个因素则是英国人根本不吃这种甲壳类动物，所以与在中国被作为美食大量消耗的小龙虾相比，大闸蟹在欧洲的扩张更加横行无阻。

如今，大闸蟹在欧洲已经引起了各个国家的高度警惕。在英国，纽卡斯尔大学的研究院本特利先生甚至建议英国政府尽早引入全国监察及围剿大闸蟹的机制。而且，大闸蟹已经被国际自然保护联盟（IUCN）列入100种最有破坏力的入侵物种。

资料来源：巴聪.生物入侵浅谈及其案例介绍. http://wenku.baidu.com/view/f12875fe700abb68a982fb28.html

从积极的角度来看，干扰也有好的一面，可利于促进系统的演化。干扰是维持生态系统平衡的因子，还可以调节生态关系。干扰的生态影响主要反映在对各种自然因素的改变上，导致光、水、土壤养分的改变，进而导致微生态环境的变化，最后直接影响到地表植物对土壤中各种养分的吸收和利用。干扰的结果还可以促进景观格局改变，如土地沙化过程在人为干扰下（如过度放牧、过度砍伐等）将会加速。可以说干扰促进了生态演替的过程，然而通过合理的生态建设，如植树造林、封山育林、退耕还林、引水灌溉等，可以使其向反方向逆转。

2. 干扰与生态系统调控

生态系统具有自我调节、自我恢复、自我更新，维持其相对稳定的能力。由于稳定的生态系统物种与物种、物种与环境长期相互适应的结果，所以生态系统能够长时间地保持稳定，保持自身的生态平衡。

生态平衡是指生态系统通过发育和调节所达到的一种稳定状态，它包括结构上的稳定，功能上的稳定和能量输入、输出上的稳定。生态平衡是一种动态平衡，因为能量流动和物质循环总在不间断地进行，生物个体也在不断地进行更新。在自然条件下，生态系统总是按照一定规律朝着种类多样化、结构复杂化和功能完善化的方向发展，直到使生态系统达到成熟的最稳定状态为止。

当生态系统达到动态平衡的最稳定状态时，它能够自我调节和维持自己的正常功能，并能在很大程度上克服和消除外来的干扰，保持自身的稳定性。有人把生态系统比喻为"弹簧"，它能忍受一定的外来压力，压力一旦解除就又恢复原初的稳定状态，这实质上就是生态系统的反馈调节。

虽然生态系统具有自我调节功能，但是这种调节功能是有一定限度的。只有在某一限度内才可以调节自然界或人类施加的干扰，这个限度就叫作"生态阈限"。在生态阈限范围内，生态系统才得以维持相对平衡。当外界压力超过阈限时，生态系统的自我调节功能就会受到损害，甚至失去作用，从而引起生态失调，甚至造成生态系统的崩溃（见图2-12）。在图2-12中，从受干扰的时间点a到复原点b之间的时段很好地说明了生态系统的恢复力。在此生态系统维持正常功能的范围内可以表现出很多种不同的系统状态。比如，河流受到污染后具有自净的功能，这也说明河流生态系统具有自我恢复功能，如果污染超过了环境的容量，会出现水体富营养化，或其他表现：生态系统的营养结构被破坏、有机体的数量减少、生物量下降、能量流动和物质循环受阻等状况，甚至引发生态危机。例如，森林是生态系统初级生产的主体，对森林的砍伐破坏了生态系统的结构，使原来的生产者从生态系统中消失，消费者也由于生存场所被破坏，食物来源枯竭，被迫转移或消失，分解者和腐殖质也因水土流失而被冲走，生态系统随之崩溃。例如,我国西北地区,有些地方在历史上曾是森林茂盛或水草丰盛之地。我国黄土高原也是因森林破坏,生态系统结构变得单一和缺损的典型,其生态结构失调导致生产结构单一,从而陷入"越穷越垦,越垦越穷"的恶性循环中。

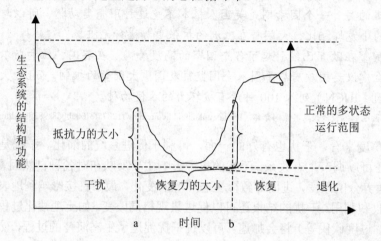

图 2-12　生态系统结构和功能对干扰的响应

(资料来源:杨志峰等. 环境科学概论. 北京:高等教育出版社,2004)

人类活动所产生的干扰,如果不超过生态系统的阈值,可以通过生态系统的自我调节进行恢复,研究干扰对生态系统的影响机理及干扰的发展演化过程,对生态系统的管理有重要的意义。人类在发展经济的同时,要按生态规律办事,保持各种生态系统的稳定性,达到人与自然的和谐发展。必须认识到保持生物圈结构和功能的稳定是人类生存和发展的基础。人类的活动除了要讲究经济效益和社会效益之外,还必须注意生态效益和生态后果。

2.3.2　生态恢复

生态环境是人类社会经济可持续发展的基础,良好的生态是人类生存和生活的必要条件之一。工业革命以来,随着人口的增加和工业化的发展,资源环境的开发利用达到空前的强度,在推动全球社会经济进步的同时,也导致生态系统遭受不同程度的破坏,带来了诸如森林减少、湿地萎缩、生物多样性丧失等一系列严重的生态系统退化问题,对生物圈的演化产生了重大影响,严重制约了人类社会经济的可持续发展,甚至危及人类自身的安全,生态问题从未像现在这样突出地呈现在人们面前,考验着人类的智慧。生态环境退化问题已经成为维持人类生存和社会经济可持续发展的严重威胁,如何整治日趋恶化的生态环境,防止自然生态环境的退化,有效处理和解决全球生态系统退化问题,恢复和重建已经受损的生态系统原有结构和功能,是改善生态环境、提高区域生产力、实现可持续发展的关键,已经成为全球全人类面临的共同课题。加强生态恢复理论研究,在适当的地区进行生态恢复的实践实验,对探索适合区域生态恢复的途径,走区域生态可持续发展道路具有重大意义。在此背景下,生态恢复研究得到关注,成为当前生态学研究的热点和前沿问题之一。

20 世纪 60 年代以来,全球变化、生物多样性丧失、资源枯竭以及生态破坏和环境污染等已严重威胁人类社会的生存和发展。据估计,人类对土地的不合理利用导致了 50×10^8 公顷的土地退化，使全球 43%的陆地植被生态系统的服务功能受到影响。中国的生态系统退化面积约占国土面积的 1/4，退化面积 1.933×10^8 公顷，生态恢复任务十分艰巨。因此，如何保护现有的自然生态系统，整治与恢复退化的生态系统，重建可持续的人工生态系统，成为当今人类面临的重要任务。

1. 退化生态系统的定义及其形成原因

长期以来，由于人们违背生态学规律，对生态环境资源进行不适当的、过度的开发，引起了生态系统的退化与破坏，使其难以达到良性循环。退化生态系统是一类病态的生态系统，它是指在一定的时空背景下，在自然因素、人为因素，或两者的共同干扰下，导致生态要素和生态系统整体发生的不利于生物和人类生存的量变和质变，生态系统的结构和功能发生与其原有的平衡状态或进化方向相反的变化过程。具体表现为生态系统的结构和功能发生变化和障碍，生物多样性下降，系统稳定性和抗逆能力减弱，系统生产力下降。这类生态系统也被称为受害或受损生态系统。

退化生态系统主要表现为：① 结构失衡。退化生态系统的种类组成、群落或系统结构改变，生物多样性、结构多样性和空间异质性降低，系统组成不稳定，生物间的相互关系改变，一些物种丧失或优势种、建群种的优势降低。② 功能衰退。退化生态系统的能量转化量降低，系统贮存的能量低，能量交换水平下降，食物链缩短，多呈直线状。③ 物质循环受阻。退化生态系统中的总有机质贮存少，生产者子系统的物质积累降低，无机营养物质多贮存于环境库中，而较少地贮存于生物库中。④ 稳定性减低。由于退化生态系统的组成和结构单一，生态联系和生态学过程简单，退化生态系统对外界的干扰显得敏感，系统的抗逆能力和自我恢复能力低，系统变得十分脆弱。

造成生态系统退化的直接原因是人类的干扰，部分来自自然因素，有时两者叠加发生作用。自然干扰包括全球环境变化（如冰期、间冰期的气候冷暖波动），以及地球自身的地质地貌过程（如火山爆发、地震、滑坡、泥石流等自然灾害）和区域气候变异（如大气环境、洋流及水分模式的改变等）；人为干扰包括滥伐、滥垦、过度捕捞、围湖造田、破坏湿地、污染环境、滥用化肥农药、战争与火灾等。Daily（1995）对造成生态系统退化的人为干扰进行了排序：过度开发（含直接破坏、环境污染等）占 35%，毁林占 30%，农业活动占 28%，过度放牧占 28%，过度收获薪材占 7%，生物工业占 1%。Rapport（1998）提出了人类活动干扰生态系统健康，导致生态系统结构发生变化，进而影响到生态系统的服务功能，对人类健康产生影响。

阅读材料

楼兰古城消失的原因

罗布泊曾经是我国西北干旱地区最大的湖泊，湖面达 12 000 平方千米，20 世纪初仍达 500 平方千米，当年楼兰人在罗布泊边筑造了 10 多万平方米的楼兰古城，但至 1972 年，却最终干涸。是什么原因导致了曾经水丰鱼肥的罗布泊变成茫茫沙漠？又是什么原因导致了当年丝绸之路的要冲——楼兰古城变成了人迹罕至的沙漠戈壁？

中国科学院地质与地球物理研究所的周昆叔教授认为，罗布泊干涸的原因很复杂。这里面既是全球性的问题，也是地域性的问题，除了自然方面的原因，还有人为方面的因素。

1. 全球气候旱化是大背景

以楼兰为例，新石器时代人类便涉足这里，青铜器时代这里人口繁盛，这时恰值高温期，罗布泊湖面广阔，环境适宜。但此后进入降温区后，水土环境变差，河水减少，湖泊缩减，沙漠扩大。在距今2 000年左右旱化加剧，这表现在中国北方广大地区冰进发生、黄土堆积、湖沼消亡、海退发生。

楼兰古城的消亡大约在公元前后至4世纪（中原的汉朝到北魏时期），这时正是旱化加剧的时期。其实，在这一旱化过程中，不仅是楼兰古城消亡，而且由于沙漠扩大，先后发生尼雅、喀拉墩、米兰城、尼壤城、可汗城、统万城等的消亡。楼兰古城的消亡是在中国北方，甚至是世界气候出现旱化的大背景下发生的，它不是一个孤立的空间，只是由于楼兰处在干旱内陆，这里人文与自然环境的变化更显著罢了。

2. 青藏高原隆起是地域因素

除了全球气候的变化之外，青藏高原的隆起是地域性中最重要的原因。在距今7万~8万年前，青藏高原快速隆升。这种隆起对中国西北部的气候具有决定性的作用。由于罗布泊所处的地理位置位于东亚西北内陆，每年，太平洋和印度洋的暖湿气流几乎都很少到达这里。

当全球气候发生变化时，整个东亚西部都开始出现了干旱和沙漠化、戈壁化趋势。在这期间，罗布泊开始从南向北推移。在距今7万年左右的时候，湖面急剧下降，到最后接近湖底。因湖底地形高低不平，原先巨大统一的古罗布泊分解成现在的台特玛湖、喀拉和顺湖和北面较大的罗布泊。

在地域性因素中，还有一点必须值得注意，据说从近来的遥感资料判断，孔雀河上游曾发生了一次大的滑坡事件。这次滑坡堵塞了孔雀河的整个河流通道，致使罗布泊的来水被断。现在的问题是还不知道这次滑坡的具体时间，它是否发生在罗布泊干涸之前还有待于研究。

3. 人类过度开发加速罗布泊消亡

人类活动对罗布泊干涸的影响，在晚近期可以说越来越大。水源和树木是荒原上绿洲能够存活的关键。楼兰古城正建立在当时水系发达的孔雀河下游三角洲，这里曾有长势繁茂的胡杨树供其取材建设。当年楼兰人在罗布泊边筑造了10多万平方米的楼兰古城，他们砍伐掉许多树木和芦苇，这无疑会对环境产生负作用。

在这期间，人类活动的加剧以及水系的变化和战争的破坏，使原本脆弱的生态环境进一步恶化。5号小河墓地上密植的"男根树桩"说明，楼兰人当时已感到部落生存危机，只好祈求生殖崇拜来保佑其子孙繁衍下去。但他们大量砍伐本已稀少的树木，使当地已经恶化的环境雪上加霜。罗布泊的最终干涸，则与我国解放后人们在塔里木河上游的过度开发有关。当年我们在塔里木河上游大量引水后，致使塔里木河河水入不敷出，下游出现断流。这一点从近年来的黄河断流就可以得到印证。罗布泊也由于没有来水补给，便开始迅速萎缩，终至最后消亡。

尽管从戈壁和雅丹地貌中难以辨认楼兰城昔日的面目，但科学家从大量资料和考察中发现，作为丝绸之路上的重镇，废弃了1 500年的楼兰城曾经辉煌一时。据专家分析，楼兰遗迹已经有了1 800年的历史，经历了风沙洗劫后，仅存残缺的胡杨木架和少量的芦苇墙。从房子的大小和建筑材料看，当时普通百姓的住房条件比较简陋，但遗迹中留下的大量做工精细的木制品和古钱币又提醒人们，楼兰城中也不乏富甲一方的人家。专家认为，楼兰城中已有了贫富分化，这些木制品同时又为我们展示了当时木工精湛的手艺和楼兰经济的繁荣。专家发现，像这样的民宅，留存下来的还有几十间，并集中在城西组成了居住区，而在城东又分别有行政和军事区，城市功能齐全而布局分明，城市规划和发展意识显而易见。

资料来源：消失的文明百科，http://lostcivilization.baike.com/article-131790.html

退化生态系统根据退化过程及景观生态学特征，可分为不同的类型。对陆地生态系统而言，可分为裸地、森林采伐迹地、弃耕地、沙漠化地、退化草场、采矿废弃地、垃圾堆放场等几种类型。裸地通常具有较为极端的环境条件，或是较为潮湿，或是较为干旱，可能盐渍化程度较深，或是缺乏有机质甚至无有机质，或是基质移动性强等；森林采伐迹地是人为干扰形成的退化类型，其退化状态随采伐强度和频度而异；弃耕地是人为干扰形成的退化类型，其退化状态随弃耕的时间而异；沙漠化地可由自然干扰或人为干扰而形成；采矿废弃地是由采矿活动所破坏的、非经治理而无法使用的土地；垃圾堆放场是人为干扰形成的家庭、城市、工业等堆积废物的地方。水生生态系统的退化类型可分为水体富营养化、赤潮、水体沼泽化、水体酸化等。

根据生态系统的退化程度，又可将生态系统的退化分为轻度退化、中度退化和强度退化。对不同退化程度的生态系统，其恢复和重建的技术以及付出的代价是不同的。

图 2-13 所示为生态系统退化的过程及分类。

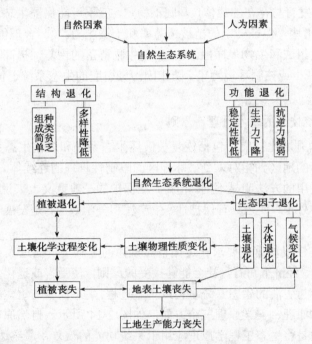

图 2-13　生态系统退化的过程及分类

2. 退化生态系统的恢复与重建

通过人为的努力，使退化生态系统得以恢复，这是提高区域生产力、改善生态环境，使资源得以永续利用、经济得以持续发展的关键。由于生态系统具有一定的自我调节能力，如果外部的干扰作用小于生态系统的自我调节能力，那么，生态系统就可以通过自我调节能力恢复和保持稳定的状态。如果外部的干扰超过生态系统的最大抗干扰能力，生态系统就会发生逆向演替或退化，这时就很难恢复。生态系统的自我恢复能力往往十分缓慢，而人为恢复和重建可在一定程度上改变和控制生态演替的进程和速度，缩短恢复时间。因此，对于退化生态系统实施人工恢复与重建是十分必要的。

生态恢复与重建是根据生态学原理，通过一定的生物、生态以及工程的技术与方法，人为地改变和切断生态系统退化的主导因子或过程，调整、配置和优化系统内部及其与外界的物质、能量和信息的流动过程及其时空秩序，使生态系统的结构、功能和生态学潜力尽快地、成功地恢复到正常的或原有的乃至更高的水平。生态恢复过程一般是人工设计和进行的，并且是在生态系统这个整体层次上进行的。在实际工作中，生态恢复和重建可根据生态系统退化的程度和类型采取不同的恢复方式，主要有恢复、重建和改建三种类型。恢复是着眼于建立环境自然稳定机制，使退化生态系统向着与现实环境相适应的自然稳定生态系统发展；重建是将退化生态系统进行人工生态设计，增加人类所期望的某些特点，压低人类不希望的某些自然特点，使生态系统进一步远离它的初始状态；改建是将恢复和重建措施有机地结合起来，并使退化状态得到改造。

生态恢复的目的是提高生态系统的生产力或服务功能，保护、改善和恢复良好的生态环境，为社会经济发展提供持续的资源和环境基础。因此，无论对什么类型的退化生态系统，生态恢复与重建的基本目标或要求都是：① 实现生态系统的地表基底稳定性。因为地表基底（地质地貌）是生态系统发育与存在的载体，基底不稳定，就不可能保证生态系统的持续演替与发展。② 恢复植被和土壤，保证一定的植被覆盖率和土壤肥力。③ 合理优化配置动植物物种，增加生态系统的种类组成和生物多样性。④ 实现生物群落的恢复，提高生态系统的生产力和自我维持能力。⑤ 减少或控制环境污染，防止因污染引起的生态系统退化。⑥ 增加视觉和美学享受。

3. 退化生态系统恢复的基本原理、原则

生态恢复涵盖的领域比较广，包括恢复被破坏生态系统和退化生态系统。生态恢复通常是重建从完全被破坏的地区到相对未受破坏地区的限制性管理的连续体。在不同的条件下，生态恢复的目的和所采用的方法明显不同。但是，在保护的一般意义上来说，生态恢复就是使退化生态系统恢复某种外形，使之具有保护性、生产性和美学效应，是发展一种具有长期可持续性的生态系统。

退化生态系统的恢复与重建要求在遵循自然规律的基础上，通过人类的作用，根据生态上健康、技术上适当、经济上可行、社会能够接受的原则，使受害或退化生态系统重新获得健康并有益于人类生存与生活的生态系统重构或再生过程。生态恢复与重建的原理一般包括自然原理、社会经济技术原理、美学原理三个方面，如图2-14所示。自然原理是生态恢复和重建的基本原则，强调的是将生态工程学原理应用于系统功能的恢复，最终达到系统的自我维持。社会经济技术原理是生态恢复和重建的基础，在一定程度上制约恢复重建的可能性、水平和深度。美学原理则是指退化生态系统的恢复和重建应给人以美的享受。

4. 退化生态系统恢复与重建的过程

在生态恢复实践中需要确定一些指导生态恢复和重建的基本程序。目前在实践中采用的基本程序包括：确定恢复对象的时空范围；评价和鉴定导致生态系统退化的原因和过程；找出控制和减缓退化的方法；根据生态、社会、经济和文化条件决定恢复与重建的生态系统的结构、功能目标；制定易于测量的成功标准；发展在大尺度情况下完成有关目标的实践技术并推广；恢复实践；与土地规划、管理部门交流有关理论和方法；监测恢复中的关键变量与过程，并根据出现的新问题作出适当的调整。

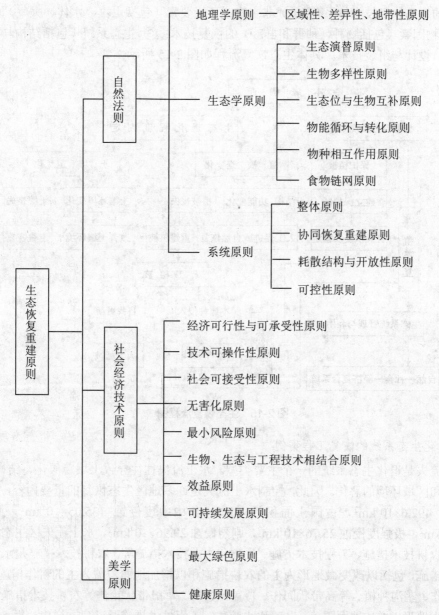

图 2-14 生态恢复与重建的基本定律、原理和原则

上述程序可列成如下基本步骤：① 接受恢复项目，明确被恢复对象，确定系统边界；② 生态系统退化的诊断，确定生态系统退化的原因、类型、过程、阶段、强度等；③ 制订恢复方案，确定恢复的目标、生态工程的具体项目、技术关键、可行性论证、生态经济、风险评估、优化方案等；④ 实地试验、示范与推广，定期现场调查研究其恢复的效果，进行调整与改进；⑤ 恢复后的监测与效果评价以及建立管理措施。

恢复与重建技术是恢复生态学的重要内容，但目前是一个薄弱环节。由于不同退化生态系统存在地域差异性，加上外部干扰类型和强度的不同，结果导致生态系统所表现出来的退化类型、阶段、过程及其响应机理也不同。因此，在不同退化生态系统中应用的关键技术是不同的。主要的生态恢复技术体系有：① 非生物或环境要素（包括土壤、水体、大气）的恢复技术；② 生物因素（包括物种、种群和群落）的恢复技术；③ 生态系统（包括结构与功能）的总体规划、设计与组装技术。具体生态恢复流程如图2-15所示。

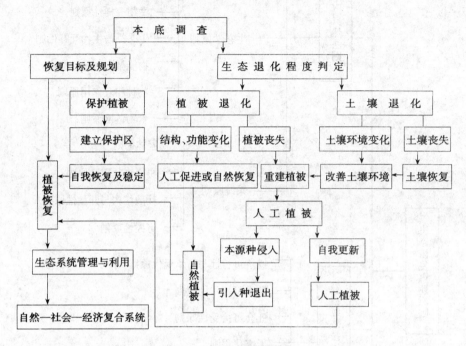

图2-15 生态恢复流程图

5. 退化生态系统的恢复工程案例

水土流失是退化生态系统的一个主要类型。水土流失往往导致土壤薄层化、结构性退化、养分流失和区域环境的恶化。因此，控制水土流失是许多地区生态恢复的重要内容。我国水土流失面积 492.6×10^{4}km^2，占国土面积的51%。其中中度侵蚀 135.05×10^{4}km^2，强度侵蚀 47.62×10^{4}km^2，极强度侵蚀 25.76×10^{4}km^2，剧烈侵蚀 29.96×10^{4}km^2。水土流失区生态恢复的主要措施有农耕技术措施、工程技术措施、生物和生态技术措施等。农耕技术措施是水土流失控制的基本措施，包括以改变微地形为主的农耕措施和以增加地面覆盖为主的耕作措施两类。通过等高耕作、垄沟种植、等高带状间作、覆盖、少耕、草田带状轮作等农耕技术措施可以改变坡耕地的小地形，增加地面覆盖，防治水土流失。工程技术措施通过建立梯田、拦水坝、鱼鳞坑、截流沟等工程拦蓄泥沙、截流、排水、减少径流冲刷和固定坡体。以植被恢复为主体的生物和生态技术，通过造林种草，增加水土流失地区的植被覆盖率，是解决水土流失的强有力手段和根本措施，同时也是恢复和改善流失地区生态平衡的物质基础。

中国科学院华南植物研究所从1959年起开始了沿海侵蚀台地上退化生态系统的植被恢复技术研究。恢复实验区位于广东电白县的沿海台地上，由于近百年的砍伐和开垦，当地原始林已基本消失，水土流失严重，土壤极度贫瘠，生态环境恶劣。自1959年起，采用工程措施和生物措施分两步进行整治和森林重建。第一步是重建先锋群落：在光板地上，采取工程措施与生物措施相结合、但以生物措施为主的综合治理方法。工程措施包括开截流沟、筑拦沙坝等，生物措施是选用速生、耐旱、耐瘠的桉树、松树和相思树重建先锋群落。通过这一阶段，可以改善恶劣的环境并利于后来植物的生长。在营林措施上采取了丛状密植、留床苗植等方法，提高造林成活率。第二步是配置多层多种阔叶混交林，在 20hm² 的先锋群落迹地上，模拟热带天然林群落的结构特点，从天然次生林中引入了秒椤、藜蒴、铁木刀、白格、黑格、白木香、麻楝等乡土树种和大叶相思、新银合欢等豆科外来种。混交方式有小块、带状和行混等。在森林恢复过程中，先后引种了 320 种植物，分属 230 个属、70 个科。最近的群落调查发现，在 1 400m² 的样地中出现了 72 个树种。森林群落都可分为乔木层、灌木层和草本层。群落外貌浓绿，高度达 12m。乔木层覆盖度达 80%。群落乔木层、灌木层和草本层的多样性指数分别为 2.18、3.01 和 4.12，均匀度分别为 0.64、0.77 和 0.79，生态优势度分别为 0.12、0.10 和 0.13。生物量和生产力是衡量生态系统恢复程度的基本指标之一。光板地的生物量基本上为 0，阔叶混交林的三个样地上的地上生物量分别为 46.33、72.88、112.50t/hm²，而同地带的天然林约为 350t/hm²。此外，该群落的生产力达 7.61~9.69t/(hm²·a)，植被恢复后，水土侵蚀会得到控制。光板地的水土侵蚀量为 52.3t/(hm²·a)，而人工阔叶混交林仅 0.18t/(hm²·a)，基本接近天然林的水土保持能力。

2.4 生态系统管理

2.4.1 生态系统管理定义

生态系统受到人类活动的干扰和影响日益增加。过度开发造成的破坏和环境的恶化已危及人类自身的生存。人类的生活依赖于生态系统所提供的物质，如食物、木材、基因资源和医药。同时生态系统也提供一些服务，包括净化水质、调控洪水、稳定海岸线、防止碳流失、处理废水、保护生物多样性、控制疾病、保持空气质量和美学、文化等方面。但人类对生态系统提供的产品和服务的现状及未来前景知之甚少，因此需要对不同的生态系统进行评价，从而确定生态系统的健康状况及对生态系统进行可持续的管理。人类社会的可持续发展归根结底是个生态系统管理问题，它是合理利用和保护生态系统健康最有效的途径。

1. 定义

生态系统管理是在对生态系统组成、结构和功能过程加以充分理解的基础上，制定适应性的管理策略，以恢复或维持生态系统整体性和可持续性。顾名思义，生态系统管理属于学科交叉的研究领域。它是包括生态系统和管理两个重要概念的集合。一方面，生态系统管理必须要有明确的目标，它是由决策者最后确定的，但同时又具有可适应性，即可以根据实际情况进行修改。这是指如何决策方面。另一方面，生态系统管理是通过制定政策、签订种种协议和具体的实践活动而实施的。这是指如何管理方面。

生态系统管理的基础是要求人类对于生态系统中各成分间的相互作用和各种生态过程有最好的理解。这就是说，只有充分地了解生态系统的结构和功能，包括种种生态过程，并根据这些规律性和社会情况来制定政策法令和选择各种措施，才能把生态系统管理好。

2. 特征

（1）承认生态系统健康的重要性，包括：① 注重生态系统整体性；② 生态系统保护；

③ 明确关键生境和其他生境的关系；④ 恢复受损生态系统。

（2）维持和促进生物多样性，包括：① 可能条件下有利于地方或原生物种；② 重视与原始林有相似结构的老龄林。

（3）更宽的空间尺度，包括：① 注重景观水平的趋势和条件；② 避免破碎化；③ 保护管理活动周边的水系。

（4）强调可持续，包括：① 更长的时间尺度；② 问题解决的整体性协调；③ 考虑到后代的需求；④ 协调政治、法规、文化等。

（5）人类范畴的合法性，包括：① 接受生产物质和非物质产品同样重要的概念；② 利益与花费分担的公平性；③ 保护和促进自然资源的精神与美学范畴；④ 同时接受与自然资源有关的责任和权利；⑤ 承认一些人类社区依赖于资源；⑥ 承认生态系统生产的全部物质产品。

3. 内涵

（1）吸收先进的生态学理论指导实践。充分利用系统生态学、景观生态学、保护生物学等的先进思想和方法，突出表现在：① 重视生态系统的动态特征和不同尺度间的联系，进行生态系统管理研究，应当重视研究的合理边界及合适的规模水平；② 确保森林生态系统完整性，即维持森林生态系统的格局和过程，保护生物多样性；③ 认识生态系统的复杂性，以谦虚的态度向自然学习，仿效自然干扰机制。

（2）实现可持续性。生态系统管理把长期的可持续性作为管理的先决条件和最终目的。Frankl（1994）建议：生态系统管理是"……管理生态系统以确保其可持续性"，即生态系统管理的焦点在于持续地提供人类需要的生态系统产品和服务，而确保生态系统的结构和过程可持续是提供生态系统服务的基础。可持续从生态学角度看，反映一个生态系统动态地维持其结构和功能的协调发展，保持较高的生产力和生物多样性；从社会经济方面看，体现为持续地满足与森林相关的基本人类需要及较高水平的社会与文化需要。

（3）重视社会科学在森林经营中的应用。① 承认人类社会是生态系统的有机组成，人类是生态系统的一部分，在其中扮演调控者的角色；② 生态系统管理要求生态学家、社会经济学家、政府官员、资源管理者和公众通力合作，整合各方面的信息，并处理社会关于森林的价值选择问题，通过立法、政策等手段促进可持续目标的实现。

（4）进行适应性管理。所谓适应性管理，是将民主原则、科学分析、教育、法规学习结合起来，在不确定性的环境中可持续地管理资源的过程，它包括连续的调查、规划、实施、评估、调控等一系列行动。由于生态系统具有动态特征和不确定性因素，必须通过生态学研究和生态系统监测，在不断反馈中深化对生态系统的认识，并据此及时调整管理策略，以保证生态系统功能的实现，从而达到可持续。

2.4.2　生态系统管理的主要途径与技术

1. 生态风险评估

生态风险评估是利用生态学、环境化学及毒理学知识，定量确定环境危害对人类负效应的概率及其强度的过程。目的是为生态环境和生态系统的保护和管理提供决策依据。风险管理是指对生态风险评估的结果采取的对策与行动，是一个决策过程，又称为风险控制。

2. 适度干扰与恢复重建

适度干扰理论是由 T. W. Connell 等提出来的,它是指中等程度的干扰水平能维持较多的生物多样性。理由是:在一次干扰后少数先锋种入侵缺口,如果干扰频繁,则先锋种不能发展到演替中期,因而多样性下降;如果干扰间隔很长,使演替过程能发展到顶级期,多样性也不很高;只有中等干扰程度能使多样性维持最高的水平,它允许更多的物种入侵和定居。

3. 清洁生产

清洁生产又叫"无公害工艺"、"无污染生产"、"废料减量化"等。简单地说是无废物少污染的生产。目标是通过资源的综合利用、替代作用、多次利用以及节能、省料、节水等方式,实现合理利用资源、减缓资源耗竭。主要途径是用无污染、少污染的产品替代毒性大、污染重的产品;使用无污染、少污染的能源和原材料;选择消耗少、效率高、无污染或少污染的工艺设备;最大限度地利用能源和原材料,实现物料最大限度的场内循环;对少量的、必须排放的污染物采用低费用、高效率的净化设备和三废综合利用措施进行最终的处理、处置。具体见本书第 13 章。

4. 废物资源化管理与 5R 原则

目前,我国排放生活垃圾 0.8~1.5kg/日·人均(2.5kg/日·人均);1996 年城市垃圾清运量 1 亿吨;每年以 8%~10%的速度递增;200 多座城市受到生活垃圾包围,存放的垃圾达 66×10^8 t;垃圾不仅造成污染,而且侵占土地。因此,应转变观念将其资源化。目前,许多社区正试图对废物进行综合管理,改变仅仅靠填埋或焚烧处理废物的状况,提出了减少废物的 5R 方法:抵制(Reject);减少(Reduce);修复(Repair);回收(Recycle);响应(React)。

5. 生态工业园区(EIP)

生态工业园区是在生态学、生态经济学、工业生态学和系统工程理论指导下,将在一定地理区域内的多种具有不同生产目的的产业,按照物质循环、生物和产业共生原理组织起来,构成一个从摇篮到坟墓利用资源的具有完整生命周期的产业链和产业网,以最大限度地降低对生态环境的负面影响,求得多产业综合发展的产业集团。

生态工业园区在运行过程中,有计划地进行物质和能量交换,高效分享资源,寻求资源和能源消耗最小化、废物产生最小化,努力建设可持续发展的经济、生态和社会关系。

6. 实施标准化环境管理系列标准

由世界标准化组织(ISO)推出的环境管理系列标准 ISO14000。该标准从 14001~14100,共 100 个标准号。ISO14000 的实施,对管理者和社会公民自觉提高环境意识和管理水平具有非常重要的作用,是进行生态系统有效管理的重要途径。

实施 ISO14000 的目的是规范、约束企业和社会集团所有组织的环境行为,以实现节约资源、减少环境污染、改善环境质量和促进经济的持续、健康发展的目标。ISO14000 具有以下特点:确定了环境保护的有效新机制;具有很强的操作性;倡导预防为主的原则;实用性广泛。

7. 大力开展生态工程和生态建设

国家实施西部大开发战略,把以"退耕还林、还草"为核心的生态建设提到了举足轻重的地位,为我国最脆弱的西部地区生态环境改善提供了千载难逢的机遇,也为生态工程研究和应用提出了机遇和挑战,扭转西部生态环境退化趋势,为西部开发营造一个绿色大背景。

把生态建设与提高农牧业生产水平结合起来,以增加荒漠区林草植被为主,生产措施、工程措施和农艺措施综合配套,积极治理草地退化、沙化和盐化,控制沙漠化扩大。采取人工种草、飞播种草等措施,变草地粗放经营为集约经营,实现草场和畜牧业的可持续发展。

8. 加强自然保护的管理和研究,建立各种类型自然保护区

自然保护区包括自然资源和资源环境的保护。主要有两种方式:直接保护目标生物或特殊类群。在自然状态和人工环境或条件下进行,对生物与生物资源实施禁止任何形式的利用,可建立物种的长期种子库、基因库、植物园、动物园和水族馆等,保护生物的正常生长与有效繁殖;建立各种类型的自然保护区(保护物种栖息地,达到生物多样性的长久保护)。1956年我国建立了第一个自然保护区——广东肇庆鼎湖山自然保护区。经过40多年的努力,自然保护取得快速发展。规划、建设和管理自然保护区,对生物多样性保护,落实生态环境保护的基本国策和实施可持续发展战略,具有现实和深远的历史意义。

9. 推广 3S 技术

3S 技术是 RS(遥感)、GIS(地理信息系统)、GPS(全球定位系统)的总称,它们是人类现代技术的重要成就之一,是人类为获取、处理、分析生存环境的信息并使之逐步发展的先进技术手段。依靠 3S 技术对全球环境问题和要素进行动态监测与分析,获取全球变化信息,为全人类服务;为区域性环境问题解决及可持续发展提供信息及决策;在环境灾害的监测预测预报及防治方面取得进展,为人类减灾防灾,可持续发展的顺利进行提供保障。

(1)遥感技术(RS)

20 世纪 50 年代,遥感技术发展迅速,由航空遥感发展到航天遥感,从单一的可见光到多波段摄影。使用多波段扫描仪、光谱仪、雷达及辐射计,信息获取量、精度与速度有极大的提高,遥感技术已成为区域与全球环境研究的有利手段。

(2)地理信息系统技术(GIS)

地理信息系统技术是空间技术的计算机技术发展的产物。由于它同资源和环境问题的研究密不可分,因此又被称为"资源和环境信息系统"。20 多年来,它在遥感技术中得到广泛应用,是遥感技术系统中的处理和应用系统。GIS 的出现,很大程度上解决了大量的遥感信息与快速处理之间的矛盾,实现了遥感信息的现实性,增强了遥感技术的可操作性。

(3)全球定位系统(GPS)

GPS 的产生也是空间技术发展的结果,是遥感技术空间定位研究的成果。

目前的定位主要是利用地面控制点建立图像坐标与地面控制点坐标的关系,以地面控制点将遥感信息定位于地面控制网中。GPS 能实现遥感数据的实时定位,由以前的地—空定位发展成现在的空—地定位模式,同时对遥感信息进行地学编码,并可直接进入 GIS 进行处理,大大提高了遥感数据的精度、减轻了数据处理的难度。RS、GIS、GPS 三者密切结合,形成现代遥感应用技术系统。RS 和 GPS 是遥感信息的获取系统,为 GIS 提供及时的信息;GIS 是遥感信息的处理和应用系统,能对大量的空间数据进行分类、统计计算、分析、制图等。GIS、GPS 是 RS 的两大支柱。RS、GIS、GPS 三位一体,实现了遥感信息的获取、处理及应用的一

体化。三者的有机结合，使现代遥感技术系统成为生态系统研究不可缺少的技术手段。

10. 环境管理信息系统（EMIS）

环境管理信息系统（Environmental Management Information System，EMIS）是以现代数据库技术为核心，将环境信息存储在电子计算机中，在计算机软、硬件支持下，实现对环境信息的输入、输出、修改、增加、删除、传输、检索和计算等各种数据库技术的基本操作，并结合统计数学、优化管理分析、制图输出、预测评价模型、规划决策模型等应用软件，构成一个复杂而有序的、具有完整功能的技术工程系统。它既是各种环境信息的数据库，又是环境管理政策和决策的实验室。

环境管理信息系统的主要功能有：① 全面和准确地查询和检索各种环境信息。因此，系统提供环境科研和管理所需的各种数据和信息具有同一格式。② 分析各种空间数据。利用数学模型进行数据加工，进行区域环境污染和质量评价、污染控制方案预测、经济发展对环境影响的预测以及区域环境质量控制规划等工作。③ 决策自持。针对不同层次管理部门的不同要求，输出各种数据、图件和报告，为环境管理工作提供辅助决策。有效地利用系统本身功能，可降低系统成本，提高系统效率。

11. 生态系统管理的其他途径

生态系统管理的途径还有：用经济手段，制定各种资源开发利用补偿收费政策和环境的税收政策；把自然资源和环境因素纳入国民经核算体系；制定不同行业污染物排放的限定标准；改革资源价格体系，促进资源的节约利用和保护增值。

2.5　生态学在环境保护中的应用

目前，人类社会的生产力发展水平已经足以影响全球生态平衡，环境污染引起生态平衡的失调所导致的破坏连锁反应是非常突出的，人类正通过自身的活动向所有生物的生活环境施加全球性的影响。当今世界面临的五大问题是：人口、粮食、能源、自然资源和环境保护。要解决这些重大问题，必须按照生态规律办事，必须全面、综合地维护生态系统的平衡，在此基础上，自觉地遵循自然规律，就可以建立并保持新的生态平衡系统，创造人类美好的生存环境。

生态学是研究生物系统和环境系统之间相互关系的一门学科。生态学为环境质量评价、环境监测、环境治理等提供了一些切实可行的方法。

2.5.1　全面考察人类活动对环境的影响

处于一定时空范围内的生态系统，都按照一定规律进行着能量流动和物质循环。只有顺从并利用这些自然规律来改造自然，即在不违背生态学一般规律的前提下发展生产，才能既产生出最大的经济效益，又保持生态环境的最佳状态。如果盲目追求某项成功，而置生态学规律于不顾，就会适得其反。下面以我国三峡工程为例，说明上述认识的重要性。

举世瞩目的三峡工程曾引起过很大争议，其焦点之一就是如何全面考察三峡工程对生态环境的影响。

长江是我国最大的河流。长江流域位于东亚副热带季风区，地形起伏变化较大，雨量丰沛，但时空分布不一。虽然长江流域的水资源、内河航运、工农业总产值都在全国占有相当的比重，但长江经常发生峰高量大、持续时间长的暴雨洪水，特别是在中下游，又以荆江河段为最。兴建三峡工程，可有效地控制长江中下游地区的洪水，减轻洪水对千百万人民生命财产的威胁和对生态环境的破坏；长江三峡水电站建成后，年发电量为 8.4×10^{10} kW·h，可节约原煤 4×10^7 吨。这对长江中下游煤炭、石油资源相对贫乏的地区来说，无疑是一个巨大的补充；还可以改善川江航道，提高长江的航运效益。但是兴修三峡工程也有诸多不利：按三峡工程大坝正常蓄水位 175m³ 的方案，将淹没四川、湖北两省 19 个县市，移民达 72 万人；淹没耕地 2.3×10^4 公顷、柑橘地 5 000 公顷、工厂 657 家和一些风景名胜。建三峡大坝后，三峡地区以奇、险为特色的自然景观会有所改变，但将呈现"高峡出平湖"的壮丽景色，沿三峡水库区各支流险礁的自然风光将待开发；三峡沿岸地少人多，如开发利用不当，可能加剧水土流失，使水库中泥沙淤积。如果没有适当的措施，一些洄游鱼类的生长繁殖将受到影响。1992 年全国人民代表大会经过认真激烈的讨论之后，认为兴建三峡工程利大于弊，从而通过了关于兴建三峡工程的议案。

2.5.2 对环境质量的生物监测与生物评价

目前主要通过化学分析和仪器分析的方法监测环境质量。化学分析和仪器分析的优点是速度快、单因子检测准确度高。但由于我国经济条件的限制，目前还无法进行连续监测，一般只能在每年的不同时间取样监测几次，并以这些结果代表全年的环境质量状况，而环境质量状况并不是恒定的，这样就很难反映出环境质量的真实状况。另外，化学分析和仪器分析方法一般只能监测单因子污染物的污染状况，无法对实际环境中多种污染物质造成的综合污染状况进行监测，而且环境中的污染特质间往往存在着拮抗、协同效应。因此，用单因子污染的效果说明多种污染物质的综合污染状况往往不是很准确。

生物监测是指利用生物对环境中某些污染物的反应，即生物在污染环境中发出的信息，来判断环境污染程度的方法。对特定污染物质敏感的生物，都可以作为监测生物。如地衣、苔藓和某些种子植物可监测大气污染，一些藻类、浮游生物和鱼类可监测水体污染，土壤藻类和螨类可监测土壤污染。监测生物所发出的各种信息包括受害症状、生长发育受阻、生理机能改变及形态解剖学变化等。所以，生物污染物的反应包括个体反应、种群反应和群落反应。通过这些反应的具体表现，可以判断环境中污染物的种类，通过反应的强度，可以判断环境受污染的程度。

生物评价是指用生物学原理，按一定方法对一定范围内的环境质量进行评定和预测。通常采用的方法有指示生物法、生物指数法和种类多样性指数法等。生物评价的范围可以是一个工厂、一座城市、一条河流或湖泊，也可以是一个更大的区域。

由于生态系统的适应性地区差异较大，因此生物评价方法一般较难统一，不能明确指出具体污染物的性质和含量。

2.5.3 对污染环境的生物净化

生物与污染的环境之间，也存在着相互影响和相互作用的关系。在污染的环境作用于生物体的同时，生物也同样作用于环境，使污染的环境得到一定程度的净化，提高环境对污染物的承载负荷，增加环境容量。人们也正是运用这种生物与环境之间的相互关系，充分发挥生物的净化能力。

1. 大气污染物的生物净化

大气污染物的生物净化是利用生态学原理，协调生物与大气环境之间的关系，通过大量栽培具有净化大气能力的乔木、灌木和草坪，建立完善的城市防污绿化体系，以达到净化大气的目的。

大气污染的生物净化包括利用植物吸收大气中的污染物质、滞尘、消减噪声和杀菌等几个方面。

2. 水体污染的生物净化

水体污染的生物净化，是利用生态学原理，协调水生生物与水体环境之间的变化，充分利用水生生物的净化作用，使水体环境得以净化。

利用水生植物和藻类共生的氧化塘，处理生活污水和工业废水可取得较好的效果。水生植物可通过附着、吸收、积累和降解，净化水体中的有机污染物和重金属。利用氧化塘净化污水，实际上就是建立一个人工生态系统。在好氧塘中，好氧微生物可以把污水中的有机物分解成 CO_2、H_2O、NH_4^+ 和 PO_4^{3-} 等，藻类以此作为营养物质大量繁殖，其光合作用释放出的 O_2 提供了好氧微生物生存的必要条件，而其残体又被好氧微生物分解利用。

2.5.4 以生态学规律指导经济建设

以往的工农业生产大多是单一的过程，既没有考虑与自然界物质循环系统的相互关系，又往往在资源和能源的耗用方面片面强调单纯的产品最优化问题，因此给生态环境带来大量废物，甚至是有毒废弃物，以致造成环境的严重污染与破坏。其结果既浪费资源和能源，又影响环境生态系统的平衡。解决这个问题的唯一途径是运用生态系统的物质循环原理，建立闭路循环生态工艺体系，实现资源和能源的综合利用。

1. 生态农业

所谓生态农业就是根据生态学原理，应用现代科学技术方法所建立和发展起来的一种多层次、多结构、多功能的集约经营管理的综合农业生产体系。它不同于传统农业。生态农业的生产结构是农林牧副渔各业合理结合，使初级生产者农作物的产物能沿食物链的各个营养级进行多层次利用，以更有效地发挥各种资源的经济效益。生态农业强调施用有机肥和豆科作物轮作，化肥只作为辅助肥料；强调利用生物控制技术和综合控制技术防治农作物病虫害，尽量减少化学农药的使用。这些基本措施大大减少了化肥和农药污染，基本上可以达到在最大限度保护土地资源、水资源和能源的基础上，获取高产的目的。

菲律宾的马雅农场被视为生态农业的一个典范，如图 2-16 所示，马雅农场把农田、林地、鱼塘、畜牧场、加工厂和沼气池巧妙地连接成一个有机整体，使能源和物质得到充分利用，把整个农场建成了一个高效、和谐的农业生态系统。在这个农业生态系统中，农作物和林业生产的有机物经过三次重复使用，通过两个途径完成物质循环。用农作物生产的粮食和秸秆及林业生产的枝叶喂养牲畜，用牲畜粪便和肉食加工厂的废水生产沼气，是对营养物质的第二次利用；用经过氧化塘处理的沼液养鱼、灌溉，用沼渣产生的肥料肥田，用产生的饲料喂养牲畜，是对营养物质的第三次利用。农作物、森林→粮食、秸秆、枝叶→喂养牲畜→粪便→沼气→沼渣→肥料→农作物、森林，构成了第一个物质循环途径。牲畜→粪便→沼气→沼渣→饲料→牲畜，构成了第二个物质循环途径。这种巧妙的安排，既充分利用了营养物质，创造了更多的财富，增加了收入，又不向环境排放废弃物，防止了环境污染。

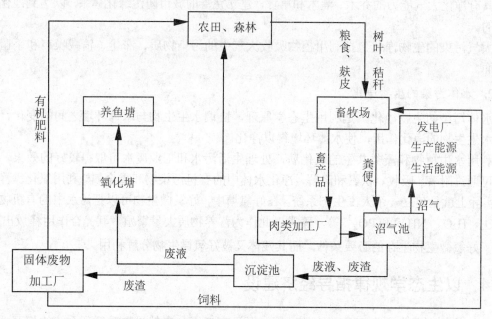

图 2-16　马雅农场生态系统示意图

在这个农业生态系统中，农作物和林木通过光合作用将光能转化为化学能，存储在有机物质中；这些化学能又通过沼气发电转化成电能；在加工厂中，电能带动机器，电能又转化成机械能；用电照明，电能又转化成光能。这样，实现了能量的流动和转化，使能量得到充分利用。

生态农业是适合中国国情的可持续农业发展模式，目前正在蓬勃发展。1995 年，全国 50 个生态农业试点县起到了良好的示范作用，生态农业试点县粮食总产量增长 15%，单位面积产量增长 10%以上，人均收入高于当地平均水平 12%。

2．生态工业

所谓生态工业就是应用生态学原理，不仅要求在生产过程中输入的物质和能量获得最大限度的利用，使资源和能源的浪费最少，排出的废弃物最少，而且力争使废弃物完全能被自然界的动植物所分解、吸收或利用，求得整个系统的最优化，即清洁生产，这是社会经济效益最大的生产模式。

如图 2-17 所示是造纸工业闭路循环工艺流程图，该工艺包括火力发电、造纸和废弃物的回收利用三大部分。各分系统中产生的余热和高低压蒸汽、排烟中的 SO_2 以及造纸废液中的无机盐类都回收利用。这样既使资源和能源得到综合利用，又减少了污染、保护了环境。

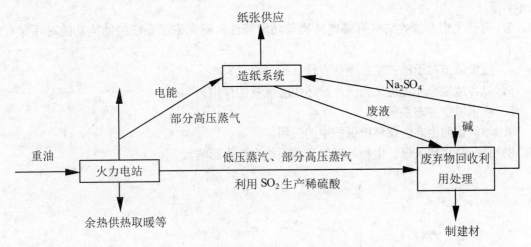

图 2-17　造纸工业闭路循环工艺流程示意图

3. 进行城市生态系统的研究

许多环境学家认为，充分利用生态学原则和系统论的方法，根据各种自然因素和人为的社会因素所构成的社会生态系统复合体来研究城市，也就是把城市作为一个特殊的、人工的生态系统进行研究，才能解决城市的环境问题。

凡拥有 10 万以上人口，住房、工商业、行政、文化娱乐等建筑物占 50%以上面积，具有发达的交通线网和车辆来往频繁的人类集居的区域，即可称为城市生态系统。

在城市生态系统中，人是最重要的组成部分，其不仅数量大，而且是系统的主宰。此外，有的城市生态系统占有相当大的区域，如北京拥有 16 个区县，城区面积达 490.1km²，全市面积达 16 808km²。在这样大的区域中，地面几乎全部被住房、商业、行政、文化娱乐等建筑物和道路所覆盖，绿地甚少。如北京四个城区中，绿地面积仅占城区面积的 14.8%。

城市生态系统相对于自然生态系统有许多不同的特点。

（1）城市生态系统是人工生态系统

城市生态系统是通过人的劳动和智慧创造出来的，人工控制对该系统的存在与发展起着决定性的作用。但是，人工控制是在自然控制的大背景上起作用的，必然受到太阳辐射、气温、气候、风、水源状况等自然因素控制。

（2）城市生态系统是以人为主体的生态系统

在城市生态系统中，人口高度集中，其他生物的种类和数量都很少。如果以单位面积上的质量计算，人在城市生态系统中所占比例极大。

综上所述，在制定国家发展规划时，应利用生态学原则，将经济因素与地理因素、生态因素和社会因素等紧密结合在一起进行考虑，使国家和地区的发展能顺应环境条件，不致使生态平衡遭到破坏，以达到经济发展与人类环境相适应，实现可持续发展的战略目标。

复习思考题

1. 环境生态学的概念是什么？
2. 何谓生态平衡？破坏生态平衡的因素有哪些？试列举出你熟知的破坏生态平衡的例子。
3. 何谓生态系统？它具有哪些结构与功能特性？研究生态系统的结构功能对环保有何意义？
4. 反馈调节对于维护生态平衡有什么指导意义？
5. 以各地生态环境退化为例，简述生态恢复的作用。
6. 何谓城市生态系统？
7. 举例说明生态学在环境保护中的应用。
8. 什么是生物入侵？生物入侵对生态系统有什么影响？

第3章 资源与可持续发展

3.1 可持续发展

3.1.1 文明发展及其特征

人类发展的全部历史是人与自然结合的历史，实际上是人类对自然资源的开发利用史，即人类社会同大自然相互作用共同发展和不断进化的历史。自然资源本身并不直接创造任何东西，它们只能在一定范围内和某种程度上被人利用，人们利用自然资源的方式及其相应的手段和规模不断变化。从对大自然的顶礼膜拜到对技术的自信和对"人定胜天"的执着，进一步到对协调发展的认识和对可持续发展的实施，人类一直在实践、认识，再实践、再认识，并将继续这个过程。人类进入文明社会演替至今，大体经历了采猎文明、农业文明、工业文明和现代文明（生态文明）这几个阶段（见表3-1）。从自然资源利用方式演化过程看，大致可以分为原始的依附型、传统的改造型、现代的掠夺型和未来的协调型四种类型。

表3-1 不同时期人类环境问题的特征

社会形态	原始社会	农业社会	工业社会	知识社会
文明类型	采猎文明	农业文明	工业文明	现代文明
时期	公元前200万年至公元前1万年	公元前1万年至公元18世纪	公元18世纪至20世纪80年代	20世纪90年代以后
对自然的态度	依赖自然	改造自然	征服自然	善待自然
环境破坏程度	萌芽	严重	恶化	缓解
环境问题	局部生态受损	森林砍伐、地力下降、水土流失等	从地区性公害到全球性灾难	全球性灾难待解决
资源利用特点	原始依赖型	传统改造型	现代掠夺型	未来协调型
人类对策	听天由命	牧农经济	环境保护	可持续发展

在人类社会的初期，人口稀少，人类的生活完全依赖于自然环境。当时居住分散，主要聚集在气候适宜、水源丰富的地区，过着采集和狩猎的原始生活。人类活动还没有对自然环境产生明显的影响与破坏作用。此时的环境问题，主要是人口的自然增长、无知地乱采、乱捕、滥用自然资源所造成的生活资料的缺乏以及由此而引起的饥荒和迁徙问题。

从原始社会到18世纪后半叶，人类通过耕作和畜牧，从自然界获取了较为丰富的生活资料，生活水平有了较大的提高，人口也不断增长。但此时的科学技术还不够发达，为了提高生活水平，增加物质财富，只得扩大耕地面积、增加农作物的播种面积和增加畜牧数量。为此进行的毁林开荒、过度放牧，使森林、草原遭到了严重的破坏，引起水土流失和沙漠化，导致了严重的生态环境恶化，致使文明衰落。例如，在两千多年前，曾是四大文明古国之一的巴比伦王国，森林茂盛，沃野千里。但由于忽视对生态环境的保护，乱砍滥伐，开荒造田，最后被漫漫的黄沙所湮没，从地球上销声匿迹了。

18世纪的工业革命开创了人类历史的新纪元。人类社会由农业文明跨入了工业文明。这一时期，科学技术得到了很大的发展，机器代替了手工操作，社会化大生产代替了小作坊，化石能源代替了畜力。社会生产力得到了极大的提高。西方发达国家的产业革命从纺织工业开始，最后以建立煤炭、钢铁、化工等重工业而告完成。煤的大量开挖和使用，烟囱冒出了滚滚黑烟，产生了大量的烟灰、SO_2和其他污染物质，冶炼工业生产排放的SO_2和其他有害有毒物质，危害更大；化学工业的迅速发展，又增加了新的污染源和污染物；造纸工业排放大量高浓度难降解的有机废水，震惊世界的公害事件频繁发生等，这些都说明了工业文明在造福人类的同时，也使我们的生态环境越来越恶化。

在这一时期，人类企图征服大自然，创造新文明，把自然环境与人类社会、客观世界与主观世界形而上学地分割开来，没有意识到人类同环境之间存在着协同发展的客观规律。直到威胁人类生存和发展的环境问题不断在全球出现，这才引起震惊和重视。虽然20世纪70年代至80年代工业发达国家纷纷加大了环境保护的投资，制定了一系列环境保护法律、法规，加强环境管理，同时大力开展环境科学研究，进行环境污染治理并发展低污染和无污染的工艺技术，使环境污染得到一定的控制，环境质量有了明显的改善。然而经济发展的模式并没有发生根本的改变，仍然是高投入、高消耗。正如恩格斯指出的，"我们不要过分陶醉于我们对自然界的胜利。对于每一次这样的胜利，自然界都报复了我们，对自然资源进行掠夺式的利用，使环境问题发展成为全球性的灾难。"

今天，我们处在现代（后工业或生态）文明时期，随着科学技术的进步，新技术、新能源、新材料等的发展和利用带来了社会生产力的新飞跃，影响着产业结构和社会结构，引起了社会生活的极大变化，对经济增长和社会进步产生了深刻的影响。同时人类面对严峻的全球性的环境问题，开始觉醒，认识到环境问题的产生是人类经济活动索取自然资源的速度超过了其本身及替代产品的再生产速度和向自然排放废弃物的数量超过了环境的自净能力。因此人类必须抛弃错误的资源观、价值观、道德观，以寻求人类社会与自然环境的协同演化和可持续发展。

3.1.2　可持续发展的定义和内涵

"可持续发展"从字面上理解是指促进发展并保证其可持续性。很明显，它包括了两个概念：可持续性和发展。

1. 可持续发展的定义

世界环境和发展委员会于1987年发表的《我们共同的未来》的报告中对可持续发展的定义是："既满足当代人的需求又不危及后代人满足其需求的发展。"这个定义明确地表达了两个观点：一是人类要发展，尤其是穷人要发展；二是发展要有限度，不能危及后代人的发展。

世界自然保护同盟、联合国环境署和世界野生生物基金会在1991年共同发表的《保护地球——可持续性生存战略》一书中提出的定义是："在生存于不超出维持生态系统涵容能力的情况下，改善人类的生活质量。"

美国世界资源研究所在1992年提出，可持续发展就是建立极少产生废料与污染的工艺的技术系统。

世界银行在 1992 年度的《世界发展报告》中称，可持续发展指的是：建立在成本效益比较和审慎的经济分析基础上的发展政策和环境政策，加强环境保护，从而导致福利的增加和可持续水平的提高。

1992 年，联合国环境与发展大会的《里约宣言》中对可持续发展进一步阐述为"人类应享有以自然和谐的方式过健康而富有成果的生活权利，并公平地满足今世后代在发展环境方面的需要。求取发展的权利必须实现。"

英国经济学家皮尔斯和沃福在 1993 年所著的《世界无末日》一书中提出了以经济学语言表达的可持续发展的定义，即："当发展能够保证当代的福利增加时，也不应使后代人的福利减少。"

可持续发展是从环境与自然资源角度提出的关于人类长期发展的战略与模式，它不是一般意义上所指的一个发展进程要在时间上的连续运行、不被中断，而是强调环境与自然资源的长期承载力对发展的重要性以及发展对改善生活质量的重要性。它强调的是环境与经济的协调，追求的是人与自然的和谐。其核心思想就是经济的健康发展应该建立在生态持续能力、社会公正和人民积极参与自身发展决策的基础之上。它的目标是不仅满足人类的各种需求，做到人尽其才、物尽其用、地尽其利，而且还需要关注各种经济活动的生态合理性，保护生态资源，不对后代的生存和发展构成威胁。在发展指标上与传统发展模式不同的是，不再把国民生产总值（GNP）作为衡量发展的唯一标准，而是用社会、经济、文化、环境、生活等各个方面的指标来衡量发展。可持续发展是指导人类走向新的繁荣、新的文明的重要指南。

2. 可持续发展的内涵

"可持续发展"一词在国际文件中最先出现于 1980 年的世界自然保护同盟在世界野生动物基金会的支持和协助下制定和发布的《世界自然保护大纲》中。可持续发展的概念最初应用于林业和渔业，指对资源的一种管理战略，即如何仅将全部资源中合理的一部分加以收获，使得资源不受破坏，而新成长的资源数量足以弥补所收获数量。例如，一定区域的渔业资源的可持续性管理就是指捕鱼量适当低于该区域的鱼类自然繁殖量。

"可持续发展"包含了当代与后代的需求、国家主权、国际公平、自然资源、生态承载力、环境与发展相结合等重要内容。它首先从环境保护的角度来倡导保持人类社会的进步与发展。它号召人们在增加生产的同时，必须注意生态环境的保护与改善。它明确地提出要变革人类沿袭已久的生产与消费方式，并调整现行的国际经济关系。总的来说，可持续发展包含两大方面的内容：一是对传统发展方式的反思与批判，二是对规范的可持续发展模式的理性设计。就理性设计而言，可持续发展具体表现在工业应当是高产低耗、能源应当被清洁利用、粮食需要保障长期供给、人口与资源应当保持相对平衡等许多方面。

可持续发展的定义虽短，但却有着非常丰富的内涵。其基本点有以下三个方面：一是需要，即指发展的目标是要满足人类需要；二是限制，强调人类的行为要受到自然界的制约；三是公平，强调代际之间、人类与其他生物种群之间、不同国家和不同地区之间的公平。在上述核心思想的指导下可持续发展还包括下面几层含义：

（1）经济可持续发展

可持续发展的最终目标就是要不断满足人类的需求和愿望。因此，保持经济的持续发展是可持续发展的核心内容。发展经济，改善人类的生活质量，是人类的目标，也是可持续发展需要达到的目标。可持续发展把消除贫困作为重要的目标和最优先考虑的问题,因为贫困削弱了人们以可持续的方式利用资源的能力。目前广大的发展中国家正经受来自贫困和生态恶化的双重压力,贫穷导致生态破坏的加剧,生态恶化又加剧了贫困。对于发展中国家来说,发展是第一位的,加速经济的发展,提高经济发展水平,是实现可持续发展的一个重要标志。没有经济的可持续发展,就不可能消除贫困,也就谈不上可持续发展。

(2) 社会可持续发展

可持续发展实质上是人类如何与大自然和谐共处的问题。人们首先要了解自然和社会变化规律,才能达到与大自然和谐相处。同时,人们必须有很高的道德水准,认识到自己对自然、对社会和对子孙后代所负有的责任。因此,提高全民族的可持续发展意识,认识人类的生产活动可能对人类自身环境造成的影响,提高人们对当今社会及后代的责任感,增强参与可持续发展的能力,也是实现可持续发展不可缺少的社会条件。要实现社会的可持续发展,必须把人口控制在可持续的水平上。许多发展中国家,人口数已经超过了当地资源的承载能力,造成了日益恶化的资源基础和不断下降的生活水准。人口急剧增长,对资源需求量的增加和对环境的冲击,已成为全球性的问题。

(3) 资源可持续发展

可持续发展涉及诸多方面的问题,但资源问题是其中心问题。可持续发展要保护人类生存和发展所必需的资源基础。因为许多非持续现象的产生都是由于资源的不合理利用引起资源生态系统的衰退而导致的。为此,在开发利用的同时必须要对资源加以保护,如对可更新资源利用时,要限制在其承载力的限度内,同时采用人工措施促进可更新资源的再生产,维持基本的生态过程和生命支持系统,保护生态系统的多样性以利于可持续利用;对不可更新资源的利用要提高其利用率,要积极开辟新的资源途径,并尽可能用可更新资源和其他相对丰富的资源来替代,以减少其消耗,要特别加强对太阳能、风能、潮汐能等清洁能源的开发利用以减少化石燃料的消耗。

(4) 环境可持续发展

持续发展也十分强调环境的可持续性,并把环境建设作为实现可持续发展的重要内容和衡量发展质量、发展水平的主要标准之一,因为现代经济和社会的发展越来越依赖环境系统的支撑,没有良好的环境作为保障,就不可能实现可持续发展。

(5) 全球可持续发展

可持续发展不是一个国家或一个地区的事情,而是全人类的共同目标。当前世界上的许多资源与环境问题已超越国界的限制,具有全球的性质,如全球变暖、酸雨的蔓延、臭氧层的破坏等。因此,必须加强国际间的多边合作,建立起巩固的国际合作关系。对于广大的发展中国家发展经济、消除贫困,国际社会特别是发达国家要给予帮助和支持;对一些环境保护和治理的技术,发达国家应以低价或无偿转让给发展中国家;对于全球共有的大气、海洋和生物资源等,要在尊重各国主权的前提下,制定各国都可以接受的全球性目标和政策,以便达到既尊重各方利益,又保护全球环境与发展体系。

3.1.3 可持续发展是历史发展的必然

1972年6月5日,联合国在瑞典首都斯德哥尔摩召开了"联合国人类环境会议"。会议通过了著名的《联合国人类环境会议宣言》（简称《人类环境宣言》），并制订了斯德哥尔摩计划。同年召开的第二十七届联合国大会根据人类环境会议的建议，决定将每年的6月5日定为"世界环境日"。从1974年起联合国环境规划署在每年初提出当年世界环境日的主题（见表3-2），以便围绕主题开展活动。中国也根据自己的国情，开展了相应的主题（见表3-3）。

继人类环境会议之后，1974年在墨西哥，由联合国环境规划署和联合国贸易与发展会议联合召开了资源利用、环境与发展的专题讨论会。1982年5月10日至18日在内罗毕召开的人类环境特别会议发现，斯德哥尔摩行动计划未收到实效，会议通过的内罗毕宣言指出，"这主要是由于对环境保护的长远利益缺乏足够的预见和理解，在方法和努力方面没有进行充分的协调，以及由于资源缺乏和分配不平均"，"人类的一些无法控制的或无计划的活动使环境日趋恶化。森林的砍伐、土壤与水质的恶化和沙漠化已达到惊人的程度，并严重地危及世界大片土地的生活条件。有害的环境状况引起的疾病继续造成人类的痛苦。大气的变化（如臭氧层的变化、CO_2含量的日益增加和酸雨）、海洋和内陆水域的污染、滥用和随便处置有害物质以及动植物物种的灭绝，进一步威胁着人类的环境"。从斯德哥尔摩会议（1972）到内罗毕会议（1982）已经历了10年，虽然20世纪70年代发达国家的环境污染状况有了明显的改善，但也只是在局部有所改善，而整体仍在继续恶化，20世纪80年代出现了第二次环境问题的高潮。到80年代末、90年代初，全球性的环境问题已威胁到人类的生存与发展。

表 3-2　历年世界环境日主题

年　度	主　题
1974	只有一个地球
1975	人类居住
1976	水：生命的重要源泉
1977	关注臭氧层破坏、水土流失、土壤退化和滥伐森林
1978	没有破坏的发展
1979	为了儿童和未来——没有破坏的发展
1980	新的十年，新的挑战——没有破坏的发展
1981	保护地下水和人类食物链，防治有毒化学品污染
1982	纪念斯德哥尔摩人类环境会议10周年——提高环境意识
1983	管理和处置有害废弃物：防治酸雨破坏和提高能源利用率
1984	沙漠化
1985	青年、人口、环境
1986	环境与和平
1987	环境与居住
1988	保护环境、持续发展、公众参与
1989	警惕，全球变暖
1990	儿童与环境
1991	气候变化——需要全球合作
1992	只有一个地球——一起关心，共同分享
1993	贫穷与环境——摆脱恶性循环
1994	一个地球，一个家庭
1995	各国人民联合起来，创造更加美好的未来

年　度	主　题
1996	我们的地球、居住地、家园
1997	为了地球上的生命
1998	为了地球上的生命——拯救我们的海洋
1999	拯救地球就是拯救未来
2000	2000 环境千年，行动起来
2001	世间万物，生命之网
2002	使地球充满生机
2003	水——二十亿人生命之所系
2004	海洋存亡，匹夫有责
2005	营造绿色城市，呵护地球家园
2006	沙漠和荒漠化
2007	正在融化的冰
2008	转变传统观念，推行低碳经济
2009	地球需要你：团结起来应对气候变化
2010	多样的物种，唯一的地球，共同的未来
2011	森林：大自然为您效劳
2012	绿色经济：你参与了吗？
2013	思前，食后，厉行节约

表 3-3　历年世界环境日中国主题

年　度	中　国　主　题
2005	人人参与　创建绿色家园
2006	生态安全与环境友好型社会
2007	污染减排与环境友好型社会
2008	绿色奥运与环境友好型社会
2009	减少污染——行动起来
2010	低碳减排·绿色生活
2011	共建生态文明，共享绿色未来
2012	绿色消费，你行动了吗？
2013	同呼吸，共奋斗

全球性环境的不断恶化，引起了人们的深刻反思。1987 年，联合国世界环境与发展委员会把经过长达 4 年的研究和充分论证的报告《我们共同的未来》提交给联合国大会，正式提出可持续性发展的模式，这表明了世界各国都已认识到要从根本上解决环境与发展的问题，必须从传统的发展模式转变为可持续发展模式。

为了促进可持续发展战略的实施，1992 年 6 月在巴西里约热内卢召开了联合国环境与发展大会。与 20 年前的斯德哥尔摩人类环境会议相比可以发现：经过 20 年的实践与反思，人们对环境与发展的辩证关系和全球环境问题的严峻形势，达成了统一的认识，找到了解决环境问题的正确道路，世界各国普遍接受执行"可持续发展战略"。回顾 1972—1992 年的发展历程，可以清楚地看出：走可持续发展的道路，是人类的醒悟，是人类的正确抉择，是历史发展的必然趋势。

背景知识

《我们共同的未来》是世界环境与发展委员会关于人类未来的报告。1987年2月，在日本东京召开的第八次世界环境与发展委员会上通过，后又经第42届联大辩论通过，于1987年4月正式出版。

《我们共同的未来》分为"共同的问题"、"共同的挑战"和"共同的努力"三大部分，集中分析了全球人口、粮食、物种和遗传资源、能源、工业和人类居住等方面的情况，并系统探讨了人类面临的一系列重大经济、社会和环境问题，这份报告鲜明地提出了三个观点：

（1）环境危机、能源危机和发展危机不能分割；

（2）地球的资源和能源远不能满足人类发展的需要；

（3）必须为当代人和下代人的利益改变发展模式。

报告深刻指出，在过去，我们关心的是经济发展对生态环境带来的影响，而现在，我们正迫切地感到生态的压力对经济发展所带来的重大影响。因此，我们需要有一条新的发展道路，这条道路不是一条仅能在若干年内、在若干地方支持人类进步的道路，而是一直到遥远的未来都能支持全球人类进步的道路。这一鲜明、创新的科学观点，把人们从单纯考虑环境保护引导到把环境保护与人类发展切实结合起来，实现了人类有关环境与发展思想的重要飞跃。

3.2 自然资源的可持续性利用

3.2.1 自然资源的概念与分类

"资源"一词本是经济学上的一个基本概念。近年来日益紧张的人与自然的矛盾，引发了人们对自然资源的高度重视，关于自然资源的讨论日益增多。为了方便起见，将自然资源简称为资源。自然资源指在一定的技术经济条件下，自然界中对人类有用的一切物质和能量，如土地、水、气候、生物与矿产资源等。1972年联合国环境规划署提出，所谓资源是指"在一定时空条件下，能够产生经济价值，以提高人类当前和未来福利的自然环境因素的总称"。我国学者中较为流行的资源定义是：自然资源是指人类可以利用的、天然形成的物质和能量，它是人类生存的物质基础、生产资料和劳动对象。在这里有三点值得注意：其一是资源是天然物质；其二是资源是可以利用的；其三是资源能够产生生态价值和经济效益。由于资源的内容广泛、丰富，为了研究及开发利用上的方便，一般依据资源的一些共同特征将资源进行统一分类，如图3-1所示。

按自然资源的可更新特征，可将其分为可更新资源和不可更新资源。可更新资源即通过自然再生产或人工经营为人类反复利用的资源，包括水资源、耕地资源、生物资源等，而不可更新资源指储量有限、可被用尽的资源，主要是矿物资源，特别是以矿物为主的能源。当然，严格来说，一些矿物资源如铁矿石等从大的时间尺度上看也是可更新的，只是它的自然更新的周期太长。水资源尽管是可更新的，但由于时空分布的不均衡，可造成局部区域的水灾害或者水资源短缺。严格来说,这种分类存在着一些问题,有些资源很难按此原则来划分。这种分类方法可时刻提醒人们注意那些不可更新的资源,不可更新就意味着用一点少一点,用完了就没有了,从而阻碍了经济的可持续发展。另外需要特别指出的是,这里所指的可更新资源也并不是无条件的、绝对的,任何资源的可更新都是有条件的、相对的。例如,森林资源因大面积的砍伐,将造成森林所构成的植物群落的逆演替,从而使森林面积锐减,生物多样性丧失,生物物种资源减少,林地退化成草地或沙漠。另外,耕地是可更新的资源,其含义是指耕地是可重复利用进行农业生产的。但一旦耕地被占用了,它将成为不可更新的资源。

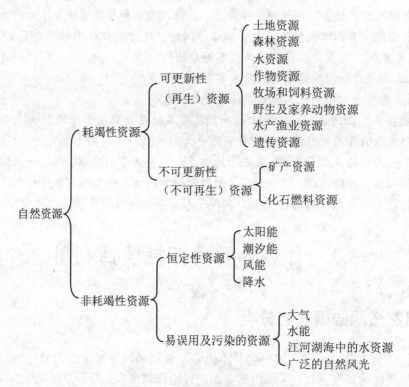

图 3-1　自然资源的分类系统

3.2.2　自然资源是可持续发展的基础

　　资源是人类社会经济发展的源泉,而环境是人类生存和发展的基本条件,这二者奠定了人类文明产生与进化的基础。为了更好更有效地开发、利用资源和使用环境,满足人们的心理、生理、文化和社会的需求,合理利用自然资源和维护环境质量就变得十分必要和不可缺少。

　　由于人口规模及其生活质量的限度和生存空间的分布取决于资源的承载能力与分布,环境问题也根源于人类对于资源的利用是否合理,及对大自然资源状况变异是否适合人类社会生存发展的要求。因而在"人口—资源—环境"大系统中,资源处于基础的位置。长期以来,人们对资源的基础地位的认识不足,尤其对处于基础地位的资源更需要珍惜、节约、保护和合理利用的特点认识不足。过去人们曾认为耕地资源是无限的,不久就因分争土地而发生了战争;

欧洲在18世纪还认为森林资源是无限的，不过100年后就有大批人因为森林资源殆尽远走美洲；水资源往往被人认为是充裕的，但世界上一些地区正为争夺水源而发生纠纷。人们还认为空气资源是无尽的，事实上污染已使许多地区的空气蜕变得不适合人们的需要。可以说所有的资源都是需要节约和保护的，否则，就很难把人口问题和环境问题解决好，难于真正实现经济社会与资源环境的协调与可持续发展。

"可持续性发展对于发达国家和发展中国家同样是必要的战略选择，但是对于像中国这样的发展中国家，可持续发展的前提是发展"（《中国21世纪议程》）。发展的目标之一就是为了满足全体人民的基本需求和日益增长的需要，生产更多的物质和文化产品。而自然资源的多寡则制约着这些物质产品的数量，资源的分布和配置决定着产业结构和投资分配，它们都在很大程度上制约着经济发展目标的实现。

可持续发展是科学发展观的重要内涵，关系到经济发展和子孙后代的长远利益。我国《十一五规划纲要》提出了"十一五"时期全国总人口、耕地保有量、主要污染物排放总量减少、森林覆盖率等具体量化指标；对淡水、能源和重要矿产资源的保障水平，以及控制温室气体排放提出了明确要求：一是全国人口自然增长率控制在8‰以内、总人口控制在136 000万人；二是耕地保有量保持在1.2亿公顷，年均减少控制在0.3%以内；三是森林覆盖率达到20%；四是主要污染物（指二氧化硫和化学需氧量）排放总量减少10%。

3.2.3 我国自然资源的概况

总体看来，我国是一个资源大国。但由于我国人口多、底子薄、资源相对不足和人均国民生产总值仍居世界后列，所以以资源高消耗来发展生产和单纯追求经济数量增长的传统发展模式，正在严重地威胁着自然资源的可持续利用。因此，必须对我国的资源环境状况有一个明确的了解，争取以较低的资源代价和社会代价取得高于世界经济发展平均水平的效益，并保持可持续增长，这是具有中国特色的可持续发展的战略选择。

1. 我国自然资源的特点

（1）资源总量多，人均量少

我国地域辽阔，海陆兼备，经度和纬度差异大，资源总量大，是世界上少数的几个资源大国之一。中国的陆地面积为 $9.6\times10^6 km^2$，居世界第3位。海域总面积 $4.73\times10^6 km^2$，大陆海岸线长 $1.8\times10^5 km$，岛屿5 000多个。地表水资源 $2.8\times10^{12} m^3$，居世界第6位；耕地面积约 $1.3\times10^5 km^2$，居世界第4位；森林面积 $1.2\times10^6 km^2$，居世界第6位；草地面积约 $4.0\times10^6 km^2$，居世界第2位；矿产资源按45种重要矿产的潜在价值计算，居世界第3位；其他如水利能、太阳能、煤炭保有储量分别居世界第1、第2和第3位。我国资源的第一大特点就是总量大，这是我国综合国力的重要方面，也是我国经济发展的一个重要基础。

我国虽有不少的资源总量，但由于人口众多，人均资源量就显得很少。水、耕地、林地、草地资源分别相当于世界人均水平的1/4、1/4、1/6、1/3，许多矿产资源也不足世界人均水平的1/2。在45种主要矿产资源中，我国已有10多种探明储量不能满足需要。我国人均煤炭矿山可采储量不足100t，相当于世界平均值的1/2。人均石油可采资源量为11t，仅为世界平均值的18.3%，如表3-4所示。

表 3-4 中国与世界人均石油资源量、产量、消费量对比

中国与世界对比	人均最终石油可采资源量	人均石油产量	人均石油消费量
中国	11t	0.122t	0.125t
世界	60t	0.57t	0.56t
中国占世界的比例	18.3%	21.4%	22.3%

水土和矿产资源是难以增加的特殊资源，已被列入稀缺资源榜首。我国主要资源人均拥有量低于世界平均水平，并将随着人口增长、经济发展和城市化进程的加速而继续降低。

（2）资源种类多，类型齐全

我国地形多样、气候复杂，形成了多种多样的农业自然资源。具体表现在东农西牧、南水北草，山地平川农业互补，江河湖海散布环集，为综合利用农业资源提供了必备的条件。我国目前已发现矿产 171 种，已探明储量的矿产 153 种，是世界上少数的几个矿种配套较为齐全的国家之一，可为国家建立独立和完整的工业体系提供物质基础。我国的生物多样性也居世界前列。

（3）我国资源的地域分布不均衡

由于地理、地质、生物和气候的作用，我国资源的分布存在相对富集和相对贫乏的现象。如我国水资源东多西少、南多北少。南方耕地面积占 36.1%，河川径流却占 82.8%；北方耕地面积占 63.9%，河川径流仅占 17.2%；而西北地区土地面积占 30%，耕地却不到 10%，水资源不足 8%；矿产资源的 80%分布于西北部，石油和煤炭的 75%以上分布在长江以北，而工业却集中在东部沿海，能源消费集中在东南部。总之我国资源匹配不合理，组合错位，增大了开发利用的难度，由此可见我国资源的空间分布存在着巨大的差异。

（4）我国资源质量不够理想，优质资源所占的比重很小

难以利用的土地面积比例较高，土地利用率较低。我国一等耕地约占全部耕地的 40%，中下等耕地和有限制的耕地约占 60%，耕地总体质量不算好。矿产资源除煤以外，贫矿多富矿少；复杂难利用的矿产多，简单易利用的矿产少；中小型矿产多，大型矿产少。以铁矿石为例，在保有储量中富矿只占全部矿的 7.1%，90%以上为贫矿。我国能源储量中，石油、天然气只占 28%，以煤为主的格局在相当长的时期内难以有大的改变。

（5）我国的资源开发利用仍然存在着几个主要问题

尽管近几年来国家在资源利用方面做了大量的工作，争取能够解决一些长期存在的严重问题，但由于我国市场经济体系不健全，法规等规范市场运行的重要文件不能得到有效实施，市场管理不规范，致使粗放经营、掠夺式经营等问题仍然在相当范围内存在，仍然在破坏我国宝贵的资源。这就造成一个怪圈：一方面，我国资源相对不足，是人均拥有资源较少的国家；而另一方面，资源利用率、回收率低，资源浪费严重，是资源浪费大国。据有关方面报道，十多年前宁夏甘草产地就出现了大面积的甘草哄抢事件。有关方面做了大量的工作，终于将已破坏了的部分甘草场有限地恢复过来。近几年，甘草资源又一次遭到毁灭性的开采，仅有的宝贵自然资源经不起这样毁灭性的打击。我国资源利用率低下还表现在：农田灌溉水有效利用率只有 25%~40%，浪费相当严重；工业重复用水率不足 40%；木材综合利用率为 60%，而发达国家可达 80%。我国能源消费弹性系数始终居高不下，如我国单位国民生产总值的能源消耗不仅高于大多数同等经济发展水平的国家，甚至高于经济水平比我国落后的印度，这表明我国节约能源的潜力是非常大的。

2. 中国自然资源在世界上的位置

为了能够更好地理解我国资源的总体特征,有必要了解我国资源与世界上其他国家相比较所得的一些结果。

就人均资源占有量与世界上 144 个国家进行排序,结果如下:

土地面积　　　　　　　　　　110 位以后
耕地面积　　　　　　　　　　130 位
草地面积　　　　　　　　　　76 位以后
森林面积　　　　　　　　　　107 位以后
淡水资源量　　　　　　　　　55 位以后
45 种矿产潜在价值　　　　　　80 位以后

根据中国科学院国情分析研究小组的研究结果,我国自然资源总量综合排序在世界上 144 个国家中位居第 8 位,这反映出我国自然资源在世界上具有举足轻重的地位。各国综合资源负担系数(即各国自然资源所负担的人口数量与世界平均值的比重)能较好地反映不同国家的资源相对负担情况。我国的资源负担系数为 3,即我国资源负担状况为世界平均负担状况的 3 倍。表 3-5 列出了我国与世界及一些国家自然资源的对比情况。

表 3-5　中国与世界及一些国家自然资源对比表

国家和地区	陆地面积 /$10^4 km^2$	耕地面积 /$10^4 km^2$	森林面积 /$10^4 km^2$	森林覆盖率 /%	林木蓄积量 /$10^8 m^3$	草原面积 /$10^4 km^2$	水径流量 /$10^8 m^3/a$
世界总计	13 584.0	1 345.90	3 879.80	29.6	3 100.0	3 424.32	468 000
中国	960.0	95.4	128.63	13.4	93.1	313.33	27 115
美国	936.3	185.74	286.20	29.9	243.0	239.17	29 702
日本	37.8	4.06	25.23	67.0	31.4	0.65	5 470
德国	35.6	11.47	10.41	29.8	16.4	5.24	
英国	24.4	6.54	2.43	10.0	2.0	11.11	
法国	55.2	18.05	14.87	27.0	18.8	11.10	
意大利	30.1	9.03	6.77	23.0	3.5	4.88	
加拿大	997.1	45.42	361.00	39.1	231.5	27.90	31 220
澳大利亚	768.2	50.78	106.00	13.9	10.5	415.00	
俄罗斯	1 707.2	129.95	778.50	45.6	816.4	87.02	47 140
捷克	12.8	4.82	4.62	36.8	6.2	1.70	
波兰	31.3	14.34	8.77	28.8	14.3	4.04	
匈牙利	9.3	4.74	1.71	18.5	3.1	1.16	
罗马尼亚	23.8	9.36	6.68	29.0	13.3	4.83	
保加利亚	11.1	4.05	3.87	35.0	4.1	1.82	
南斯拉夫	10.2	3.60	2.70	26.5	10.0	2.00	
印度	297.5	166.10	68.50	23.0	41.6	11.40	17 800
印度尼西亚	190.5	16.40	108.60	59.9	196.6	11.80	28 113
菲律宾	30.0	5.52	10.00	33.5	7.4	1.28	
泰国	51.3	17.00	13.50	26.4	18.3	0.80	

续表

国家和地区	陆地面积 /10⁴km²	耕地面积 /10⁴km²	森林面积 /10⁴km²	森林覆盖率 /%	林木蓄积量 /10⁸m³	草原面积 /10⁴km²	水径流量 /10⁸m³/a
马来西亚	32.9	1.04	19.35	58.9	48.2	0.03	
巴基斯坦	79.6	20.65	4.05	5.3	0.9	5.00	
缅甸	67.7	9.53	32.39	49.3	7.4	0.36	
孟加拉国	14.4	8.80	1.89	14.5	3.0	0.60	
蒙古	256.7	1.40	13.92	8.9	12.7	124.80	
韩国	9.9	1.90	6.46	65.5	2.3	0.09	
越南	33.0	5.51	9.65	29.6	13.0	0.33	
埃及	100.2	2.22	0.03			0.00	
尼日利亚	92.4	29.85	11.30	12.4	7.1	40.00	
墨西哥	197.3	23.15	41.00	21.5	31.2	74.50	51 912
巴西	851.2	49.50	488.00	57.7	517.9	186.80	
阿根廷	277.7	25.00	59.00	21.6	5.3	142.00	

3. 中国资源总体态势

资源相对短缺、人口持续增长及经济快速发展所引发的资源供求矛盾，是我国一个最基本的矛盾。这个矛盾在一个可预见的时期内将长期存在。据有关方面预测，在2030年我国人口达到16亿顶峰之前，人口将以每年约1 400万的规模持续增长，约等于每年增加一个澳大利亚的全国人口。1958—1990年间净减少耕地面积16万平方千米，平均每年净减少5 000平方千米，耕地减少的趋势将无法避免。水资源、矿产资源、海洋资源面临同样的问题，由于人口的压力及我国处于基础设施、基础工业占相当比重的经济发展阶段，这些资源的供需形势也将日趋严峻。

正如中国科学研究院国情分析小组在第2号国情报告《开源与节约》中所指出的："人口与资源的关系处于严峻时刻。我们论述资源供需形势相当严峻，并不是危言耸听，而是科学的分析和判断。由于一个国家资源的供需形势是长远起作用的因素，忽视我国资源长远的供需形势，将给我们带来不利的后果。实际情况是，面对人口膨胀与经济高速增长对资源的需求日益增加的压力，中国正处于历史上最严峻的资源状况承载着历史上最大数量人口的危急时刻。如果不及时采取相应的对策与有效的措施，总有一天将会出现资源全面危机。"

4. 中国土地、水、生物、矿产资源

（1）土地资源

我国陆地面积960万平方千米，海域面积473万平方千米。国土面积，居世界第3位，但按人均占有土地资源论，在面积位居世界前12位的国家中，我国居第11位。按利用类型区分的我国各类土地资源也都具有绝对数量大、人均占有量少的特点。

中国地形、气候十分复杂，土地类型复杂多样，为农、林、牧、副、渔多种经营和全面发展提供了有利条件。但也要看到，有些土地类型难以开发利用。例如，沙质荒漠、戈壁合占国土总面积的12%以上，改造、利用的难度很大。而对我国农业生产至关重要的耕地，所占的比重仅10%多些。

土地资源的开发利用是一个长期的历史过程。由于我国自然条件的复杂性和各地历史发展过程的特殊性，我国土地资源利用的情况极为复杂。例如，在广阔的东北平原上，汉族多利用耕地种植高粱、玉米等杂粮，而朝鲜族则多种植水稻。山东的农民种植花生经验丰富，产量较高，河南、湖北的农民则种植芝麻且收益较好。在相近的自然条件下，太湖流域、珠江三角洲、四川盆地的部分地区就形成了全国性的桑蚕饲养中心等。不同的利用方式，土地资源开发的程度也会有所不同，土地的生产力水平会有明显差别。例如，在同样的亚热带山区，经营茶园、果园、经济林木会有较高的经济效益和社会效益，而任凭林木自然生长，无计划地加以砍伐，不仅经济效益较低，而且还会使土地资源遭受破坏。

我国土地资源分布不均，主要指两个方面。其一，具体土地资源类型分布不均。如有限的耕地主要集中在我国东部季风区的平原地区，草原资源多分布在内蒙古高原的东部等。其二，人均占有土地资源分布不均。不同地区的土地资源，面临着不同的问题。我国林地少，森林资源不足。可是，在东北林区力争采育平衡的同时，西南林区却面临重大林木资源浪费的问题。我国广阔的草原资源利用不充分，畜牧业生产水平不高，然而，局部草原又面临过度放牧、草场退化的问题。

（2）水资源

河流和湖泊是我国主要的淡水资源，鄱阳湖、洞庭湖、太湖、洪泽湖、巢湖是我国的五大淡水湖。因此，河湖的分布、水量的大小，直接影响着各地人民的生活和生产。我国人均径流量为 2 200m³，是世界人均径流量的 24.7%。各大河的流域中，以珠江流域人均水资源最多，人均径流量约 4 000m³。长江流域稍高于全国平均数，为 2 300～2 500m³。海滦河流域是全国水资源最紧张的地区，人均径流量不足 250m³。

我国水资源的分布情况是南多北少，而耕地的分布却是南少北多。比如，小麦、棉花的集中产区——华北平原，耕地面积约占全国的 40%，而水资源只占全国的 6% 左右。水、土资源配合欠佳的状况，进一步加剧了我国北方地区缺水的程度。

我国水能资源蕴藏量达 6.8 亿 kW，居世界第一位。70% 分布在西南四省、市和西藏自治区，其中以长江水系为最多，其次为雅鲁藏布江水系。黄河水系和珠江水系也有较大的水能蕴藏量。目前，已开发利用的地区，集中在长江、黄河和珠江的上游。

（3）生物资源

我国地形复杂，气候多样，植被种类丰富，分布错综复杂。在东部季风区，有热带雨林，热带季雨林，中、南亚热带常绿阔叶林，北亚热带落叶阔叶常绿阔叶混交林，温带落叶阔叶林，寒温带针叶林，以及亚高山针叶林、温带森林草原等植被类型。在西北部和青藏高原地区，有干草原、半荒漠草原灌丛、干荒漠草原灌丛、高原寒漠、高山草原草甸灌丛等植被类型。植物种类多，据统计，有种子植物 300 科 2 980 个属 24 600 个种。其中被子植物 2 946 属（占世界被子植物总属的 23.6%）。比较古老的植物，约占世界总属的 62%。有些植物，如水杉、银杏等，世界上其他地区现在已经灭绝，都是残存于我国的"活化石"。种子植物兼有寒、温、热三带的植物，种类比全欧洲多得多。此外，还有丰富多彩的栽培植物。从用途来说，有用材林木 1 000 多种，药用植物 4 000 多种，果品植物 300 多种，纤维植物 500 多种，淀粉植物 300 多种，油脂植物 600 多种，蔬菜植物也不下 80 余种，成为世界上植物资源最丰富的国家之一。

我国是世界上动物资源最为丰富的国家之一。据统计，全国陆栖脊椎动物约有 2 070 种，占世界陆栖脊椎动物的 9.8%。其中鸟类 1 170 多种、兽类 400 多种、两栖类 184 种，分别占世界同类动物的13.5%、11.3%和7.3%。在喜马拉雅山—横断山北部—秦岭山脉—伏牛山—淮河与长江间一线以北地区，以温带、寒温带动物群为主，属古北界；此线以南地区以热带性动物为主，属东洋界。其实，由于东部地区地势平坦，西部横断山南北走向，两界动物相互渗透混杂的现象比较明显。

（4）矿产资源

我国地质条件多样，矿产资源丰富，矿产有171种，已探明储量的有157种。其中钨、锑、稀土、钼、钒和钛等的探明储量居世界首位。煤、铁、铅锌、铜、银、汞、锡、镍、磷灰石、石棉等的储量均居世界前列。

我国矿产资源分布的主要特点是，地区分布不均匀。如铁主要分布于辽宁、冀东和川西，西北很少；煤主要分布在华北、西北、东北和西南地区，其中山西、内蒙古、新疆等省区最集中，而东南沿海各省则很少。这种分布不均匀的状况，使一些矿产相当集中，如钨矿，在19个省区均有分布，储量主要集中在湘东南、赣南、粤北、闽西和桂东—桂中，虽有利于大规模开采，但也给运输带来了很大压力。为使分布不均的资源在全国范围内有效地调配使用，就需要加强交通运输建设。

3.2.4 自然资源的可持续利用

自然资源是国民经济与社会发展的重要物质基础，随着物质生活水平的提高和人口的增长，人类对资源的需求日益增大，对环境的破坏也日益加剧。如何以最低的环境价值确保经济的持续增长，同时还能使自然资源可持续利用，已成为当代各国在经济、社会发展过程中所面临的一大难题。根据我们国家自然资源的特点和概况，在开发和利用资源时要遵循以下几个原则。

1. 持续利用原则

资源的持续利用是指使用资源的方式与速度不会导致资源的长期衰竭，从而保持其满足当今和后代需要及期望的潜力。对于不同类型的自然资源，可持续利用具有不同含义。对可更新资源而言，主要是合理调控资源使用率，保持其更新、恢复、再生的能力，并尽可能在使用中使其得到改善，实现资源的持续利用。自然资源的持续利用是人类社会持续发展的基础，因此，从持续利用的角度出发，根据自然资源整体性的特点，在开发利用自然资源，进行物质资料生产的指导思想上，应从区域性的、急功近利的狭隘观念转变到全社会规模的和有利于子孙后代利用的全局长远观念上，必须具备全局的观点和协调的观点，不能只顾局部利益而忽视全局利益，只顾部门利益而忽视整体利益，要协调好资源、人口、环境、发展的关系，兼顾资源、环境、经济、社会各个方面的效益，有一个长远的总体规划。

不可更新资源因为不可再生，其可持续利用实际上是延缓耗竭问题，主要包括两方面内容：

（1）在不同时期合理配置有限的资源。

（2）使用可更新资源代替不可更新资源。

2. 保持生态平衡原则

保持生态平衡是持续利用的前提，尤其对可更新资源必须实行保护、利用资源与保持生态平衡相结合的方针。保护首先要保护资源生态系统的稳定性和资源的更新、恢复和再生能力，在保护的条件下开发和利用资源；保护不是消极的保护，要与培育、改造相结合。在现代化大生产的条件下，人们开发利用资源必须使生态平衡得到保护，并有利于得到新的生态平衡，否则必将带来不良的后果。以土地为例，土地是人们生活资源的主要基地，同时也是人类赖以生存和发展的重要环境，利用土地资源时，必须考虑土地生态系统的生态平衡，做到用地与养地相结合。我国古代文化的发源地黄土高原就是因为在利用自然资源的过程中未能保持生态平衡，从历史上树木繁茂的森林草原地带变成了今天水土严重流失的秃岭荒原。

3. 因地制宜的原则

因地制宜就是根据当地的具体情况来采取适当的措施。这是由自然资源形成、分布和组合具有严格的区域性特点所决定的。根据地区的自然条件、自然资源的具体情况而采取不同的开发利用方式和相应的保护、改造措施；根据地区的资源结构与经济结构的特征，确定合理的产业结构；根据地区的资源环境与人口的关系，确定科学的发展规划。因地制宜既是进行各项生产的一项基本原则，也是人类社会经济活动所必须遵循的一条原则。

4. 节约资源和增加投入的原则

我国人均资源拥有量少、资源的有限性和人类需求的无限性的特点使得我们必须遵循节约的原则，并把节约的原则贯穿于资源的开发、利用、生产和消费的全过程，以最低限度的资源消耗获取最高限度的效益。另外，在利用自然资源的过程中要增加投入，提高自然资源的生产力。

在未来的自然资源利用方式中，人与自然的关系是相互协调的，其生存方式主要是综合利用自然资源。人类将立足于可更新资源的研究、开发和利用，遵循生态规律，服从而有效地利用自然力，根据生态规律，运用技术手段，加速生态系统的正向演化，使之朝向生态经济和社会的多效益、多产品、多功能目标发展，建立一个协调的生态环境和可持续发展的人类社会系统。

3.3 可持续发展环境伦理观

可持续发展环境伦理观，是学术界研究可持续发展和环境伦理学过程中形成的一种新型的环境伦理理论。环境伦理学是在 20 世纪 40 年代提出，70 年代获得定位的一门新兴学科。与环境伦理学产生与发展的时期基本相同，可持续发展战略酝酿于 20 世纪 60 至 70 年代的第一次环境革命，成熟于 20 世纪 80 年代末 90 年代初的第二次环境革命。这种重合并不是时间上的巧合，而是因为环境伦理学和可持续发展战略是从不同的理论层面，在相同的历史背景下，为解决人类社会所共同面临的环境问题而相继产生的。二者在理论和实践上都具有高度的一致性和互补性。

当代环境伦理学是一个富有开放性和包容性的新学科，形成了多种理论模式和学说。这些模式、学说既包括现代人类中心主义即浅环境论，也包括非人类中心主义即深环境论，还有可持续发展环境伦理观。可持续发展环境伦理观在主张人与自然和谐统一的整体价值观方面与深环境论中的环境整体主义是一致的，不同之处在于可持续发展环境伦理观在强调人与自然和谐统一的基础上，更承认人类对自然的保护作用和道德代理人的责任，以及对一定社会中人类行为的环境道德规范研究。可持续发展环境伦理观对现代人类中心主义和非人类中心主义采取了一种整合的态度。一方面，它汲取了生命中心论、生态中心论等非人类中心主义关于"生物/生态具有内在价值"的思想，承认自然不仅具有工具价值，也具有内在价值，但又不把内在价值仅归于自然自身，而提高为人与自然和谐统一的整体性质。这样，由于人类和自然是一个和谐统一的整体，那么，不仅是人类，还有自然都应该得到道德关怀。另一方面，可持续发展环境伦理观在人与自然和谐统一整体价值观的基础之上，承认现代人类中心主义关于人类所特有的"能动作用"，承认人类在这个统一整体中占有的"道德代理人"和环境管理者的地位。这样，就避免了非人类中心主义在实践中所带来的困难，使之更具有适用性。

在共同承认自然的固有价值和人类的实践能动作用的基础上，所形成的人与自然和谐统一的整体价值观是可持续发展环境伦理观的理论基础。现代生态学和系统科学研究表明，自然界（包括人类社会在内）是一个有机整体，生命系统表现为网络格局。自然界的组成部分，从物种层次、生态系统层次到生物圈层次都是相互联系、相互作用和相互依赖的。任何生物都有内在目的性，都以其各自的方式在整体生态关系中实现其自然的善。因此，任何生物和自然都拥有其自身的固有价值（固有价值是一种实体为获得自身的善而独立于人类评价者目的的价值）。生物和自然所拥有的固有价值应当使它们享有道德地位并获得道德关怀，成为道德顾客。可持续发展环境伦理观把道德共同体从人扩大到"人—自然"系统，把道德对象的范围从人类扩大到生物和自然。与此同时，由于只有人类才具有实践的能动性，具有自觉的道德意识，进行道德选择和作出道德决定，所以只有人是道德的主体。作为道德代理人的人类，应当珍惜和爱护生物和自然，承认它们在一种自然状态中持续存在的价值。因而，人类具有自觉维护生物和自然的责任。

环境伦理学的研究对象包括了人与自然的道德关系和受人与自然关系影响的人与人之间的道德关系两个方面。前者是环境伦理学的理论基础，后者是对一定社会中人类行为的环境道德规范研究。因此，研究受人与自然关系影响的人与人之间的道德关系主要是调整社会成员之间的社会关系，属于社会伦理问题。在社会伦理中，正义的原则是首要的原则。环境正义是用正义的原则来规范受人与自然关系影响的人与人之间的伦理道德关系，所建立起来的环境伦理的道德规范系统，是可持续发展环境伦理观的重要内容。作为一种评价社会制度的道德评价标准，可持续发展的环境正义关注人类的合理需要、社会的文明和进步。其主要含义，一是要求建立可持续发展的环境公正原则，实现人类在环境利益上的公正；二是要求确立公民的环境权。

可持续发展环境公正应当包括国际环境公正、国内环境公正和代际环境公正。

（1）国际环境公正。国际环境公正意味着各地区、各国家享有平等的自然资源的使用权利和可持续发展的权利。建立国际环境公正原则必须考虑到满足世界上贫困人口的基本需要；限制发达国家对自然资源的滥用；世界各国对保护地球负有共同的责任但又有所区别，工业发达国家应承担治理环境污染的主要责任；建立公平的国际政治经济和国际贸易关系以及全球共享资源的公平管理原则。

（2）国内环境公正。一国国内的环境不公正现象同样会加剧环境的恶化，造成生态危机。在建立国内环境公平原则的过程中，应该考虑的主要因素包括消除贫困、自然资源的公平分配、个人和组织环境责任的公平承担、在环境公共政策的制定中重视环境公正和公共资源的公平共享等。

（3）代际环境公正。代际环境公正原则就是要保证当代人与后代人具有平等的发展机会，它集中表现为资源（社会资源、政治资源、自然资源、资金，以及卫生、营养、文化、教育和科技等的人力资源）的合理储存问题。在如何建立代际环境公平储备问题上，学术界提出了诸如建立自然资本的公平储备，实现维持生态的可持续性，实行代际补偿等方法。建立代际环境公正的原则应当考虑到的因素主要有代际公正的代内解决、当代人对后代人的道德责任、满足代际公正的条件、实现代际公正的基本要求等。

确立保护人类的环境权是可持续环境伦理观中另一个社会道德原则。所谓环境权，主要是指人类享有的在健康、舒适的环境中生存的权利。公民的环境权不是一般的生存权，它侧重于人类的持续发展和人与自然的和谐发展。确立保护人类的环境权是社会正义的需要。环境权作为一种道德理念和法律理念已经得到人们的广泛认同，并且在一些国家的宪法中确立成一项人的基本权利。但是由于它的一些不确定性以及与传统法律权利的交叉和冲突，因此在实际操作中还存在着很大的争议。

建立可持续发展环境伦理观具有普遍的现实意义。由于可持续发展是在现有国际关系原则框架内达成的共识，它的基本思想不仅已为世界各国政府所采纳，而且也被世界广大公众所接受。所以，在当前环境伦理体系尚未获得统一的情况下，可持续发展环境伦理观可以提供较大的空间，容纳不同的环境伦理学说，在不同层面上起到指导人类保护环境实践活动的作用。因此，可持续发展的环境伦理观在理论上和实践上都具有很大的优势。但是，由于可持续发展的思想非常富有弹性，不同的人可以依据"被持续"的内容作伸展性的解释，从而使得可持续发展环境伦理观在理论上有很大的空间去相互磨合；同时由于世界各国政府经济发展的不平衡，难以用某种单一的伦理模式覆盖所有情况。所以，可持续发展的环境伦理观的建立是一个逐渐完善的过程。它不仅需要在理论上逐渐成熟，而且需要在长期的环境保护实践中接受检验和获得提高。

3.4　中国可持续发展战略的实施

3.4.1　可持续发展是中国唯一正确的选择

可持续发展对中国的发展具有重大的意义。可持续发展是中国彻底摆脱贫穷、人口、资源和环境困境的唯一正确选择。中国的人口多，人均资源少，生态又脆弱，只有实施可持续发展才能振兴中华。中国政府把可持续发展既看作是挑战，更看作是机遇。因此，十分重视可持续发展的研究和实施。

20世纪50年代初，中国追随苏联工业化"赶超战略"，走上了一条用高消费、高污染换取工业高增长的发展道路。到了70年代，在付出了惨痛的经济、社会和环境代价后，中国开始了改革开放的进程，计划经济逐步解体，市场经济逐步建立，使中国步入了一个长达10多年的高速增长期，但资源消耗和环境污染也同样达到了令人震惊的程度。从中国今后10多年的人口、经济增长的趋势来看，人口、经济同环境的紧张关系难有大的缓解，环境、资源方面的压力大、问题多、基础差等不利状况还会延续相当长的一个时期，还受到内部和外部条件严重制约：

（1）拥有庞大的人口，其中低素质的人口和贫困人口比例很大；

（2）自然资源基础薄弱，人均占有资源十分贫乏，土地、水和重要矿物资源的可供量很少，环境容量小；

（3）科学技术基础薄弱和国民文化素质与环境意识不高的问题不会在短期内得到解决，特别是有害的环境与资源意识、行为和政策在一些方面还根深蒂固；

（4）国际市场竞争激烈，各国争夺资源和环境空间的竞争也非常激烈，中国获取国际资源和环境空间受到了极大的限制。

在这种经济、资源与环境状态下，中国在解决环境问题上的回旋余地不大，如果继续沿用传统的发展模式，在达到令人满意的水平前，中国就将会遭到难以承受的国际国内环境压力，生态环境可能出现一系列灾难后果，几乎没有可能使中国大多数人口享受发达国家的生活质量。中国将不得不寻求一种与大多数发达国家不同的、非传统的现代化发展模式，也就是可持续发展的模式。其核心思想就是实行：

（1）低度消耗资源的生产体系；

（2）适度消费的生活体系；

（3）使经济持续稳定增长、经济效益不断提高的经济体系；

（4）保证效率与公平的社会体系；

（5）不断创新和充分吸收新技术、新工艺、新方法的适用技术体系；

（6）促进与国际市场紧密联系的、更加开放的贸易与非贸易的国际经济体系；

（7）合理开发利用资源，防止污染，保护生态平衡。

这种发展模式与可持续发展正好一致，在中国是现实可行的。

3.4.2 可持续发展的基本目标

联合国环境发展大会之后，中国为履行大会提出的任务，在世界银行和联合国开发署、环境署的支持下，先后完成了多项重大战略和政策研究项目。1992年8月，中共中央和国务院批准的指导中国环境与发展的纲领性文件《中国环境与发展十大对策》中的第一条就是"实行持续发展战略"。我国根据这一战略编制了《中国21世纪议程》，把可持续发展原则贯穿到各个方案领域，并成为国家制定《国民经济与社会发展"九五"计划和2010年远景目标纲要》的重要依据。在1996年3月八届全国人大四次会议审议通过的《国民经济与社会发展"九五"计划和2010年远景目标纲要》中明确提出了要实行经济体制和经济增长方式这两个根本性转变，把科教兴国和可持续发展作为两项基本战略，提出了"实施这两大战略，对于今后十五年的发展乃至整个现代化的实现，具有重要意义。要加快科技进步，优先发展教育，控制人口增长，合理开发利用资源，保护生态环境，实现经济社会相互协调和可持续发展"，提出了到2000年，力争使环境污染和生态破坏加剧趋势得到基本控制，部分城市和地区的环境质量有所改善。2001年3月九届全国人大四次会议批准的"十五计划纲要"的人口、资源和环境篇中就控制人口增长、提高人口素质、节约保护资源、实现持续利用、加强生态建设、保护和治理环境提出了具体的目标和任务。到2010年，基本改变生态环境恶化的状况，城乡环境有比较明显的改善。这些纲要性文件和其他一系列的对策、方案和计划指出了中国实施可持续发展的基本目标和任务。

中国有关实施可持续发展战略和环境保护的对策、方案及行动计划如表 3-6 所示。

表 3-6　中国有关实施可持续发展战略和环境保护的对策、方案及行动计划

实 施 内 容	实 施 主 体	实 施 时 间
中国环境与发展十大对策	中共中央、国务院	1992 年 8 月
中国环境保护战略	国家环保局、国家计委	1992 年
中国逐步淘汰破坏臭氧层物质的国家方案	国务院	1993 年 1 月
中国环境保护行动计划（1991—2000 年）	国务院	1993 年 9 月
中国 21 世纪议程	国务院	1994 年 4 月
中国环境保护 21 世纪议程	国家环境保护局	1994 年
中国生物多样性保护行动计划	国务院	1994 年
中国：温室气体排放控制问题与对策	国家环保局、国家计委	1994 年
中国城市环境管理研究（污水和垃圾部分）	国家环保局、建设部	1994 年
中国林业 21 世纪议程	林业部	1995 年
中国海洋 21 世纪议程	国家海洋局	1996 年 4 月
中国环保局"九五"计划和 2010 年远景目标	国务院	1996 年 9 月
中国跨世纪绿色工程规划（第一期）	国务院	1996 年 9 月
全国主要污染物排放总量控制计划	国务院	1996 年 9 月
中国环保局"十一五"规划	国务院	2007 年 9 月

作为可持续发展的主要环节，在"九五"计划实施过程中，中国强化了环境保护法律和规划的实施力度，明确要求到 2000 年，全国工业污染源要达标排放；各省、自治区、直辖市要使本地区主要污染物排放量控制在国家规定的排放总量指标内；主要城市及旅游城市的空气、地表水环境质量，按城市功能区分分别达到国家规定的有关标准；淮河、太湖要实现水体变清，海河、辽河、滇池、巢湖的水质应有明显改善。在"十五"计划纲要中强调坚持资源开发与节约并重，把节约放在首位，依法保护和合理使用资源，提高资源利用率，实现资源持续利用，尤其要重视水资源的可持续利用，减少灌溉用水损失。2005 年灌溉用水有效利用系数达 0.45。加快企业节水技术改造，2005 年工业用水重复利用率达 60%。城市污水集中处理率达到 45%。巩固"三河"、"三湖"水污染治理成果，启动长江上游、三峡库区、黄河中游和松花江流域水污染综合治理工程。保护土地、森林、草原、海洋和矿产资源。加强生态建设，"十五"期间新增治理水土流失面积 2 500 万公顷，治理"三化"草地面积 1 650 万公顷。在"十一五"规划实施过程中，必须加快转变经济增长方式。要把节约资源作为基本国策，发展循环经济，保护生态环境，加快建设资源节约型、环境友好型社会，促进经济发展与人口、资源、环境相协调。推进国民经济和社会信息化，切实走新型工业化道路，坚持节约发展、清洁发展、安全发展，实现可持续发展。

"十二五"规划更加注重全面协调可持续发展。强调只有坚持走生产发展、生活富裕、生态良好的文明发展道路，加快建设资源节约型、环境友好型社会，实现速度和结构质量效益相统一、经济发展与人口资源环境相协调，才能实现经济社会永续发展。《国家环境保护"十二五"规划》顺应了可持续发展要求，规划主要目标是推进主要污染物减排，切实解决突出环境问题，加强重点领域环境风险防控，完善环境保护基本公共服务体系，实施重大环保工程，

完善政策措施,加强组织领导和评估考核。按照规划要求,2015年我国主要污染物排放总量将显著减少;城乡饮用水水源地环境安全得到有效保障,水质大幅提高;重金属污染得到有效控制,持久性有机污染物、危险化学品、危险废物等污染防治成效明显;城镇环境基础设施建设和运行水平得到提升;生态环境恶化趋势得到扭转;环境监管体系得到健全。《国家环境保护"十二五"规划》的实施不但符合我国科学发展观要求,更将大力推动我国可持续发展。

3.4.3 可持续发展的战略任务

为了实现上述目标,要完成如下的任务:

1. 工业污染的防治

影响环境质量的主要污染物约70%来源于工业生产,我国治理工业污染的欠账(先污染、后治理造成的欠账)达2 000亿元。防治工业污染要坚持"预防为主,防治结合,综合治理"和"污染者付费"等指导原则,治理原有污染、控制新污染,推行清洁生产,实现可持续性工业发展。主要措施有:

(1)预防为主,防治结合。依法对一切新建、扩建、改建的工业项目,先评价,后建设。对现有工业要结合产业和产品结构调整,加强技术改造,提高资源利用率,大力开展综合利用,最大限度地实现"三废"资源化。

(2)集中控制和综合治理。这是防治工业污染的方向性措施,可提高污染防治的规模效益,是实行社会化控制的必经之路。根据我国的实践经验,综合治理要处理好下列几方面的关系:

① 合理利用环境的自净能力与人为措施相结合;
② 集中控制与分散治理相结合;
③ 生态工程与环境工程相结合;
④ 技术措施与管理措施相结合。

(3)转变经济增长方式。加速从粗放型经营向集约型经营转变,走资源节约型、科技先导型、质量效益型工业的道路。要大力推行清洁生产,积极开发绿色产品,实行污染物在各个生产工艺中的全程控制。

2. 城市环境的综合治理

1984年,中共中央在《关于经济体制改革的决定》中提出了城市环境综合治理,它是城市环境保护工作发展的必然趋势。内容涉及加强城市基础设施建设,合理开发利用城市的水、土地及生物资源,防治工业污染、生活污染和交通污染,建立城市绿化系统,改善城市生态结构和功能,促进经济和环境的协调发展,全面改善城市环境质量。这是改善投资环境,推进改革开放的需要,也是提高人民生活水平的需要。

当前的主要任务是认真治理城市"四害"(烟尘、污水、废物、噪声)。在加强基础建设的基础上,通过工程设施合理管理措施,有重点地减轻和逐步消除废气、废水、废渣(工业固体废物和生活垃圾)、噪声对城市的污染。

3. 能源利用率的提高

我国能源利用率长期偏低,而且提高缓慢,20世纪90年代以来,虽然在节能方面已取得明显的成绩，但目前单位产品能耗仍然高，由表 3-7 中的数据可知，节能潜力和空间很大。此外，调整能源结构，增加清洁能源比重，尽快发展水电、核电，因地制宜开发和推广太阳能、风能、地热能、潮汐能、生物能等清洁能源，对可持续发展有着重要意义。

表 3-7　中国与一些发达国家单位产值能耗的比较/美元/kg（标准煤）

年　度	中　国	美　国	日　本	英　国	联邦德国	法　国	意 大 利
1985	2.02	0.48	0.27	0.42	0.41	0.31	0.29
1987	2.20	0.47	0.15	0.25	0.30	0.20	0.20
1989	2.15	0.46	0.18	0.24	0.33	0.20	0.22

4. 生态环境保护

（1）推广生态农业。中国人口众多，人均耕地少，土壤污染、肥力减退和土地沙漠化，已成为农业生产发展的制约因素，出路就在于推广生态农业。从试点来看，开展生态农业建设后，粮食总产量增长的幅度达 15%以上，光能利用率提高 10%~30%，地力提高，有机质增加，生态环境得到明显改善。

（2）坚持不懈地植树造林。有科学家预言，生态环境破坏的灾难将取代战争的恐怖而成为 21 世纪人类面临的最大危险，要避免这一危险的唯一出路是恢复和发展作为陆地生态系统的森林。国家林业局第八次全国森林资源清查结果显示，全国森林面积 2.08 亿公顷，森林覆盖率为 21.63%，森林蓄积 151.37 亿立方米。人工林面积 0.69 亿公顷，蓄积 24.83 亿立方米，人工林面积继续居世界首位。然而，21.63%的森林覆盖率远低于全球 31%的平均水平，人均森林面积仅为世界人均水平的 1/4，人均森林蓄积只有世界人均水平的 1/7。所以必须加强植被保护，坚持不懈地植树造林，确保森林的稳定增长，控制水土流失和沙漠化。

（3）切实加强生物多样性保护。中国生物资源丰富，蕴藏着巨大的经济价值和科学价值，应尽快查明我国生物资源家底和濒危物种的现状，加强对生物多样性的保护和合理利用。扩大自然保护区的面积，有计划地建设野生珍稀物种及优良家禽、家畜、作物、药物良种保护和繁殖中心，切实搞好物种和遗传基因的保护和开发利用。

3.4.4　可持续发展的战略措施

1. 加强科技开发

这是《中国环境与发展十大对策》提出的一项战略措施，是完成重点战略任务的技术支持。主要有三个方面：

（1）大力推进科技进步。环境问题的根本出路在于依靠科技进步。应增加科技投入，提高工农业产品的科技含量；针对各地区、各行业存在的主要环境问题积极研究，因地制宜地开发或引进无废、少废、节水、节能新技术和新工艺；筛选、评价和推广环境保护适用技术。

（2）加强环境科学研究。加强可持续发展理论与方法的研究、总量控制及过程控制理论与方法的研究，建立环境与发展综合决策技术支持系统；加强生态设计与生态建设研究，支持和鼓励建设生态示范区和自然保护的示范工程；研究开发和推广清洁生产技术，污染防治的最佳实用技术，支持和鼓励建设污染防治和清洁生产的绿色示范工程。

(3) 积极发展环保产业。环保产业是防治环境污染、改善生态环境和保护自然资源的物质基础和技术保障。为了尽快将科技成果转化为现实的防污治污能力，必须正确引导和大力扶持环保产业的发展。我国的环保产业起步较晚，力量薄弱，要把环保产业列入优先发展之列，开发和推广先进实用的环保装备，积极发展环保产品生产，建立产品质量标准体系，提高环保产品质量。

取得的成效有：

(1) 环境科学技术研究领域不断拓展。中国的环境科学技术工作开始于20世纪70年代，作为科技工作的重要组成部分，环境科学技术工作得到了国家的重视。针对一些重大环境科研课题，中国政府制订了环境保护科研规划和计划，组织力量进行科技攻关。开展了区域环境污染综合防治、环境背景值和环境容量、污染治理技术及全球环境问题的研究。取得了北京市环境污染综合防治研究、大气环境容量研究、全国主要土壤背景值与环境容量研究、酸沉降及其影响和控制技术研究、全球气候变化预测影响和对策研究、洁净煤及大气污染控制技术研究等一大批科技成果。同时，还开展了区域环境影响评价、环境管理与环境经济、环境监测技术及仪器设备、自然生态保护、环境与人体健康等多方面的研究，为环境管理、污染防治和生态保护提供了科学依据和技术支持。

(2) 组织环境保护最佳实用技术筛选、评价和推广工作。最佳实用技术的推广是加速环境科技成果转化，形成现实污染防治能力的重要措施。"八五"期间，全国共推荐1 316项实用技术，筛选出438项最佳实用技术，其中385项在14万个单位得到了应用，减少了"三废"的排放，并取得了良好的经济效益。

(3) 扶植环境保护产业的发展。环保产业是包括技术开发、产品生产、商品流通、资源利用、信息服务及工程承包的新兴产业。中国把环保产业列入优先发展领域，提出了"积极扶植、调整结构、依靠科技、提高质量、面向市场、优质服务"的指导思想，在投资、价格、税收等方面给予优惠政策，鼓励环保产业的发展。2011年全国环保产业基本情况调查结果显示，我国环保产业从业机构约2.4万家，年营业收入约3万亿元。

2. 运用经济手段保护环境

(1) 资源有偿使用。环境的资源观、价值观的理论认为：大气、水、土地、环境自净能力和空间等都是资源，而资源是有价值的，要有偿使用。要提高已征收的水资源费；普遍征收自净能力使用费（非超标的排污费），推行排污权交易；逐步开征资源利用补偿费。

(2) 资源核算，资源计价。研究并试行把自然资源和环境纳入国民经济的核算体系。核算自然资源和环境的增价或贬值（自然资本的变动），国民生产总值和国民生产净值，以及国民经济总投资和净投资。

(3) 环境成本核算。为使市场价格准确反映经济活动造成的环境代价，要把生产过程中造成的全部环境代价计入成本。企业要降低成本以提高在市场中的竞争力，就必须降低环境成本。环境成本包括排污费、防治污染的费用、环境污染和生态破坏造成的直接和间接的经济损失等。

3. 加强环境教育，提高民众环境意识

民众的环境意识是衡量社会进步和民族文明程度的重要标志。环境教育是贯彻环境保护这一基本国策的基础工程，是持续发展能力建设的一个重要内容。加强环境宣传教育，提高全民族的环境意识，特别是提高决策层的环境意识和环境与发展综合能力，是实施可持续发展战略的重要措施之一。

普及环保知识，增强环境意识，逐步形成良好的环境道德风尚。20 世纪 70 年代，我国翻译和编写了一批环境保护科普读物，广泛介绍环保知识，起到了很好的启蒙作用。80 年代以来，每年的"世界环境日"、"植树节"、"爱鸟周"等，全国各地都组织大规模的宣传活动。动员全社会广泛参与环境宣传教育活动，近年来，环保部门、教育部门、文化部门、新闻单位、妇女组织、青年组织、科学协会等都组织开展了各具特色的环境宣传教育活动。我国文化教育事业还不够发达，全民族的环境意识有待进一步提高，搞好环境宣传教育是一项长期而艰巨的任务。

4. 健全环境法制，强化环境管理

保护自然资源和生态环境就是保护生产力，坚持走持续发展的道路需要强有力的法制作保障。实践表明，在经济发展水平较低、环境投入有限的情况下，健全管理机构，依法强化环境管理是控制环境污染和防止生态破坏的有效手段。

我国重视环境法制建设，目前已经形成了以《中华人民共和国宪法》为基础，以《中华人民共和国环境保护法》为主体的环境法律体系。《中华人民共和国宪法》规定："国家保护和改善生活环境和生态环境，防治污染和其他公害。""国家保障自然资源的合理利用，保护珍贵的动物和植物。禁止任何组织或者个人用任何手段侵占或者破坏自然资源。"《中华人民共和国环境保护法》是中国环境保护的基本法。该法确立了经济建设、社会发展与环境保护协调发展的基本方针，规定了各级政府、一切单位和个人保护环境的权利和义务。

我国针对特定的环境保护对象制定颁布了多项环境保护专门法以及与环境保护相关的资源法，包括：《中华人民共和国水污染防治法》、《中华人民共和国大气污染防治法》、《中华人民共和国固体废物污染环境防治法》、《中华人民共和国海洋环境保护法》、《中华人民共和国森林法》、《中华人民共和国草原法》、《中华人民共和国渔业法》、《中华人民共和国矿产资源法》、《中华人民共和国土地管理法》、《中华人民共和国水法》、《中华人民共和国野生动物保护法》、《中华人民共和国水土保持法》、《中华人民共和国农业法》等。还制定了《中华人民共和国噪声污染防治条例》、《中华人民共和国自然保护区条例》、《中华人民共和国放射性同位素与射线装置放射防护条例》等 30 多项环境保护行政法规。此外，各有关部门还发布了大量的环境保护行政规章。

环境标准是中国环境法律体系的一个重要组成部分，包括环境质量标准、污染物排放标准、环境基础标准、样品标准和方法标准。环境质量标准、污染物排放标准分为国家标准和地方标准。到 1995 年年底，中国颁布了 364 项各类国家环境标准。我国法律规定，环境质量标准和污染物排放标准属于强制性标准，违反强制性环境标准，必须承担相应的法律责任。

在建立健全环境法律体系的过程中，我国把环境执法放在与环境立法同等重要的位置，开展了全国环境执法检查，对污染和破坏环境的行为进行严肃查处，对环境违法犯罪行为进行严厉打击。

应该指出的是，我国的环境法制建设还需要进一步完善，如某些方面存在着立法空白、有些法律的内容需要补充和修改等。因此，继续加强环境法制建设仍是一项重要的战略任务。

5. 积极推动环境保护领域的国际合作

我国一贯主张：经济发展必须与环境保护相协调；保护环境是全人类的共同任务，但是经济发达国家负有更大的责任；加强国际合作要以尊重国家主权为基础；保护环境和发展离不开世界的和平与稳定；处理环境问题应当兼顾各国现实的实际利益和世界的长远利益。

我国在采取一系列措施解决本国环境问题的同时，积极务实地参与环境保护领域的国际合作，为保护全球环境这一人类共同事业进行了不懈的努力。我国支持并积极参与联合国系统开展的环境事务。我国是历届联合国环境署的理事国，与联合国环境署进行了卓有成效的合作。我国于1979年加入了联合国环境署的"全球环境监测网"、"国际潜在有毒化学品登记中心"和"国际环境情报资料源查询系统"。1987年，联合国环境署在中国兰州设立了"国际沙漠化治理研究培训中心"总部。在环境署的组织下，我国将防治沙漠化、建设生态农业的经验和技术传授到许多国家。我国在《关于消耗臭氧层物质的蒙特利尔议定书》多边基金、全球环境基金、世界银行、亚洲开发银行贷款的使用和管理上，已经建立起有效的合作模式，对推动我国的污染防治和环境管理能力建设发挥了积极作用。我国是1993年成立的联合国可持续发展委员会的成员国，在这个全球环境与发展领域的高层政治论坛中一直发挥着建设性作用。我国与联合国亚太经社会等组织保持了密切的合作关系，并通过参加东北亚地区环境合作、西北太平洋行动计划、东亚海洋行动计划协调体等，对亚太地区的环境与发展作出了贡献。

我国为进一步加强在环境与发展领域的国际合作，1992年4月成立了"中国环境与发展国际合作委员会"。该委员会由40多位中外著名专家和社会知名人士组成，负责向我国政府提出有关咨询意见和建议。该委员会已在能源与环境、生物多样性保护、生态农业建设、资源核算和价格体系、公众参与、环境法律法规等方面提出了具体而有价值的建议，得到我国政府的重视和响应。

我国自1979年起先后签署了《濒危野生动植物种国际贸易公约》、《国际捕鲸管制公约》、《关于保护臭氧层的维也纳公约》、《关于控制危险废物越境转移及其处置的巴塞尔公约》、《关于消耗臭氧层物质的蒙特利尔议定书（修订本）》、《气候变化框架公约》、《生物多样性公约》、《防治荒漠化公约》、《关于特别是作为水禽栖息地的国际重要湿地公约》、《1972年伦敦公约》等一系列国际环境公约和议定书。对已经签署、批准和加入的国际环境公约和协议，一贯严肃认真地履行自己所承担的责任。在《中国21世纪议程》的框架指导下，编制了《中国环境保护21世纪议程》、《中国生物多样性保护行动计划》、《中国21世纪议程林业行动计划》、《中国海洋21世纪议程》等重要文件以及国家方案或行动计划，认真履行所承诺的义务。我国政府批准《中国消耗臭氧层物质逐步淘汰国家方案》，提出了淘汰受控物质计划和政策框架，采取措施控制或禁止消耗臭氧层物质的生产和扩大使用。1994年7月，在联合国开发署的支持下，我国政府在北京成功地举办了"中国21世纪议程高级国际圆桌会议"，为推动我国的可持续发展作出了贡献。1995年11月，我国发布了《关于坚决严格控制境外废物转移到我国的紧急通知》，1996年3月又颁布了《废物进口环境保护管理暂行规定》，依法防止废物进口污染环境。

3.4.5 可持续发展的新课题

在中国实施可持续发展，可谓任重而道远。尽管已经有了不少文件和方案，但在我国，如何计算环境污染和生态破坏的损失,如何对国民生产总值增长率进行自然资源耗损的扣除,如何在不同城市和地区建立可持续发展的示范区,如何逐步取消不利于可持续发展的各种财政补贴,如何理顺价格体系,如何采用恰当的经济手段,如何在各级水平上建立起综合决策的机制,如何进一步发动公众参与,如何建立可持续消费和生产的模式等,都有待于继续深入研究。

复习思考题

1. 什么是可持续发展?可持续发展的内涵是什么?
2. 自然资源是如何分类的?
3. 简单说明我国自然资源的特点和现状。
4. 谈谈你对"可持续发展是历史的必然"的理解。
5. 我国可持续发展战略的任务有哪些?
6. 我国可持续发展战略的措施有哪些?

第4章 环境与人体健康

4.1 人和环境的关系

人类生活在地球表面,这里包含一切生命体生存、繁殖所必需的种种优越条件:新鲜而洁净的空气、丰富的水源、肥沃的土壤、充足的阳光、适宜的气候以及其他各种自然资源。这些环绕在人类周围的自然环境,是人类和其他一切生命赖以生存和发展的基础。

4.1.1 人与环境物质组成的相关性

生命是以蛋白质的形式存在的,并以新陈代谢的特殊形式运动着。人体和环境都是由物质组成的,物质的基本单元是化学元素。目前自然界中已知的有100多种元素,人体内就发现有60多种。从组成人体的元素看,人体90%以上是由碳、氢、氧、氮等组成;此外还含有一些微量元素,其质量不到人体的1%,主要有铁、铜、锌、锰、钴、氟、碘等。人体通过新陈代谢和周围环境进行物质交换。据科学分析,人体内微量元素的种类和海洋中所含元素的种类相似。地球化学家们分析了空气、海水、河水、岩石、土壤、蔬菜、肉类和人体血液、肌肉以及各器官的化学元素含量,也发现它们和地壳岩石中化学元素的含量具有相关性,人体血液中的60多种化学元素含量和岩石中这些元素的含量比较接近,如图4-1所示。这种人体化学元素组成与环境的化学元素组成有很高统一性的现象,证明了人和自然环境的关系密切。是化学元素将环境与人体联系了起来。自然界是不断变化的,人体总是从内部调节自己的适应性而与不断变化的地壳物质保持平衡关系。

在正常环境中,人与环境之间保持着动态平衡关系,使人类得以正常地生长、发育,人体各系统和器官之间是密切联系着的统一体。人体各种生理功能在某种程度上对环境的变化是适应的。如解毒和代谢功能往往能使人体与环境达到统一。但是,这些功能是有一定限度的,如果环境受到污染,致使环境中某些化学元素或物质(如汞、镉、铅等重金属和难以降解的有机物)增多,并通过食物链或食物网及各种途径侵入人体,并且剂量积累到超过人体的忍受限度时,就会破坏体内的平衡状态,导致疾病和死亡,甚至通过遗传贻害子孙后代。现代人体内大多数元素的含量高于古代人,而其中许多元素对人体的健康构成危害。它们在人体中有隐藏毒性,当高于某一阈值时,人体便发生中毒,甚至死亡。例如,镉的过量摄入曾导致了轰动世界的日本富山痛痛病,患者长期食用含镉量很高的米,全身自然骨折达72处之多,呼天叫地,痛不欲生。铅也是一个潜在的危害,目前它的主要来源是汽油中的防爆剂——四乙基铅。在汽油时代开始以前,古罗马人已经开始大量使用铅了。古罗马人用铅制成贮存糖浆和果酒的容器,贵族妇女痴醉于铅做的化妆品。有的历史学家认为,铅中毒引起的死胎、自然流产和不孕症是罗马帝国上层阶级出生率低,从而导致古罗马最终衰亡的原因。随着铅的开采和汽油的使用,环境中的铅越来越多。铅中毒引起人体寿命缩短,情绪低沉、疲倦、贫血,甚至影响儿童的智力。某些元素在自然界含量过高或偏低，会造成一些地方病。例如，铁是人体必需的元素，具有造血、组成血红蛋白、传递电子和氧，维持器官功能的作用，但人体摄入过量的铁，就会损伤胰腺和性腺，甚至引起心衰、糖尿病和肝硬化。氟也是人体的必需元素，氟对防治龋齿、促进牙的生长有积极作用，氟还参与人体内各种氧化还原反应和钙、磷代谢。但是，过量的氟会引起氟斑牙、氟骨症和骨质增生。其他很多元素也如此。

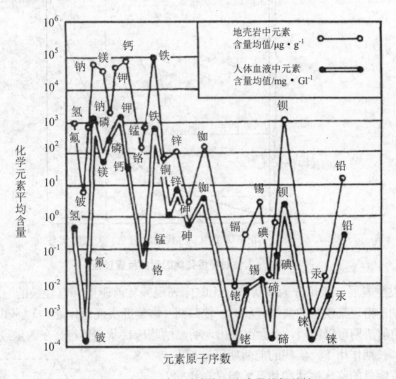

图 4-1　人体血液和地壳中元素含量的相关性

4.1.2　环境致病因素对人体的影响程度

人类环境的任何异常变化，都会不同程度地影响到人体的正常生理功能。但是，人类在长期发展进化的过程中形成了调节自己的生理功能来适应不断变化着的环境的能力，医学上称为"免疫反应"。如果环境的异常变化不超过一定限度，人体是可以适应的。如人体可以通过体温调节来适应环境中气象条件的变化；通过红细胞数和血红蛋白含量的增加，在一定程度上适应高山缺氧环境等。如果环境的异常变化超出人类正常生理调节的限度，则可能引起人体某些功能和结构发生异常，甚至造成病理性的变化。这种能使人体发生病理变化的环境因素称为环境致病因素，人类的疾病大多数是由生物的、化学的和物理的环境致病因素引起的。在环境致病因素中，环境污染又占最重要的位置。

疾病是有机体在致病因素作用下，功能、代谢及形态上发生病理变化的一个过程，这些变化达到一定程度才表现出疾病的特殊临床症状和体征。人体对致病因素引起的功能损害有一定的代偿能力，在疾病发展过程中，有些变化是属于代偿性的，有些变化则属于损伤，二者同时存在。当代偿过程较强时，机体可以保持着相对的稳定，暂不出现疾病的临床症状，这时如果致病因素停止作用，机体便向恢复健康的方向发展。但代偿能力是有限的，如果致病因素继续作用，代偿功能逐渐减弱，机体则以病理变化的形式表现出各种疾病所特有的临床症状和体征。人体对环境致病因素的反应过程如图 4-2 所示。

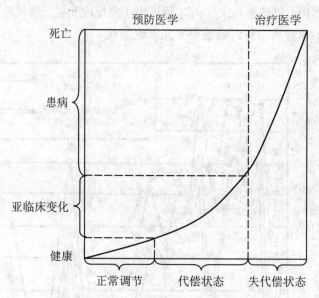

图 4-2　人体对环境致病因素的反应过程

疾病的发生发展一般可分为潜伏期（无临床表现）、前驱期（有轻微的一般不适）、临床症状明显期（出现某疾病的典型症状）、转归期（恢复健康或恶化死亡）。在急性中毒的情况下，疾病的前两期可以很短，而会很快出现明显的临床症状和体征。在微量致病因素（如某些化学物质）长期作用下，疾病的前两期可以相当长，病人没有明显的临床症状和体征，但是在致病因素继续作用下终将出现明显的临床症状和体征，而且这种人对其他致病因素（如细菌、病毒等）的抵抗能力减弱，其实是处于潜伏期或处于代偿状态。医学上认为，疾病的早期属临床前期或亚临床状态。一般说来，机体对毒物的反应大致有四个阶段：机能失调的初期阶段、生理性适应阶段、有代偿机能的亚临床变化阶段、丧失代偿机能的病态阶段。当环境污染物作用于人群时，并不是所有的人都出现同样的毒性反应，由于个体身体素质的差异，抵抗能力不同，反应在客观上如图 4-3 所示，受污染人群比例呈金字塔形分布。

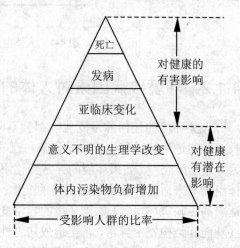

图 4-3　人群接触环境污染物的生物学反应

因此，从预防医学的观点来看，不能以人体是否出现疾病的临床症状和体征来评价有无环境污染及其污染程度，而应当观察多种环境因素对人体正常生理及生化功能的作用，及早地发现临床前期的变化。所以，在评价环境污染对人体健康的影响时，必须从以下几个方面来考虑：

(1) 是否引起急、慢性中毒。
(2) 有无致癌、致畸及致突变作用。
(3) 是否引起寿命的缩短。
(4) 是否引起生理、生化的变化。

4.2 环境污染及其对人体的作用

4.2.1 环境污染物及其分类

人们在生产、生活过程中，排入大气、水和土壤中，并引起环境污染或导致环境破坏的物质，叫作环境污染物。

大多数环境污染物质都是毒物。毒物是进入生物机体后能使体液和组织发生生物化学的变化，干扰或破坏机体的正常生理功能，并引起暂时性或持久性的病理损害，甚至危及生命的物质。

1. 环境污染物按其来源分类

（1）生产性污染物。工业生产所形成的"三废"，如果未经处理或处理不当，其所含的有毒化学物质经各种途径进入环境。

农业生产中长期使用的农药（杀虫剂、杀菌剂、除草剂、植物生长调节剂等）造成了农作物、畜产品及野生生物中农药残留，空气、水、土壤也受到不同程度的污染。

（2）生活性污染物。粪便、垃圾、污水等生活废弃物处理不当，也是污染空气、水、土壤及孳生蚊蝇的重要原因。随着人口增长和消费水平的不断提高，生活垃圾的数量上升，垃圾的性质也发生了变化，如生活垃圾中增加了各种废旧电池、塑料及其他高分子化合物等成分，增大了无害化处理的难度。

（3）放射性污染物。对环境造成放射性的人为污染源主要是核能工业排放的放射性废弃物，医用及工农业用放射源，核武器生产及试验所排放出来的废弃物和飘尘。目前，医用放射源占人为污染源的很大一部分，必须注意加以控制。放射性物质的污染波及到空气、河流或海洋水域、土壤以及食品等，可通过各种途径进入人体，形成内照射源；医用放射源或工农业生产中应用的放射源还可使人体处于局部的或全身的外照射中。

2. 环境污染物按其性质的分类

（1）化学性污染物：种类最多，威胁最大，特别是有机污染物。1990 年，人类已知结构的化学物质有 1 000 万种，2009 年为 5 000 万种。2011 年，美国《化学文摘》中登记的化学物质已达 6 000 万种之多，并且正以每周 6 000 种的速度递增，而其中大部分是在自然界中从未发现过的新化合物。据统计，在过去的 100 年中，地球上人工合成化学物质的浓度已从稍大于零增加到了约 $1\mu g/kg$，按目前速度，100 年后将增加到 mg/kg 级。将对生态环境造成极大的压力，也对人类健康构成极大的威胁。据估计已有 96 000 种化学物质进入人类环境，故各国从众多的污染物中优先选择了一些潜在危害性大的有毒污染物作为环境优先控制污染物。我国环境优先控制污染物名单如表 4-1 所示。

表 4-1 我国环境优先控制污染物名单

序号	污染物名称	序号	污染物名称	序号	污染物名称
1	二氯甲烷	21	多氯联苯	41	苯并[k]荧蒽
2	三氯甲烷	22	苯酚	42	苯并[a]芘
3	四氯甲烷	23	碱甲酚	43	茚并（1,2,3-c,d）芘
4	1,2-二氯乙烷	24	2,4-二氯酚	44	苯并[ghi]芘
5	1,1,1-三氯乙烷	25	2,4,6-三氯酚	45	酞酸二甲酯
6	1,1,2-三氯乙烷	26	五氯酚	46	酞酸二丁酯
7	1,1,2,2-四氯乙烷	27	对硝基酚	47	酞酸二辛酯
8	三氯乙烯	28	硝基酚	48	六六六
9	四氯乙烯	29	对硝基甲苯	49	DDT
10	三溴甲烷	30	2,4-二硝基甲苯	50	敌敌畏
11	苯	31	三硝基甲苯	51	乐果
12	甲苯	32	对硝基甲苯	52	对硫磷
13	乙苯	33	2,4-二硝基氯苯	53	甲基对硫磷
14	邻二甲苯	34	苯胺	54	除草醚
15	间二甲苯	35	二硝基苯胺	55	敌百虫
16	对二甲苯	36	对硝基苯胺	56	丙烯腈
17	氯苯	37	2,6-二氯-1-硝基苯胺	57	N-亚硝基二甲胺
18	邻二氯苯	38	萘	58	N-亚硝基二丙胺
19	对二氯苯	39	荧蒽		
20	六氯苯	40	苯并[b]荧蒽		

（2）物理性污染因素，如噪声、热污染、电磁辐射和放射性等。噪声污染已成为当今世界性的问题，它对环境的污染与工业"三废"一样，是一种危害人类环境的公害。大多数国家规定的噪声的环境卫生标准为40dB，超过这个标准的噪声认为是有害噪声。

（3）生物性污染物，如细菌、霉菌、病毒、毒蘑菇、蛇毒、寄生虫等。对于大部分人类历史而言，最大的环境威胁总是病原体（致病）生物，尽管几乎在全世界每个地区，心血管疾病、癌症、伤害和其他现代生活疾病被称为最主要的杀手，但传染病每年仍然要杀死至少2 200万人，相当于43%由各种疾病导致的死亡。

4.2.2 环境污染物在人体内的转归

环境污染对人体健康的影响是极其复杂的。以环境污染中最常见的化学污染物而言，其在人体内的转归大致可概括为如图4-4所示的过程。

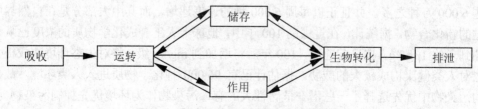

图 4-4 环境化学污染物在人体内的转归

1. 污染物的侵入和吸收

环境污染物主要经呼吸道、消化道、黏膜、皮肤等途径侵入人体，呼吸道是主要途径。空气中的气态毒物或悬浮的颗粒物质进入呼吸道后，部分由支气管的上皮把沉积的粉尘颗粒带到喉部被咳出或咽下，部分进入肺部。人的肺脏由亿万个肺泡组成，肺泡壁很薄，壁上有丰富的毛细血管，肺泡总面积达 90m^2，毒物一旦进入肺部，很快就会通过肺泡壁进入血液循环系统而被运送到全身。环境毒物能否随空气进入肺泡，这和它的颗粒大小及水溶性有关。能达到肺泡的颗粒物质，其直径一般不超过 3μm，而直径大于 10μm 的颗粒物质，大部分被黏附在呼吸道、气管和支气管黏膜上。水溶性较大的气态毒物，如 Cl_2、SO_2，为上呼吸道黏膜所溶解而刺激上呼吸道，极少进入肺泡。而水溶性较小的气态毒物，如 NO_2，则绝大部分到达肺泡。呼吸道吸收的最重要的影响因素是毒物在空气中的浓度，浓度越高，吸收越快。

水和土壤中的有毒物质，主要是通过饮水和食物经消化道被人体吸收。整个消化道都有吸收作用，但以小肠作用最大。

苯、有机磷酸酯类、农药，以及能与皮肤的脂肪组织相结合的毒物，如汞、砷等均可经皮肤被人体吸收。

2. 污染物的分布和蓄积

经上述途径被人体吸收后的污染物，由血液分布到人体各组织，不同的毒物在人体各器官组织的分布情况不同。污染物长期隐藏在器官组织内，而且逐渐积累，这种现象叫作蓄积（见表 4-2），水中溶解元素在头部可能的积累部位如图 4-5 所示。此时毒物大多相对集中于某些部位，并对这些蓄积部位产生毒害作用。毒物在体内的蓄积是发生慢性中毒的根源。

表 4-2 部分污染物易蓄积的器官

污染物蓄积器官	污染物
骨骼	Cd
脂肪	农药等有机化合物
脑	甲基汞
肝脏	As 和 Hg
甲状腺	碘

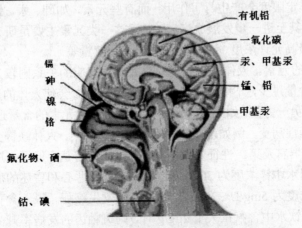

图 4-5 水中溶解元素在头部可能的积累部位

3. 污染物的生物转化

很少部分分子量极小、水溶性强的毒物可以原形被排出体外，绝大部分毒物都要经过酶的代谢作用，经过水解、氧化、还原等化学过程改变其毒性，增强其水溶性而使其易于排泄，此过程称为生物转化。肝脏、肾脏、胃、肠等器官对各种毒物都具有生物转化功能，其中以肝脏最为重要。生物转化过程分两步进行：首先是污染物在酶的催化作用下发生氧化、还原和水解反应，生成一级代谢产物；然后，进入肝脏的外源性物质（一级代谢产物）与内源性物质（脂肪酸、激素、维生素、甘氨酸等）在混合功能酶系的作用下结合，生成酸性的二级代谢产物。这些代谢产物在生理 pH 条件下电离，适合从肾脏或胆汁中排出。生物代谢有两种作用：一种是降解，使污染物质变为低毒或无毒的惰性物质，从体内排出；二是激活，使污染物质的毒性更强，变成致突变物或致癌物。如农药 1605 在体内氧化成毒性更大的 1600。

4. 毒物的排泄

毒物的排泄途径主要经过肾脏、消化道和呼吸道，少量可随汗液、乳汁、唾液等各种分泌液排出，也有的在皮肤的新陈代谢过程中到达毛发而离开机体。能够通过胎盘进入胎儿血液的毒物，可以影响胎儿的发育和产生先天性中毒及畸胎。毒物在排出过程中，可在排出的器官造成继发性损害，成为中毒表现的一部分。尿液中毒物浓度与血液中的浓度密切相关，常通过测定尿中毒物及其代谢物，以监测和诊断毒物的吸收和中毒情况。

机体除了通过上述蓄积、代谢和排泄的三种方式来改变毒物的毒性外，还有一系列的适应和耐受机制。

4.2.3 环境污染物对人体产生危害作用的因素

环境污染对人体的危害性质和程度，主要取决于下列因素。

1. 摄入量

环境污染物能否对人体产生危害及危害的程度，主要取决于污染物进入人体的量。以化学性污染为例，进入人体的量和人体的反应有以下几种情况。

（1）人体非必需元素。有些非必需微量元素在人体内缺乏或处于一定浓度范围并不影响人体健康，超过了一定限度会产生毒害作用；而有些元素，如砷、汞、铅等即使在体内含量很低，仍有毒害作用，甚至进一步发展成疾病。对于这一类元素主要是研究制定其最高允许限量的问题（环境中的最高允许浓度、人体的最高允许负荷量等）。

（2）人体必需的元素。人体必需元素的摄入量与反应的关系则较为复杂。一方面，环境中这种必需元素的含量过少，不能满足人体的生理需要时，会使人体的某些功能发生障碍，形成一系列病理变化；另一方面，如果某种原因使环境中这类元素的含量过多，也会作用于人体，引起不同程度的中毒性病变。例如，锌是人体必需元素之一，人体缺锌会带来许多疾病，如糖尿病、高血压、生殖器官及第二性征发育不全、男性不育等病，但摄入过量的锌也有不利的影响。据报道，当饮用水中锌浓度为 30.8mg/L 时，曾发生恶心和昏迷的病例；对小动物的长期观察证明，水中锌浓度为 5mg/L～20mg/L 时，可能发生癌症。摄入含有过量锌的食物和饮料会引起锌中毒。又如饮水中含氟量大于 2μg/g 时，则斑釉齿的发病率升高，如含氟量达 8μg/g，则可造成地方性氟病（慢性氟中毒）的流行；但如果饮水中含氟量在 0.5μg/g 以下，则龋齿的发病率显著升高。因此，对这类元素不仅要研究环境中的最高允许浓度，而且还要研究最低供应量的问题。

2. 作用时间

进入人体的污染物质达到一定量，引起器官异常反应并发展成疾病，这一量值可作为人体最高容许限量，也称中毒阈值。很多环境污染物在机体内具有蓄积性，随着作用时间的延长，蓄积量将增大，当蓄积达到中毒阈值时，就会产生危害。污染物在体内的蓄积受摄入量、污染物的生物半衰期和作用时间三个因素影响。

3. 多种因素的联合作用

当环境受到污染时，污染物通常不是单一存在的，几种污染物同时作用于人体时，必须考虑这些因素的联合作用和综合影响。一种物质可能干扰另一种物质的吸收、代谢或排泄，这种干扰可能是相互减弱，也可能是相互加强。因此，我们应当认真考察多种因素同时存在时对人体的综合影响。

4. 个体敏感性

人的健康状况、生理状态、是否患有其他疾病、遗传因素等均可影响人体对环境异常变化的反应。如 1952 年伦敦烟雾事件的死亡人数中，80%是原来就患有心肺疾患的人。其他如性别、年龄等因素对人体对环境异常变化的反应也有影响。

4.3 环境污染的特征和危害

4.3.1 环境污染的特征

从影响人体健康的角度来看，环境污染一般具有以下一些特征：

1. 污染范围广，接触人群多

环境污染涉及的地区广，受影响的人群可以非常广泛，甚至涉及整个人类。环境中每个人都有机会接触到有害因子，特别是敏感人群（老、弱、病、残、幼，甚至胎儿，他们是抵抗力最弱、最容易受到有害因子伤害的人群）和高危险人群（接触有害因子的机会比其他人群多、强度大，摄入量比普通人群要高得多的人群）。

2. 污染物浓度低，但作用时间长

污染物进入环境后，受到大气、水体稀释，一般浓度较低，多在 ppm（10^{-6}）、ppb（10^{-9}）、ppt（10^{-12}）水平，接触者为长时间不断暴露于污染环境中，甚至终生接触的。

3. 污染物种类多，接触途径多，危害多样

由于环境中存在的污染物种类多，人类可以从各途径中接触到环境污染物，如图 4-6 所示。污染物不但可通过理化或生物作用发生转化、降解和富集而改变其原有的性状和浓度，产生不同的危害作用，而且多种污染物同时作用于人体，往往产生复杂的联合作用。

图 4-6 暴露于有毒危险环境因子的途径

4. 污染物之间以及污染物与环境因素之间具有联合毒害作用

在实际环境中往往同时存在着多种污染物质，它们对机体同时产生的毒性有别于其中任一单个污染物质对机体引起的毒性。两种或两种以上的毒物，同时作用于机体所产生的综合毒性称为毒物的联合作用，通常有四类。

（1）协同作用

协同作用是指联合作用的毒性大于其中各毒物成分单独作用毒性的总和，即其中某一毒物成分能促进机体对其他毒物成分的吸收加强、降解受阻、排泄迟缓、蓄积增多或产生高毒代谢物等，使混合物毒性增加。CO 与 H_2S 可相互促进其毒性，比两者单一污染对人体的危害更大。其协同作用的死亡率为 $M>M_1+M_2$。

（2）相加作用

相加作用是指联合作用的毒性等于其中各毒物成分单独作用毒性的总和，即其中各毒物成分之间均可按比例取代另一毒物成分，而混合物毒性均无改变。当各毒物成分的化学结构相近、性质相似、对机体作用的部位及机理相同时，其联合的结果往往呈现毒性相加作用。其相加作用的死亡率为 $M=M_1+M_2$。

（3）独立作用

独立作用是指各毒物对机体的侵入途径、作用部位、作用机理等均不相同，因而在其联合作用中各毒物生物学效应彼此无关、互不影响，即独立作用的毒性低于相加作用，但高于其中单项毒物的毒性。其独立作用的死亡率为 $M=M_1+M_2(1-M_1)$。

（4）拮抗作用

拮抗作用是指联合作用的毒性小于其中各毒物成分单独作用毒性的总和。其中某一毒物成分能促进机体对其他毒物成分的降解加速、排泄加快、吸收减少或产生低毒代谢物等，使混合物毒性降低。其拮抗作用的死亡率为 $M<M_1+M_2$。

5. 污染容易，消除困难

被污染的环境，要想恢复原状，不但费力大、代价高，而且难以奏效，甚至有重新污染的可能。有些污染物，如重金属和难以降解的有机氯农药，污染土壤后能在土壤中长期残留，治理十分困难。

4.3.2 环境污染对人体的危害

环境污染对人体健康的危害，是一个十分复杂的问题。当污染物在短期内通过空气、水、食物链等多种介质侵入人体或几种污染物同时大量侵入人体时，往往造成急性危害。如果小剂量污染物持续不断地侵入人体，则要经过较长时间才显露出对人体的危害。这些危害甚至会影响到子孙后代的健康。所以，环境污染对人体健康的危害包括急性危害、慢性危害和远期危害。

1. 急性危害

自 20 世纪 30 年代以来，许多国家相继出现了不少污染事件，引起人群中毒死亡。如 1952 年 12 月 5 日至 9 日的伦敦多次烟雾事件是一次急性中毒事件，当时的逆温层是在 60m～90m 的低空，从家庭炉灶和工厂烟囱排出的烟尘和 SO_2 得不到扩散。开始时，伦敦市民感到胸闷、咳嗽、嗓子痛以至呼吸困难，进而发烧；到后期，死亡率急剧上升，支气管炎死亡率最高，其次是肺炎、肺结核以及患有其他呼吸系统和循环系统疾病的患者相继死亡，尤其是老年和幼儿患者的死亡率更高。病理解剖发现，死者多属急性闭塞性换气不良，造成急性缺氧或引起心脏病恶化而死亡。

后来，有关学者分析了 1952—1962 年的四次伦敦烟雾事件，发现事件的死亡人数有随空气中飘尘浓度升高而增加的趋势，如表 4-3 所示。对比 1952 年和 1962 年两次烟雾事件情况，两者发生的时间一致，气象条件基本相同。1952 年的飘尘浓度为 1962 年的 1.5 倍，SO_2 浓度比 1962 年稍低，但 1952 年的死亡人数却是 1962 年的 5 倍多。由此推断，造成伦敦烟雾事件的主要污染物是飘尘，其次是 SO_2。后来英国当局把消除大气污染的重点放在除尘上，取得了显著成效。

表 4-3 四次伦敦烟雾事件的比较

时 间	飘尘浓度/(mg/m^3)	SO_2 浓度/(mg/m^3)	死亡人数/人
1952 年 12 月	4.46	3.8	4 000
1956 年	3.25	1.6	1 000
1957 年	2.40	1.8	400
1962 年 12 月	2.80	4.1	750

此外，光化学烟雾也是一种急性危害。这是汽车尾气中的氮氧化物和碳氢化物在太阳紫外线照射下，形成的光化学氧化剂，包括 O_3、NO_2、NO 和过氧乙酰硝酸酯（PAN）、过氧苯酰硝酸酯（PBN）等。大气中光化学氧化剂浓度高于 $0.1\mu L/L$ 时，能使竞技水平下降；达到 $0.2\mu L/L \sim 0.3\mu L/L$ 时，就会造成急性危害，可引起眼结膜炎、流泪、眼睛疼、嗓子疼、胸疼，严重时会造成运动者突然晕倒，出现意识障碍等。经常受害能加速衰老，缩短寿命。这种光化学烟雾事件，多发生在汽车多的大城市，如美国的洛杉矶和日本的东京等。我国的北京和广州也曾发生过。

进入 20 世纪末，除大气污染事故外，突发性严重污染事故的发生，给人群健康造成了严重的急性危害。20 世纪 80 至 90 年代，就发生了 60 多起影响大、危害严重的污染事故。其中有大气污染事故、毒气泄漏污染事故、水污染事故，也有放射性污染事故。如 1984 年 12 月 3 日，美国联合碳化物公司设在印度博帕尔市的农药厂因贮罐内剧毒的甲基异氰酸酯泄漏，毒气袭向博帕尔市，受害面积达 40km²，死亡人数 0.6 万～2 万人，受害人数为 10 万～20 万人；1986 年 11 月 1 日，瑞士巴塞尔赞多兹化学公司的仓库起火，大量有毒化学品随灭火用水流进莱茵河，使靠近事故地段的河流变成了"死河"，生物绝迹；1986 年 4 月 26 日，位于苏联基辅地区的切尔诺贝利核电站 4 号反应堆发生爆炸，泄漏了大量放射性物质，造成环境严重污染，使周围人群健康受到损害；2011 年 3 月 11 日，因日本地震引起海啸，导致日本福岛第一核电站 6 个机组当中，1 号—4 号均发生氢气爆炸，5、6 号机组正进行定期维修。日本大地震造成的损失额将高达 16 万亿日元，远远超过阪神大地震造成 10 万亿日元的损失，而且核泄漏造成了严重的海洋污染。

2. 慢性危害

（1）大气污染对慢性呼吸道疾病的影响

调查结果显示，重污染区的上呼吸道慢性炎症发病率（如慢性鼻翼炎、咽炎等）明显高于轻污染区，如表 4-4 所示。长期居住、工作在空气污染的环境中（包括吸烟），明显地不利于身体健康，如表 4-5 所示。

表 4-4　轻重污染区中小学生上呼吸道慢性炎症发病率

地　区	大气环境质量系数	受检人数	慢性鼻炎/%	慢性咽炎/%	两种以上慢性鼻、咽腔疾患/%
重污染区	4.2	1 563	55.3	30.7	19.5
轻污染区	2.3	1 871	38.6	11.2	5.8

表 4-5　北京市交通民警与园林工人呼吸道疾病比较

疾病类型 \ 发病率/% \ 人员	交通民警	园林工人
肺结核	16.7～7.8	无
慢性鼻炎	40.2～10.8	29.3～14.4
咽炎	23.2～9.3	12.2～10.3

国内外大气污染的调查资料还表明，大气污染物对呼吸系统的影响，不仅使上呼吸道慢性炎症的发病率升高，同时还由于呼吸系统持续不断地受到飘尘、SO_2、NO_2 等污染物刺激腐蚀，使呼吸道和肺部的各种防御功能相继遭到破坏，抵抗力下降。当呼吸系统在大气污染物和空气中微生物的联合侵袭下，危害逐渐向深部的细支气管和肺泡发展，继而诱发慢性肺部疾患（慢性支气管炎、支气管哮喘和肺气肿等）及其续发感染症。这一发展过程，会不断增加心肺的负担，导致肺心病。20 世纪 90 年代以来，呼吸系统疾病是我国城市地区排在顺位第二的死亡原因。

（2）水体和土壤污染对人体造成的慢性危害

① 汞对人体的危害

1956 年发生在日本熊本县水俣湾地区的汞中毒事件，也称水俣事件，是由于摄入富集在鱼贝中的甲基汞而引起的中枢神经疾患。甲基汞具有脂溶性、原形蓄积性和高神经毒性三个特征。进入人体的甲基汞经肠道吸收进入血液输送到各器官。脂溶性的甲基汞对富含类脂质的脑细胞具有很强的亲和力,极易蓄积在脑细胞中,主要侵害成人大脑皮层的运动区、感觉区和视听区,也会侵害小脑,使肢体末端神经麻木(感觉消失)、中心性视野狭窄、听觉和语言障碍、运动失调。

大量进食含甲基汞的鱼类和贝类容易患此病。病情的轻重取决于摄入甲基汞的量,短期内进入体内的甲基汞量大,发病就急,出现典型的中毒症状。长期少量地进入人体,发病就慢,症状不典型。总之,常吃含甲基汞鱼贝的人,都遭到程度不同的危害。甲基汞还可穿透胎盘屏障在胎儿体中积累,其迁移速度比无机汞快10倍。甲基汞的转移使母体得以减毒,但对胎儿的侵害遍布全脑,使其智能低下、四肢变形,严重危害下一代,具有远期危害。

② 铅污染对人体的危害

铅不是人体必需的元素,对健康有害。被铅污染了的水、蔬菜等食物,经食道侵入体内,再由血液输送到脑、骨骼及骨髓等各个器官。铅损害骨髓造血系统,能引起贫血、溶血。铅对神经系统也能造成损害。铅还能引起末梢神经炎,出现运动和感觉异常。常见的有伸肌麻痹,多在前臂和小腿发生感觉异常,早期有闪电样疼痛,进而发展成为感觉减退和肢体无力。

铅对幼儿大脑的损害,比成年人严重得多。儿童血铅水平超过国际公认的儿童铅中毒诊断标准(10μg/dL)时,就会对儿童的智能发育、体格生长、学习记忆力和听觉、视觉产生不利影响。孕妇和婴幼儿是铅中毒的高危人群。有人报道,232名只有胃肠功能紊乱而无脑病症状的轻度铅中毒的儿童中,有19%最终出现智力障碍,有13%出现癫痫样疾患。铅还可以透过母体的胎盘,侵入胎儿脑组织,危害后代。

③ 镉对人体的危害

镉中毒可引起痛痛病(骨痛病),发生于日本富山县通川流域的痛痛病是由于长期食用"镉米"引起的。患者发生以骨软化为主体的病理学变化。痛痛病因以周身剧痛为主要症状而得名,潜伏期2～8年,甚至可达10～30年。镉还是一种被高度怀疑的致癌物。

此外,环境污染引起的慢性危害,还有砷中毒等。急性和慢性危害的划分,只是相对而言,主要取决于摄入量—反应关系。如水俣病,在短期内食入大量甲基汞,也会引起急性危害。

3. 远期危害

所谓远期危害,是指这种危害作用不是在短期内表现出来的,甚至有的不是在当代表现出来(如遗传变异)。这就是通常所说的"三致"问题,即致癌、致突变、致畸。

(1) 致癌作用

癌症是由于致癌因子长期作用,引起机体组织异常增生的细胞集团。据估计,人类癌症80%～85%与化学致癌物有关;由病毒等生物因素引起的不超过5%;由放射线等物理因素引起的也在5%以下。许多学者认为人类癌症的90%以上是由环境因素,即环境中的致癌物质引起的。

按照对人和动物致癌作用的不同,可分为确认致癌物、可疑致癌物和潜在致癌物。确认致癌物是经人群流行病调查和动物实验均已确定有致癌作用的化学物质。可疑致癌物是已确定对试验动物有致癌作用,而对人致癌性证据不充分的化学物质。潜在致癌物是对试验动物致癌,但无任何资料表明对人有致癌作用的化学物质。根据2011年6月17日国际癌症研究中心(IARC)最新公布的942种致癌物质及其接触场所对人类致癌性的综合评价结果,确认为对人类有致癌作用的化学物质有107种,如苯并[a]芘、二甲基亚硝胺、2-萘胺、砷及其化合物、石棉等。

化学致癌物有三种作用机理：不经过体内代谢活化就具有致癌性的直接致癌物；必须经体内代谢活化才具有致癌性的间接致癌物；本身并不致癌，但对致癌物有促进作用的助致癌物。诱发的癌症有一定的部位和潜伏期，潜伏期一般为20年左右，长的可达40~50年，短的1~2年。对人类影响最大的是环境中的石棉、砷化合物、煤烟、氯乙烯和食物中的强致癌物黄曲霉素等，如表4-6所示。

表4-6　已发现的致癌物和诱发肿瘤部位

致　癌　物	诱发肿瘤部位
1. 化学因素	
多环芳烃类	
苯并[a]芘、苯并[a]蒽、苯并[b]荧蒽等，存在于煤烟、煤焦油、杂酚油、蒽油、页岩油、矿物油、石油及润滑油、沥青、香烟、雪茄、烟斗烟等物中	皮肤、肺、阴囊
胺类	
2-萘胺、1-萘胺、联苯胺、4-氨基联苯、4-硝基联苯、亚硝胺	膀胱
脂肪烃类	
异丙油、芥子气、双氯甲醚	
氯乙烯	肺、鼻、鼻窦、喉、肝
无机物、金属类	
砷	肺、胸膜、腹膜
铬、镍及羰基镍	皮肤、肺
石棉	肺、鼻
2. 物理因素	
电离辐射、X射线、紫外线	肺、胸膜、腹膜
氡及其子体、镭、铀核裂变物	皮肤、肺、骨
3. 生物因素	
霉菌毒素类	
黄曲霉毒素	肝
寄生虫类	
埃及血吸虫	膀胱

近几十年来，由于医学科学事业的发展，许多传染病的发病率和死亡率在不断下降，有些传染病先后被控制。与此相反，癌症的发病率和死亡率却不断上升。最新统计资料显示，中国每年癌症新发病例为220万人，因癌症死亡人数为160万人。近20年来，中国每4~5个死亡者中就有一个死于癌症，居死亡原因之首。根据卫生部肿瘤防治办公室提供的2006年我国肿瘤发病率和十大恶性肿瘤发病率排序显示，肺癌、乳腺癌分别位居男、女性恶性肿瘤发病首位，男女恶性肿瘤死亡率最高的均为肺癌。据预测，到2020年，中国也将有550万新发癌症病例，其中死亡人数将达400万。目前我国男性恶性肿瘤发病率为130.3/10万人~305.4/10万人，发病率处于前十位（占86%）的分别为肺癌、胃癌、肝癌、结肠/直肠癌、食管癌、膀胱癌、胰腺癌、白血病、淋巴瘤、脑肿瘤。目前我国女性恶性肿瘤发病率为39.5/10万人~248.7/10万人，发病率处于前十位（占82%）的分别为乳腺癌、肺癌、结肠/直肠癌、胃癌、肝癌、卵巢癌、胰腺癌、食管癌、子宫癌、脑肿瘤。大城市人口聚集地区癌症死亡人数多，说明癌症发

病率与环境质量有直接关系。

① 砷化物

开采和冶炼砷矿或经常使用含砷农药,会使砷化物通过废气、废水、废渣排入环境,污染空气、水、土壤以及食物,通过呼吸、饮食或皮肤侵入体内。长期饮用被砷污染的水,可使皮肤癌、肝癌等发病率升高。

1968 年,有人报告我国台湾西南沿海某地井水中含砷量高达 0.25mg/L～0.85mg/L,经过对其中 37 个村 40 421 个饮用含砷水的居民调查,发现有 428 例皮肤癌患者。

砷与铜、铅、锌共生,在冶炼这类矿物时,含砷烟尘和废渣会污染大气和土壤。有人对美国 36 个冶炼和精炼铜、铅、锌工业地区的调查发现,这些地区居民肺癌死亡率较其他地区高,与大气被砷污染不无关系。

② 石棉

石棉纤维呈结晶状,有锐利的尖刺。进入人体内,能刺入肺泡或胸、腹膜,使膜纤维化并逐渐变厚,形成间皮瘤或癌,这是石棉致癌的特点。据美国学者报道,他们在 1967—1977 年曾分析了美国和加拿大 17 000 多名石棉绝缘材料制造工人的死因,发现肺癌和间皮瘤高发,其中吸烟者比不吸烟者高 90 倍。说明在石棉与吸烟两种因素作用下,致癌性更强。德国汉堡市的调查资料也表明,居住在造船厂(消耗大量石棉)和许多大、小石棉制造厂及工厂下风向的居民间皮瘤发病率比该市居民的发病率高 17 倍多。

③ 煤烟

早在 1775 年,英国的 Pott 就发现清扫烟囱的工人多患阴囊癌。1933 年有人从煤焦油中成功地分离出苯并[a]芘,许多学者用苯并[a]芘对 9 种动物采用多种途径给药进行实验,均收到致癌阳性结果。侵入体内的苯并[a]芘,属间接致癌物,经体内的多功能氧化酶转化为 7,8-二氢二醇-9,10-环氧物而具有了致癌性。

(2) 致突变作用

致突变作用是指生物细胞内 DNA 改变,引起的遗传特性突变的作用。这一突变可以传至后代。具有致突变作用的污染物质称为致突变物。通常人们认为致突变物暴露没有安全阈值,任何暴露都有可能造成损伤。致突变作用分为基因突变和染色体突变两类。

突变本来是人类和生物界的一种自然现象,是生物进化的基础,但对于大多数生物个体来说,则往往是有害的。如果哺乳动物的生殖细胞发生突变,可能影响妊娠过程,导致不孕或胚胎早死等;如果体细胞发生突变,则可能是形成癌肿的基础;环境污染物中的致突变物,有的可通过母体的胎盘作用于胚胎,引起胎儿畸形或行为异常。由此可见,环境污染物中的致突变物作用于机体时,即认为是一种毒性的表现。

目前环境中存在着日益增多的人工合成化学物,有些在一定条件下可产生明显的毒性作用,而且还可能导致潜在的遗传影响。常见的具有致突变作用的物质有氮亚硝基化合物、苯并[a]芘、甲醛、苯、砷、铅、甲基对硫磷、黄曲霉素、敌敌畏、百草枯等。

(3) 致畸作用

人或动物在胚胎发育过程中由于各种原因所形成的形态结构异常,称为先天性畸形或畸胎。遗传因素、物理因素(如电离辐射)、化学因素、生物因素(如某些病毒)、母体营养缺乏或内分泌障碍等都可引起先天性畸形,并称为致畸作用。具有致畸作用的污染物质称为致畸物。

我国新生儿畸形率为 1.4%～3.3%，目前有上升趋势，其中以神经管畸形和唇腭裂畸形的出现率最高。

截止到 20 世纪 80 年代初期，已知的对人致畸物约有 25 种，如塞拉多米、丙咪嗪、某些抗肿瘤药物（如环磷酰胺、马利兰）、性激素（如雄激素、孕酮、己烯雌酚）等；可疑致畸物有麝香、巴豆、咖啡因、喹啉等天然物质和氯仿、四氯化碳、苯、多氯联苯、五氯酚钠等化学物质；由于农药种类多、使用量大，在使用过程中对环境和食品的污染问题普遍，且都有胚胎毒性，因此，国内外对农药致畸作用的研究也较多。对动物的致畸农药有 800 种，如敌枯双、有机磷杀菌丹、灭菌丹、敌菌丹等。其中，声名最为狼藉的人类致畸物是"反应停"，它曾于 20 世纪 60 年代初在欧洲及日本被用作人们妊娠早期安眠镇静药物，结果导致约一万名产儿四肢不完全或四肢严重短小。具有讽刺意义的是，"反应停"既有坏处也有好处，后来发现其可以治疗麻风病，并正在尝试用来治疗艾滋病、癌症、视网膜恶化和器官移植中的组织排斥。悲惨的是，这些有益利用仍存在危险的一面。在巴西，"反应停"被广泛地用来治疗麻风病，有些医生没能提醒他们的患者怀孕期服用这种药物的危险。1994 年，巴西报道了有关"反应停"的出生缺陷超过了 50 例。物理因素如放射性物质，可引起眼白内障、小头症等畸形，日本广岛、长崎原子弹爆炸区的调查对此已证实。生物学因素是母体怀孕初期感染的风疹等病毒，能引起胎儿畸形。化学因素是近 40 年来研究比较多的，各国对农药、医药、食品添加剂、职业接触毒物和环境化学污染物，进行了广泛的致畸研究。

4.3.3 生态环境病

关于强大的古罗马帝国消亡的原因有许多说法，其中一个与重金属"铅"有密切的关系。在古罗马时代，贵族用很贵重的铅壶装酒、饮酒，作为身份的象征，在生活中也大量使用铅制品。大量使用铅制品导致的铅中毒使盛极一时的罗马贵族消亡。当时铅中毒的程度极为严重：罗马帝国人的平均年龄只有 25 岁；很多贵族妇女不能生育，流产的也很多；婴儿的夭折率很高，而且出生的孩子普遍智力低下。正是这些原因导致了帝国的逐渐衰亡。这种导致古罗马帝国衰亡的疾病现代称之为"生态环境病"。

所谓生态环境病，就是由于人类活动，使地球上的化学元素，尤其是有毒物质暴露、转移、富集到人体而导致的各类疾病，其中以镉、汞、铅等物质造成的重金属污染最为典型。20 世纪中叶发生在日本的汞污染导致的"水俣病"和镉污染导致的"痛痛病"，以及泰国西南部砷污染造成的"黑脚病"，都是著名的生态环境病事件。

1. 地方病

发生在某一特定地区，与一定的自然环境有密切关系的疾病叫地方病。我国最典型的地方病有地方性甲状腺肿、克山病和地方性氟中毒。

（1）地方性甲状腺肿

该病是世界上最广泛的一种地方病，俗称"大粗脖"、"瘿袋"，以甲状腺肿大为主要症状，分为缺碘性甲状腺肿和高碘性甲状腺肿。前者主要出现在山区、丘陵地带，是由于自然环境中缺碘所引起，防治方法是补碘；高碘性甲状腺肿多见于海滨地区，因食用高碘食物或饮用高碘水等引起，防治方法是停用高碘饮食，并服用甲状腺素治疗。

碘是人体合成甲状腺素的主要成分。人体每日需碘量，成人为 70μg～100μg；青少年为

160μg～200μg；儿童为 50μg；婴儿为 20μg。肌体缺碘会引起缺碘性甲状腺肿，肌体摄入过量的碘会引起高碘性甲状腺肿。

据统计，全世界有 10 亿人生活在缺碘区或高碘区，地方性甲状腺肿患者约 2 亿人。我国除上海市外，各省、自治区、直辖市都有不同程度的地方性甲状腺肿流行区，病区县 1 000 多个，缺碘性甲状腺肿病人 3 000 多万人，患地方性克汀病的人数超过 25 万。克汀病又称呆小病，是甲状腺肿最严重的并发症，胎儿和婴儿在发育期缺碘，导致甲状腺素缺乏，引起大脑、神经、骨骼和肌肉发育迟缓或停滞，主要病症是呆小、聋哑、瘫痪。

（2）克山病

克山病是一种以心肌坏死为主要症状的地方病，因 1935 年最早发现于黑龙江克山县而得名。目前对病因还未真正查明，因为多发生在缺硒地区，初步认为与环境缺硒有关。

克山病患者发病急，以损害心肌为特点，引起肌体血液循环障碍、心律失常、心力衰竭，死亡率较高。

全国克山病发病主要分布在以下 16 个省（市、区）：黑龙江、吉林、辽宁、内蒙古、河北、河南、山东、湖北、山西、陕西、四川、贵州、云南、重庆、甘肃、西藏。

（3）地方性氟中毒

该病是与环境中氟的丰度有密切关系的一种世界性疾病，其基本病症是氟斑牙和氟骨症。防治方法是降低饮用水中氟的含量并用钙制剂治疗。

氟是人体所必需的微量元素之一，地方性氟中毒是由于当地岩石、土壤中含氟量过高，造成饮水和食物中含氟量高而引起的。人体摄入过量的氟，在体内与钙结合形成氟化钙，沉积于骨骼和软组织中，使血钙降低，甲状旁腺功能增强，溶骨细胞活性增高，促进溶骨作用和骨的吸收作用。氟化钙的形成会影响牙齿的钙化，使牙齿钙化不全，牙釉质受损。

氟中毒的患病率与饮水中含氟量有密切关系。通常每人每日需氟量为 1.0mg～1.5mg，其中 65%来自饮水，35%来自食物。饮水中含氟量如果低于 0.5mg/L，龋齿患病率会增高；饮水中含氟量高于 1.0mg/L，氟斑牙患病率会随含氟量增加而上升；如饮水中含氟量达到 4.0mg/L 以上，则出现氟骨病。

氟骨病为患氟斑病者同时伴有骨关节痛，重度患者会出现关节畸形，造成残疾。

2. 重金属污染

在重金属污染物中，镉、汞、铅、砷（砷污染的特性与重金属相同，所以将其纳入重金属之列）是最具毒性的物质，它们不仅可以造成严重的生态环境病，即使没有达到临界点，一定量的积存，也会造成人体组织器官的其他病变，成为其他疾病的导火索。在癌症、心脑血管疾病、糖尿病等高危病种的发病因素中，由于环境污染（含重金属污染）所致的占 80%～90%。

重金属污染物并非人类活动的特有产物，它们在自然界背景中就广泛存在，在所有生物体内也都存在。所以，人体自身对于重金属污染物乃至所有的污染物都有一定程度的排泄和抵抗能力，我们只要在生活中尽量避免摄入过多的污染物，就可以较少地被它们侵害。

一般人从 25 岁起各种重金属便开始在体内积累，首先在软组织中沉着，然后进入骨骼，进而是神经系统。金属微粒一旦进入人体，就具有高度的稳定性，日积月累，人所表现出的表皮褐色斑点、肌肉组织营养障碍、骨骼变脆等种种衰老迹象日渐加重。

目前，虽没有什么办法将沉积在人体内部的重金属污染物彻底清除出去，但是仍有某些食物可以有效促进这些毒素的代谢。

① 绿豆是驱除人体内各种重金属的最有效的食物；

② 茶叶能加速人体内有害放射性元素的排泄，茶叶中的茶多酚和维生素 C 两种物质共同作用，能与较多的锶结合，就是说进入骨骼中的锶都可以被它们吸收并通过粪便排出体外；

③ 生大蒜和鸡蛋有驱铅解毒的作用；

④ 豆类及豆制品、花生也能降低血液中的铅含量；

⑤ 牛奶及奶制品具有阻止铅吸收的作用；

⑥ 豆浆也有加速人体内部放射性物质排泄的作用；

⑦ 胡萝卜有排汞的功能，其所含的果胶成分能与汞结合，有效地降低血液中汞离子的浓度，加速体内汞离子的排出。

食物治污，虽不能完全彻底排出人体内的重金属，但也不失为较好的权宜之计。

4.4 室内环境与健康

人类花费了大量的精力和财力去控制主要的室外空气污染物，但是直到最近人类才意识到室内空气污染的危害。有资料显示，人群久居的室内的空气较室外的空气污浊得多。室内有毒空气污染物的浓度一般都比室外要高，有些室内毒物甚至比室外高 20 倍。人体会散发出几百种代谢产物；室内燃烧燃料（煤或煤气）及烹饪过程的油烟均可造成居室内的空气污染。此外，室内吸烟、杀虫剂的使用、居室装修、新家具的购置也是居室内空气污染的主要原因。而且，人们在室内待的时间比室外长，因此相当于暴露在大剂量的污染物中。室内环境的好坏直接影响人类的健康。

4.4.1 吸烟引起的污染

吸烟是居室内的主要污染源之一，不吸烟的人在吸烟的环境内，同样受到烟气的危害，即所谓的被动吸烟。烟草中的尼古丁对人的神经细胞和中枢神经系统有兴奋和抑制作用，吸入达一定量后会产生"烟瘾"。烟草在燃烧过程中产生大量烟雾，其中有焦油物质和 CO、CO_2、氮氧化物、氰氢酸、氨、烯、烷、醇等各种气体。吸烟可加速衰老进程，降低免疫能力。美国军医局局长估计美国每年有 43 万人死于吸烟引起的肺气肿、心脏病、中风、肺癌和其他疾病。这些疾病的死亡率占美国总死亡率的 20%，是传染病的 4 倍。早夭以及与吸烟有关的疾病每年花费约为 1 000 亿美元。减少吸烟可能比采取其他污染物控制措施能挽救更多人的生命。世界卫生组织为了引起人们对吸烟问题的重视，将每年的 5 月 31 日定为了"世界无烟日"。

4.4.2 居室装修及新家具引起的污染

家、办公室或教室里的空气安全程度有多大呢？当人类为了节约能源而减少进入建筑物的空气量时，把室内空气污染物限制在了人类大部分时间都待的地方。于是出现了"建筑物综合病症"，人们抱怨头痛、疲惫、恶心、上呼吸道问题和各种各样因在工作室或住处暴露于空气毒素所引发的敏感症。

人类暴露在各种各样的合成化学物质中，它们来自地毯、墙壁覆盖物、建筑材料和燃气。

当你知道建筑物和制造家具时用了多少有毒合成物质时，你会感到惊讶。随着人民生活水平的提高，住房条件有了改善，居室装修成为一种时尚。装饰材料和新家具中的甲醛、苯等有害物质也随之进入了室内。甲醛是 3 000 多种产品中都含有的一种成分，包括建筑材料如颗粒板、胶板、尿素-甲醛起泡绝缘品。医学研究认为甲醛能损害人体内脏器官，美国国家环保局已将甲醛定为潜在性的致癌物。装修中使用的涂料、油漆、黏合剂会散发出大量的化学合成物质，其中的苯、甲苯、二甲苯的危害比甲醛更大。苯有"芳香杀手"之称，是国际卫生组织认定的强烈致癌物，甲苯、二甲苯对黏膜和神经系统的损害比苯还强。如长期工作和生活在这种环境中，会使体内发生某些潜在的疾患，这些隐患很可能在机体抵抗能力下降或在某一特定因素下被引发而生病。

用于建筑的砖、混凝土、石膏板等土质建筑材料会使室内的氡浓度高达室外的 2～20 倍。氡是一种无色无味的放射性气体，可通过呼吸道吸入人体并沉积在人体肺泡中，破坏肺泡组织，诱发细胞癌变。氡对吸烟者的危害是不吸烟者的 3～5 倍。所以，居室应经常通风换气，以保持空气清新。

4.5 生活用品对健康的影响

4.5.1 化妆和洗涤用品

化妆品已成为人们的普遍消费品。但在使用过程中仍有可能对身体健康形成某种程度的伤害。各类化妆品所用的防晒剂、增白剂、防腐剂、香料、染料均不同程度地含有某些有害物质，如祛斑霜和增白剂中含有氯化胺汞，染发剂中含芳香胺等。某些营养性化妆品，含人参、球蛋白等，为细菌的繁殖提供了营养，使细菌检出率高。为了身体健康，请慎用化妆品。

洗衣粉及各类洗涤剂中的表面活性剂虽具有较强的去污能力，但如果漂洗不干净，进入人体，有抑制体内多种酶的作用，从而降低人对疾病的抵抗能力。

4.5.2 食品包装材料对健康的影响

目前铝制包装和塑料包装的使用非常广泛。普遍认为铝是人体非必需元素，人摄入了过多的铝是有害的，可沉积于大脑引起老年痴呆症等。

用于制造塑料食品袋、瓶、盒、桶、罐等的原料有聚乙烯塑料和聚丙烯塑料，一般认为是无毒的。正规市场上使用的塑料包装多数是无毒或低毒塑料制成的，但是这些原料中残存的单体及在加工过程中加入的各类添加剂，在使用不当时有溶出、转移并污染食品的可能。例如，聚苯乙烯中含有未完全聚合的苯乙烯单体、乙苯、甲苯等物质。苯乙烯可引起发育迟缓及肝和肾的慢性中毒。所以，不宜用塑料食具长期保存食用油脂、酒精饮料等食品。

4.5.3 车内空气污染对健康的影响

车内空气污染指汽车内部由于不通风、车体装修等原因造成的空气质量差的情况。车内空气污染源主要来自车体本身、装饰用材等，其中甲醛、二甲苯、苯等有毒物质污染后果最为严重。2012年9月，一份"健康汽车检测报告"表明11款主流车型可能存在致癌风险，长安、奇瑞、上海通用、华晨等企业榜上有名，而致癌源为车内空气中所含的致癌物。

1. 新车内部空气中化学性污染的主要来源

（1）来源于新车本身。现在我国家庭汽车的市场需求使很多汽车下了生产线就直接进入市场，各种配件和材料的有害气体和气味没有释放期，安装在车内的塑料件、地毯、车顶毡、沙发等如果不符合环保要求，会直接造成车内空气污染。所以，控制车内污染应该从生产厂家入手，对进入车内的每一种材料都进行严格的气味控制。

（2）来源于车内装饰。大多数消费者买车以后都要进行车内装饰，有的车开了一段时间也要重新进行装饰，还有的经销商也以买车送装饰为优惠条件，一些含有有害物质的地胶、座套垫、胶粘剂进入到车内，这些装饰材料中含有的有毒气体，主要包括苯、甲醛、丙酮、二甲苯等，必然会造成车内空气污染，让人不知不觉中毒，渐渐出现头痛、乏力等症状，严重时还会出现皮炎、哮喘、免疫力低下，甚至是白细胞减少。

（3）车用空调蒸发器。车内空调蒸发器若长时间不进行清洗护理，就会在其内部附着大量污垢，所产生的胺、烟碱、细菌等有害物质弥漫在车内狭小的空间里，导致车内空气质量差甚至缺氧。同时，由于汽车空间窄小，新车密封性比较好，空气流通不畅，车内空气量本来就不多，再加上车内乘客间的交叉污染严重，汽车内有害气体超标比房屋室内有害气体超标对人体的危害程度更大。当空气中二氧化碳浓度达到0.5%时，人就会出现头痛、头晕等不适感。

（4）车内吸烟。如果司机或乘客吸烟，不仅会大大提高挥发性有机化合物、一氧化碳和尘埃之类的空气污染物水平，它所散发出的气味也可能会长期保留在车厢内。

2. 新车内空气污染对人的危害

（1）甲醛：甲醛是原浆毒物，能与蛋白质结合，吸入高浓度甲醛后，会出现呼吸道的严重刺激和眼刺痛、头痛以及支气管哮喘等症状。合成树脂、表面活性剂、塑料、橡胶、皮革等材料以及消毒、熏蒸和防腐过程中均要用到甲醛。

（2）苯：苯易挥发，是工业上应用很广的原料。高浓度苯对中枢神经系统有麻醉作用，会引起急性中毒；长期接触苯对造血系统有损害。

（3）甲苯：甲苯与苯相似，短时间内吸入较高浓度的甲苯可出现眼及上呼吸道明显的刺激症状，眼结膜及咽部充血、头晕、恶心、步态蹒跚、意识模糊。

（4）二甲苯：人在短时间内吸入高浓度的甲苯或二甲苯，会出现中枢神经麻醉的症状。二甲苯主要来自于合成纤维、塑料、燃料、橡胶等物质中和油漆、涂料添加剂以及胶粘剂、防水材料中。

（5）TVOC：TVOC是空气中三种有机污染物中影响较为严重的一种，能引起机体免疫水平失调，影响中枢神经系统及消化系统功能，严重时可损伤肝脏和造血系统，出现变态反应。

3. 新车内空气污染的防治

（1）通风法。买来新车，要经常把车门打开，清除车内异味，平时也要多打开窗户、车门，尽可能做到车内外空气交换，以便尽早让车内有害气体挥发释放干净。在车内吸烟时候，也一定要把车窗或者天窗打开，放走烟味。

（2）竹炭法。竹炭可吸附车内的甲醛等散发的异味，而且能与这些异味"长期作战"。可以买一些竹炭，用干净、透气性好的纱布包好，然后放到后备箱或后排座位的角落里。但用炭去味的效果比较慢，而且一两个月后炭的作用就消失了。

（3）异味法。打一小桶清水，再加一些醋，放在车里，多试几次，异味就逐渐消失了。同样，切几片洋葱，放在水盆里搅动一下，然后放在车里。但这种方法只是掩盖了有害气体的味道，有害气体依然存在，对身体同样有害。

4.6 食品对健康的影响

"民以食为天，食以安为先。"近几年来，世界上食品卫生安全问题频频发生，严重威胁人类的生命安全与健康。我国沈阳市有一些市民由于吃了含有激素和农药的西瓜引起食物中毒，恶心，上吐下泻，与中毒性痢疾病状相近，人们看见西瓜摊，会如避瘟疫一般。2008年出现的"三聚氰胺毒奶粉"事件，同样让人感受到"闻奶色变"。食品安全直接影响到人类的健康。首先，农业种植和养殖业的源头污染对食品安全的威胁越来越严重。农药、兽药的滥用造成食物中药物残留的问题十分突出；其次，基因食品、菌类、酶制剂等新兴食品工业原料和工艺技术带来了许多问题；再次，工业污染造成的环境恶化对食品安全构成严重威胁，如水污染、海域污染、土壤污染和大气污染都给食品造成污染，影响人类的健康。

癌症的发病与人的体质有关，根据一项600位癌症病人体液分布的研究显示，85%的癌症病患属于酸性体质。健康人的血液是呈弱碱性的，pH值在7.35～7.45。婴儿也属于弱碱性体质。处于成长期的青少年有体质酸化的现象。因此，如何使体质维持在弱碱性就是远离癌病的第一步。

酸性体质的生理表征有：
① 皮肤无光泽。
② 香港脚。
③ 稍做运动即感疲劳，一上公车便想睡觉。
④ 上下楼梯容易气喘。
⑤ 肥胖、下腹突出。
⑥ 步伐缓慢、动作迟缓。

为什么会形成酸性体质呢？原因有以下几点。

（1）过度摄取乳酸性食品
① 肉类、奶酪制品与蛋、牛肉、火腿等皆属于酸性食品。
② 摄取过量的酸性食品，血液会倾向酸性而变黏稠，不易流到细血管的末梢，而易造成手脚或膝盖的冷寒症，以及肩膀僵硬和失眠等。
③ 年轻力壮时吃适量的肉类是可以的，但老年人则以蔬菜或小鱼为宜。

（2）生活步调失常会造成酸性体质
① 生活步调失常会造成精神与肉体的压力。
② 据统计，晚睡者罹患癌症的几率比正常人高出5倍。
③ 人类本来就活在节奏的世界里，无法事先储备睡眠或饮食，也不能日夜颠倒。

④ 人体内脏受自律神经控制，白天主要是交感神经活动，晚上则由副交感神经工作，若使其错乱及倒置，就会百病滋生。

（3）情绪过于紧张

① 社会压力过大。

② 工作上或精神上的压力过大。

③ 当一个人承受巨大精神压力后，一旦紧张消失，有时会造成猝死，称为潜在性副肾皮质机能不全症。

（4）肉体的紧张

① 动手术之前应先检查肾上腺皮质机能是否正常。如果副肾皮质机能较差，或手术压力远超过副肾调整功能，则可能造成病人死亡或其他不良影响。

② 若发现病患脸部浮肿，需详加询问病史及服药状况，若其为长期服用肾上腺皮质荷尔蒙者，施以针灸时要特别注意反应。

③ 劳动或运动过度，通宵打牌、开车等都应尽量避免。

知识链接　常见食物的酸碱性

① 强酸性食品：蛋黄、奶酪、白糖做的西点或柿子、乌鱼子、柴鱼等。

② 中酸性食品：火腿、培根、鸡肉、鲔鱼、猪肉、鳗鱼、牛肉、面包、小麦、奶油、马肉等。

③ 弱酸性食品：白米、花生、啤酒、酒、油炸豆腐、海苔、文蛤、章鱼、泥鳅等。

④ 弱碱性食品：红豆、萝卜、苹果、甘蓝、洋葱、豆腐等。

⑤ 中碱性食品：萝卜干、大豆、红萝卜、番茄、香蕉、橘子、番瓜、草莓、蛋白、梅干、柠檬、菠菜等。

⑥ 强碱性食品：葡萄、茶叶、葡萄酒、海带芽、海带等。尤其是天然绿藻富含叶绿素，是不错的碱性健康食品，而饮茶不宜过量，最佳饮用时间为早上。

复习思考题

1. 环境污染物进入人体的途径有哪些？
2. 环境污染物对人体的作用受哪些因素的影响？
3. 环境污染物对人体的危害有哪几种？
4. 车内污染物有哪些？对人体有哪些危害？

第5章 大气污染及其防治

5.1 概 述

5.1.1 大气圈及其结构

1. 大气圈

在自然地理学上,把由于地心引力而随地球旋转的大气层叫作大气圈。大气圈的厚度大约有 1×10^4 km。大气圈中的空气分布是不均匀的。海平面上的空气密度最大,近地层的空气密度随高度上升而逐渐减小。

温度随高度而变化是地球大气最显著的特征。常用气温的垂直递减率($\varepsilon=dT/dZ$)来表示。ε 也被称为气温直减率或气温铅直梯度。当气温随高度升高而降低时,$\varepsilon>0$;当气温随高度升高而升高时,$\varepsilon<0$。气温铅直梯度随地区、季节和高度不同而异。

2. 大气圈结构

根据大气圈在垂直高度上温度的变化、大气组成及其运动状态,可将大气按图 5-1 所示划分为五层。

(1) 对流层

对流层是大气圈的最低一层,其厚度平均约 12km(两极薄、赤道厚),质量占整个大气圈质量的 75%左右,特点是温度随高度的增加而下降($\varepsilon>0$),一般每升高 1km 气温下降 6℃,上冷下热使空气形成对流。在此层中,尘埃多,又集中了几乎全部的水蒸气,因而形成云雾、雨、雪等各种自然现象。这一层大气对人类的影响最大,通常所谓空气(大气)污染就是指这一层。特别是厚度在 2km 以内的大气,受到地形和生物的影响,局部空气更是复杂多变。

(2) 平流层

平流层是自对流层层顶到 50km~55km 的大气层。平流层下部气温几乎不随高度变化,为一等温层,等温层上部距地面 20km~40km。平流层上部的温度随高度增加而上升,这一温度分布的特点是由于 15km~35km 处臭氧层的作用。臭氧层能吸收波长小于 300nm 的太阳辐射,使平流层温度由-50℃增至-3℃以上。由于下冷上热,气流上下运动微弱,只有水平方向流动。故污染物一旦进入平流层,滞留时间可长达数年,易造成大范围以至全球性的影响。

(3) 中间层

中间层位于平流层之上,层顶高度为 80km~85km,在这一层里有强烈的垂直对流运动(又称高空对流层),气温随高度增加而下降,中间层顶部温度可降至-83℃~-113℃。

(4) 热层

热层位于中间层的上部,上界距地球表面超过 500km,该层的空气密度很小,气体在宇宙射线作用下处于电离状态，又称为电离层。由于电离后的氧能强烈吸收太阳的短波辐射，使空气迅速升温，因此，热层中气体的温度是随高度增加而迅速上升的。电离层能将电磁波发射回地球，使全球性无线电通信得以实现。

（5）外层（逸散层）

这是大气圈的最外层，处于热层的上部，空气极为稀薄，气温高，地球引力小，这是从大气圈逐步过渡到星际空间的大气层。

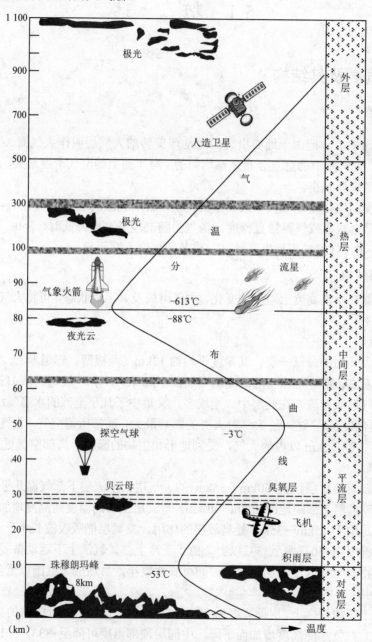

图 5-1　大气层结构示意图

5.1.2 大气的组成

大气是由恒定、可变和不定三种类型组分所组成的。大气中的氧、氮及微量的惰性气体的含量基本保持不变，是恒定组分，氮、氧、氩三种气体共占大气总体积的 99.96%。大气中 CO_2、水蒸气的含量随地区、季节、气象以及人类活动等因素的影响而有所变化，是可变成分，一般情况下，水蒸气的含量为 0%~4%，CO_2 含量近年来已达 0.036%。由于自然界的火山爆发、森林火灾、海啸、地震等暂时性灾害所产生的尘埃、硫、硫化氢、硫氧化物、碳氧化物及恶臭气体，是不定组分。此外，人类的生产、生活活动所产生的废气也是大气中的不定成分。

5.1.3 大气环境质量标准

大气是维持生命活动必需的物质之一。一个成年人每天呼吸大约两万次，吸入的空气量为 $10m^3$~$15m^3$。生命的新陈代谢一时一刻也离不开空气，人一个月不吃饭，5 天不饮水，尚能生存，而 5 分钟不呼吸就会死亡。

为了控制和改善大气质量，为人民生活和生产创造清洁适宜的环境，防止生态破坏，保护人民健康，促进经济发展，我国于 1982 年制定和颁布了《大气环境质量标准》（GB 3095—1982），先后于 1996 年、2000 年和 2012 年进行了修订，并重新命名为《环境空气质量标准》（GB 3095—2012）。最新的标准把环境空气质量功能分为两个类型区：一类区为自然保护区、风景名胜区和其他需要特殊保护的区域；二类区为居住区、商业交通居民混合区、文化区、工业区和农村地区。同时将环境空气质量标准分为二级：一类区执行一级标准，二类区执行二级标准。具体的标准值如表 5-1 和表 5-2 所示。

表 5-1 环境空气污染物基本项目浓度限值

序 号	污染物项目	平 均 时 间	浓度限值 一级	浓度限值 二级	单 位
1	二氧化硫（SO_2）	年平均	20	60	$\mu g/m^3$
		24 小时平均	50	150	
		1 小时平均	150	500	
2	二氧化氮（NO_2）	年平均	40	40	
		24 小时平均	80	80	
		1 小时平均	200	200	
3	一氧化碳（CO）	24 小时平均	4	4	mg/m^3
		1 小时平均	10	10	
4	臭氧（O_3）	日最大 8 小时平均	100	160	$\mu g/m^3$
		1 小时平均	160	200	
5	颗粒物（粒径小于等于 10μm）	年平均	40	70	
		24 小时平均	50	150	
6	颗粒物（粒径小于等于 2.5μm）	年平均	15	35	
		24 小时平均	35	75	

表 5-2 环境空气污染物其他项目浓度限值

序号	污染物项目	平均时间	浓度限值 一级	浓度限值 二级	单位
1	总悬浮颗粒物（TSP）	年平均	80	200	μg/m³
		24 小时平均	120	300	
2	氮氧化物（NO_x）	年平均	50	50	
		24 小时平均	100	100	
		1 小时平均	250	250	
3	铅（Pb）	年平均	0.5	0.5	
		季平均	1	1	
4	苯并[a]芘（BaP）	年平均	0.001	0.001	
		24 小时平均	0.002 5	0.002 5	

5.2 大气污染源及污染类型

5.2.1 大气污染及其分类

大气污染是指进入大气层的污染物的浓度超过环境所能允许的极限，使大气质量恶化，从而危害生物的生活环境，影响人体健康，给正常的工农业带来不良后果的大气状况。

大气污染根据其影响所及的范围可分为四类：局部性污染、地区性污染、广域性污染、全球性污染；根据能源性质和大气污染物的组成和反应，可将大气污染划分为煤炭型污染、石油型污染、混合型污染和特殊型污染；根据污染物的化学性质及其存在的大气环境状况，可将大气污染划分为还原型污染和氧化型污染。

5.2.2 大气污染源

大气污染分为自然源和人工源两大类，自然源指火山喷发、森林火灾、土壤风化等自然原因产生的沙尘、二氧化硫、一氧化碳等，这种污染多为暂时的，局部的。人工源是指任何向大气排放一次污染物的工厂、设备、车辆或行为等。由人类活动所造成的这种污染通常是经常性的、大范围的，一般所说的大气污染问题多是人为因素造成的。人为造成大气污染的污染源较多，根据不同的研究目的以及污染源的特点，污染源的类型有五种划分方法：

（1）按污染源存在形式划分为固定污染源（排放污染物的装置、处所位置固定，如火力发电厂、烟囱等）和移动污染源（排放污染物的装置、所处位置是移动的，如汽车、轮船等）。

（2）按污染物排放的形式划分为面源（在大范围内排放污染物）、线源（沿一条线排放污染物）和点源（可看作是一点或集中于一点的小范围排放污染物）。

（3）按污染物排放的时间划分为连续源（如火电厂的烟囱）、间断源（间歇排放污染物）、瞬时源（无规律地短时间排放污染物，如事故）。

（4）按污染物产生的类型可划分为生活污染源、工业污染源、交通污染源、农业污染源。

（5）按污染物排放的空间可划分为高架源（在距地面一定高度上排放污染物）和地面源（在地面排放污染物）。

5.2.3 主要大气污染物及其发生机制

由于人类活动或自然过程排入大气的、对人和环境产生有害影响的物质，称为大气污染物。排入大气中的污染物种类很多，按照不同的原则，可将其进行分类。

按照污染物存在的形态，可将其分为颗粒污染物和气态污染物；按照与污染源的关系，可将其分为一次污染物和二次污染物。若大气污染物是从污染源直接排放的原始物质，进入大气后其性质没有发生变化，则称其为一次污染物；若由污染源排出的一次污染物与大气中原有成分，或几种污染物之间，发生了一系列的化学反应或光化学反应，形成了与原污染物性质不同的新污染物，则把这种新污染物称为二次污染物，它常比一次污染物对环境和人体的危害更为严重。

世界主要大气污染物年排放量如表 5-3 所示。

表 5-3 世界主要大气污染物年排放量

污染物	污染源	排放量/10^8t	占总排放量比例/%
颗粒物	燃煤设备	5.00	46.7
SO_2	燃油、燃煤设备、有色冶金废气	1.70	15.9
CO	工厂设备、汽车燃烧不完全时的废气	2.50	23.3
NO_2	工厂设备、汽车在高温燃烧时的废气	0.53	5.0
碳氢化合物	燃煤、燃油设备，汽车和化工设备的废气	0.90	8.4
H_2S	化工设备废气	0.03	0.3
NH_3	工厂废气	0.04	0.4
合计		10.70	100.0

1. 颗粒污染物

进入大气的固体粒子和溶液粒子均属于颗粒污染物。颗粒污染物可分为以下几类：

（1）尘粒

一般是指粒径大于 75μm 的颗粒物。这类颗粒物由于粒径较大，在气体分散介质中具有一定的沉降速度，因而易于沉降到地面。

（2）粉尘

在固体物料的输送、粉碎、分级、研磨、装卸等机械过程中产生的颗粒物，或由于岩石、土壤的风化等自然过程中产生的颗粒物，悬浮于大气中称为粉尘，其粒径一般小于 75μm。粉尘可以根据许多特征进行分类，在大气污染控制中，根据大气中粉尘微粒的大小可分为：

① 细颗粒物（PM2.5），系指环境空气中空气动力学当量直径小于或等于 2.5μm 的颗粒物。

② 飘尘或可吸入颗粒物（PM10），系指大气中粒径小于 10μm 的固体微粒，它能较长期地在大气中飘浮，有时也称为浮游粉尘。

③ 降尘，系指大气中粒径大于 10μm 的固体微粒，在重力作用下，它可在较短的时间内沉降到地面。

④ 总悬浮颗粒物（TSP），系指大气中粒径小于 100μm 的所有固体微粒。

（3）烟尘

在燃料的燃烧、高温熔融和化学反应等过程中所形成的颗粒物，飘浮于大气中称为烟尘。烟尘粒子粒径很小，一般均小于 1μm。它包括了因升华、焙烧、氧化等过程所形成的烟气，也包括了燃料不完全燃烧所造成的黑烟以及由于蒸汽的凝结所形成的烟雾。

（4）雾尘

雾尘是小液体粒子悬浮于大气中的悬浮物的总称。这种小液体粒子一般是在蒸汽的凝结，液体的喷雾、雾化以及化学反应过程中形成的，粒子粒径小于 100μm。水雾、酸雾、碱雾、油雾等都属于雾尘。

（5）煤尘

煤尘是指煤在燃烧过程中未被完全燃烧的粉尘，大、中型煤码头的煤扬尘以及露天煤矿的煤扬尘等，一般指粒径在 1μm～20μm 的粉尘。

2. 气态污染物

已知的大气污染物质有 100 多种，其中既有由污染源直接排入大气的一次污染物，也有由一次污染物经过化学或光化学反应生成的二次污染物。

如表 5-4 所示为主要气态污染物及其所产生的二次污染物。

表 5-4 主要气体状态的大气污染物

污染物	含硫化合物	碳的氧化物	含氮氧化物	碳氢化合物	卤素化合物
一次污染物	SO_2、H_2S	CO、CO_2	NO、NH_3	C_mH_n	HF、HCl
二次污染物	SO_3、H_2SO_4、MSO_4	无	NO_2、HNO_3、MNO_3、O_3	醛、酮、过氧乙酰硝酸酯	无

（1）含硫化合物

含硫化合物主要是指 SO_2、SO_3 和 H_2S 等。硫以多种形式进入大气，特别作为 SO_2 和 H_2S 气体进入大气，但也有以亚硫酸以及硫酸盐微粒形式进入大气的。整个大气中的硫约有三分之二来自天然源，其中以细菌活动产生的 H_2S 为主。大气中的 H_2S 是不稳定的硫化物，在有颗粒物存在下，可迅速地被氧化成为 SO_2。人类释放到大气中的 S 以 SO_2 为主，主要是由燃烧含硫煤和石油等燃料，有色金属冶炼、硫酸的生产等过程产生。

单体硫和含硫化合物在燃烧时，主要生成 SO_2：

单体硫燃烧：

如

$$S + O_2 = SO_2 \tag{5-1}$$

硫铁矿的燃烧：

$$4FeS_2 + 11O_2 = 2Fe_2O_3 + 8SO_2 \tag{5-2}$$

极少量的 SO_2 被进一步氧化为 SO_3：

$$SO_2 + \frac{1}{2}O_2 = SO_3 \tag{5-3}$$

含硫的有机化合物在燃烧过程中先分解出 H_2S，再被进一步氧化为 SO_2：

$$CH_3CH_2CH_2CH_2SH \longrightarrow H_2S + 2H_2 + 2C + C_2H_4 \tag{5-4}$$

$$2H_2S + 3O_2 \longrightarrow 2SO_2 + 2H_2O \tag{5-5}$$

大气中硫氧化物和氮氧化物是形成酸雨或酸沉降的主要前提物。现在，世界酸雨区主要集中于欧洲、北美和中国等地区和国家。

（2）碳的氧化物

大气中碳的氧化物主要是 CO 和 CO_2。CO 是大气的主要污染物之一，主要是由于燃料燃烧不完全所产生的：

$$C + \frac{1}{2}O_2 \longrightarrow CO \tag{5-6}$$

$$C + CO_2 \longrightarrow 2CO \tag{5-7}$$

大气中 CO 的一个主要来源是日益增加的交通量，图 5-2 所示为美国曼哈顿地区交通量与大气中 CO 含量的关系。

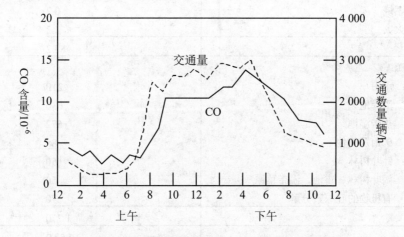

图 5-2　美国曼哈顿地区交通量与 CO 含量的关系

（3）含氮氧化物

含氮氧化物种类很多，包括 NO、N_2O、NO_2、N_2O_3、N_2O_4、N_2O_5 等。造成大气污染的含氮氧化物主要有 NO 和 NO_2。大气中的含氮氧化物主要是由人为污染源产生的。人为污染源一年内大气排放含氮氧化物约为 5.21×10^7t。主要来源于化石燃料的燃烧、硝酸的生产或使用、氮肥厂、有机中间体厂、有色及黑色金属冶炼厂的生产过程等。

由燃烧过程生成的含氮氧化物有两类：一类是在高温燃烧时，空气中的 N_2 和 O_2 发生反应而生成的含氮氧化物（称为热致含氮氧化物）；另一类是燃料中的杂环化合物（C_5H_5N、$C_5H_{11}N$、$C_{12}H_9N$ 等），经高温分解成 N_2 和 O_2 后，再反应生成的含氮氧化物（称为燃料含氮氧化物）。燃料燃烧生成的含氮氧化物主要是 NO。

（4）碳氢化合物

大气中的碳氢化合物（HC）一般是指可挥发的所有碳氢化合物（$C_1 \sim C_8$），属于有机烃类。每年向大气释放的碳氢化合物量如表 5-5 所示。

表 5-5　地球上每年碳氢化合物的发生量

发　生　源	发生量/10^6 t
煤	
火力发电	0.2
工业	0.7
居民、商业	2.0
石油	
石油炼制	6.3
汽油	34
柴油	0.1
重油	0.2
油品蒸发或运转的损失	7.8
溶剂	10
垃圾焚烧场	25
木柴燃烧	0.7
森林火灾	1.2
小计	88.2
天然源	
甲烷：水田	210
沼泽地	630
热带湿地	672
矿山及其他	88
萜烯：针叶树林	50
阔叶树林、耕地、温带草原	50
有机物的叶绿素分解	70
小计	1 770
合计	1 858.2

（5）氟氯烃化合物

随着人类生活质量的提高，各种制冷设备（空调、冰箱等）得到了广泛的应用。大量生产、使用的制冷剂是氟氯烃化合物，如 $CFCl_3$（氟利昂 11）、CF_2Cl_2（氟利昂 12）等，这些物质还被用来制造灭火剂、发泡剂等。氟利昂在低层大气中比较稳定，但一到高空大气中（如平流层）就会分解，产生氯原子。氯原子与臭氧分子发生反应，把其中的一个氧夺过来，这样，臭氧层就被破坏了。可怕的是，氯原子在与臭氧分子发生反应时，其本身并不受影响，所以它能连续不断地与臭氧发生反应。

$$Cl+O_3 \longrightarrow ClO+O_2 \tag{5-8}$$
$$（氯氧自由基）$$
$$ClO+O \longrightarrow Cl+O_2 \tag{5-9}$$
$$O_3+O \longrightarrow O_2+O_2 \tag{5-10}$$

3. 二次污染物

二次污染物危害最大，已受到人们普遍重视的是化学烟雾。

（1）光化学烟雾（洛杉矶型）

光化学烟雾最早发生在美国洛杉矶市，随后在墨西哥城、日本的东京市以及我国的兰州市也相继发生这类光化学烟雾事件。其表现是城市上空笼罩着白色烟雾（有时带有紫色或黄色），大气能见度降低，具有特殊气味和强氧化性，刺激眼睛和喉黏膜，造成呼吸困难，使橡胶制品开裂，植物叶片受害、变黄甚至枯萎。烟雾一般发生在相对湿度低的夏季晴天，高峰出现在中午，夜间消失。

美国加利福尼亚大学哈根·斯密特博士提出的光化学烟雾理论认为，光化学烟雾是大气 NO_x、HC 及 CO 等污染物在强太阳光作用下，发生光化学反应而形成的，如图 5-3 所示。

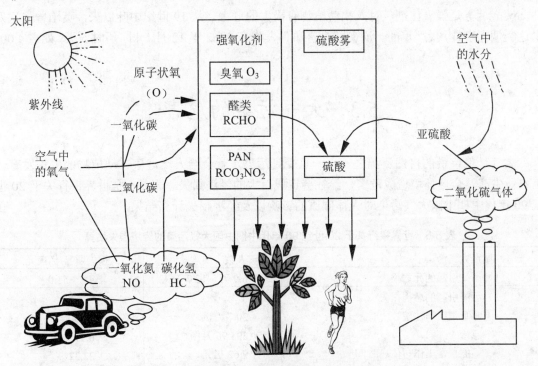

图 5-3 化学烟雾形成示意图

引起光化学烟雾的 NO_2 气体可吸收 290nm～700nm 波长的光。在波长 290nm～430nm 紫外光照射时，可使 NO_2 按式（5-11）进行光离解。

$$NO_2 + h\nu（290nm～430nm）\longrightarrow NO + O（^3P） \tag{5-11}$$

生成的基态氧原子 $O（^3P）$，很快又与大气中氧分子反应生成臭氧（O_3），即：

$$O（^3P） + O_2 + M \longrightarrow O_3 + M \tag{5-12}$$

其中，M 为其他分子。

生成的 O_3 与大气中 NO 碰撞接触，按式（5-13）反应生成 NO_2 和 O_2：

$$O_3 + NO \longrightarrow NO_2 + O_2 \tag{5-13}$$

当大气中含有碳氢化合物时，其中的烯烃和芳烃等有机化合物易与 $O（^3P）$、O_2、O_3 和 NO 等反应，生成一系列的中间和最终产物。中间产物有多种自由基，如 R·（烷基）、RO·（烷氧基、包括 HO·）、RCO·（酰基）、ROO·（过氧烷基，包括 HO_2·基）和 RCOO·（过氧酰基）等。最终产物有臭氧、醛、酮、过氧乙酰硝酸酯（PAN）和过氧苯酰硝酸酯（PBN）等。

（2）硫酸烟雾（伦敦型）

当大气的相对湿度比较高，气温比较低，并有颗粒气溶胶存在时，SO_2 就容易形成硫酸烟雾。大气中颗粒气溶胶具有凝聚大气中水分吸收 SO_2 与氧气的能力，在颗粒气溶胶表面上发生 SO_2 的催化氧化反应，生成亚硫酸和硫酸，即 SO_2 溶解于水滴时发生的化学反应为：

$$SO_2 + H_2O \longrightarrow H + HSO_3^- \tag{5-14}$$

生成的亚硫酸在颗粒气溶胶中的 Fe、Mn 等催化作用下，继续被氧化成硫酸，生成硫酸烟雾。

硫酸烟雾是强氧化剂，对人和动植物有极大的危害。从 19 世纪中叶以来，英国曾多次发生这类烟雾事件，最严重的一次硫酸烟雾事件发生在 1962 年 12 月 5 日，历时 5 天，死亡 4 000 多人。

5.3 大气污染的危害

大气是最宝贵的自然资源之一，一旦受到污染，就会给人类健康、动植物的生长发育、工农业生产及全球环境造成危害，给社会造成巨大的经济损失。表 5-6 是世界银行关于 20 世纪 90 年代中期中国大气污染对人体健康的影响以及经济损失计算结果。

表 5-6 世界银行关于 20 世纪 90 年代中期中国大气污染的经济损失估算

1. 城市大气污染	人数	损失财富/亿美元
（1）污染引起的死亡损失	6.9 万～12.7 万人	4.8～51.0
（2）污染引起的患病损失		
呼吸道疾病住院	20.7 万例	1.39
急诊	393.96 万例	0.91
不能正常工作与休息时间	9.62 亿天	22.32
下呼吸道与儿童哮喘	63.99 万例	0.08
哮喘	4.54 万例	1.82
慢性支气管炎	102.32 万例	81.86
呼吸系统病变	306.13 万例	18.37
小计		126.74
（3）室内大气污染引起的死亡损失	13 万～26 万人	9.1～104.0
（4）室内大气污染引起的患病损失		
呼吸道疾病住院	29.55 万例	2.05
急诊	579.58 万例	1.33
不能正常工作与休息时间	141.57 亿天	32.84
下呼吸道与儿童哮喘	56.51 万例	0.07
哮喘	4.01 万例	1.60
慢性支气管炎	150.68 万例	120.54
呼吸系统病变	1 137.10 万例	68.23
小计		226.68

续表

（5）铅污染引起的儿童健康损失	
医疗费	0.45
补习费用	1.15
收入损失	12.14
婴儿死亡	2.74
新生儿治疗	0.16
小计	16.65
合计	525.07
相当于 GDP 的比例	7.44%
2. 酸雨对农业及森林的破坏	43.60
总计	568.67
相当于 GDP 的比例	8.12%

1. 大气污染物对人体健康的危害

大气污染物侵入人体的主要途径有呼吸道吸入、随食物和饮水摄入以及与体表接触侵入等，如图 5-4 所示。

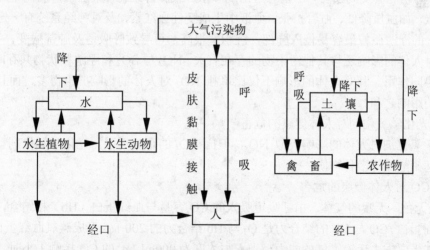

图 5-4　大气污染物进入人体的途径

（1）颗粒污染物对人体健康的危害

大气中颗粒污染物的粒径分布较广，从 $10^{-3}\mu m$ 到 $100\mu m$ 都有。降尘，即粒径大于 $10\mu m$ 的颗粒物，几乎都可以被鼻腔和咽喉所阻隔而不进入肺泡。对人体健康危害最大的是 $10\mu m$ 以下悬浮的颗粒——飘尘，飘尘经过呼吸道沉积于肺泡的沉积率与飘尘颗粒直径有很大的关系。粒径为 $0.1\mu m \sim 10\mu m$ 的颗粒物有 90% 沉积于呼吸道和肺泡上，其中粒径为 $0.5\mu m \sim 5\mu m$ 的颗粒物沉积率随着粒径的减小而逐渐减少。$0.5\mu m$ 颗粒物的沉积率为 20%~30%，粒径为 $2\mu m \sim 4\mu m$ 的颗粒物在肺泡内沉积率为最大。粒径为 $0.4\mu m$ 以下的颗粒物沉积率随着粒径的减小而增大。粒径为 $0.4\mu m$ 的颗粒物在呼吸道和肺泡膜内沉积率最低，可自由地进出于肺部。粒径大于 $0.4\mu m$ 的粒子在呼吸道和肺泡内沉积率又逐渐增大。

沉积在肺部的污染物如被溶解，就会直接侵入血液，造成血液中毒；未被溶解的污染物有可能被细胞所吸收，造成细胞破坏，侵入肺组织或淋巴结可引起尘肺（煤矿工人吸入煤灰形成煤肺、玻璃厂或石粉加工工人吸入硅酸盐粉尘形成矽肺、石棉厂工人多患有石棉肺等）。

（2）二氧化硫对人体健康的危害

SO_2是无色且有恶臭的刺激性气体，对人体的主要影响是造成呼吸道内径狭窄。当其吸入浓度为$5mL/m^3$时，对鼻腔和呼吸道黏膜都会出现刺激感。如果吸入浓度超过$10mL/m^3$，就会发生鼻腔出血、呼吸受阻等现象。

SO_2在被污染的大气中，常常与多种污染物共存。吸入含有多种污染物的大气对人体产生的危害往往比它们各自作用之和要大得多，这就是污染物的协同效应。特别是在SO_2与颗粒物共存时，对人体产生的危害更为严重。这是因为飘尘气溶胶粒子把SO_2带入呼吸道和肺泡中，其毒性可增大3～4倍。若飘尘为重金属粒子时，由于催化作用，可使SO_2氧化为硫酸雾，其刺激作用比单独SO_2的刺激作用强10倍。SO_2还可增强致癌物苯并[a]芘的致癌作用。

（3）氮氧化物对人体健康的危害

NO_x主要是指NO和NO_2。NO与血红蛋白（Hb）亲和力强，比CO大几百倍。对动物作高浓度NO试验，证实有变性血红素和一氧化氮血红蛋白生成，使血液运送氧的功能下降。

NO_2是腐蚀剂，并且有生理刺激作用和毒性，其毒性比NO还大5倍，在NO_2污染的环境里工作，肺功能会受到损害，严重时可出现肺水肿或肺纤维化。某些中毒病例中还表现出全身性的症状，如血压降低、血管扩张、血液中生成变性血红素，及对神经系统有一定的麻醉作用等。NO_2的浮游微粒最容易侵入肺部，沉积率很高，可导致呼吸道及肺部病变，甚至肺癌。

NO_2对人体的影响还与其他污染物的存在有关。NO_2与SO_2和浮游粒状物共存时，表现出污染物的协同作用。其对人体的影响不仅比单独NO_2对人体的影响严重得多，而且也大于各自污染物的影响之和。

（4）光化学氧化剂对人体健康的危害

光化学氧化剂对人体的影响类似NO_x，但比NO_x的影响更强。光化学氧化剂有臭氧和过氧化乙酰基硝酸酯等多种物质。

（5）CO对人体健康的危害

CO是无色、无嗅的气体。由呼吸道吸入的CO容易与血红蛋白（Hb）相结合，形成一氧化碳合血红蛋白。CO与Hb的结合力是O_2与Hb结合力的200倍。形成碳氧血红蛋白（HbCO）后，使血红蛋白失去运输氧气的能力。当人与浓度为$900mL/m^3$的CO接触1小时，就发生中枢神经系统机能和酶活性中毒，出现头痛、眼睛发直等症状；当CO浓度大于$1\,200mL/m^3$时，可使神经麻痹，发生生命危险。

（6）碳氢化合物对人体健康的危害

仅以C和H两种元素形成的化合物称为碳氢化合物，碳氢化合物的种类很多，有挥发性烃、多环芳烃等，它们与氮氧化物一样是形成光化学烟雾的主要物质。光化学反应产生的衍生物丙烯醛、甲醛等都对眼睛有刺激作用。多环芳烃中有不少是致癌物质，如苯并[a]芘就是公认的强致癌物，它是有机物燃烧、分解过程中的产物。

2. 大气污染对植物的危害

（1）损害植物酶的功能组织。

（2）影响植物新陈代谢的功能。

(3) 破坏原生质的完整性和细胞膜。

此外，还会损害根系生长及其功能；减弱输送作用与导致生物产量减少。

3. 大气污染对材料的危害

大气污染可使建筑物、桥梁、文物古迹和暴露在空气中的金属制品及皮革、纺织等物品发生性质的变化，造成直接和间接的经济损失。

4. 大气污染对大气环境的危害

大气污染会导致降水的增加或减少，它对降水化学的影响表现在酸性化合物的输入，即出现酸雨。大气污染还会产生全球性的影响，如大气中 CO_2 等温室气体浓度增加导致的全球变暖、人们大量生产氟氯烃化合物等导致的臭氧层耗竭等。

5.4 大气污染的防治

5.4.1 控制大气污染的基本原则和措施

控制污染源是控制大气污染的关键所在。控制大气污染应以合理利用资源为基点，以预防为主、防治结合、标本兼治为原则。控制大气污染主要有以下几个方面。

1. 加强规划管理

从现实出发，以技术可行性和经济合理性为原则，对不同地区确定相应的大气污染控制目标，并对污染源集中地区实行总量排放标准。按工业分散布局的原则规划新城镇的工业布局和调整老城镇的工业布局，完善城市绿化系统，加强城市大质量管理。

2. 推行清洁生产，改善能源结构

清洁生产即用清洁的能源和原材料，通过清洁的生产过程，制造出清洁的产品，把综合预防的环境策略应用于生产及产品中，减少排放废物对人类和环境的危害，可以提高资源利用率，降低成本并可降低处理费用。即减少排污，实现污染物总量控制目标，以促进经济增长方式转变的重要手段。我国以煤为主的能源结构，能耗大、浪费多、污染严重，必须改革能源结构并大力节能。

(1) 改变燃料构成。改变城市居民燃料构成是城市大气污染综合防治的一项有效措施。用清洁的气体或液体燃料来代替燃煤，可使大气中的粉尘降低。这是一种根本性控制和防治大气污染的方法，它对改善城市大气环境质量、节约能源、方便人民生活等方面都有重大意义。

(2) 对燃料进行预处理。如燃料脱硫、煤的气化和液化、普及民用型煤，既节煤，又可减少污染物排放量。

(3) 进行技术生产工艺改革综合利用废气。通过改革工艺，力争把某一生产过程中产生的废气作为另一生产中的原料加以利用，这样就可以取得减少污染的排放和变废为宝的双重经济效益。

(4) 采用集中供热和联片供暖。集中供热比分散供热可节约 30.5%~35%的燃煤，且便于采取除尘和脱硫措施。分散的小炉灶,由于燃烧效率低,烟囱矮,同集中供热相比,使用相同数量的煤所产生的烟尘高1~2倍,飘尘多3~4倍。

(5) 积极开发清洁能源。防治能源型大气污染的主要措施之一就是开发使用清洁能源,在大力节能的同时,应因地制宜地开发水电、地热、风能、海洋能、核电及充分利用太阳能等。

3. 综合防治汽车尾气及扬尘污染

随着经济的持续高速发展,我国汽车的持有量急剧增加,因而汽车排气的污染危害日益明显,综合治理汽车尾气、普及无铅汽油、开发环保汽车、减少城市的裸地,是对大气环境保护的重要措施。

5.4.2 主要大气污染物的治理技术

1. 烟尘治理技术

由燃料及其他物质燃烧或以电能为热源加热等过程产生的烟尘,以及对固体物料破碎、筛分和输送等机械过程所产生的粉尘,都是以固态或液态的粒子存在于气体中的。从废气中除去或收集这些固态或液态粒子的设备,称为除尘(集尘)装置,有时也叫除尘(集尘)器。

(1) 除尘装置的技术性能指标

全面评价除尘装置性能应该包括技术指标和经济指标两项内容。技术指标常以气体处理量、净化效率、压力损失等参数表示,而经济指标则包括设备费、运行费、占地面积等内容。本节主要介绍其技术性能指标。

① 烟尘的浓度表示。根据含尘气体中含尘量的大小,烟尘浓度可表示为以下两种形式:

- 烟尘的个数浓度。单位气体体积中所含烟尘颗粒的个数,称为个数浓度,单位为个/cm^3,在粉尘浓度极低时用此单位。
- 烟尘的质量浓度。每单位标准体积含尘气体中悬浮的烟尘质量数,称为质量浓度,单位为g/m^3。

② 除尘装置的处理量。该项指标表示的是除尘装置在单位时间内所能处理烟尘量的大小,是表明装置处理能力大小的参数,烟尘量一般用标准状态下的体积流量表示,单位为m^3/h、m^3/s。

③ 除尘装置的效率。除尘装置的效率是表示装置捕集粉尘效果的重要指标,也是选择、评价装置的最主要参数。

- 除尘装置的总效率(除尘效率)指在同一时间内,由除尘装置除下的粉尘量与进入除尘装置的粉尘量的百分比,常用符号η表示。总效率所反映的实际上是装置净化程度的平均值,它是评定装置性能的重要技术指标。
- 除尘装置的分级效率指装置对某一粒径d为中心,粒径宽度为Δd范围的烟尘除尘效率,具体数值用同一时间内除尘装置除下的该粒径范围内的烟尘量占进入装置的该粒径范围内的烟尘量的百分比来表示,符号用η_d。
- 除尘装置的通过率(除尘效果)指没有被除尘装置除下的烟尘量与除尘装置入口烟尘量的百分比,用符号ε表示。
- 多级除尘效率指在实际应用的除尘系统中,为了提高除尘效率,往往把两种或多种不同规格或不同型式的除尘器串联使用,这种多级净化系统的总效率称为多级除尘效率，一般用 $\eta_{总}$ 表示。

④ 除尘装置的压力损失。压力损失是表示除尘装置消耗能量大小的指标，有时也称为压力降。压力损失的大小用除尘装置进出口处气流的全压差来表示。

（2）除尘装置的分类

除尘器种类繁多，根据不同的原则，可对除尘器进行不同的分类。

① 依照除尘器除尘的主要机制可将其分为机械式除尘器、过滤式除尘器、湿式除尘器、静电除尘器等四类。

② 根据在除尘过程中是否使用水或其他液体可分为湿式除尘器、干式除尘器。

③ 根据除尘过程中的粒子分离原理，除尘装置又可分为重力除尘装置、惯性力除尘装置、离心力除尘装置、洗涤式除尘装置、过滤式除尘装置、电除尘装置、声波除尘装置。

下面介绍几种主要的除尘装置。

① 重力除尘装置

重力除尘装置是借助重力作用使含尘气体中的尘粒沉降，并将其分离捕集的装置。重力除尘装置有单层沉降或多层沉降室，是各种除尘器中最简单的一种。只对 50μm 以上的尘粒有较好的捕集作用。气体的水平流速 v_0 通常取 1m/s～2m/s，除尘效率约为 40%～60%。如图 5-5 所示为在水平气流中尘粒的重力沉降。

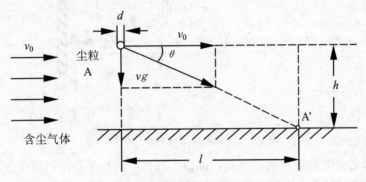

图 5-5　在水平气流中尘粒的重力沉降

重力除尘装置构造简单、施工方便、投资少、收效快，但体积庞大、占地多、效率低，因而不适于除去细小尘粒，如图 5-6 所示。

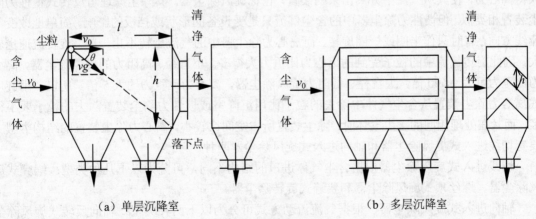

(a) 单层沉降室　　　　　　　　(b) 多层沉降室

图 5-6　重力除尘装置

② 惯性力除尘装置

利用粉尘与气体在运动中的惯性力不同，使其从气流中分离出来的方法称为惯性力除尘法，它使含尘气体冲击挡板或使气流急剧地改变流动方向，然后借助粒子的惯性较大不能随气流急剧转弯从气流中分离出来。如图5-7所示，当含尘气体以 v_1 的速度，冲击挡板 B_1，由于重力而降落；粒径为 d_2（$d_1>d_2$）的尘粒冲击在挡板 B_2 上，以相同原理而降落下来。这样含尘气体由于挡板的作用，以曲率半径 ρ_1、ρ_2 转换流动方向，含尘气体中的尘粒在离心力的作用下而被捕集。

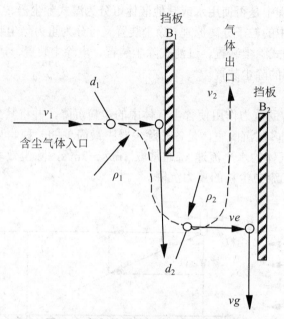

图 5-7　惯性力除尘装置工作原理示图

惯性力除尘装置的构造有两种型式：以含尘气体中的粒子冲击挡板来收集较粗粒子的冲击式除尘装置和通过改变含尘气体流动方向而来收集较细粒子的反转式除尘装置。

③ 离心力除尘装置

离心力除尘装置是指使含尘气流沿某一定方向作连续的旋转运动，尘粒在随气流旋转中获得离心力，使其从气流中分离出来的装置，也称旋风除尘器。其除尘原理与反转式惯性力除尘装置相类似。但惯性力除尘器中的含尘气流只是受设备的形状或挡板的影响，简单地改变了流线方向，有时只作半圈或一圈旋转，而离心力除尘器中的气流旋转不止一圈，旋转流速也较大，因此旋转气流中的粒子受到的离心力比重力大得多。小直径、高阻力的旋风除尘器，离心力比重力可大 2 500 倍，大直径、低阻力旋风除尘器，离心力比重力约大 5 倍。所以，用旋风式离心力除尘装置从含尘气体中除去的粒子比用沉降室或惯性力除尘装置除去的粒子要小得多，而且在处理相同的含尘气体时，除尘装置所占空间比较小。离心力除尘装置的结构类型主要有切线进入式旋风除尘器和轴向进入式旋风除尘器两种。

切线进入式旋风除尘器根据含尘气体进口的结构不同，可分为以下几种类型：蜗壳式旋风除尘器、螺丝顶式旋风除尘器和狭缝式旋转除尘器。

轴向进入式旋风除尘器，根据气流流动方式可分为以下两种类型：轴向反转式旋风除尘器和轴向直流式旋风除尘器。

离心力除尘装置设备费用低，维护也方便，适用于非黏性及非纤维性粉尘的去除，是上述几种机械式除尘器中效率最高的，对大于 20μm 的尘粒有较好的捕集效果，属中效除尘器，可用于高温烟气净化，是应用广泛的一种除尘器，缺点是对小于 5μm 的细小尘粒的去除效率低。

④ 洗涤式除尘装置

洗涤式除尘装置是用液体（一般为水）所形成的液滴、液膜、雾沫等洗涤含尘烟气，而将尘粒进行分离的装置。在洗涤式除尘装置中，所形成的大量液滴、液膜、雾沫和气泡等能与烟气很好地接触，既可提高固体颗粒物的分离效能，又能吸收脱除气体中的一些有害物质。

洗涤式除尘装置是湿式装置，形式多样，如贮水式、加压水式等。

贮水式除尘装置：目前贮水式除尘装置的型式已有很多种。贮水式除尘装置内存有一定量的水或其他液体，由于含尘气体的吹入，使微小的尘粒碰撞并黏附于所形成的液滴、液膜或气泡上，而达到除尘目的。贮水式除尘装置一般多设有贮水和循环水池，洗涤水可循环使用。所以，它具有补充液体量少的优点。

加压水式除尘装置：这种除尘装置是靠加压水进行喷雾洗涤来达到除尘的目的，可分为文丘里管洗涤器、喷射洗涤器、旋风洗涤器、喷雾塔、泡罩塔和各种填料塔等种类，其中，文丘里管洗涤式除尘器是使用广泛、效率较高的一种。文丘里管除尘器的除尘机理是使含尘气流经过文丘里管的喉径形成高速气流，并与在喉径处喷入的高压水所形成的液滴相碰撞，使尘粒黏附于液滴上而达到除尘目的。文丘里管除尘器的主要优点是它不仅减少了安装面积，而且还能脱出烟气中部分硫氧化物和氮氧化物。其缺点是压力损失大，动力消耗大，并需要有污水处理装置。

⑤ 过滤除尘装置

过滤除尘装置是使含尘气体通过滤料，将尘粒分离捕集，使气体深入净化的装置。它有内部过滤和外部过滤两种方式。内部过滤是把松散多孔的滤料填充于框架内作为过滤层，尘粒是在过滤材料内部进行捕集的。由于清除滤料中的尘粒比较困难，因此，当被除下来的尘料无经济价值时，常常使用价格低廉的一次性滤料；但当滤料价值较贵时，这种除尘方法仅适用于含尘浓度极低的气体。外部过滤是用滤布或滤纸等作滤料，以最初黏附在滤料表面上的粒层（初层）作为过滤层，在新的滤料上可阻隔粒径 1μm 以上的尘料形成初层。由于初层具有多孔性仍起滤料作用，可阻隔粒径小于 1μm 的尘粒。当滤料上粉尘黏附到一定厚度时，阻力增大，则要进行清灰收尘。清灰后的初层仍附着在滤料上。这种除尘装置可捕集 0.1μm 以上的尘粒，效率可达 90%~99%。

用棉包、有机纤维、无机纤维的纱线织成滤布，用此布做成的滤袋是袋式除尘器中最主要的滤尘部件，其形状有圆形和扁形，圆形滤袋应用最多。袋式除尘器是在除尘室内悬吊许多滤布袋来净化含尘气体的装置，滤布、清灰机构、过滤速度等因素都会影响除尘器的性能。根据所处理的含尘气体的性质和清灰机构，滤布应具有耐酸性、耐碱性、耐热性和一定的机械强度。

⑥ 电除尘装置

静电除尘器是利用高压直流电源产生的静电力的作用实现固体、液体粒子与气流分离的方法。电场中荷电的尘粒集向集尘极，当形成一定厚度的集尘层时，振打电极使凝聚得较大的尘粒集合体从电极上沉落于集尘器中,从而达到除尘的目的。

在电除尘器中,如尘粒荷电与向集尘极聚集是在同一区域中完成的电除尘器称为单区(或单极)电除尘器;若是分别在两个区域完成的则称为双区电除尘器。

根据电极形状的不同,电除尘器可分为平板型电除尘器和圆筒型电除尘器。

根据在除尘过程中是否采用液体或蒸汽介质,电除尘器又分湿式除尘器和干式电除尘器。

2. 主要气体污染物的治理技术

(1) 从排烟中去除 SO_2 的技术

从排烟中去除 SO_2 的技术简称"排烟脱硫"。目前常用的脱除 SO_2 的方法有抛弃法和回收法。抛弃法是将脱硫的生成物作为固体废物抛弃掉,方法简单,费用低廉;回收法是将 SO_2 转变成有用的物质予以回收,成本高,存在副产品的应用及销路问题,但对环境保护有利。

排烟脱硫的方法可分为湿法和干法两种。用水或水溶液作吸收剂吸收烟气中 SO_2 的方法,称为湿法脱硫;用固体吸收剂吸收或用吸附剂吸收吸附烟气中 SO_2 的方法,称为干法脱硫。目前工业上已应用的主要为湿法脱硫,其次是干法脱硫。下面简略介绍湿法排烟脱硫和干法排烟脱硫的过程。

① 湿法排烟脱硫

湿法排烟脱硫中按所使用的吸收剂不同,主要可分为氨法、钠法、石灰—石膏法、镁法以及催化氧化法等。

氨法:即用氨水($NH_3 \cdot H_2O$)吸收烟气中的 SO_2,其中间产物为亚硫酸铵($(NH_4)_2SO_3$)和亚硫酸氢铵(NH_4HSO_3):

$$2NH_3 \cdot H_2O + SO_2 \longrightarrow (NH_4)_2SO_3 + H_2O$$
$$(NH_4)_2SO_3 + SO_2 + H_2O \longrightarrow 2NH_4HSO_3$$

采用不同的方法处理中间产物,可回收硫酸铵、石膏和单体硫等副产物。

钠法:此法是用氢氧化钠、碳酸钠或亚硫酸钠水溶液为吸收剂吸收烟气中的 SO_2,因为该法具有对 SO_2 吸收速度快,管路和设备不容易堵塞等优点,所以应用比较广泛。

$$2NaOH + SO_2 \longrightarrow Na_2SO_3 + H_2O$$
$$Na_2CO_3 + SO_2 \longrightarrow Na_2SO_3 + CO_2$$
$$Na_2SO_3 + SO_2 + H_2O \longrightarrow 2NaHSO_3$$

生成 Na_2SO_3 和 $NaHSO_3$ 后的吸收液,可以经过无害化处理后弃去或经适当方法处理后获得副产品。

钙法:此法又称石灰—石膏法,是指用石灰石、生石灰(CaO)或消石灰($Ca(OH)_2$)的乳浊液为吸收剂吸收烟气中的 SO_2。吸收过程中生成的亚硫酸钙($CaSO_3$)经空气氧化后可得到石膏。此法所用的吸收剂低廉易得,回收的大量石膏可作建筑材料,因此被国内外广泛采用。

镁法:此法具有代表性的工艺有前联邦德国 Wilhlm Grillo 公司发明的基里洛(Grillo)法(即用 Mg_xMnO_y 吸收烟气中的 SO_2)和美国 Chemical Construction Co 发明的凯米克(Chemical)法(即用 MgO 溶液吸收烟气中的 SO_2)。

② 干法排烟脱硫

干法脱硫主要有活性炭法、活性氧化锰吸收法、接触氧化法以及还原法等。

活性炭法:是利用活性炭的活性和较大的表面面积使烟气中的 SO_2 在活性炭表面上与氧

及水蒸气反应生成硫酸的方法,即:

$$SO_2 + \frac{1}{2}O_2 + H_2O \longrightarrow H_2SO_4$$

活性炭吸附法虽不耗酸、碱等原料,又无污水排出,但由于活性炭吸附容量有限,需要不断再生吸附剂,操作麻烦。为保证吸附效率,烟气通过吸附装置的速度不宜过快,处理大量气体吸收装置体积必须很大才能满足要求,因此不适于大量烟气的处理。

(2)从排烟中去除NO_x的技术

从燃烧装置排出的氮氧化物主要以NO形式存在。NO比较稳定,在一般条件下,它的氧化还原速度比较慢。从排烟中去除NO_x的过程简称"排烟脱氮"。它与"排烟脱硫"相似,也需要应用液态或固态的吸收剂吸收或吸附剂吸附NO_x以达到脱氮目的。NO_x不与水反应,几乎不会被水或氨所吸收。如NO和NO_2是以等摩尔存在时(相当于无水亚硝酸N_2O_3),则容易被碱液吸收,也可被硫酸所吸收生成亚硝酰硫酸($NOHSO_4$)。

目前,"排烟脱氮"的方法主要有非选择性催化还原法、选择性催化还原法、吸收法等。

(3)氟化物的治理

随着炼铝工业、磷肥工业、硅酸盐工业及氟化学工业的发展,氟化物的污染愈来愈严重,由于氟化物易溶于水和碱性水溶液中,因此去除气体中的氟化物一般多采用湿法。但是湿法的工艺流程及设备较为复杂,又出现了用干法从烟气中回收氟化物的新工艺。此外,还有用水吸收氟化物后再用石灰乳中和的方法、用硫酸钠(Na_2SO_4)水溶液为吸收剂的吸收法、用氟硅酸溶液吸收烟气中氟化氢和氟化硅的方法等。

复习思考题

1. 主要的大气污染物有哪几种?列举两种并说明其来源和危害。
2. 简述大气层的结构并说明与人类关系最密切的是哪一层,为什么?
3. 大气污染对人体健康有何危害?
4. 分析你所在地区大气质量的好坏,并简述主要原因。

第6章 水环境污染及其防治

6.1 水环境概述

水是地球上一切生命赖以生存、也是人类生活和生产不可缺少的基本物质之一。生命就是从水中发源的,而且依赖于水分才能维持。人体的65%是水,成年人身体中平均含水40kg~50kg,而且每天要消耗和补充2.5kg水,失水12%以上就会死亡。人类的生活与生产无不消耗水,表6-1列举了生活用水和某些生产项目用水的数量。

表6-1 生活用水和某些生产项目用水的数量

用 途	用水量/m³
饮水/每人每天	0.001~0.002
冲厕所/每次	0.005~0.015
生产:1t 糖	110
1t 小麦	300~500
1t 大米	1 500~2 000
1t 牛奶	20 000~50 000
提取 1t 石油	20~50
制造一辆汽车	250
发射一枚洲际导弹	2 000

6.1.1 天然水资源分布

地球总储水量约为 1.4×10^9 km³,其中近 97.5%是海水,2.5%为淡水。淡水中的绝大部分是两极的雪山冰川和距地表 750m 以下的地下水,能够被人们开发利用的仅仅是河流湖泊等地表水和地下水,仅占淡水总量的 0.34%。因此,就全球而言,人类可利用的水资源是有限的。地球上水的分布如图 6-1 所示。

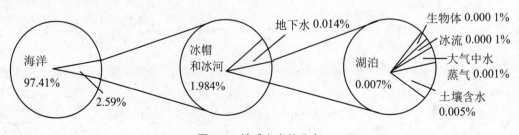

图 6-1 地球上水的分布

6.1.2 天然水在环境中的循环

水属于可更新的自然资源，处在不断的循环之中。从海洋与陆地表面蒸发、蒸腾变成水蒸气，又冷凝为液态或固态水降落到海面和地面，落在陆地的部分汇流到河流和湖泊中，最后重新回归海洋，如此循环不已。图 6-2 表示全球的水分循环，图中还标明各部分水的储藏量和迁移量。从图 6-2 中可以看出：

（1）全球每年水分的总蒸发量与总降水量相等，均为 $5.0×10^5 km^3$。

（2）全球海洋的总蒸发量为 $4.3×10^5 km^3$，海洋总降水量为 $3.9×10^5 km^3$，两者的差值为 $4.0×10^4 km^3$，它以水蒸气的形式移向陆地。

（3）地上的降水量（$1.1×10^5 km^3$）比蒸发量（$7.0×10^4 km^3$）多 $4.0×10^4 km^3$，其中，一部分渗入地下补给地下水，一部分暂存于湖泊中，一部分被植物所吸收，多余部分最后以河川径流的形式回归海洋，从而完成了海陆之间的水量平衡。

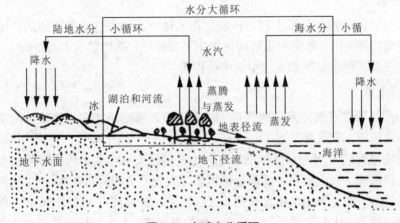

图 6-2 全球水分循环

水是人类生存和发展不可缺少的重要资源。人类习惯于把水看成是取之不尽、用之不竭的最廉价的自然资源。随着人口的膨胀和经济的发展，人类不仅对水资源的需求日益增加，而且在利用过程中对水体造成了污染，使水资源短缺的现象在许多地区相继出现。水污染引发了一系列环境问题，例如水生生物死亡、有害水生生物滋生、人体健康受到危害等。据世界卫生组织统计，在已知疾病中，80%与水体污染有关。因此，切实防治水污染，保护水环境已成为当今人类的迫切任务。

6.2 水体污染与水体自净作用

6.2.1 水体污染

1. 水体的概念

水体又称水域，是指海洋、河流、湖泊、水库、沼泽、冰川、地下水等地表与地下贮水体的总称。在环境科学领域中,水体不仅包括水,而且也包括水中的悬浮物、底泥及水中生物,它是完整的生态系统或自然综合体。按水体所处的位置可将其分为地面水水体、地下水水体和海洋三类。这三种水体中的水是可以互相转化的。

在环境污染研究中,区分"水"和"水体"的概念十分重要。如重金属污染物易于从水中转移到底泥中(生成沉淀,或被吸附和螯合),水中重金属的含量一般不同,仅从水着眼,似乎水并未受到污染;可就整个水体看,则可能受到较严重的污染。重金属污染由水转向底泥可称为水的自净作用,但从整个水体来看,沉积在底泥中的重金属将成为该水体的一个长期次生污染源,很难治理,它们将逐渐向下游移动,扩大污染面。

天然水是在特定的自然条件下形成的,含有许多溶解性物质和非溶解性物质,其组成很复杂。这些物质可以是固态的、液态的和气态的。水中溶解性固体主要有 Cl^-,SO_4^{2-},HCO_3^-,CO_3^{2-},Na^+,K^+,Ca^{2+},Mg^{2+} 等八种离子,此外还有一些微量元素如 Br,I,Cu,Ni,F,Fe,Ra 等。溶解于水中的气体主要是 O_2,CO_2,还有少量 N_2 和 H_2S 等。

2. 水体污染

指排入水体的污染物在数量上超过该物质在水体中的本底含量和水体的环境容量,从而导致水体的物理特征、化学特征和生物特征发生不良变化,破坏了水中固有的生态系统,破坏了水体的功能及其在经济发展和人们生活中的作用。

3. 水体污染源

水体污染源是指造成水体污染的污染物的发生源,通常是指向水体排入污染物或对水体产生有害影响的场所、设备和装置。

根据污染物来源的不同,水体污染源可分为天然污染源和人为污染源两大类。诸如岩石和矿物的风化和水解、火山喷发、水流冲蚀地表、大气降尘的降水淋洗、生物释放的物质都属于天然污染物的来源。例如,在含有萤石(CaF_2)、氟磷灰石($Ca_5(PO_4)_3F$)等的矿区,可能引起地下水或地表水中氟含量增高,造成水体的氟污染。人为污染源是指由人类活动形成的污染源,是水污染防治的主要对象。人为污染源按人类活动方式可分为工业、农业、交通、生活等污染源;按排放污染物种类不同,可分为有机、无机、放射性、重金属、病原体、热污染等污染源。其中,人为污染源是环境保护研究和水污染防治中的主要对象。

按污染物排放的空间分布方式可以分为点污染源和面污染源。引起水体污染的主要污染源有工业废水、矿山废水和生活污水等,这些废水常通过排水管道集中排出,又被称为点污染源。农田排水及地表径流分散地、成片地排入水体,其中也往往含有化肥、农药、石油及其他杂质,形成所谓的面污染源。面污染源在某些地区某些污染的形成上,正起着越来越重要的作用。

6.2.2 水体污染物和水体污染的类型

1. 水体污染物

造成水体的水质、底质、生物质等的质量恶化或形成水体污染的各种物质或能量均可能成为水体污染物。从环境保护角度出发,可以认为任何物质若以不恰当的数量、浓度、速率、排放方式排放水体,均可造成水体污染,因而就可能成为水体污染物。

2. 水体污染类型

由于排入水体中的污染物种类繁杂,所以它们对水体的污染作用也是千差万别的。根据水体污染的特点与危害,可将水体污染分成以下几种类型。

(1) 感官性状污染

① 色泽变化。天然水是无色透明的。水体受污染后水色可能发生变化,从而影响感官。如印染废水污染往往使水色变红,炼油废水污染可使水色黑褐等。水色变化不仅影响感官,破坏景观,有时还很难处理。

② 浊度变化。水体中含有泥沙、有机质、微生物以及无机物质的悬浮物和胶体物,受污染后可产生混浊现象,以致降低水的透明度,影响感官甚至影响水生生物的生活。

③ 泡状物。许多污染物排入水中会产生泡沫,如洗涤剂等。漂浮于水面的泡沫,不仅影响感官,还可在其孔隙中栖存细菌,并造成生活用水污染。

④ 臭味。水体发生臭味是一种常见的污染现象。水体恶臭多为有机质在厌氧状态下腐败发臭,属综合性恶臭。恶臭的危害是使人憋气、恶心、水产品无法食用、水体失去旅游功能等。

(2) 有机污染

有机污染主要指由城市污水、食品工业和造纸工业等排放含有大量有机物的废水所造成的污染。其中主要是耗氧有机物,如碳水化合物、蛋白质、脂肪等。这些污染物在水中进行生物氧化分解过程中,需消耗大量溶解氧,一旦水体中氧气供应不足,则使氧化作用停止,并引起有机物的厌氧发酵,分解出 CH_4、H_2S、NH_3 等气体,散发出恶臭,污染环境,毒害水生生物。当水体中溶解氧降低至 4mg/L 以下时,鱼类和水生生物将不能在水中生存。

耗氧有机物种类繁多,组成复杂,因而难以分别对其进行定量、定性分析。因此,一般不对它们进行单项定量测定,而是利用其共性,如它们比较易于氧化,故可用某种指标间接地反映其总量或分类含量。氧化方式有化学氧化、生物氧化和燃烧氧化等,都是以有机物在氧化过程中所消耗的氧或氧化剂的数量来代表有机物的数量。在实际工作中,常用化学需氧量(COD)、生化需氧量(BOD)来表示水中有机物的含量。

① 化学需氧量(COD)。COD 是以化学方法测量水样中需要被氧化的还原性物质的量。水样在一定条件下,以氧化 1 升水样中还原性物质所消耗的氧化剂的量为指标,折算成每升水样全部被氧化后,需要的氧的毫克数,以 mg/L 表示。水中的还原性物质有各种有机物、亚硝酸盐、硫化物、亚铁盐等,但主要的是有机物。因此,化学需氧量(COD)又往往作为衡量水中有机物质含量多少的指标。化学需氧量越大,说明水体受有机物的污染越严重。

② 生化需氧量(BOD)。BOD 是指在一定期间内,微生物分解一定体积水中的某些可被氧化物质,特别是有机物质所消耗的溶解氧的数量。以 mg/L 或百分率、ppm 表示。它是反映水中有机污染物含量的一个综合指标。如果进行生物氧化的时间为五天就称为五日生化需氧量(BOD_5),相应地还有 BOD_{10}、BOD_{20}。它说明水中有机物在微生物的生化作用下进行氧化分解,使之无机化或气体化时所消耗水中溶解氧的总数量。其值越大,说明水中有机污染物质越多,污染也就越严重。

(3) 无机污染

酸、碱和无机盐类对水体的污染,首先是使水的 pH 值发生变化,破坏其自然缓冲作用,抑制微生物生长,阻碍水体自净作用。同时,还会增大水中无机盐类和水的硬度,给工业和生活用水带来不利影响。

(4) 有毒物质污染

各类有毒物质,包括无机有毒物质和有机有毒物质,如酚类、氰化物、汞、镉、铅、砷、铬等重金属和有机农药等,进入水体后,在高浓度时,会杀死水中生物;在低浓度时,可在生物体内富集,并通过食物链逐级浓缩,最后影响到人体。特别是重金属排放于天然水体后不可能减少或消失,却可能通过沉淀、吸附及食物链而不断富集,达到对生态环境及人体健康有害的浓度。而各种有机农药、有机染料及多环芳烃、芳香胺等往往对人体及生物体具有毒性,有的能引起急性中毒,有的则导致慢性病,有的已被证明是致病、致畸形、致突变物质。

(5) 营养物质污染

营养物质污染又称富营养污染。生活污水和某些工业废水中常含有一定数量的氮、磷等营养物质,农田径流中也常挟带大量残留的氮肥、磷肥。这类营养物质排入湖泊、水库、港湾、内海等水流缓慢的水体,会造成藻类大量繁殖,这种现象被称为"富营养化"。大量藻类的生长覆盖了大片水面,减少了鱼类的生存空间,藻类死亡腐败后会消耗溶解氧,并释放出更多的营养物质。如此周而复始,恶性循环,最终将导致水质恶化、鱼类死亡、水草丛生、湖泊衰亡。

(6) 油污染

石油的开发、油轮运输、炼油工业废水的排放等,会使水体受到油污染。油的污染不仅有害于水的利用,而且当油在水面形成油膜后,影响氧气进入水体,对生物造成危害。此外,油污染还破坏海滩休养地、风景区的景观与鸟类的生存环境。

(7) 热污染

热污染主要来源于工矿企业向江河排放的冷却水,当高温废水排入水体时,使水温升高,物理性质发生变化,危害水生动、植物的繁殖与生长。

造成的后果主要有:将引起水体水温升高,溶解氧含量下降,造成水生生物的窒息而死;导致水中化学反应速度加快,引发水体物理化学性质的急剧变化,臭味加剧;加速水体中细菌和藻类的繁殖;某些有毒物质的毒性作用增加等。

(8) 生物性污染

生物性污染主要指导致病菌及病毒的污染。生活污水,特别是医院污水和某些生物制品工业废水排入水体后,往往带有大量病原菌、寄生虫卵和病毒等。某些原来存在于人畜肠道的病原细菌,如伤寒、副伤寒、霍乱、细菌性痢疾的病原菌等都可以通过人畜粪便的污染进入水体,随水流动而传播。一些病毒,如肝炎病毒等也常在污水中发现。某些病毒寄生虫病(如阿米巴痢疾、血吸虫、钩端螺旋体病等)也可通过污水进行传播。这些污水流入水体后,将对人类健康及生命安全造成极大威胁。

(9) 放射性污染

放射性污染主要来源于原子能工业和反应堆设施的废水、核武器制造和核武器的污染、放射性同位素应用产生的废水、天然铀矿开采和选矿、精炼厂的废水等。对人体有重要影响的放射性物质有 ^{90}Sr、^{137}Cs、^{131}I 等。

6.2.3 水体自净作用和水环境容量

1. 水体自净作用

各类天然水都有一定的自净能力。污染物质进入天然水体后,通过一系列物理、化学和生物因素的共同作用，使排入的污染物质的浓度和毒性自然降低，这种现象称为水体的自净。但是在一定的时间和空间范围内，如果污染物质大量排入天然水体并超过了水体的自净能力，就会造成水体污染。

水体的自净作用按其净化机制可分为以下三类。

（1）物理净化：天然水体的稀释、扩散、沉淀和挥发等作用，使污染物质的浓度降低。

（2）化学净化：天然水体通过氧化、还原、酸碱反应、分解、凝聚、中和等作用，使污染物质的存在形态发生变化，并且浓度降低。

（3）生物净化：天然水体中的生物活动过程使污染物质的浓度降低，特别重要的是水中微生物对有机物的氧化分解作用。

水体的自净作用按其发生场所可分为以下四类。

（1）水中的自净作用：污染物质在天然水中的稀释、扩散、氧化、还原或生物化学分解等。

（2）水与大气间的自净作用：天然水中某些有害气体的挥发、释放和氧气溶入等。

（3）水与底质间的自净作用：天然水中悬浮物质的沉淀和污染物被底质吸附等。

（4）底质中的自净作用：底质中微生物的作用使底质中有机污染物发生分解等。

天然水体的自净作用包含十分广泛的内容，任何水体的自净作用又常是相互交织在一起的，物理过程、化学和物理化学过程及生物化学过程三个过程常是同时存在、同时发生并相互影响的，其中常以生物自净过程为主。

水体污染恶化过程和水体自净过程是同时产生和存在的，但在某一水体的部分区域或一定的时间内，这两种过程总有一种过程是相对主要的过程，它决定着水体污染的总特征。这两种过程的主次地位在一定的条件下可相互转化。

2. 水环境容量

水体所具有的自净能力就是水环境接纳一定量污染物的能力。一定水体所能容纳污染物的最大负荷被称为水环境容量，即某水域所能承担外加的某种污染物的最大允许负荷量。它与水体所处的自净条件（如流量、流速等）、水体中的生物类群组成、污染物本身的性质等有关。一般情况下，污染物的物理化学性质越稳定，其环境容量越小；耗氧性有机物的水环境容量比难降解有机物的水环境容量大得多；而重金属污染物的水环境容量则甚微。

水环境容量与水体的用途和功能有十分密切的关系。水体功能越强，对其要求的水质目标越高，其水环境容量必将减少；反之，当水体的水质目标不甚严格时，水环境容量可能会大一些。正确认识和利用水环境容量对水污染的控制有着重要的意义。

6.2.4 水质及水质指标

1. 水质

水质是指水与其中所含杂质共同表现出来的物理学、化学和生物学的综合特性。

2. 水质指标

水质的好坏可用水的物理学、化学和生物学特性来描述。水的物理性水质指标主要包括：感官物理性状指标（温度、色度、嗅和味、浑浊度、透明度等）和总固体、悬浮固体、溶解固体、可沉固体、电导率（电阻率）等；水的化学性水质指标主要包括：一般化学性指标（pH、碱度、硬度、各种阳离子、各种阴离子、总含盐量、一般有机物质等）、有毒的化学性指标（重金属、氰化物、多环芳烃、各种农药等）和有关氧平衡的水质指标溶解氧（DO）、化学需氧量（COD）、生化需氧量（BOD）、总需氧量（TOD）等；水的生物学指标包括细菌总数，总大肠菌群数，各种病原细菌、病毒含量等。

3. 水环境标准

为了保障天然水的水质，不能随意向水体排放污水，在排放以前一定要进行无害化处理，以降低或消除其对水环境不利的影响。因此，各国政府都制定了有关的水环境标准。我国有关部门与地方也制定了较详细的水环境标准，供规划、设计、管理、监测部门遵循。

（1）水环境质量标准及用水水质标准

我国已颁布的有关标准主要有：《地表水环境质量标准》（GB 3838—2002）、《生活饮用水卫生标准》（GB 5749—2006）、《农田灌溉水质标准》（GB 5084—2005）、《渔业水质标准》（GB 11607—1989）、《海水水质标准》（GB 3097—1997）。以上各标准详细说明了各类水中污染物允许的最高浓度，以保证水环境及用水质量。

（2）污水排放标准

根据我国的具体自然条件、经济发展水平和科技发展水平，综合平衡，全面规划，充分考虑可持续发展的需要，有重点、有步骤地控制污染源，保护水环境质量，并为此制定了污水的各种排放标准。可分为一般排放标准和行业排放标准两大类。

一般排放标准主要有：《污水综合排放标准》（GB 8978—2002）、《农用污泥中污染物控制标准》（GB 4284—1984）等。

我国的造纸、纺织、钢铁、肉类加工等行业也都制定了相应的行业排放标准。

6.3　污染物在水体中的扩散及迁移转化

6.3.1　水中污染物的迁移和转化模式

进入水环境中的污染物可以分为两大类：保守物质和非保守物质。

保守物质进入水环境以后，随着水流的运动而不断变换所处的空间位置，还由于分散作用不断向周围扩散而降低其初始浓度，但它不会因此而改变总量。重金属、很多高分子有机化合物都属于保守物质。对于那些对生态系统有害，或暂时无害但能在水环境中积累，从长远来看是有害的保守物质，要严格控制排放，因为水环境对它们没有净化能力。

非保守性物质进入水环境以后，除了随着水流流动而改变位置，并不断扩散而降低浓度外，还会因污染物自身的衰减而加速浓度的下降。非保守性质的衰减有两种方式：一种是由其自身的运动变化规律决定的；另一种是在水环境因素的作用下，由于化学的或生物的反应而不断衰减，如可以生化降解的有机物在水体中微生物作用下的氧化分解过程。

试验和实际观测数据都证明，污染物在水环境中的衰减过程基本上符合一级反应动力学规律，即：

$$dc/dt = -Kc \tag{6-1}$$

式中：c 为污染物的浓度；t 为反应时间；K 为反应速度常数。

前面所述的推流或平流作用、污染物的分散作用和衰减过程可用图 6-3 来说明。

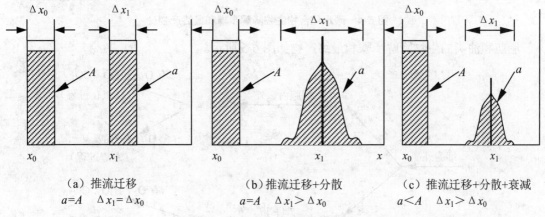

（a）推流迁移　　　　　　　（b）推流迁移+分散　　　　　　（c）推流迁移+分散+衰减
$a=A$　$\Delta x_1 = \Delta x_0$　　　$a=A$　$\Delta x_1 > \Delta x_0$　　　$a<A$　$\Delta x_1 > \Delta x_0$

图 6-3　推流迁移、分散和衰减作用

假定在 $x=x_0$ 处，向河流中排放的污染物质总量为 A，其分布为直方状，全部物质通过 x_0 的时间为 Δt（见图 6-3（a））；经过一段时间该污染物的重心迁移至 x_1，污染物质的总量为 a。如果只存在推流作用，则 $a=A$，且在 x_1 处，污染物的分布形状与 x_0 处相同；如果存在推流迁移和分散的双重作用（见图 6-3（b）），则仍有 $a=A$，但在 x_1 处的分布形状与初始时不一样，延长了污染物的通过时间；如果同时存在推流迁移、分散和衰减的三重作用，则不仅污染物的分布形状发生了变化，且 $a<A$（见图 6-3（c））。

实际污染物质在进入河流水体后做着复杂的运动，用以描述这种运动规律的是一组复杂的模型。

6.3.2　常见水体污染物的转化

1. 耗氧污染物的分解

水体中耗氧有机物主要指动、植物残体和生活污水，以及某些工业废水中的碳水化合物、脂肪、蛋白质等易分解的有机物，它们在分解过程中要消耗水中的溶解氧，使水质恶化。这三类物质的生物降解作用有其共同特点：首先在细胞体外发生水解，复杂的化合物分解成较简单的化合物，然后再透入细胞内部进一步发生分解。分解产物有两方面的作用：一是被合成为细胞材料；二是变成能量释放，供细菌生长繁殖。

需氧有机污染物的生物降解过程比较复杂，根据各类化合物在有氧或无氧条件下进行反应的共性，可归纳出大致的降解步骤和最终产物。例如，碳水化合物生物降解步骤和最终产物如图 6-4 所示。

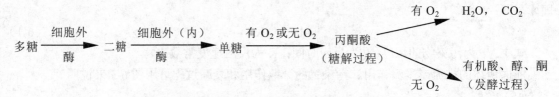

图 6-4 碳水化合物生物降解步骤和最终产物

脂肪和油类的生物降解步骤和最终产物如图 6-5 所示。

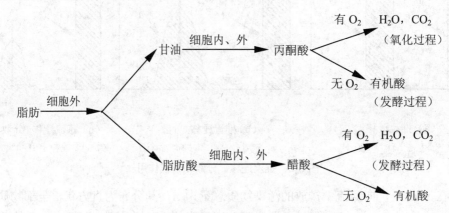

图 6-5 脂肪和油类的生物降解步骤和最终产物

蛋白质的生物降解步骤和最终产物如图 6-6 所示。

图 6-6 蛋白质的生物降解步骤和最终产物

2. 需氧有机污染物降解与溶解氧平衡

需氧有机污染物的降解过程制约着水体中溶解氧（DO）的变化过程，图 6-7 绘制出了被生活污水污染了的河流中 BOD 与溶解氧相互关系的模式图。

图 6-7 反映出了在被污染的河流中 BOD 与 DO 之间沿程变化的曲线和根据 BOD 与 DO 变化曲线划分出该河段的水功能区（清洁水区、水质恶化区、恢复水区和清洁水区）。

在污染河流中耗氧作用和复氧作用影响着水体中溶解氧的含量。耗氧作用指有机物分解和有机体呼吸时耗氧，使水中溶解氧降低；复氧作用指空气中的氧溶解于水以及水生植物的光合作用放出氧，使水中溶解氧增加。耗氧作用和复氧作用的综合决定着水中氧的实际含量。

由溶解氧曲线可以看出：溶解氧与 BOD 有着非常密切的关系。在污水注入前，河水中溶解氧很高，污水注入后因分解作用耗氧，溶解氧从 0 点开始向下游逐渐降低，从 0 点流向 2.5 日，降至最低点。以后又回升，最后恢复到近于污水注入前的状态。在污染河流中溶解氧曲线呈下垂状，称为溶解氧下垂曲线。

如果流入的污水量和浓度全年无大变化，河流的流量也大致不变，则溶解氧曲线的最低点位置便主要决定于水温。水温高时溶解氧降低，所以夏季溶解氧的最低点将出现在图 6-7 中最低点的左方；水温低时，溶解氧增多，所以冬季溶解氧的最低点将出现在图 6-7 中最低点的右方。

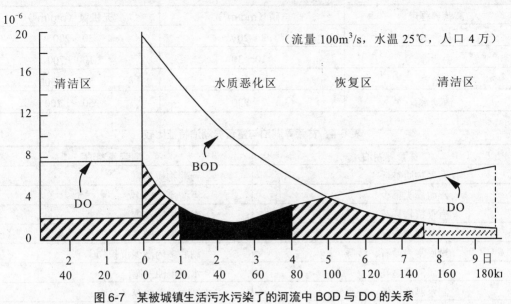

图 6-7 某被城镇生活污水污染了的河流中 BOD 与 DO 的关系

3. 植物营养物在水中的转化

（1）水体富营养化

富营养化是指湖泊等水体接纳过量的氮、磷等营养物质，使藻类及其他浮游生物迅速繁殖，引起水体透明度和溶解氧的变化，造成水质恶化，加速湖泊老化，从而导致湖泊生态系统和水功能的破坏。

实际上，富营养化是湖泊在自然演变过程中的一种自然现象。随着时间的推移，湖泊中的氮、磷等营养物质逐渐累积，由营养物质少的贫营养湖泊向营养物质多的富营养湖泊演变，最后发展成为沼泽和干地。不过，在自然条件下，在自然物质的正常循环过程中，这种湖泊演变的进程非常缓慢，通常以地质年代来计算。

然而，在人类活动的影响下，营养物过量排入水体，必将大大地加速湖泊等水体富营养化的进程。富营养化程度通常分为三类，即贫营养、中等营养和富营养。不同学者提出了相似而又不完全相同的划分标准，如表 6-2 和表 6-3 所示；表 6-4 列出了贫营养化湖泊和富营养化湖泊的区别。

表 6-2 水体富营养化程度划分（托马斯）

富营养程度	总磷（mg/m³）	无机氮（mg/m³）
极贫	<5	<200
贫—中	5~10	200~400
中	10~30	300~650
中—富	30~100	50~1 500
富	>100	>1 500

表6-3 水体富营养化程度划分(坂本)

富营养程度	总磷(mg/m³)	无机氮(mg/m³)
贫营养	2～20	20～200
中营养	10～30	100～700
富营养	10～90	500～1 300
流动水	2～230	50～1 100

表6-4 贫营养湖泊与富营养湖泊特征比较

贫营养湖泊	富营养湖泊
营养物质贫乏	营养物质丰富
浮游藻类稀少	浮游藻类较多
有根植物稀疏	有根植物茂盛
湖盆通常较深	湖盆通常较浅
湖底常为沙石、沙砾	湖底多为淤泥沉积物
水质清澈透亮	水质混浊发暗
湖水温度较低(冷水)	湖水温度较高(温水)
特征性鱼类:鲑鱼等	特征性鱼类:鲤鱼、草鱼、鲢鱼等

(2) N、P化合物在水中的转化

水体中氮、磷营养物质过多,是水体发生富营养化的直接原因。进入湖泊的氮、磷物质加入生态系统的物质循环,构成水生生物个体和群落,并经由自养生物、异养生物和微生物所组成的营养级依次转化迁移。氮在生态系统中具有气、液、固三相循环,被称为"完全循环",而磷只存在液、固相形式的循环,被称为"底质循环",如图6-8所示。

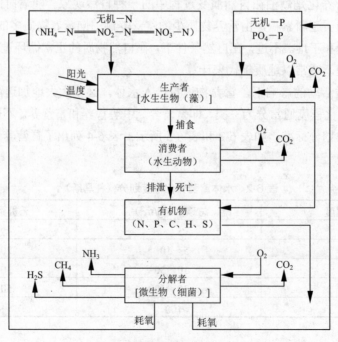

图6-8 氮、磷的生物化学循环

阅读材料

云南滇池水体富营养化

滇池属长江流域金沙江水系，位于昆明市城区西南面，属断陷构造湖泊，是云贵高原上湖面最大的淡水湖泊。滇池平均水深 414m，湖水面积 309km²，湖容 1 219 亿 m³。多年平均水资源量 917 亿 m³，扣除多年平均蒸发量 414 亿 m³，实有水资源量 513 亿 m³。湖泊补给系数 919，湖水滞留期约为 981d。滇池水域分为草海、外海两部分，现由人工闸分隔。草海位于滇池北部，外海位于滇池中南部，为滇池的主体，面积大约占全湖的 96.17%，草海、外海各有一个人工控制出口，分别为西北端的西园隧道和西南端的海口中滩闸。20 世纪 70 年代滇池无论是草海还是外海水质均为 III 类水，80 年代初水质逐渐被污染，90 年代迅速恶化。90 年代后期由于滇池水质污染严重，已纳入国家重点治理的三大湖泊之一。

从现场观察来看，滇池水体的富营养化现象十分严重。草海呈现黄绿色，外海呈现褐绿色，水体透明度均小于 1m。每年 4～11 月水华频繁爆发，外草海南部、海埂、灰湾断面常有大面积水华形成，严重破坏了滇池水体的景观和使用功能。

近 20 年来，滇池水体富营养化程度仍在缓慢上升，究其原因主要有以下几个方面：

（1）资源环境条件差。滇池流域水资源量少，水资源严重短缺，昆明市是国内严重缺水的 14 个城市之一。湖水滞留时间长，约为 981d，补给系数 919，湖泊生态环境脆弱，污染物较多地积存在湖内，水体污染后很难改善；加之注入滇池的 20 多条主要河流的水质大都是劣 V 类水，河流带入的营养物质极丰富，缺乏新鲜活水的补充。

（2）气候条件有利于富营养化发生。滇池目前已处于"老年型"湖泊状况，位于低纬度与高海拔条件互补地带，故日照长、积温高，加之湖底浅平，平均水温较高，年温差小，具备富营养化发生的有利条件，利于藻类生长。

（3）湖泊水体中的营养盐过量。国际上一般认为 TP 浓度为 0.02mg/L，TN 浓度为 0.2mg/L 是富营养化的发生浓度。按照陈宇炜等的文献总结，微囊藻水华的适应范围是水温 20℃以上，水体 TP 浓度 100μg/L～800μg/L，TN 浓度 2.5mg/L～3.5mg/L，以及适度浑浊的透明度。从 2007 年的监测情况看，滇池外海的年均浓度 TP 为 135μg/L，TN 的年均浓度为 3.01mg/L，都恰好达到夏季微囊藻生长的最佳浓度范围。而草海水体中的营养盐较外海过量。这些都可能使滇池水体的富营养化加重。

（4）流域内经济快速发展，人口剧增，加大了富营养化防治的难度。滇池流域属社会经济发展较快的地区，且滇池坐落于昆明市下游，周围磷矿丰富，再加之这些年来经济迅猛发展，人口成倍增长，滇池的治理速度赶不上污染速度，入湖污染物量在不断增加，因而滇池水质富营养化防治面临更大的难度。

（5）入湖污染负荷大，水污染严重。虽然由于昆明市工业结构及布局的调整，以及政府对工业污染源治理的重视，工业污染物对滇池的影响逐年减少，但仍然有大量城市生活污水和部分工业生产废水进入滇池，而且随着流域内高效农业的快速发展导致大量化肥农药的使用，以及水土流失加剧带来的农村面源污染，造成入湖污染物总量居高不下。同时湖体的自净能力差，导致滇池水体受污染的程度正逐渐加剧。

资料来源：王红梅，陈燕. 滇池近 20a 富营养化变化趋势及原因分析. 环境科学导刊，2009, 28（3）：57-60

4. 重金属在水体中的迁移转化

重金属元素是无机毒物的主要成分,是最受注目的具有潜在危害的一类环境污染物。汞、镉、铅及非金属砷是毒性显著的几种元素。铜、锌、镍、钒、钼、铁、锰、硒是人体必需的微量元素,但含量超过一定浓度时,也会显示出毒性。

重金属元素进入水体后,参与多方面的化学反应,表现出多种形态,使金属元素在水体中发生转化,主要表现为三个方面的特征。

① 毒性效应:一般重金属产生毒性效应的浓度范围大致在 1mg/L~10mg/L,汞和镉的毒性浓度范围在 0.001mg/L~0.01mg/L。

② 生物富集放大作用:金属毒物可以通过食物链的富集作用进入人体,逐渐累积,引起慢性中毒。

③ 转化作用:某些重金属可在微生物的作用下,转化为毒性更大的金属化合物,如金属汞在微生物作用下转化为毒性更大的甲基汞。

(1) 重金属在水体中迁移转化的主要表现形式

① 水解、配合、沉淀

重金属元素大多以水合配离子的形式存在,在适宜的 pH 条件下可发生水解反应生成金属氢氧化物沉淀。高价金属离子如 Fe^{3+}、Cr^{3+}、Al^{3+} 都强烈水解,二价金属离子 Cu^{2+}、Pb^{2+}、Zn^{2+}、Cd^{2+}、Hg^{2+}、Ni^{2+} 都可水解。

② 氧化还原

重金属可以多种不同价态在不同条件下存在,其迁移转化趋势和污染效应与价态密切相关;其价态变化是通过氧化还原来实现的。水体表面具有氧化性,而水体底部则具有还原性。

③ 胶体化学效应

不论是无机胶体矿物微粒吸附还是有机高分子螯合,都与金属离子强烈结合,使金属离子在一定程度上失去独立的活动能力。

我国天然河流大多属于浑浊水类型,尤其是黄河、长江水系,含有大量的泥沙矿物,其胶体化学行为必然影响各污染物的迁移转化和污染效应,这是一个重要的水化学过程。各河流的入海口由于含盐量增加,胶体被破坏,形成大量的沉积物。重金属进入水体底部沉积物后,在条件变化时,还可重新释放出来,再次产生污染。例如,水体氯化物增多,腐殖质增加,某些有机工业废水的排入,都可能使重金属形成配合物或螯合物重新进入水体。底质条件变化,如重金属结合的有机物被降解、锰、铁水合物被还原溶解,重金属也会被重新释放出来。由于重新释放的途径是很多的,被重金属严重污染的水体底质仍是危险的二次污染源。

(2) 主要重金属离子在水中的迁移情况

① 汞

汞单质在常温下有很高的挥发性,在水中最常见的形态是 Hg^{2+} 和 Hg。汞除存在于水体中外,还以蒸气的形式扩散进入大气,参与全球的汞蒸气循环。在含硫的还原环境中,汞主要以难溶的 HgS 的形式存在。

存在于水体底泥、悬浮物中的无机与有机胶体,对汞有强烈的表面吸附和离子交换作用,使汞转入固体中,因此水中的含量很低。汞与水体中的 Cl^-、SO_4^{2-}、HCO_3^-、OH^- 形成配位化合物可提高汞的溶解度。汞在微生物作用下通过食物链进入人体,如发生在日本的水俣病。

② 镉

水中的镉大部分存在于悬浮物和底泥中,与水中的Cl^-、OH^-、SO_4^{2-}形成配位化合物,随 pH 值不同,形成配位化合物的稳定性也有差异。世界卫生组织(WHO)提出饮水中镉的含量不得超过 0.01mg/L。可溶性氯化镉毒性更大,其浓度为 0.001mg/L 时,对鱼类和其他水生生物就能产生致死作用。镉还影响水的色、嗅、味等性状。镉在汽车和飞机制造业中用于金属表面处理,在蓄电池工业及合成染料中也用到镉。

③ 铬

铬主要来源于铬矿的采矿场、电镀厂、机械厂等工业部门排出的废水和烟尘。所有铬的化合物都有毒性,而以六价铬的毒性最为厉害。

④ 砷

砷在水中以砷酸、亚砷酸的形式存在。由于它们能与粘土生成沉淀和共沉淀,在溶解氧较多的水体中,以砷酸铁的形式存在。亚砷酸也被氧化铁吸附为共沉淀。

6.4 水环境污染的危害

6.4.1 水污染严重影响人的健康

据我国 1988 年全国饮用水调查资料,全国有 82%的人饮用浅井水和江河水。饮用受有机物严重污染的饮水人口约 1.6 亿。不清洁的饮用水,正在威胁着我国许多地区居民的健康。污染水对人体的危害一般有两类:一类是污水中的致病微生物、病毒等引起传染性疾病;另一类是污水中含有的有毒物质(如重金属)和致癌物质导致人中毒或死亡。据 1992 年联合国环境与发展会议估计,发展中国家有 80%的疾病和 1/3 的死亡与饮用污染水有关。

6.4.2 水污染造成水生态系统破坏

水环境的恶化破坏了水体的水生态环境,导致水生生物资源的减少、中毒,以致灭绝。据统计,全国鱼虾绝迹的河流约达 2 400km。

水污染使湖泊和水库的渔业资源受到威胁。如辽宁省参窝水库,总库容为 $7.91×10^8 m^3$,水面面积约为 $1.67×10^6 m^2$,由于长期接纳本溪市的工业废水和生活污水,水库水域污染严重。1988—1989 年,据现场测定,鱼体内检测出酚、砷、汞、镉、铜、铅、锌等七种有毒物质。其中,酚超标率为 33.33%,砷超标率为 16.66%,锌超标率为 25.00%。大多数鱼类均有异味,无法食用,高龄鱼体内残毒含量尤高。

水污染恶化了水域原有的清洁的自然生态环境。水质恶化使许多江河湖泊水体浑浊,气味变臭,尤其是富营养化加速了湖泊衰亡。全国面积在 $1km^2$ 以上的湖泊数量,在 30 年间减少了 543 个。我国众多人口居住在江湖沿岸地区,特别是许多大中城市位于江湖岸旁,江湖的水体污染严重损害了人的生存环境。城市水域的污染,还使水域景观恶化,降低了这些城市的旅游开发价值。

6.4.3 水污染加剧了缺水状况

中国是一个缺水的国家，人均占有水资源仅为 2 330m³，相当于世界人均拥有量的 1/4。随着经济发展和人口的增加，对水的需求将更为迫切。水污染实际上减少了可用水资源量，使中国面临的缺水问题更为严峻。在城市地区，这一问题尤为突出，如北京人均水资源占有率仅有我国人均量的 1/6。目前，中国缺水城市有 300 多个，全国城市日缺水量达 $1.6\times10^7m^3$。南方城市因水污染导致的缺水占这些城市总缺水量的 60%～70%。北方和沿海城市缺水则更为严重。显然，如果对水污染趋势不加以控制，我国今后的缺水状况将更加严重。

6.4.4 水污染对农作物的危害

我国是农业大国，农业灌溉用水量超过全国总用水量的 3/4。目前，引用污染水灌溉农田而危害农作物的情况不容忽视。如果灌溉水中的污染物质浓度过高会杀死农作物；而有些污染物又会引起农作物变种，如只开花不结果，或者只长杆不结籽等，结果引起减产或绝收。1986 年，黄河水系蟒河水严重污染，造成了用污染水灌溉的上千亩农田减产或绝收。另外，污染物质滞留在土壤中还会恶化土壤，积聚在农作物中的有害成分会危及人的健康。

6.4.5 水污染造成了较大的经济损失

我国由于缺水和水污染造成的经济损失是比较大的，虽然目前尚无确切的统计数据，但估计每年经济损失至少在百亿元人民币以上。有关部门曾作过粗略测算，每年因水污染造成的经济损失约 300 亿～600 亿元人民币。据欧共体的统计，因污染造成的经济损失通常占国民经济总值的 3%～5%。与国外相比，我国生产管理和技术水平相对落后，单位产值排污量大，处理效率低，污染造成的经济损失比它们还要高。

案例研究

河流的污染——淮河治污的艰难

淮河流域的人们对淮河的水质历史有这样一首民谣："50 年代洗衣洗菜，60 年代水质变坏，70 年代鱼虾绝代，80 年代不能洗马桶盖。"这首民谣真实生动地反映了淮河水水质下降的过程。

问题一：淮河的水污染到什么程度

资料 1 淮河的基本情况

淮河又名淮水，是中国东南部一条重要河流，全长 1 078km（其中洪泽湖长约 50km），为我国第七大河。主河曲折东流，经河南省南部、安徽省中部，在江苏省西部注入洪泽湖，经湖区调蓄后分支入海。豫、皖两省交界处的洪河口以上为上游，长 369km。俗名"八百里淮河"。两岸山丘起伏，水系发育，支流众多。洪河口至洪泽湖为中游，长约 476km，地势平缓，多湖泊洼地。洪泽湖以下为下游，长约 233km，地势低洼，大小湖泊星罗棋布，水网交错，渠道纵横，农业发达。

淮河总流域面积 $269\times10^3km^2$，汇聚了 120 多条支流，左右岸支流发育不对称，左岸支流多而长，较大的有潍河、沱河、涡河、颍河、洪河、汝河等；右岸支流少而短，较大的有东淝河、淠河、史灌河、白露河等。流域地势西北部高，东南部低，海拔在3m～1 140m之间。跨豫、皖、苏、鲁四省33个地区182个县（市）。耕地面积1 330万公顷，人口密度居我国各大河流域之首，人口约1.5亿，占全国九分之一以上。

资料2 淮河水质与国家水环境质量标准的对比

2008年10月上旬和下旬，淮河流域水环境监测中心分别对淮河流域跨省河流50个省界断面水质进行了2次监测，同时对淮河干流、大运河35个重点控制断面水质进行了1次监测。监测项目包括水温、pH、溶解氧、高锰酸盐指数、化学需氧量（COD）、五日生化需氧量、氨氮、总磷、铜、锌、氟化物、硒、砷、汞、镉、六价铬、铅、氰化物、挥发酚和阴离子表面活性剂共20项。

按照《地表水环境质量标准》（GB 3838—2002），采用月平均值对省界断面水质进行评价，10月份淮河流域50个省界断面水质综合评价结果是：水质较好满足Ⅲ类水的断面27个，占54%；水质一般达到Ⅳ类水的断面9个，占18%；水质受到污染的Ⅴ类水断面3个，占6%；水质严重污染的劣Ⅴ类水断面11个，占22%。与上个月相比，本月省界断面水质略有好转，满足Ⅲ类水质的比例上升了4个百分点。

按照水功能区划省界缓冲区水质目标对省界断面水质进行达标评价，10月份省界断面有28个达标，达标率为56%，与9月份相比上升了2个百分点。按照主要污染项目超标倍数评价，10月河南进入安徽的惠济河、泉河和大沙河，江苏进入安徽的奎河氨氮超标较为严重。

按照河南、安徽、江苏、山东省淮河流域水污染防治工作目标责任书确定的2008年水质考核目标，对25个国家考核省界断面进行水质评价。高锰酸盐指数单项达标率为100%；氨氮单项达标率为92%，其中河南省10个出境断面有9个达标，安徽省4个出境断面全部达标，江苏省2个出境断面全部达标，山东省9个出境断面有8个达标。

按照水功能区划和《南水北调东线工程治污规划》确定的Ⅲ类水水质目标，对淮河干流和大运河水质进行达标评价。

淮河干流：监测的13个断面，有11个断面水质达标，占84.6%；超标断面为淮南大涧沟和蚌埠公路桥，超标项目分别是氨氮和COD。

大运河：监测的22个断面中，有10个断面水质达标，占45.5%；超标断面12个，超标率为54.5%。主要超标项目为高锰酸盐指数和化学需氧量。

评价结论：10月份淮河流域省界断面水质与9月份相比略有好转。按照水质类别评价，10月份满足Ⅲ类水断面的比例比9月份上升了4个百分点；按照水功能区省界缓冲区水质目标评价，水质达标率比9月份上升了2个百分点；按照"目标责任书"确定的2008年水质考核目标评价，25个国家考核省界断面高锰酸盐指数达标率继续保持100%，氨氮达标率比9月份上升了12个百分点。

根据全国2 222个监测站的监测结果表明，我国七大水系污染程度次序为：辽河—海河—淮河—黄河—松花江—珠江—长江，淮河在各大流域中污染较重。

淮河流域是我国主要的农副产品加工、商品粮棉与能源基地，在国民经济和社会发展中占有重要地位，也是我国水污染最严重的地区之一。20世纪最后20年，淮河流域水污染日益严重，污染事故频发，为全国各大水系之最。流域昔日秀丽的景色已面目全非，严重影响人体健康。河流沿岸成千上万居民的饮用水不符合标准，一些地区的癌症、肠胃病和疑难病发病率上升，人民基本生存条件受到威胁。跨地区污染引起的群众纠纷促使不断上访，对社会正常生活秩序造成不利影响。

问题二：淮河污染对两岸人民的生产生活影响怎样

淮河流域历来以农业生产为主，工业基础薄弱，从20世纪80年代起，淮河上游河南、安徽段造纸、酿造、化工、小皮革、电镀等耗水量大、污染严重、经济效益较差的行业迅速发展，污水废物的数量急剧上升。它们大部分使用那些来自城市工业淘汰的简陋设备，工艺落后，又没有治理设施，使大量高浓度废水直接排入水体。另外，沿淮的工业结构极不合理，小造纸厂、小化工厂、小酿造厂等星罗棋布，往往是一个小厂便能污染一条河，造成淮河沿岸鱼虾、植物纷纷死亡。同时淮河还被当作生活污水的排水道。水既不能用，更不能吃。多年来累积的工业和生活污染，使2/3的河段几乎完全丧失了使用价值。

资料1 淮河沿岸的污染排放

淮河流域内乡以上工业企业3万多家，另有3万家村办企业，每年排入淮河水体的COD超过100万吨。含汞、铬等有毒元素的废水不仅污染淮河，而且留下健康隐患。自1979年至20世纪末，淮河及其支流共发生160起污染事故，其中特大事故就有6起，对受灾区域内广大人民群众的身体健康、正常生活和生产带来严重损失，影响极坏。

自从人们居住在淮河附近，就不断地向河中扔废物。过去河流通常能自净，但不是所有的污染物都可被生物降解。淮河流域中小城镇城市化速度较快，排污量过大，1984—1993年排污量增加数倍，使淮河多条河流水质分别下降了一类以上。

农业生产上的措施导致了化肥和其他污染物进入河中，肥料中包含各种化学成分，如磷酸盐和硝酸盐。

资料2 19家重点污染企业之一——周口莲花味精厂

周口莲花味精集团资产总额达25亿元，年产味精12万吨，是世界单厂生产味精能力第一的企业，产销量和出口量均居全国同行之首。

但是，随着生产规模"滚雪球"式的发展，"莲花"在为社会创造财富的同时，也给生态环境带来了危害。作为淮河上游的企业，莲花集团日排放高浓度废水4 000多立方米，化学耗氧物170多吨。生活在淮河两岸的群众整日闻着恶臭，连口清水也喝不上，怨声载道。有的半夜去堵"莲花"的排污管道，有的四处奔走上访告状。

资料3 淮河小化工的危害

安徽泗县硫酸厂1990年下半年正式投产，与其一沟之隔的小程庄从此遭了殃。烟气一来，牛打滚，人关门，树叶落一地。衣服一撕就破，夜里睡觉还得敷上湿毛巾。硫酸厂流出的废水含有大量的砷，流到哪里哪里一片红，井水再不能饮用，连牛吃了沟边的青草也中毒。470多人的生命受到巨大的威胁。村民多次同厂里交涉，要求工厂停产治理或搬迁，均被拒绝。家畜家禽大量死亡，农作物歉收，村民发病人数增加。

资料4 淮河水资源状况

流域内人均占有淡水量为全国平均量的1/5，世界平均量的1/20，水资源短缺，枯水期多条河流的径污比在10:1以下，没有足够的稀释水量。即使二级污水处理出水，尚需6~10倍稀释水才能达到水质目标，加上淮河流域工业结构不合理，耗水量大，污染严重，无疑使淮河水环境状况雪上加霜。

1996年9月，蚌埠市大街小巷到处可以看见人们提着桶排队买水的场景。"罪魁祸首"就是造纸、印刷、皮革工业。由于这些工厂排放的污水污染了饮用水，使得人们不得不寻找新的水源，出现了严重的闹水荒局面。

案例提要：

（1）水体吸纳污染物的能力是有限的，一旦超过这一限度就会造成水体的污染，超过限度越多，污染越严重。排入淮河水中的污染物的数量远远超过其自净能力。

（2）产业结构状况与水污染程度关系密切，造纸、酿造、化工、制革、电镀等产业耗水量大，污染严重。淮河流域产业结构中多为这些污染重的行业。

（3）为发展经济而导致的严重水污染，反而会严重阻碍经济和社会的发展，人类必须协调处理好环境与经济的关系，应该从淮河案例中吸取经验和教训。

（4）流域的水污染原因多，治理和管理更为复杂，它将涉及经济、社会、资源状况等方方面面，需要全局的综合管理方能奏效。

（5）水体污染直接影响着人类赖以生存的水资源，使本来水资源短缺的问题更为严重。它影响着淮河周边的人居环境，恶臭、中毒等情况影响着人们的正常生活、工作及学习。

问题与讨论：

（1）淮河的污染状况对今后两岸人民的生存和发展是不是可持续的？

（2）对于淮河污染，其治理的关键在哪些方面？

（3）调查并描述你所在地区的河流周围的主要工业分布，列出主要城市和工业部门并思考：它们是否比淮河污染严重，是否对周围的人居环境存在一定的影响，表现在哪些方面。

资料来源：林培英，杨国栋等. 环境问题案例教程. 北京：中国环境科学出版社，2002

6.5 水环境污染防治

6.5.1 水污染防治的原则

进行水污染防治，根本的原则是将"防"、"治"、"管"三者结合起来。

"防"是指对污染源的控制，通过有效控制使污染源排放的污染物减到最少量。

对工业污染源，最有效的控制方法是推行清洁生产。以无毒无害的原料和产品代替有毒有害的原料和产品；改革生产工艺，减少对原料、水及能源的消耗；采用循环用水系统，减少废水排放量；回收利用废水中的有用成分，使废水浓度降低等。

对生活污染源，也可以通过有效措施减少其排放量。如推广使用节水用具，提高民众的节水意识，可以降低用水量，从而减少生活污水排放量。

为了有效地控制面污染源，更必须从"防"做起。提倡农田的科学施肥和农药的合理使用，可以大大减少农田中残留的化肥和农药，进而减少农田径流中所含的氮、磷和农药量。

"治"是水污染防治中不可缺少的一环。通过各种预防措施，污染源可以得到一定程度的控制，但要实现"零排放"是很困难的，或者几乎是不可能的，如生活污水的排放就不可避免。因此，必须对污（废）水进行妥善的处理，确保在排入水体前达到国家或地方规定的排放标准。

应十分注意工业废水处理与城市污水处理的关系。对于含有酸碱、有毒物质、重金属或其他特殊污染物的工业废水,一般应在厂内就地进行局部处理,使其能满足排放至水体的标准或排放至城市下水道的水质标准。那些在性质上与城市生活污水相近的工业废水则可优先考虑排入城市下水道与城市污水共同处理,单独对其设置污水处理设施不仅没有必要,而且不经济。

城市废水收集系统和处理厂的设计,不仅应考虑水污染防治的需要,同时应考虑到缓解资源矛盾的需要。在水资源紧缺的地区,处理后的城市污水可以回用于农业、工业或市政,成为稳定的水资源。为了适应废水回用的需要,其收集系统和处理厂不宜过分集中,而应与回收目标相接近。

"管"是指对污染源、水体及处理设施的管理。"管"在水污染防治中也占据着十分重要的地位。科学的管理包括对污染源的经常监测和管理,以及对水体卫生特征的监测和管理。

6.5.2 污水处理技术概述

污水处理的目的就是将污水中的污染物以某种方法分离出来,或将其分解转化为无害稳定物质,从而使污水得到净化。一般要达到防止毒害和病菌传播,除掉异臭和恶感才能满足不同要求。

污水处理技术按其作用原理可分为物理处理法、化学处理法和生物处理法,处理方法的选择必须考虑到污水的水质和水量、用途或排放去向等。

1. 污水处理方法分类

(1) 物理法

物理法是指通过物理作用,以分离、回收污水中不溶解的、呈悬浮状的污染物质(包括油膜和油珠),在处理过程中不改变其化学性质。物理法操作简单、经济,常采用的有重力分离法、过滤法、气浮(浮选法)、离心分离法、蒸发法和结晶法等。

① 重力分离法。重力分离法是指利用污水中呈悬浮状的污染物与水密度不同的原理,借重力沉降作用或上浮作用,使水中悬浮物分离出来。所用设备有沉降池、沉淀池和隔油池等。

在污水处理与利用方法中,沉淀法与上浮法常常作为其他处理方法前的预处理。如用生物处理法处理污水时,一般需事先经过预沉池去除大部分悬浮物质以减少生化处理时的负荷,而经生物处理后的出水仍要经过二次沉淀池的处理,进行泥水分离以保证出水水质。

② 过滤法。过滤法是指利用过滤介质截留污水中的悬浮物。过滤介质有筛网、纱布、微孔管等,常用的过滤设备有隔栅、栅网、微滤机等。

③ 气浮(浮选)法。气浮(浮选)法是指将空气通入污水中,并以微小气泡形式从水中析出成为载体,污水中相对密度接近于水的微小颗粒状的污染物质(如乳化油等)黏附在气泡上,并随气泡上升到水面,从而使污水中的污染物质得以从污水中分离出来。根据空气打入方式的不同,气浮处理方法有加压溶气气浮法、叶轮气浮法和射流气浮法等。有时为了提高气浮效率,需向污水中加入混凝剂。

④ 离心分离法。离心分离法是指含有悬浮污染物质的污水在高速旋转时,由于悬浮颗粒(如乳化油)和污水受到的离心力不同,从而达到分离目的的方法。常用的离心设备有旋流分离器和离心分离器等。

（2）化学法

化学法是指向污水中投加化学试剂，利用化学反应来分离、回收污水中的污染物质，或将污染物质转化为无害的物质。常用的化学方法有沉淀法、混凝法、中和法和氧化还原法等。

① 沉淀法。沉淀法是指向污水中加入化学物质，使它与污水中的溶解性物质发生反应，生成难溶于水的沉淀物以降低污水中溶解物质的方法。这种方法适用于含重金属、氰化物等工业污水的处理。沉淀法可分为石灰法、硫化物法和钡盐法等。

② 混凝法。混凝法是指向污水中投加混凝剂，使污水中的胶体颗粒失去稳定性，凝聚成大颗粒而下沉。通过混凝法可去除污水中分散的固体颗粒、乳状油及胶体物质等。混凝法可降低污水的浊度和色度，去除多种高分子物质、有机物、重金属物质和放射性物质等，也可以去除能够导致富营养化的物质（如磷）等可溶性无机物，还可以改善污泥的脱水性能。混凝法在工业废水处理中既可以作为独立的处理方法，也可以与其他方法配合使用，作为预处理、中间处理或最后处理的辅助方法。常用的混凝剂有硫酸铝、碱式硫酸铝和铁盐（硫酸亚铁、三氯化铁、硫酸铁）等。

③ 中和法。中和法是指向酸性废水中加入碱性物质（如石灰）或向碱性废水中加入酸性物质（如 CO_2）使废水变为中性的方法。

④ 氧化还原法。氧化还原法是指利用高锰酸钾、液氯、臭氧等强氧化剂或电极的阳极反应，将废水中的有害物质氧化分解为无害物质或利用铁粉等还原剂或电极的阴极反应，将废水中的有害物质还原为无害物质的方法。臭氧氧化法对污水进行脱色、杀菌和除臭处理，空气氧化法处理含硫废水，还原法处理含铬电镀废水等都是氧化还原法处理废水的实例。

（3）物理化学法

物理化学法是指利用萃取、吸附、离子交换、膜分离技术、气提等原理，处理或回收工业废水的方法。利用物理化学法处理工业废水前，一般要经过预处理，以减少废水中的悬浮物、油类、有害气体等杂质，或调整废水的 pH 值，以提高回收效率、减少损耗。

① 液—液萃取法。液—液萃取法是指将与水不混溶的溶剂投入到废水中，使废水中的溶质溶于溶剂中，利用溶剂与水的密度差别，将溶剂分离出来；再利用溶质与溶剂的沸点差将溶质蒸馏回收，再生后的溶剂可循环使用。常用的萃取设备有脉冲筛板塔、离心萃取机等。

② 吸附法。吸附法是指利用多孔性的固体材料吸附污水中的一种或多种污染物质。例如，利用活性炭可吸附废水中的酚、汞、铬、氰等剧毒物质，且具有脱色、除臭等作用。吸附法目前多用于污水的深度处理。可分为静态吸附和动态吸附两种方法。即在污水分别处于静态和动态时进行吸附处理。常用的吸附设备有固定床、移动床和流动床等。

③ 离子交换法。离子交换法是指利用离子交换剂的离子交换作用置换污水中的离子态污染物质的方法。如用阳离子交换剂回收电镀废水中的铜、镍、金、银等贵重金属。常用的离子交换剂有无机离子交换剂和有机离子交换剂两类。

④ 膜分离技术（电渗析法）。膜分离技术是指在外加直流电场的作用下，阴、阳离子交换膜对水中离子有选择透过性，使一部分溶液中的离子迁移到另一部分溶液中去，从而达到浓缩、纯化、分离的目的。膜分离技术是在离子交换技术基础上发展起来的新方法，除用于污水处理外，还可用于海水除盐、制备去离子水等。

⑤ 反渗透法。反渗透法是指利用半透膜，在一定的外加压力下，水分子透过膜，水中的污染物质（溶质）被膜截留，达到处理污水的目的。反渗透法已用于含重金属废水的处理、污

水的深度处理及海水淡化等。常用的膜材料有醋酸纤维素、磺化聚苯醚等高聚物。

（4）生物法

生物法是指利用微生物的新陈代谢功能，使溶解于污水中或处于胶体状态的有机污染物被降解并转化为无害物质，从而使废水得以净化的方法。

① 好氧生物处理法。好氧生物处理法是指在有氧的条件下，借助于好氧菌的作用来处理污水的方法。根据好氧微生物在处理系统中所呈的状态，可分为活性污泥法和生物膜法。

活性污泥法是目前使用最广泛的一种生物处理法。该方法是将空气连续鼓入曝气池中，经过一段时间后，在水中形成繁殖有大量好氧微生物的絮凝体——活性污泥，它能够吸附水中的有机物，生活在活性污泥中的微生物以水体污染物——有机物为食物，获得能量并不断生长繁殖。从曝气池流出的污水和活性污泥混合液经沉淀池沉淀分离后，澄清的水被排放，污泥作为种泥回流到曝气池，继续运作。污水在曝气池中停留 4h～6h，可去除 BOD_5 约 90%。

生物膜法是污水连续流经碎石、煤渣或塑料填料，微生物在填料上大量繁殖形成污泥状的生物膜，生物膜上的微生物起到和活性污泥同样的净化作用，吸附并降解水中的有机污染物，从填料上脱落的衰老微生物膜随处理后的污水流入沉淀池，经过沉淀池沉淀分离后，使污水得以净化的方法。

② 厌氧生物处理法。厌氧生物处理法是指在无氧的条件下，利用厌氧微生物的作用分解污水中的有机物，达到净化水的目的。近年来，世界性的能源紧张，使污水处理向节能和实现能源化的方向发展，从而促进了厌氧微生物处理方法的发展。一大批高效新型厌氧生物反应器相继出现，包括厌氧生物滤池、升流式厌氧污泥床、厌氧硫化床等。它们的共同特点是反应器中生物固体浓度很高，污泥龄很长，因此处理能力大大提高，从而使厌氧生物处理法所具有的能耗小、可回收能源、剩余污泥量少、生成的污泥稳定而易处理、对高浓度有机废水处理效率高等优点得到充分体现。厌氧生物处理法经过多年的发展，现已经成为污水处理的主要方法之一。目前，厌氧生物处理法不但可用于处理高浓度和中等浓度的有机废水，还可以用于低浓度有机废水的处理。

2. 污水处理流程

污水中的污染物质是多种多样的，不能预期只用一种方法就能够把污水中所有的污染物质去除干净，一种污水往往需要通过几种方法组成的处理系统，才能够达到处理要求的程度。

按污水处理的程度划分，污水处理可分为一级、二级和三级（深度）处理。一级处理主要是去除污水中呈悬浮状态的固体污染物质，大部分用物理处理方法。经一级处理后的污水，BOD 只能去除 30%左右，仍不宜排放，还必须进行二级处理。二级处理的主要任务是大幅度地去除污水中呈胶体和溶解状态的有机污染物质，常采用生物法，去除 BOD 可达 90%以上，处理后水的 BOD_5 含量可降至 20mg/L～30mg/L，一般均能达到排放标准。图 6-9 是活性污泥法二级处理的流程简图。

经二级处理后的污水中仍残留有微生物无法降解的有机污染物和氮、磷等无机盐。深度处理往往是以污水回收、再次复用为目的而在二级处理工艺后增设的处理工艺或系统，其目的是进一步去除污水中的悬浮物质、无机盐类及其他污染物质。污水复用的范围很广，从工业上的复用到用作饮用水，对复用水的水质要求也不尽相同，一般结合水的复用用途而组合三级处理工艺，常用的有生物脱氮法、混凝沉淀法、活性炭过滤、离子交换及反渗透和电渗析法等。

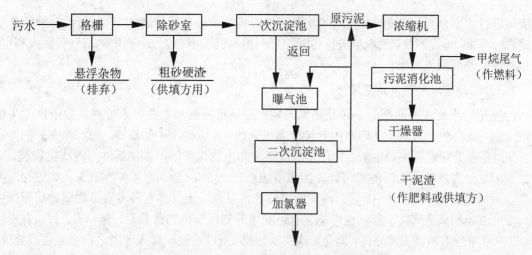

图 6-9 活性污泥法污水二级处理工艺流程简图

污水处理流程的组合一般应遵循先易后难、先简后繁的规律，即首先去除大块垃圾及悬浮物质，然后再依次去除悬浮固体、胶体物质及溶解性物质。亦即首先使用物理法，然后再使用化学法和生物法。

城市废水处理的典型流程以去除污水中的 BOD 物质为主要目的，一般其处理系统的核心是生物处理设备，处理流程如图 6-10 所示。

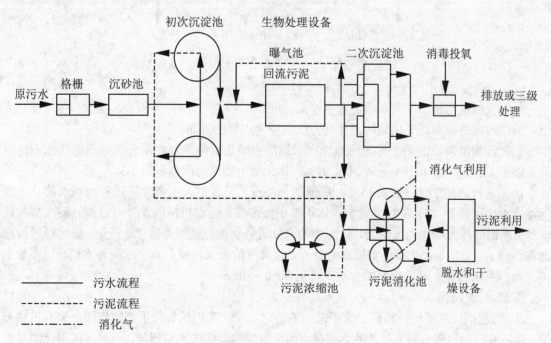

图 6-10 城市废水处理流程

污水先经隔栅、沉沙池，除去较大的悬浮物质及沙粒杂质，然后进入初次沉淀池，去除呈悬浮状的污染物后进入生物处理构筑物（或采用活性污泥曝气池，或采用生物膜构筑物）处理，使污水中的有机污染物在好氧微生物的作用下氧化分解，生物处理构筑物的出水进入二次沉淀池进行泥水分离，澄清的水排入二次沉降池后再经消毒直接排放，二次沉降池排除的剩余污泥再经浓缩、污泥消化、脱水后进行污泥综合利用；污泥消化过程中产生的沼气可回收利用，用作热源能源或沼气发电。

3. 污泥处理、利用与处置

污泥是污水处理的副产品，也是必然产物。在城市污水和工业废水处理过程中产生了很多沉淀物与漂浮物，有的是从污水中直接分离出来的，如沉砂池中的沉渣、初沉池中的沉淀物等；有的是在处理过程中产生的，如化学沉淀污泥与生物化学法产生的活性污泥或生物膜。一座二级污水处理厂产生的污泥量占处理污水量的 0.3%～5%（含水率以 97%计）。如进行深度处理，污泥量还可增加 0.3～1 倍。污泥的成分非常复杂，不仅含有很多有毒物质如病原微生物、寄生虫卵和重金属离子等，也可能含有可利用的物质如植物营养素、氮、磷、钾、有机物等。这些污泥若不加以妥善处理，就会造成二次污染。所以污泥在排入环境之前必须进行处理，以使有毒物质得到及时处理，有用物质得到充分利用。一般污泥处理的费用占全污水处理厂运行费用的 20%～50%。所以，对污泥的处理必须予以充分的重视。

污泥处置的一般方法与流程如图 6-11 所示。

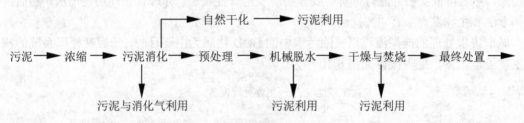

图 6-11 污泥处置的一般流程

（1）污泥的脱水与干化

从二次沉淀池排出的剩余污泥含水率高达 99%～99.5%，污泥体积大，堆放和运输都不方便，所以污泥的脱水、干化是污泥处理方法中较为主要的方面。

二次沉淀池排出的剩余污泥一般先在浓缩池中静止沉降，使泥水分离。污泥在浓缩池内静止停留 12h～24h，可使含水率降至 97%，体积缩小为原污泥体积的 1/3。

污泥进行自然干化（或称晒泥）是借助于渗透、蒸发与人工撇除等过程而脱水的。一般污泥含水率可降至 75%左右，使污泥体积缩小很多倍。污泥机械脱水是以过滤介质（多孔性材料）两面的压力差作为推动力，污泥中的水分被强制通过过滤介质（滤液），固体颗粒被截留在介质上（滤渣），从而达到脱水的目的。常采用的脱水机械有真空过滤脱水机、压缩脱水机、离心脱水机等，可使污泥的含水率降至 70%～80%。

（2）污泥消化

① 污泥的厌氧消化。将污泥置于密闭的消化池中，利用厌氧微生物的作用，使有机物分解，这种有机物厌氧分解的过程称为发酵。由于发酵的最终产物是沼气，因而污泥消化池又称沼气池。当沼气池温度为 30℃～35℃时，正常情况下 $1m^3$ 污泥可产生沼气 $10m^3$～$15m^3$，其中甲烷含量大约为 50%。沼气可用作燃料和制造甲烷等的化工原料。

② 污泥的好氧消化。利用好氧和兼氧菌，在污泥处理系统中曝气供氧，微生物分解生物可降解有机物（污泥）及细胞原生质，并从中获取能量。

近年来，人们通过实践发现污泥厌氧消化处理工艺的运行管理要求较高，处理构筑物要求密封、容积大、数量多而且复杂，所以认为污泥厌氧消化法适用于大型污水处理厂污泥量大、回收沼气量多的情况。污泥好氧消化法设备简单，运行管理比较方便，但运行能耗及费用较大，适用于小型污水处理厂，即污泥量不大、沼气回收量小的情况。而且当污泥受到工业废水影响，进行厌氧处理有困难时，也可采用好氧消化法。

③ 污泥的最终处理。含有机物多的污泥经脱水及消化处理后，可用作农田肥料；当污泥中含有有毒物质，不宜作肥料时，应采用焚烧法进行彻底无害化处理、填埋或筑路。

4. 废水的再利用

水资源短缺是当今世界面临的一大问题，废水经净化处理后循环使用已成为一个新的趋势。这既可节约新鲜水，缓和水资源短缺的矛盾，又可大大减轻水污染程度，保护水资源。城市废水经净化处理后，可以用作农作物灌溉、工业冷却水、锅炉用水或其他工艺用水，也可以用于市政设施的维护（风景区用水、冲洗汽车或路面用水、浇灌草地或行道树用水等）。

复习思考题

1. 简述天然水体的自净作用及分类。
2. 水质指标分为哪几类？
3. 生活污水的特征是什么？
4. 水污染对农作物造成了哪些危害？
5. 水体富营养化及其危害是什么？
6. 污水处理的方法有哪些？
7. 说明 BOD、COD、BOD_5、DO 的含义。

第7章 土壤污染及其防治

7.1 土壤概述

7.1.1 土壤及其组成

土壤是由固体、液体和气体三类物质组成的。固体物质包括土壤矿物质、有机质和微生物等。液体物质主要指土壤水分。气体是存在于土壤孔隙中的空气。土壤中这三类物质构成了一个矛盾的统一体。它们互相联系，互相制约，为作物提供必需的生活条件，是土壤肥力的物质基础。

1. 土壤矿物质

土壤矿物质是岩石经过风化作用形成的不同大小的矿物颗粒（砂粒、土粒和胶粒）。土壤矿物质种类很多，化学组成复杂，它直接影响土壤的物理、化学性质，是作物养分的重要来源，按成因可分为原生矿物和次生矿物。

（1）原生矿物：是直接来源于岩石受到不同程度的物理风化作用的碎屑，其化学成分和结晶构造未有改变。土壤原生矿物主要种类有：硅酸岩和铝酸盐类、氧化物类、硫化物和磷酸盐类，以及某些特别稳定的原生矿物（如石英、石膏、方解石等）。

（2）次生矿物：是岩石风化和成土过程新生成的矿物，其化学组成和晶体结构都有所改变，包括各种简单盐类、次生氧化物和铝硅酸盐类矿物等。次生矿物中的简单盐类属水溶性盐，易淋失，一般土壤中较少，多存在于盐渍土中。次生氧化物类和铝硅酸盐是土壤矿物质中最细小的部分，一般称之为次生粘土矿物。土壤很多物理、化学性质，如吸收性、膨胀收缩性、粘着性等都和土壤所含的粘土矿物，特别是次生铝硅酸盐的种类和数量有关。

2. 土壤有机质

有机质含量的多少是衡量土壤肥力高低的一个重要标志，它和矿物质紧密地结合在一起。土壤有机质的含量在不同土壤中差异很大，含量高的可达 20%或 30%以上（如泥炭土、某些肥沃的森林土壤等），含量低的不足 1%或 0.5%（如荒漠土和风沙土等）。在土壤学中，一般把耕作层中含有机质 20%以上的土壤称为有机质土壤，含有机质 20%以下的土壤称为矿质土壤。一般情况下，耕作层土壤有机质含量通常在 5%以上。虽然含量小，但作用却很大，群众常把含有机质较多的土壤称为"油土"。土壤有机质按其分解程度分为新鲜有机质、半分解有机质和腐殖质。腐殖质是指新鲜有机质经过微生物分解转化所形成的黑色胶体物质，一般占土壤有机质总量的 85%以上。

腐殖质的作用主要有以下几点：

（1）作物养分的主要来源。腐殖质既含有氮、磷、钾、硫、钙等大量元素，还有微量元素，经微生物分解可以释放出来供作物吸收利用。

（2）增强土壤的吸水、保肥能力。腐殖质是一种有机胶体，吸水保肥能力很强，一般粘粒的吸水率为50%～60%，而腐殖质的吸水率高达400%～600%；保肥能力是粘粒的6～10倍。

（3）改良土壤物理性质。腐殖质是形成团粒结构的良好胶结剂，可以提高粘重土壤的疏松度和通气性，改变砂土的松散状态。同时，由于它的颜色较深，有利于吸收阳光，提高土壤温度。

（4）促进土壤微生物的活动。腐殖质为微生物活动提供了丰富的养分和能量，又能调节土壤酸碱反应，因而有利于微生物活动，促进土壤养分的转化。

（5）刺激作物生长发育。有机质在分解过程中产生的腐殖酸、有机酸、维生素及一些激素，对作物生育有良好的促进作用，可以增强呼吸和对养分的吸收，促进细胞分裂，从而加速根系和地上部分的生长。土壤有机质主要来源于施用的有机肥料和残留的根茬。许多地方采用柴草垫圈、秸秆还田、割青沤肥、草田轮作、粮肥间套、扩种绿肥等措施，提高土壤有机质含量，使土壤越种越肥，产量越来越高，应当因地制宜地加以推广。

3. 土壤微生物

土壤微生物的种类很多，有细菌、真菌、放线菌、藻类和原生动物等。土壤微生物的数量也很大，1克土壤中就有几亿到几百亿个。1亩地耕层土壤中，微生物的重量有几百斤到上千斤。土壤越肥沃，微生物越多。

微生物在土壤中的主要作用如下：

（1）分解有机质。作物的残根败叶和施入土壤中的有机肥料，只有经过土壤微生物的作用才能腐烂分解，释放出营养元素，供作物利用，而且还能形成腐殖质，改善土壤的理化性质。

（2）分解矿物质。例如，磷细菌能分解出磷矿石中的磷，钾细菌能分解出钾矿石中的钾，以利作物吸收利用。

（3）固定氮素。氮气在空气的组成中占4/5，数量很大，但植物不能直接利用。土壤中有一类叫作固氮菌的微生物，能利用空气中的氮素作食物，在它们死亡和分解后，这些氮素就能被作物吸收利用。固氮菌分两类。一类是生长在豆科植物根瘤内的，叫根瘤菌。种豆能够肥田，就是因为根瘤菌的固氮作用增加了土壤里的氮素。另一类单独生活在土壤里就能固定氮气，叫自生固氮菌。另外，有些微生物在土壤中会产生有害的作用。例如反硝化细菌，它能把硝酸盐还原成氮气，放到空气里去，使土壤中的氮素受到损失。实行深耕、增施有机肥料、给过酸的土壤施石灰、合理灌溉和排水等措施，可促进土壤中有益微生物的繁殖，发挥微生物提高土壤肥力的作用。

4. 土壤水分

土壤是一个疏松多孔体，其中布满大大小小蜂窝状的孔隙。直径0.001mm～0.1mm的土壤孔隙叫毛管孔隙。存在于土壤毛管孔隙中的水分能被作物直接吸收利用，同时，还能溶解和输送土壤养分。毛管水可以上下左右移动，但移动的快慢决定于土壤的松紧程度。松紧适宜，移动速度最快，过松或过紧，移动速度都较慢。降水或灌溉后，随着地面蒸发，下层水分沿着毛管迅速向地表上升，应在分墒后及时采取中耕、耙、耱等措施，使地表形成一个疏松的隔离层，切断上下层毛管的联系，防止跑墒。"锄头有水"的科学道理就在这里。土壤含水量降至黄墒以下时，毛管水运行基本停止，土壤水分主要以气化方式向大气扩散丢失。这时进行镇压

（碾地），使地表形成略为紧实的土层，一方面可以接通已断的毛细管，使底墒借毛管作用上升；另一方面可减少大孔隙，防止水汽扩散损失，所以群众说"碾子提墒，碾子藏墒"。镇压后耱地，使耕层上再形成一个平整而略松的薄层，保墒效果更好。

5. 土壤空气

土壤空气是存在于土壤中气体的总称。分别以自由态存在于土壤孔隙中，以溶解态存在于土壤水中，以吸附态存在于土粒中。土壤空气基本上是由大气而来，但也有少部分产生于土壤中生物化学过程。土壤空气的组成与大气相似，但有差别。

土壤空气是土壤的重要组成成分之一，对于植物生长和土壤形成有重大意义。土壤空气对作物种子发芽、根系发育、微生物活动及养分转化都有极大的影响。生产上应采用深耕松土、破除板结、排水、晒田（指稻田）等措施，以改善土壤通气状况，促进作物生长发育。

7.1.2　土壤的性质

1. 土壤质地

土壤是由粗细大小不等的土壤颗粒组成的。这种不同颗粒按不同比例的组合称土壤质地。根据土壤中各种粒级的重量百分数组成把土壤划分为若干类别。土壤质地分类如表 7-1 所示。

表 7-1　国际制土壤质地分类标准

质地分类		各粒级含量/%		
类别	名称	粘粒<0.002mm	粉砂粒 0.02mm～0.002mm	砂粒 2mm～0.02mm
砂土类	砂土及壤质砂土	0～15	0～15	85～100
壤土类	砂质壤土	0～15	0～45	55～85
	壤土	0～15	35～45	40～55
	粉砂质壤土	0～15	45～100	0～55
粘壤土类	砂质粘壤土	15～25	0～30	55～85
	粘壤土	15～25	20～45	30～55
	粉砂质粘壤土	15～25	45～85	0～40
粘土类	砂质粘土	25～45	0～20	55～75
	壤质粘土	25～45	0～45	10～55
	粉砂质壤土	25～45	45～75	0～30
	粘土	45～65	0～35	0～55
	重粘土	65～100	0～35	0～35

不同质地的土壤呈现出不同的颜色、形状、性质、肥力、土壤密度、粘结性、粘着性等。

2. 土壤结构

一般把土壤颗粒（包括单独颗粒、复粒和团聚体）的空间排列方式及其稳定程度、孔隙的分布和结合的状况称为土壤的结构。实际上，土壤中的矿物颗粒并不都是呈单独颗粒存在的，除砂粒和部分粗颗粒以外，大多是互相聚在一起，形成较大的颗粒（微团聚体）或团聚体颗粒。一定条件下，良好的土壤结构有利于植物根系活动、通气、保水、保肥。

3. 土壤性质

土壤除具有肥力可使植物生长外，还具有吸附交换性、酸碱性、氧化还原性等物理化学性质，并与自然界进行物质与能量交换，具有自净化作用。

（1）土壤的吸附交换性

土壤的吸附性质与土壤中的交替有关，土壤胶体是指土壤中颗粒直径小于 1μm，具有胶体性质的微粒。一般土壤中的粘土矿物质和腐殖质都具有胶体性质。土壤胶体可按照成分来源分为三大类：

① 有机胶质。主要是生物活动的产物，是高分子有机化合物，呈球形，三维空间网状结构，胶体直径在 20nm～40nm 之间。

② 无机胶体。主要包括土壤矿物和各种水合氧化物，如粘土矿物中的高岭石、伊利石、蒙脱石，以及铁、铝、锰的水合氧化物。

③ 有机—无机复合体。由土壤中一部分矿物胶体和腐殖质胶体结合在一起而成。这种结合可能是通过金属离子桥键来完成的。

土壤胶体如粘粒、腐殖酸分子等不仅有巨大的表面积，而且由于粘粒矿物的层状结构和腐殖质的网状多孔结构还有很大的内表面积。土壤胶体具有带电性，其电荷根据稳定性可分为永久电荷和可变电荷。胶体一般以两种状态存在，一种是均匀地分散在水等介质中，称为溶胶；另一种是相互凝结聚合在一起，称为凝胶。土壤胶体存在的状态主要受两种力的作用：一是胶体微粒之间的静电排斥力，它使胶体颗粒分散；二是胶体微粒之间的分子引力，它使胶体颗粒相互吸引呈凝聚状态。

土壤胶体不仅表面积很大，而且带有大量电荷，因而具有强大的吸附能力。按吸附的机理和作用力的性质可将土壤的吸附性能分为机械吸附、物理吸附、化学吸附、物理化学吸附和生物吸附五种类型，按照吸附的离子种类可分为阳离子吸附和阴离子吸附。

机械吸附是指土壤对进入的物质的机械阻留作用。

物理吸附是指借助于土壤颗粒的表面能而发生的吸附作用。

化学吸附是指进入土壤中的物质经过化学作用，生成难溶性化合物或沉淀，因而存留在土壤中的现象。

生物吸附是指土壤中的生物在其生命活动过程中，把有效性养分吸收、积累、保存在生物体中的作用。生物吸收的重要特点表现在：选择性、表聚性、创造性、临时性。

物理化学吸附是指土壤溶液中的离子通过静电引力吸附在胶体微粒的表面上，被吸附的离子可以被其他离子替代而重新进入土壤溶液中的现象。

阳离子吸附：土壤胶体一般都带负电，所以吸附的离子主要是阳离子。当土壤胶体吸附的阳离子都为盐基离子时，土壤呈盐基饱和状态，这种土壤称为盐基饱和土壤。如果土壤胶体所吸附的阳离子部分为盐基离子，部分为 H^+ 和 Al^{3+} 时，这种土壤胶体呈盐基不饱和状态，称为盐基不饱和土壤。

土壤盐基饱和度是指土壤胶体上交换性盐基离子占全部交换性阳离子的百分数。

阴离子吸附：土壤胶体一般带负电，但两性胶体如含水氧化铝、铁在土壤 pH 较低时，也会带正电荷，从而吸附阴离子。土壤吸附阴离子的结果是土壤胶体颗粒之间溶液中的阴离子浓度增大。阴离子吸附顺序如下：

$F^->草酸根>柠檬酸根>磷酸根（H_2PO_4^-）>HCO_3^->H_2BO_3^->CH_3COO^->SCN^->SO_4^{2-}>Cl^->NO_3^-$

（2）土壤的酸碱性

土壤的酸碱性是气候、植被以及土壤组成共同作用的结果，其中气候起着近于决定性的作用。因此，酸性和碱性土壤的分布和气候常有密切关系。在我国长江以南，地处亚热带和热带，土壤风化和土体淋溶都十分强烈，因而形成了强酸性反应的土壤，其中分布最广的是红、黄壤。在东北山地，处在冷湿的寒温带，降水较多，土体淋溶较强，也可形成弱酸性的土壤。在半干旱和干旱的华北和西北地区，降水少，土体淋溶弱，广泛分布着中性至微碱性的石灰性土壤。强碱化土壤和碱土只在北方局部低洼地区出现，面积不大。

① 土壤酸度

土壤中 H^+ 的存在明显有两种形式，一是存在于土壤溶液中，一是吸收在胶粒表面。以此，土壤酸度可分为两种基本类型：

活性酸度：又称有效酸度，由土壤溶液中游离的 H^+ 所形成，通常用 pH 值来表示。

潜性酸度：土壤胶体表面所吸收的交换性致酸离子（H^+、Al^{3+}），只有在转移到土壤溶液中，变成溶液中的 H^+ 时，才会使土壤显示酸性，所以这种酸称为潜性酸。通常用 100 克烘干土中氢离子的毫克当量数表示。

当土壤溶液中 H^+ 减少或盐基离子增加时，土壤胶体吸收的 H^+、Al^{3+} 就能脱离胶体进入溶液，变为活性酸。反之亦然。所以，潜性酸是土壤酸度的根源，它是土壤酸度的容量指标，而 pH 值则是土壤酸度的强度指标。

② 土壤碱度

土壤溶液中 OH^- 离子的主要来源是碳酸根和碳酸氢根的碱金属（Ca、Mg）的盐类。碳酸盐碱度和重碳酸盐碱度的总称为总碱度。不同溶解度的碳酸盐和重碳酸盐对土壤碱性的贡献不同，$CaCO_3$ 和 $MgCO_3$ 的溶解度很小，故富含 $CaCO_3$ 和 $MgCO_3$ 的石灰性土壤呈弱碱性（pH 值在 7.5～8.5）；Na_2CO_3、$NaHCO_3$ 及 $Ca(HCO_3)_2$ 等都是水溶性盐类，可以出现在土壤溶液中，使土壤溶液中的碱度很高。从土壤 pH 来看，含 Na_2CO_3 的土壤，其 pH 值一般较高，可达 10 以上，而含 $NaHCO_3$ 及 $Ca(HCO_3)_2$ 的土壤，其 pH 值常在 7.5～8.5，碱性较弱。

当土壤胶体上吸附的 Na^+、K^+、Mg^{2+}（主要是 Na^+）等离子的饱和度增加到一定程度时会引起交换性阳离子的水解作用。结果在土壤溶液中产生 NaOH，使土壤呈碱性。此时 Na^+ 饱和度亦称土壤碱化度。胶体上吸附的盐基离子不同，对土壤 pH 值或土壤碱度的影响也不同。

③ 土壤的缓冲性能

土壤缓冲性能是指具有缓和酸碱度发生剧烈变化的能力，它可以保持土壤反应的相对稳定，为植物生长和土壤生物的活动创造比较稳定的生活环境，所以土壤的缓冲性能是土壤的重要性质之一。

土壤溶液的缓冲作用：土壤溶液中含有碳酸、硅酸、磷酸、腐殖酸和其他有机酸等弱酸及其盐类，构成一个良好的缓冲体系，对酸碱具有缓冲作用。

土壤胶体的缓冲作用：土壤胶体吸附有各种阳离子，其中盐基离子和氢离子能分别对酸和碱起缓冲作用。

土壤胶体的数量和盐基代换量越大，土壤的缓冲性能就越强。因此，砂土掺粘土及施用各种有机肥料，都是提高土壤缓冲性能的有效措施。在代换量相等的条件下，盐基饱和度愈高，土壤对酸的缓冲能力愈大；反之，盐基饱和度愈低，土壤对碱的缓冲能力愈大。另外，铝离子对碱也能起到缓冲作用。

(3) 土壤的氧化还原性能

土壤中有许多有机和无机的氧化性和还原性物质，因而使土壤具有氧化还原特性。一般来说，土壤中主要的氧化剂有氧气、NO_3^-和高价金属离子，如铁（Ⅲ）、锰（Ⅳ）、钒（Ⅴ）、钛（Ⅵ）等。主要的还原剂有有机质和低价金属离子。此外，土壤中植物的根系和土壤生物也是土壤发生氧化还原反应的重要参与者。

土壤氧化还原能力的大小可以用土壤的氧化还原电位来衡量。一般旱地土壤好氧化还原电位为+400mV～+700mV；水田的氧化还原电位在+300mV～-200mV。根据土壤的氧化还原电位值可以确定土壤中有机物和无机物可能发生的氧化还原反应和环境行为。

7.1.3 土壤背景值和土壤环境容量

1. 土壤背景值

土壤背景值又称为土壤背景含量或土壤本底值，是指未受或少受人类活动（特别是人为污染）影响的土壤环境本身的化学元素组成及其含量。它是代表一定环境单元的一个统计量的特征值。人类活动造成环境污染和生态的破坏，同时也影响着土壤环境中多种元素和化学组成的分布及背景浓度的增高，目前已很难找到完全不受人为因素影响的土壤环境。所以，现在普遍认为的土壤环境背景值是以相对不受污染影响作为前提的。有代表性的、准确的土壤背景值的获得，必须通过野外调查、选点采样、样品的制备保存、样品的实验分析和分析质量控制、分析数据的数理统计、异常值的剔除和分布类型的检验以及背景值的计算等工作程序。

2. 土壤环境容量

土壤环境容量是在人类生存和自然生态不受破坏的前提下，土壤环境所能容纳的污染物的最大负荷量。土壤环境容量是制定有关土壤环境标准的重要依据。

7.2 土壤环境污染

7.2.1 土壤环境污染及其污染特征

1. 土壤环境污染

人类活动产生的污染物进入土壤并积累到一定程度，引起土壤生态平衡破坏、质量恶化，导致土壤环境质量下降，影响作物的正常生长发育，作物产品的产量和质量随之下降，并产生一定的环境效应（水体或大气发生次生污染），最终危及人体健康，以至威胁人类生存和发展的现象，称为土壤环境污染。

2. 土壤环境污染的特点

土壤环境污染具有隐蔽性和滞后性。大气污染、水污染和废弃物污染等问题一般都比较直观，通过感官就能发现。而土壤污染则不同，它往往要通过对土壤样品进行分析化验和农作物的残留检测，甚至通过研究对人畜健康状况的影响才能确定。因此，土壤污染从产生污染到出现问题通常会滞后较长的时间。如日本的"痛痛病"经过了10～20年之后才被人们所认识。

① 土壤环境污染的累积性。污染物质在大气和水体中,一般都比在土壤中更容易迁移。这使得污染物质在土壤中并不像在大气和水体中那样容易扩散和稀释,因此容易在土壤中不断积累而超标,同时也使土壤环境污染具有很强的地域性。

② 土壤环境污染具有不可逆转性。重金属对土壤的污染基本上是一个不可逆转的过程,许多有机化学物质的污染也需要较长的时间才能降解。譬如,被某些重金属污染的土壤可能要100～200年时间才能够恢复。

③ 土壤环境污染很难治理。如果大气和水体受到污染,切断污染源之后通过稀释作用和自净化作用也有可能使污染问题不断逆转,但是积累在污染土壤中的难降解污染物则很难靠稀释作用和自净化作用来消除。

土壤环境污染一旦发生,仅仅依靠切断污染源的方法则往往很难恢复,有时要靠换土、淋洗土壤等方法才能解决问题,其他治理技术可能见效较慢。因此,治理污染土壤通常成本较高、治理周期较长。鉴于土壤污染难于治理,而土壤环境污染问题的产生又具有明显的隐蔽性和滞后性等特点,因此土壤环境污染问题一般都不太容易受到重视。

7.2.2 土壤环境污染的类型

(1) 按照土壤污染源和污染物进入土壤的途径,土壤环境污染可分为以下几种类型:

① 水质污染型——即利用工业废水、城市生活污水和受污染的地表水进行灌溉而导致的土壤污染。

② 大气污染型——即大气污染物通过干、湿沉降过程而导致的土壤污染。

③ 固体废物污染型——主要是工矿排出的废渣、污泥和城市垃圾在地表堆放或处置过程中通过扩散、降水淋溶、地表径流等方式直接或间接地造成的土壤污染。属于点源型土壤污染。

④ 农业污染型——是指农业生产中因长期施用化肥、农药、垃圾堆肥和污泥而造成的土壤污染。属于面源型土壤污染。

⑤ 综合污染型——由多种污染源和多种污染途径同时造成的土壤污染。

(2) 按土壤污染物的属性划分,土壤环境污染可分为化学性污染(包括有机物污染、无机物污染)、放射性污染、生物性污染等。

① 有机物污染

可分为天然有机污染物污染与人工合成有机污染物污染,这里主要是指后者,它包括有机废弃物(工农业生产及生活废弃物中生物易降解与生物难降解有机毒物)、农药(包括杀虫剂、杀菌剂与除莠剂)等污染。有机污染物进入土壤后,可危及农作物的生长与土壤生物的生存,如稻田因施用含二苯醚的污泥曾造成稻苗大面积死亡,泥鳅、鳝鱼绝迹。人体接触污染土壤后,手脚出现红色皮疹,并有恶心、头晕现象。农药在农业生产上的应用尽管收到了良好的效果,但其残留物却污染了土壤与食物链。近年来,塑料地膜地面覆盖栽培技术发展很快,由于管理不善,部分地膜被弃于田间,已成为一种新的有机污染物。

② 无机物污染

无机污染物有的是随地壳变迁、火山爆发、岩石风化等天然过程进入土壤,有的是随着人类的生产与消费活动而进入的。采矿、冶炼、机械制造、建筑材料、化工等生产部门,每天都排放大量的无机污染物,包括有害的元素氧化物、酸、碱与盐类等。生活垃圾中的煤渣,也是土壤无机物的重要组成部分,一些城市郊区对它长期、直接施用的结果造成了土壤环境质量的下降。

③ 土壤生物污染

是指一个或几个有害生物种群从外界侵入土壤,大量繁殖,破坏了原来的动态平衡,对人类健康与土壤生态系统造成不良影响。造成土壤生物污染的主要物质来源是未经处理的粪便、垃圾、城市生活污水、饲养场与屠宰场的污物等。其中危害最大的是传染病医院未经消毒处理的污水与污物。土壤生物不仅可能危害人体健康,而且有些长期在土壤中存活的植物病原体还能严重地危害植物,造成农业减产。

④ 土壤放射性物质的污染

是指人类活动排放出的放射性污染物,使土壤的放射性水平高于天然本底值。放射性污染物是指各种放射性核素,它的放射性与其化学状态无关。

放射性核素可通过多种途径污染土壤。放射性废水排放到地面上,放射性固体废物埋藏处置在地下,核企业发生放射性排放事故等,都会造成局部地区土壤的严重污染。大气中的放射性物质沉降,施用含有铀、镭等放射性核素的磷肥与用放射性污染的河水灌溉农田也会造成土壤放射性污染,这种污染虽然一般程度较轻,但污染的范围较大。

土壤被放射性物质污染后,通过放射性衰变,能产生 α、β、γ 射线。这些射线能穿透人体组织,损害细胞或造成外照射损伤,或通过呼吸系统或食物链进入人体,造成内照射损伤。

7.2.3 土壤的自然净化过程

污染物进入土壤后,会发生一系列物理、化学、物理化学和生物化学等反应,从而降低污染程度,这个过程一般被称为土壤的自然净化,也是污染物在土壤环境中迁移转化的过程。

(1) 物理过程。土壤是一个疏松多孔体系,因而,污染物质在土壤中可以通过挥发、扩散、稀释和浓集等过程降低其在土壤中的浓度。影响该过程的因素主要有土壤的温度、含水量以及土壤的结构和质地等。

(2) 化学过程。污染物在土壤中可以通过溶解、沉淀、螯合、中和等化学反应过程降低或减缓毒性,从而减少对土壤的污染。

(3) 物理化学过程。污染物在土壤中可以通过吸附与解吸、氧化—还原作用等物理化学过程实现自然净化。

(4) 生物过程。土壤环境中的生物迁移转化主要表现为两个方面:一是高等绿色植物和土壤生物对生命必需元素的选择性吸收,以维持生物的正常生命活动和土壤的功能;二是绿色高等植物和土壤生物对污染元素和化合物的被动吸收,致使植物产品的数量和质量下降,土壤的正常功能和生态平衡遭到破坏。

7.3 土壤环境污染的危害

土壤污染最直接的危害是不利于植物生长,导致农作物减产乃至绝收,严重污染的土壤可能寸草不生，有毒污染物被植物吸收积累后，通过食物链进入人体，并在人体内富集，危害人类的健康。

7.3.1 农药与土壤污染

1. 农药的分类

农药在广义上指农业上使用的药剂。根据防治对象的不同，农药可分为杀虫剂、杀螨剂、杀菌剂、杀线虫剂、除莠剂、杀鼠剂、杀软体动物剂、植物生长调节剂和其他药剂等。根据农药的化学组成成分又可分为有机氯农药、有机磷农药、有机汞农药、有机砷农药和氨基甲酸酯农药以及苯酰胺农药和苯氧羧酸类农药等。

2. 农药对环境的危害

化学农药对防治病虫害，消灭杂草，提高粮、油、果的产量，以及有关林、牧、副业生产的重要作用是不容置疑的。但是，由于长期、广泛和大量地使用化学农药，导致土壤环境中农药残留与污染，已危及动植物的生长和人类的健康。

农药对环境的污染是多方面的，包括对大气、水体、土壤和作物等的污染。进入环境的农药在环境各要素间迁移、转化并通过食物链富集，最后对人体造成危害，如图7-1所示。

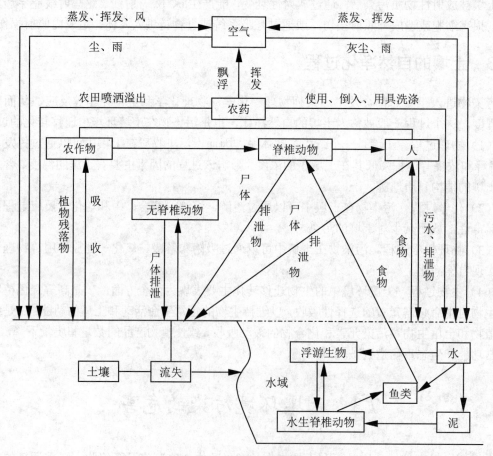

图7-1 农药对环境的危害

(1) 农药对大气的污染

大气中农药的污染主要来自为各种目的而喷洒农药时所产生的药剂飘浮物和来自农作物表面、土壤表面及水中残留农药的蒸发、挥发、扩散和农药厂排出的废气。大气中的农药飘浮物在风的作用下可跨山越海，到达世界各个角落。据报道，在地球的南、北极圈内和喜马拉雅山最高峰上都曾发现有机氯农药的存在。

(2) 农药对水体的污染

农田施药和土壤中的农药被水流冲刷及农药厂废水排放导致水体的农药污染。

(3) 农药对土壤的污染

土壤中的农药主要来源途径有直接施用，通过浸种、拌种等施药方式进入土壤，飘浮在大气中的农药随降雨和降尘落到地面进入土壤。

农药对土壤的污染程度取决于农药的种类和性质。农药在土壤中的残留期和不同土壤中有机氯农药的残留情况如表7-2和表7-3所示。

表7-2 农药在土壤中的残留期

农药名称	残留期*	农药名称	残留期**	农药名称	残留期	农药名称	残留期***
滴滴涕	10年	扑灭津	18个月	敌敌畏	24h	西维因	135天
狄氏剂	8年	西玛津	12个月	乐果	4天	梯灭威	36~63天
林丹	6.5年	莠去津	10个月	马拉硫磷	7天	呋喃丹	46~117天 [a]
氯丹	4年	草乃津	8个月	对硫磷	7天		
碳氯特灵	4年	氯苯胺灵	8个月	甲拌磷	15天		
七氯	3.5年	氟乐灵	6个月	乙拌磷	30天		
艾氏剂	3年	2,4,5-涕	5个月	二嗪农	50~180天		
		2,4-滴	1个月	三硫磷	100~200天		
				地虫磷	2年		

注：*表示消解95%所需时间，**表示消解75%~100%所需时间，***表示消解95%以上所需时间，a为半衰期。

表7-3 不同作物田土壤中有机氯农药的残留情况

农田种类	总六六六的质量分数/10^{-6}	总滴滴涕的质量分数/10^{-6}	备 注
棉田	0.278~1.065	1.175~6.450	河南、陕西棉区
麦田	0.159~0.295	0.168~1.054	山东泰安
	0.114~0.641	0.272~0.489	山东烟台
稻田	0.121~0.506	0.026~0.518	江苏稻区
烟田	0.031~0.092	0.006~0.709	山东烟区

3. 农药对生态的破坏和对人体健康的危害

土壤农药残留及污染危及动植物的生长和人类的健康，有些化学农药本身或与其他物质反应后的产物有致癌、致畸、致突变作用。

据报道，全世界每年因农药中毒致死者达1万人，致病者达40万人。发展中国家受农药污染极为严重，平均每年发生37万起农药中毒事件。农药对人体健康的危害目前认为有以下几个方面：

(1) 对神经的影响

有机氯农药具有神经毒性，滴滴涕会危害中枢神经，有机磷农药最近被认为具有迟发性神经毒性，人类对此毒性极其敏感。

(2) 致癌作用

动物实验证明，滴滴涕等农药有明显的致癌性能。虽然动物实验不能完全推设到人类，但可反映出其对人类的危害性。

(3) 对肝脏的影响

有机氯农药能诱发肝脏酶的改变，从而改变体内的生化过程，使肝脏肿大，以致死亡，此外，还能损害肾脏并引起病变。

(4) 诱发突变

滴滴涕和除莠剂 2,4,5-涕等是诱变物质，具有遗传毒性，能导致畸胎，影响后代健康并缩短寿命。

(5) 慢性中毒

农药慢性中毒时，将引起倦乏、头痛、食欲不振、肝脏损害等病症。

此外，农药还能对水生生物、飞禽、动物和植物等造成污染和危害。施用化学农药还给生态系统造成了危害。例如，使用六六六、1605 防治稻螟，在消灭稻螟的同时，也杀死了黑尾叶蝉的天敌——蜘蛛；再如，草原地区使用剧毒杀鼠剂灭鼠时，也造成鼠类的天敌猫头鹰、黄鼠狼及蛇的大量死亡。

7.3.2 重金属与土壤污染

1. 土壤的重金属污染

土壤重金属污染是指人类活动使重金属在土壤中的累积量明显高于土壤环境背景值，致使土壤环境质量下降和生态恶化的现象。

重金属的采掘、冶炼、矿物燃烧、化肥的生产和施用是土壤重金属污染的主要污染源，如表 7-4 所示。

表 7-4 土壤重金属的主要来源

元 素	主 要 来 源
Hg	制碱、汞化物生产等工业废水和污泥；含汞农药；金属汞蒸气
Cd	冶炼、电镀、染料工业废水；污泥和废气；肥料杂质
Cu	冶炼、钢制品生产等工业废水；污泥和废渣；含铜农药
Zn	冶炼、镀锌、纺织等工业废水；污泥和废渣；含锌农药和磷肥
Cr	冶炼、电镀、制革、印染等工业废水和污泥
Pb	颜料、冶炼等工业废水；防爆汽油燃烧废气；农药
Ni	冶炼、电镀、炼油、染料等工业废水和污泥
As	硫酸、化肥、农药、医药、玻璃等工业废水和废气；含砷农药
Se	电子、电器、油漆、墨水等工业的排放物

重金属元素在土壤中一般不易随水移动，不能被微生物分解而在土壤中累积，甚至有的

可能转化成毒性更强的化合物（如甲基化合物），它可以通过植物吸收在植物体内富集转化，给人类带来潜在危害。重金属在土壤中的累积初期不易被人们觉察和关注，属于潜在危害，一旦毒害作用比较明显地表现出来，也就难以彻底消除。通过各种途径进入土壤中的重金属种类很多，其中影响较大、目前研究较多的重金属元素有汞、镉、砷、铅、铜、锌等。由于各元素本身具有不同的化学性质，因而造成的污染危害也不尽相同。

2. 土壤重金属污染的生物效应

植物对各种重金属的需求有很大差别，有些重金属是植物生长发育中并不需要的元素，而且对人体健康的直接危害十分明显，如 Hg、Cd、Pd 等；而有些元素则是植物正常生长发育所必需的微量元素，包括 Fe、Mn、Zn、Cu、Mo、Co 等，但如果在土壤中的含量过高，也会发生污染危害。

土壤中因受重金属污染而对作物生长产生危害时，不同类的重金属危害并不相同。例如，Cu、Zn 主要是妨碍植物正常生长发育；土壤受铜污染，可使水稻生长不良，过量铜被植物根系吸收后会形成稳定的络合物，破坏植物根系的正常代谢功能，引起水稻的减产；而受镉、汞、铅等元素污染，一般不引起植物生长发育障碍，但可在植物体内蓄积，如镉可在水稻体内累积形成"镉米"。

土壤重金属污染对植物的影响或对植物的生物效应，受到多种因素的控制，如重金属形态是决定重金属有效性程度的基础。一般来说，植物吸收重金属的量随土壤溶液中可溶态重金属浓度的增高而增加，同时还受重金属从土壤固相形态向液相形态转移数量的影响。

除上述影响因素外，重金属污染的生物效应还与重金属之间及其他常量元素之间的交互作用有关。

3. 有毒重金属在土壤中的迁移转化

（1）汞

世界土壤中汞的含量平均值为 0.03mg/kg～0.1mg/kg，我国土壤汞的背景值为 0.04mg/kg。汞主要分布于土壤表层 20cm 范围内。天然土壤中汞主要来源于母岩或母质，人为污染也是土壤中汞的重要来源。土壤中汞的形态较复杂。无机汞化合物有 HgS、HgO、$HgCO_3$、$HgHPO_4$、$HgSO_4$、$HgCl_2$ 和 $Hg(NO_3)_2$ 和 Hg 等；有机汞化合物有甲基汞、有机络合汞等。除甲基汞、$HgCl_2$ 和 $Hg(NO_3)_2$ 外，大多为难溶化合物，其中以甲基汞和乙基汞的毒性最强。

土壤环境中汞的迁移转化也是较复杂的。

① 土壤中汞的氧化还原：土壤中的汞以三种价态形式存在——Hg、Hg^+ 和 Hg^{2+}。在正常的土壤 E_h 和 pH 范围内，汞能以零价（单质汞）形态存在于土壤中，这是汞的重要环境地球化学特征。由于单质汞在常温下有很高的挥发性，除部分存在于土壤中外，还以蒸气的形式挥发进入大气圈参与大气循环。Hg^{2+} 在含有 H_2S 的还原条件下将生成难溶性的 HgS。因此，汞主要以 HgS 形式残存于土壤中。但当土壤中的氧化条件占优时，HgS 也可以缓慢地被氧化为亚硫酸汞和硫酸汞。

② 土壤中汞的吸附与解吸：Hg^{2+}、Hg_2^{2+} 可为土壤带负电荷的胶体所吸附，而 $HgCl_3^-$ 则为带正电荷的胶体所吸附。不同粘土矿物对汞的吸附能力不同，一般来说，蒙脱石、伊利石对汞的吸附力较强，高岭石较弱。当土壤溶液中氯离子的浓度较高时，由于形成 $HgCl_2^0$、$HgCl_3^-$

络离子而使粘土矿物对汞离子的吸附减弱。

③ 汞在土壤中的络合—螯合作用：土壤中的有机和无机配体与汞的络合—螯合作用对汞的迁移转化影响较大。如，OH^-、Cl^-与汞的络合作用大大提高了汞化物的溶解度。土壤中有机配位体如腐殖质的羟基和羧基对汞有很强的螯合能力，加上腐殖质对汞离子有很强的吸附交换能力，致使土壤腐殖质部分的含汞量远远高于矿物质部分的含汞量。在还原性条件及厌氧微生物作用下，可将无机汞转化为甲基汞（CH_3Hg）和二甲基汞（$(CH_3)_2Hg$）。只要存在甲基给予体，在非生物作用下，汞也可被甲基化。汞的甲基化不但大大加强了汞的毒性，而且加强了汞的迁移能力。如使土壤胶体对汞的吸附减弱，甲基汞特别是二甲基汞较易发生大气和水迁移。

④ 植物对汞的吸收和累积与土壤中汞含量的关系：试验证明，水稻生长的"汞米"与"汞土"之间生物吸收富集系数为 0.01，即土壤中总汞含量为 $2×10^{-6}$ 时，生产出来的米汞含量可超过 $2×10^{-8}$。土壤中汞及其化合物可以通过离子交换与植物的根蛋白进行结合，发生凝固反应。汞在植物不同部位的累积顺序为：根>叶>茎>种子。不同的农作物对汞的吸收和积累能力是不同的。在粮食作物中的顺序为：水稻>玉米>高粱>小麦。不同土壤中汞的最大容许量是有差别的，如酸性土壤为 $0.5×10^{-6}$，石灰性土壤为 $1.5×10^{-6}$。如果土壤中的汞超过此值，就可能生产出对人体有害的"汞米"。

（2）镉

世界土壤中镉的平均含量为 0.5mg/kg，我国土壤镉的平均含量为 0.079mg/kg。镉与锌属同一副族元素，化学性质相似，在自然界中常伴随于闪锌矿（ZnS）内出现。土壤中的镉来源于闪锌矿的开采、冶炼、电镀、颜料、塑料稳定剂、蓄电池的生产等。

土壤中镉的存在形态分为水溶性镉和非水溶性镉。离子态的 $CdCl_2$、$Cd(NO_3)_2$、$CdCO_3$ 和络合态的如 $Cd(HO)_2$ 呈水溶性，易迁移，可被植物吸收；而难溶性的镉化合物，如镉沉淀物、胶体吸附态镉等为难溶性镉，不易迁移和为植物吸收。但两种形态的镉在一定条件下可相互转化。

土壤胶体对镉的吸附能力较强，而且是一个快速反应的过程，因而土壤中吸附交换态镉所占的比例较大。镉的吸附率与土壤胶体的种类和数量有关，它的顺序为：一般腐殖质土>重壤质土>壤质土>砂质土。此外，碳酸钙对镉的吸附也非常强烈。土壤中的难溶态镉，在旱地土壤中以 $CdCO_3$、$Cd_3(PO_4)_2$ 和 $Cd(OH)_2$ 形式存在，其中以 $CdCO_3$ 为主。在水田土壤中则以 CdS 为主。

影响土壤中镉的形态与迁移转化的因素主要有土壤酸碱度、氧化还原条件和碳酸盐含量。土壤酸度可影响土壤中 $CdCO_3$ 的溶解和沉淀平衡。如土壤酸度的增强，不仅增加 $CdCO_3$、CdS 的溶解度，使水溶态 Cd^{2+} 含量增大，同时还影响土壤胶体对 Cd 的吸附交换量。随着 pH 值的下降，胶体对 Cd 的解吸率增加，当 pH 值为 4 时，解吸率>50%。土壤氧化还原条件的变化对 Cd 形态转化的影响主要表现在，水田淹水形成还原环境时，镉以难溶性 CdS 为主；当排水形成氧化条件时，S^{2-} 可被氧化形成单质硫，并进一步氧化为硫酸，而使土壤 pH 值下降，CdS 逐渐转化为 Cd^{2+}。研究表明，碳酸钙含量对 Cd 的形态转化有显著作用，在不含或少含 $CdCO_3$ 的土壤中，随 $CdCO_3$ 含量的增加，交换态镉量亦随之增加，但当 $CdCO_3$ 达到 4.3%时，对镉形态转化的影响则减弱。

由于镉是作物生长的非必需元素，并易为作物所吸收（小麦比水稻更易受镉污染），因此，可溶态镉含量稍有增加，就会使作物体内镉含量相应增加。与其他重金属元素相比，镉的土壤环境容量要小得多。因而对控制镉污染而制定的土壤环境标准较为严格。

（3）砷

世界土壤中砷的平均含量为 6mg/kg，我国土壤中砷的平均含量为 9.6mg/kg。土壤砷污染主要来源于冶金、化工、燃煤、炼焦、造纸、皮革、电子工业等，农业方面来自于含砷农药（杀虫剂、杀菌剂）的施用。

土壤中砷以可溶态、吸附态和难溶态形式存在。在一般的 pH 值和 E_h 范围内，砷主要以 As^{3+} 和 As^{5+} 存在。水溶性砷多为 AsO_4^{3-}、$HAsO_4^{2-}$、AsO_3^{3-} 和 $H_2AsO_4^-$ 等阴离子形式。其含量常低于 1mg/kg，只占总砷含量的 5%～10%。这是由于水溶性砷很易与土壤中的 Fe^{3+}、Al^{3+}、Ca^{2+} 和 Mg^{2+} 等生成难溶性砷化物。带正电荷的土壤胶体，特别是氧化铁和氢氧化铁对砷酸根和亚砷酸根阴离子的吸附力很强。

砷是植物强烈吸收累积的元素。As^{3+} 的易迁移性、活性和毒性都远远高于 As^{5+}。砷对植物的毒害主要是阻碍植物体内水分和养分的输送，砷酸盐浓度达 1mg/L 时，水稻即开始受害；达到 5mg/L 时，水稻减产一半；达到 10mg/L 时，水稻生长不良，以致不抽穗。

（4）铬

世界土壤中铬的平均含量范围为 70mg/kg，我国土壤中铬的平均含量为 57.3mg/kg。土壤中铬自然含量与母岩、母质有关。土壤铬污染源主要为铁、铬、电镀、金属酸洗、皮革鞣制、耐火材料、铬酸盐和三氧化铬工业、燃煤、污水灌溉、污泥施用等。铬主要累积于土壤表层，并自表土层向下递减。

铬在土壤中主要以 Cr^{3+}、CrO_2^-、$Cr_2O_7^{2-}$ 和 CrO_4^{2-} 等形态存在。其中，以 $Cr(OH)_3$ 最为稳定。在常见的 pH 值和 E_h 范围内，土壤中的 Cr^{6+} 可迅速还原为 Cr^{3+}。因 Cr^{6+} 的存在必须具有很高的 E_h（>0.7V），这样高的土壤电位并不多见，只在弱酸、弱碱性土壤中有六价铬化物。在 pH>8、E_h 为 0.4V 的荒漠土壤中曾发现铬钾石（K_2CrO_4）。Cr^{6+} 可被 Fe^{2+}、可溶性硫化物和具羟基的有机物还原为 Cr^{3+}。在通气良好的土壤中，Cr^{3+} 可被 MnO_2 氧化为 Cr^{6+}。由于 Cr^{3+} 的溶解度较低，Cr^{6+} 的含量少，因而土壤中可溶性铬含量一般较低。

土壤胶体对 Cr^{3+} 有较强的吸附力，甚至 Cr^{3+} 可交换吸附于晶格中的 Al^{3+}。Cr^{6+} 的活性和迁移能力更大，特别当土壤中含有过量正磷酸盐时，因磷酸根的交换吸附能力大于 CrO_4^{2-}、$Cr_2O_7^{2-}$，从而阻碍土壤对其吸附。但铬的阴离子的吸附力大于 Cl^-、SO_4^{2-} 和 NO_3^-。

由于土壤中的铬多为难溶性化合物，故一般迁移能力较低，而残留于土壤表层。铬在植物体内的富集顺序为稻茎>谷壳>糙米。92%左右的铬积累于茎叶中。

（5）铅

世界土壤中铅的平均含量约为 20mg/kg。土壤中铅的自然来源主要为母岩、母质，土壤铅污染源主要来自于含铅矿的开采和冶炼、污泥施用、污水灌溉和含铅汽油的使用。

土壤的无机铅主要以二价态难溶性化合物存在，如 $Pb(OH)_2$、$PbCO_3$ 和 $Pb_3(PO_4)_2$，而可溶性铅含量较低。这是由于土壤中各种阴离子对铅的固定作用和有机质对铅的络合—螯合作用。粘土矿物对铅的吸附作用及铁锰氢氧化物（特别是锰的氢氧化物）对 Pb^{2+} 的专性吸附作用对铅的迁移能力、活性与毒性影响较大。土壤 E_h 增高，会降低铅的可溶性；而土壤 pH 值降低，由于 H^+ 对吸附性铅的解吸作用和增强 $PbCO_3$ 的溶解，会使可溶性铅含量有所增加。

铅主要富集于植物的根部和茎叶，并主要影响植物的光合作用和蒸腾作用。长期大量地施用含铅的污泥和污水灌溉，可能影响土壤中氮的转化，从而影响植物的生长。

土壤环境污染除上述重金属、化学农药污染之外，还有因核爆炸试验、核泄漏等核事故造成的放射性土壤污染、土壤石油污染以及外源有害微生物引起的土壤生物污染等，此处不再一一详述。

7.3.3 土壤污染的影响和危害

1. 土壤污染对作物的影响

当土壤中的污染物含量超过植物的忍耐限度时，会引起植物的吸收和代谢失调；一些残留在植物体内的有机污染物，会影响植物的生长发育，甚至会导致遗传变异；Cu、Ni、Co、Mn、Zn 等重金属和类重金属以及 As 等会引起植物生长发育障碍。油类、苯酚等有机污染物会使植物生长发育受到障碍，导致作物矮化、叶尖变红、不抽穗或不开花授粉；三氯乙醛能破坏植物细胞原生质的极性结构和分化功能，使细胞和核的分裂产生紊乱，形成病态组织，阻碍正常生长发育，甚至导致植物死亡。

土壤生物污染，如某些致病细菌能引起番茄、茄子、辣椒、马铃薯、烟草等百余种茄科植物的青枯病，也会引起果树细菌性溃疡和根癌病；某些致病真菌能引起大白菜、油菜、芥菜、萝卜、甘蓝、荠菜等百余种蔬菜的根肿病，引起茄子、棉花、黄瓜、西瓜等多种植物的枯萎病，以及小麦、大麦、燕麦、高粱、玉米、谷子的黑穗病等。

2. 土壤污染物在植物体内残留

农作物通过根部从被污染的土壤中吸收重金属，其残留量在作物体内的分布是不均匀的。例如，植物吸收的镉在体内各部位的相对残留量一般为：根>茎>叶>荚>籽粒；在苹果幼树不同器官的积累量为：根>二年生枝>一年生枝>叶片。不同重金属在植物体内的残留量也不一样，如苹果根系对铜的富集量明显大于镉。溶解度大的农药易被作物吸收，越难分解的农药在作物体内残留时间越长。例如，六六六易被作物吸收，残留时间长。不同的作物对同一种农药的吸收残留量不同。例如，有机氯农药中的艾氏剂、狄氏剂的吸收量为：洋葱<莴苣<黄瓜<萝卜<胡萝卜。

3. 土壤污染危害人体健康

病原体能在土壤中生存较长时间，如痢疾杆菌能生存 22d~142d，结核杆菌能生存 1 年左右，蛔虫卵能生存 315d~420d，沙门氏菌能生存 35d~70d。土壤中的病原体可通过食物链进入人体，也可穿透皮肤侵入人体，如十二指肠钩虫、美洲钩虫和粪类圆线虫等虫卵在温暖潮湿的土壤中经过几天的孵育变成感染性幼虫，可穿过皮肤进入人体。病原体可导致人体肠道及消化道疾病、脊髓灰质炎、传染性肝炎病等。土壤重金属被植物吸收后，可通过食物链危害人体健康。例如，长期食用镉残留的稻米，使得镉在人体内蓄积，从而引起全身性神经痛、关节痛、骨折，以致死亡。重金属 Cd、Hg、Pb 等均能在植物可食部位蓄积而危害农产品安全。放射性污染物主要是通过食物链进入人体，其次是经呼吸道进入人体，可造成内照射损伤，使受害者头昏、疲乏无力、脱发、白细胞减少或增多，发生癌变等。

此外，含重金属浓度较高的污染表土容易在风力和水力的作用下向大气和水体扩散，土壤污染物直接或腐败分解后经挥发和雨水冲刷等扩散过程,会进一步污染大气、水环境,造成区域性的环境质量下降和生态系统退化等次生生态环境问题。

7.4 我国土壤污染现状与防治

7.4.1 土壤污染的现状

目前大陆受重金属污染的耕地面积近2 000万公顷。约占耕地总面积的1/5。受矿区污染的土地达200万公顷,受石油污染的土地约500万公顷,受固体废弃物堆放污染的土地约5万公顷,工业"三废"污染耕地近1 000万公顷,污水灌溉的农田面积达330多万公顷。土壤污染使全国农业粮食减产已超过1 300万吨,因农药和有机物污染、放射性污染、病原菌污染等其他类型的污染所导致的经济损失难以估计。由于污染,土壤的营养功能、净化功能、缓冲功能和有机体的支持功能正在丧失。土壤是生态环境系统的有机组成部分,是人类生存与发展最重要和最基本的综合性自然资源。我们不能坐以待毙,要加强研究,采取措施,切实阻止土壤污染继续扩大的趋势,清除被称为"化学定时炸弹"的土壤污染。

1. 土壤重金属污染现状

随着工业、城市污染的加剧和农用化学物质种类、数量的增加,我国土壤重金属污染日益严重,污染程度在加剧,面积逐年扩大。根据农业部环保监测系统对全国24个省市320个严重污染区约548万公顷的土壤调查发现,大田类农产品污染超标面积占污染区农田面积的20%,其中重金属污染占超标面积的80%,对全国粮食调查发现,重金属Pb、Cd、Hg、As超标率占10%。重金属污染物在土壤中移动性差,滞留时间长,大多数微生物不能使之降解,并可经水、植物等介质最终危害人类健康。

(1) 随着大气沉降进入土壤的重金属

人类活动产生的重金属粉尘以气溶胶的形式进入大气,经过自然沉降和降水进入土壤,造成土壤污染。特别是汽车运输对公路沿线污染严重。江苏省高速公路两边的土壤"病情"严重,公路两边100米成为铅污染区,铅对土壤的污染已深达30cm,而这一深度往往正是农作物生长的深度,这直接导致蔬菜等农作物中铅含量超标,在30个观测点中,蔬菜中的铅含量最高超标居然高达6倍。专家研究认为污染来源于汽车尾气排放的铅和未燃尽的四乙基铅残渣以及汽车轮胎磨损产生的粉尘进入土壤。专家呼吁在交通干线两侧多种植树木和花卉,不要种植蔬菜和粮食作物。我国地质化学勘查学科的创始人,中科院资深院士谢学锦指出,部分地区土壤重金属污染加重与我国当前粗放式的生产方式有很大关系。由于煤炭等资源消耗量大,加重了大气污染,导致了酸雨增加,从而加速了土壤中镉、汞、铅、砷等重金属的累积,造成"中毒"土壤增加。在宁杭公路南京段两侧的土壤形成Pb、Cr、Co污染带,且沿公路延长方向分布,自公路向两侧污染程度逐渐减弱。大气中经自然沉降与雨淋进入土壤的重金属污染,与重工业发达程度、城市人口密度、土地利用率、交通发达程度有直接关系。污染强弱顺序为:城市>郊区>农村。

（2）随着污水灌溉进入土壤的重金属

污水按来源和数量可分为城市生活污水、石油化工污水、工矿企业污水和城市混合污水等。由于我国工业迅速发展，工矿企业污水未经分流处理而排入下水道与生活污水混合排放，从而造成污灌区重金属 Hg、Cd、Cr、Pb 等含量逐年增加。根据我国农业部进行的全国污灌区调查，在约 140 万公顷的污灌区中，遭受重金属污染的土地面积占污灌区面积的 64.8%，其中轻度污染占 46.7%，中度污染占 9.7%，严重污染占 8.4%。根据《2004 年辽宁省环境质量通报》披露，辽宁省 8 个主要污灌区的土壤环境质量均受到不同程度的污染，污染面积达 6.46 万公顷。污灌区主要污染物质为镉，其次为镍、汞和铜。个别重污染区域 70cm～100cm 深处土壤中镉和汞仍然超标。中国科学院地理科学与资源研究所陈同斌研究员研究发现，广西、云南等地遇到洪水时，上游堆积的开采矿产中含高浓度重金属的污水就顺势蔓延下来，造成下游上百千米的河道和农田遭受污染，从而大面积稻田严重减产，甚至绝收。郑州污灌区中 Hg 的浓度达 0.242mg/kg，而土壤中 Hg 含量 0.194mg/kg 就会造成严重污染。据许书军、魏世强等对重庆市 16 个市、县、区污灌旱地和水田土样分析，三峡库区土壤重金属 As、Cd、Cu、Ni 的含量均超标，Cd 有最大超标。淮阳污灌区土壤 Hg、Co、Cr、Pb、As 等重金属早在 1995 年就超过警戒线，其他灌区部分重金属含量也远远超过当地背景值。江苏宜兴污灌区，经中科院南京土壤研究所赵其国院士的检测发现，其产出的稻米中含有 120 多种致癌物质。该研究所在江苏省部分地区检测也发现，其产出的小麦、大米、面粉里铅检出率高达 88.1%。根据无锡市疾病预防控制中心副主任徐明透露，无锡市最近几年肝癌、胃癌、肺癌发病率明显上升，据分析人士透露这与宜兴污灌区的大米一度畅销有关，而江苏宜兴的陶瓷企业废水违规排放仍在进行。

（3）随固体废弃物进入土壤的重金属

固体废弃物种类繁多，成分复杂。其中矿业和工业固体废弃物污染最为严重。这类废弃物在堆放或处理过程中，由于日晒、雨淋，水洗重金属极易移动，以辐射状、漏斗状向周围土壤扩散。我国固体废弃物堆放污染约 5 万公顷，其中的废旧电池对土壤的污染危害巨大。浙江省地质调查研究院对长兴县蓄电池企业最为集中的煤山镇进行调查，结果显示，长兴县煤山镇一带的重金属镉、铅含量已超过国家标准，其污染源就是蓄电池废旧材料的乱堆乱放。土壤污染使长兴县林城镇上狮村玫瑰花种植基地玫瑰花铅含量超标，销路困难；不光玫瑰花，上狮村的大米、茶叶、桃子、青梅等农产品都被检测含铅量超标，市场前景暗淡。而由于固体废弃物的大量堆积，南京城老居民区土壤中含铅量平均值达到 141.6mg/kg，远远超过 24.8mg/kg 的土壤背景值。随着电子产业的发展，废旧干电池、锂电池、蓄电池等电子垃圾目前已成为重要的土壤污染源。据测算，一节一号含汞电池烂在土壤中，可以使 1 平方米土地失去利用价值，江苏宜兴的大量陶瓷企业乱堆乱放的废料废渣同样是造成当地土壤重金属含量超标的重要原因。2007 年 3 月 26 日，据湖南省株洲市有关部门证实，茶陵县洣江乡一家炼铅企业堆放的废料污染土壤造成 14 名儿童铅中毒，株洲市环保局在含铅废料堆积处附近约 3 平方千米范围内采集样本进行检测，发现土壤、蔬菜、稻谷铅含量均超标，个别严重超标。对武汉市垃圾堆放场、杭州路渣堆放区附近土壤重金属含量的研究发现，这些区域的土壤中 Cd、Hg、Cr、Cu、Zn、Pb、As 等重金属含量均高于当地背景值。一些含重金属固体废弃物因含有一定养分而被作为肥料大量施入农田，造成了农田土壤重金属含量超标。磷石膏属于化肥工业废物，由于其含有一定量的正磷酸以及不同形态的含磷化合物，可以改良酸性土壤，从而被大量施入土壤，造成了土壤中 Cr、Pb、Mn、As 含量增加。北京农田施入燕山石化污泥一年后，Hg、Cd 浓度均超标。据房世波、潘剑君等对南京市土壤污染调查表明，南京市近郊土壤污染以汞和锌为主，江宁县附近为污染重区，污染原因有工矿企业废物的乱堆放、生活垃圾的农用及各类肥料和农药的施用。湖南省彬州市一砷制品厂附近村民被检测尿砷超标143人，共249人住院治疗。据廖晓勇、陈同斌等人调查发现，砷厂附近的水、蔬菜、土壤、谷物均受到不同程度的砷污染，因砷污染导致该区域约50公顷稻田及菜地弃耕荒芜，在污染土壤上种植的大白菜、萝卜、菠菜等砷含量严重超标，原因是该砷厂所产生的废渣都倾倒在厂区附近的自然洼地上。

2. 土壤有机物污染现状

土壤中的有机物污染物质主要来源有机农药和工业"三废"，较常见的有有机农药类、多环芳烃（PAHs）、有机卤代物中的多氯联苯（PCBs）和二噁英（PCDDs）以及油类污染物质、邻苯二甲酸酯等有机化合物。另外，农膜对土壤的污染也相当严重。部分污染物质由于其独特的热稳定性能、化学稳定性能和绝缘性能，在生产和生活中用途很广，常造成严重的累积后果，特别是某些有激素效应的种类，对人和其他动物的生殖功能有干扰作用或负面影响，对其毒害效果的消除治理是人类面临的一大环境课题。

（1）有机农药

我国是农药生产和使用大国，每年使用的农药量达到50万～60万吨，其中约有80%的农药直接进入环境，每年使用农药的土地面积在2.8亿公顷以上。农药品种有120余种，大多为有机农药。田间使用的大部分农药将直接进入土壤环境中。另外，大气中的残留农药及喷洒附着在作物上的农药，经雨水淋洗也将落入土壤中，污水灌溉和地表径流也是造成土壤农药污染的原因。我国平均每公顷农田施用农药13.9kg，比发达国家高约1倍，利用率不足30%，造成土壤大面积污染。据陈同斌等人统计，截至2011年底，我国受农药污染的土地面积已超过1 300万～1600万公顷。

有机农药按其化学性质可分为有机氯类农药、有机磷类农药、氨基甲酸酯类农药和苯氧基链烷酸酯类农药。前两类农药毒性巨大，且有机氯类农药在土壤中不易降解，对土壤污染较重，有机磷类农药虽然在土壤中容易降解，但由于使用量大污染也很广泛。后两类农药毒性较小，在土壤中均易降解，对土壤污染不大。

（2）有机氯类农药

我国已于1983年全面禁止了DDT、六六六的生产和使用。禁用24年来，土壤中的总体残留量仍然较高。广州菜地中六六六的检出率为99%，DDT检出率为100%。太湖流域农田土壤中六六六、DDT检出率仍达100%，一些地区最高残留量仍在1mg/kg以上。根据龚钟明、王学军对天津地区土壤中DDT的部分研究发现，P、P-DDT、P、P-DDE是表土中主要污染物，其平均残留量分别为27.5ng/g 和 18.8ng/g。据万红富等对广东省不同类型土壤六六六、DDT残留情况检测结果如表7-5所示（2005，表中数据为检测率）。可见，广东省不同类型土壤中六六六、DDT残留检测率均很高。

表7-5 广东省不同类型农业土壤六六六、DDT残留情况

	菜 地	水稻田	香蕉地	堆叠土	果园地
六六六	91.80	95.45	91.67	88.89	60.00
滴滴涕	93.44	88.64	83.33	100.00	100.00

(3) 除草剂类农药（苯氧基链烷酸酯类农药）

根据江苏省对全省农业的环境质量调查，一些低毒的除草剂在土壤中已有一定残留，主要品种为除草醚和绿麦隆，长期大量使用使其土壤作物残留十分严重。

(4) 多环芳烃（PAHs）

土壤中多环芳烃的污染源较复杂，其中主要包括矿物油、化石燃料燃烧及木材燃烧产物等。土壤中的 PAHs 对人类健康危害巨大。许多 PAHs 可致癌，还具有破坏造血和淋巴系统的作用，并能使脾、胸腺和膈膜淋巴结退化，抑制骨骼形成。PAHs 已成为我国土壤中一类较为常见的有机污染物，由此导致全国主要的农产品中 PAHs 超标率高达 20%以上。

天津是中国重要的工业基地，污染严重，土壤中 PAHs 来源复杂，石油、煤及其不完全燃烧产物为其主要来源。此外，由于水资源短缺，天津自 1958 年利用污水灌溉，污灌区面积 140 000 公顷，污灌区土壤遭受严重污染，大气沉降进一步加剧了土壤 PAHs 污染，截至 2011 年，污灌区土壤大多呈黑褐色，有机质含量较高。最大达 23.1mg/g（TOC/干土）。根据张枝焕等对天津地区表层土壤中芳香烃污染物的化学组成及分布特征研究表明，天津地区不同环境功能区表层土壤中分布有多种类型的烃类污染物，已经检测到的 PAHs 化合物有 100 种单体化合物，含量较高的主要有菲、甲基菲、荧蒽、芘等，但含量差别显著。污灌耕地和滨海盐土耕地四环以上芳香烃含量较高且随深度降低较大，而非污灌耕地和北部山区烷基取代物含量较高且随深度降低小，但剖面深部（>40cm）芳香烃化合物组成特征基本趋于一致。这说明天津地区四环以上芳香烃污染土壤较重，且主要分布于污灌耕地和滨海盐土耕地。

(5) 二恶英（PCDDs）

随着我国杀虫剂、除草剂、防腐剂等的生产，金属冶炼以及部分其他农药的使用等，都会使 PCDDs 进入土壤。城市垃圾焚烧残渣、汽车尾气沉降、纸浆的漂白水任意排放是土壤中 PCDDs 的主要来源过程。我国从 1959 年起在长江中下游地区用五氯酚钠防治血吸虫病，其杂质二恶英已造成区域二恶英类污染。洞庭湖、鄱阳湖底泥中的 PCDDs 含量也很高。据研究，PCDDs 具有强脂溶性，可渗入人体细胞核中，与蛋白质结合，改变 DNA 的正常遗传功能，控制相应的基因活动，从而扰乱内分泌并致癌。

(6) 邻苯二甲酸酯（PAEs）

PAEs 主要用作塑料的增塑剂，主要用于聚氯乙烯（PUC）加工行业，也可用作农药载体、驱虫剂、化妆品、润滑剂和去泡剂的生产原料。该化合物具有一般毒性和特殊毒性（如致畸、致突变或具有致癌活性），可造成人体生殖功能异常，发挥着类雌性激素的作用，干扰内分泌，被人们称为第二个全球性 PCB 污染物。农业土壤中 PAEs 主要来源于大气污染物（涂料喷涂、塑料垃圾焚烧和农用薄膜增塑剂挥发等的产物以及工业烟尘）的沉降，污水和污泥农用，化肥、粪肥和农药的施用，以及堆积的大田薄膜和塑料废品等长期受雨水浸淋对土壤生成的污染。其中土壤污灌可使土壤中 DBP 和 DOP 含量分别增加 49 倍和 72 倍之多。

(7) 农膜

我国由于大量使用农膜，致使农膜污染土壤面积超过 780 万公顷，且回收率低，导致其在土壤中残留，影响土壤通气透水，使土壤养分迁移受阻，并因此影响作物的生长发育。

3. 不合理施肥造成的土壤污染

我国化肥施用量折纯达 4 100 多万吨，占世界总量的 1/3，成为世界第一化肥消费大国。

目前我国约50%以上的耕地微量元素缺乏，20%～30%的耕地氮养分过量。与发达国家相比，我国的化肥施用量偏高，特别是氮肥施用量更高。由于有机肥投入不足，化肥施用不平衡，造成耕地土壤退化、耕层变浅、耕性变差、保水肥能力下降，污染了土壤，增加了农业生产成本，降低了农产品品质。近几年，西北、华北地区大面积频繁出现沙尘暴，与耕地理化性状恶化、团粒结构破坏、沙化有十分密切的关系。而有机肥施用量增加很少，部分地块甚至减少，有机态养分占总施用养分的比例明显偏低。这可能是近几年来引发许多土壤环境问题的重要原因。中科院侯彦林教授说，化肥污染隐蔽性强，且具有长期潜伏性。

化肥对土壤质量的影响是多方面的。① 单独施用化肥将导致土壤结构变差，融重增加，空隙度减少。② 施用化肥可能使土壤的有机质上升减缓，甚至下降，部分养分含量较低或养分间不平衡，不利于土壤肥力的发展。③ 单独施用化肥将导致土壤中有益微生物减少。④ 由于部分化肥中含有污染成分，过量施用（尤其磷肥）将对土壤造成污染。⑤ 不均衡施肥致使土壤中氨氮元素过多，会造成土壤对其他元素吸收性能下降，从而破坏土壤的内在平衡。

由于长期大量施用氨氮化肥，农田土壤系统中输出的大量营养物质形成对水域富营养化的严重威胁，仅化肥氮淋洗和径流损失每年就约174万吨。长江、黄河和珠江每年输出的无机态氮达97.5万吨，成为近海赤潮的主要污染源。河南省环保局监测境内淮河沿岸土壤时发现，土壤中氨氮含量非常高，残留在土壤中的化肥被暴雨冲刷后汇入水体，加剧了水体富营养化，导致水草繁多，许多水塘、水库、湖泊因此变臭，成为"死水"。河北省地理科学研究所裴青对石家庄地表水源氮、磷污染特征的研究也表明，岗南水库氮磷污染来源于上游土壤中过量的氮磷。刘付程，史学正等研究也表明近几年来，太湖流域土壤中磷的含量总体不断上升，普遍出现盈余。研究区域土壤耕层全磷含量平均值为0.57g/kg，高于第二次土壤普查时的土壤耕层全磷平均含量0.50g/kg，这是距调查结果近20年来磷肥超量使用的结果。

根据尉元明、朱丽霞等对干旱地区灌溉农田化肥施用现状与环境影响分析研究发现，研究地区仍有97%的农田沿用大水漫灌方式进行灌溉。在春季灌水后与初冬灌水时，硝态氮大量从田间渗漏水排出，排出的氮、磷量分别占施肥的33%和58%以上，所以他们指出加大有机肥施用量、采取节水灌溉、取缔大水漫灌方式是降低化肥对土壤污染的有效途径。

4. 放射性物质对土壤的污染

土壤辐射污染的来源有铀矿和钍矿的开采、铀矿浓缩、核废料处理、核武器爆炸、核实验、放射性核素使用单位的核废料、燃煤发电厂、磷酸盐矿开采加工等。近几年来，随着核技术在工农业、医疗、地质、科研等领域的广泛应用，越来越多的放射性污染物进入土壤中，这些放射性污染物除可直接危害人体外，还可通过食物链进入人体，损伤人体组织细胞，引起肿瘤、白血病、遗传障碍等疾病。研究表明，我国每年土壤氡污染致癌5万例，而天津市区公众肺癌23.7%是由氡及其子体造成的。磷矿石中常伴有U、Th、Ra等天然放射性元素，因而磷肥施用会对土壤产生放射性污染。对我国8个省、地区的磷肥进行测定，磷肥的放射性强度在$1.7\times10^{-12}\sim8.21\times10^{-10}$（$C_i/g$）之间，土壤对核素有富集作用，但有一定限度。

7.4.2 土壤污染防治的原则

1. 预防为主，防治结合

土壤污染治理难度大、成本高、周期长，因此，土壤污染防治工作必须坚持预防为主。

要认真总结国内外土壤污染防治的经验教训，综合运用法律、经济、技术和必要的行政措施，实行防治结合。

2. 统筹规划，重点突破

土壤污染防治工作是一项复杂的系统工程，涉及法律法规、监管能力、科技支撑、资金投入和宣传教育等各个方面，要统筹规划、全面部署、分步实施，重点开展农用土壤和污染场地土壤的环境保护监督管理。

3. 因地制宜，分类指导

结合各地实际，按照土壤环境现状和经济社会发展水平，采取不同的土壤污染防治对策和措施。农村地区要以基本农田、重要农产品产地特别是"菜篮子"基地为监管重点；城市地区要根据城镇建设和土地利用的有关规划，以规划调整为非工业用途的工业遗留遗弃污染场地土壤为监管重点。

4. 政府主导，公众参与

土壤是经济社会发展不可或缺的重要公共资源，关系到农产品质量安全和群众健康。防治土壤污染是各级政府的责任。各级环保部门要认真履行综合管理和监督执法职责，积极协调国土、规划、建设、农业和财政等部门，共同做好土壤污染防治工作。鼓励和引导社会力量参与、支持土壤污染防治。

7.4.3 土壤污染的预防措施

1. 依法预防

制定和贯彻防治土壤污染的有关法律法规，是防治土壤污染的根本措施。严格执行国家有关污染物的排放标准，如农药安全使用标准、工业"三废"排放标准、农田灌溉水质标准等。

2. 建立土壤污染监测、预报与评价系统

在研究土壤背景值的基础上，应加强土壤环境质量的调查、监测与预控。在有代表性的地区定期采样或定点安置自动监测仪器，进行土壤环境质量的测定，以观察污染状况的动态变化规律。以区域土壤背景值为评价标准，分析判断土壤污染程度，及时制定出预防土壤污染的有效措施。

3. 发展清洁生产，彻底消除污染源

（1）控制"三废"的排放

在工业方面，应大力推广闭路循环和无毒工艺。生产中必须排放的"三废"应在工厂内进行回收处理，开展综合利用，变废为宝，化害为利。对于目前还不能综合利用的"三废"，务必进行净化处理，使之达到国家规定的排放标准。对于重金属污染物，原则上不准排放。对于城市垃圾，一定要经过严格机械分选和高温堆腐后方可施用。

（2）加强污灌管理

建立污水处理设施，污水必须经过处理后才能进行灌溉，要严格按照国家规定的农田灌溉水质标准执行。污水处理的方法包括：通过筛选、沉淀、污泥消化等，除去废水中的全部悬浮沉淀固体的机械处理；将初级处理过的水用活性污泥法或生物曝气滤池等方法降低废水中可溶性有机物质，并进行进一步减少悬浮固体物质的二级处理，又称生化曝气处理；然后再进行化学处理。通过这些过程处理后的水还可通过生物吸收（如水花生、水葫芦等）进一步净化水质。灌溉前进一步检测水质，加强监测，防止超标，以免污染土壤。

（3）控制化肥农药的使用

为防止化学氮肥和磷肥的污染，应因土因植物施肥，研究确定出适宜用量和最佳施用方法，以减少在土壤中的累积量，防止流入地下水体和江河、湖泊进一步污染环境。为防止化学农药污染，应研究筛选高效、低毒、安全、无公害的农药，以取代剧毒有害化学农药。积极推广应用生物防治措施，大力发展生物高效农药。同时，应研究残留农药的微生物降解菌剂，使农药残留降至国标以下。在农业生产中控制化学农药的使用量、使用范围、喷洒次数，提高喷洒技术，减少有机溶剂对土壤的影响，实现有机液剂向水基液剂、液态剂型向固态剂型、粉状固态剂型向粒状固态剂型发展。需要加快我国植保药械的研究开发，改变我国农村喷药器械"跑、冒、滴、漏"现象，减少散落在土壤中的农药。可采用种子包衣，内吸药剂浸种、拌种、涂茎、滴心、撒施颗粒剂，定向喷雾等施药技术，减少农药施用量。

（4）加大土壤科学研究资金投入

应将土壤科学研究经费投入纳入国家预算计划，保障土壤科学研究的基本费用，这同治理污染后的土壤效果相比，投入是微不足道的，但它所产生的生态效益却是无法用金钱来估量的。应该从以下方面加大资金投入：① 建立多层次的长期监控系统；② 大力研究发展土壤污染的植物与微生物修复技术；③ 取得全国土壤收支的统计学资料，包括工业排放、农业投入、人类消耗、土壤淋滤、生物淋滤与输出等；④ 在大量资料的基础上，从各种不同角度进行研究论证，提出防治土壤污染的各种预测模型；⑤ 早日成立土壤污染防治委员会。

土壤科学研究经费来源要多样化、多渠道。一是积极争取国家投资；二是从地方各级政府财政预算中进行安排；三是从企事业可持续发展基金中解决。政府环保部门应与科研院所、大学协同工作，共同解决。

4. 植树造林，保护生态环境。

土壤污染是以大气污染和水质污染为媒介的二次污染。森林是个天然的吸尘器，对于污染大气的各种粉尘和飘尘都能进行阻挡、过滤和吸附，从而净化空气，避免了由大气污染而引起的土壤污染。此外，森林在涵养水源、调节气候、防止水土流失以及保护土壤自净能力等方面也发挥着重要作用。所以，提高森林覆盖率，维护森林生态系统的平衡是关系到保护土壤质量的大问题，应当给予足够的重视。

5. 开展保护环境、清洁土壤、拯救土壤宣传教育活动

土壤科学主要研究人为原因引起的土壤环境问题。因为人造成了土壤污染和破坏，因此防止污染和破坏的决定因素还是人类自身的觉悟和行为。我国土壤污染问题严峻，关键还是土壤环境意识没有深入人心，开展宣传教育的目的是启发人们觉悟，提高认识，规范人们行为。只有加强环保基本国策的宣传教育、环保法律法规的宣传教育、土壤污染典型案例的宣传教育，才能逐步增强国民的土壤环保意识和法制观念，增强自觉保护土壤环境的责任感、紧迫感。

6. 增加土壤环境容量，增强土壤净化能力

增加土壤有机质含量，采取砂土掺粘土或改良砂性土壤等方法，可以增加或改善土壤胶体性质，增强土壤对毒物的吸附能力，增加土壤对毒物的吸附量，从而增加土壤环境容量，提高土壤的净化能力。

7.4.4　污染土壤修复

土壤修复是指利用物理、化学和生物的方法转移、吸收、降解和转化土壤中的污染物，使其浓度降低到可接受水平，或将有毒有害的污染物转化为无害的物质。

从根本上说，污染土壤修复的技术原理可包括为：（1）改变污染物在土壤中的存在形态或同土壤的结合方式，降低其在环境中的可迁移性与生物可利用性；（2）降低土壤中有害物质的浓度。

已有的土壤修复技术达到 100 多种，按不同标准可分为以下几类。

（1）按修复位置，根据其位置变化与否可分为原位修复技术和异位修复技术（又称易位或非原位修复技术）。原位修复技术是对未挖掘的土壤进行的治理，对土壤没有什么扰动，这是欧洲最广泛采用的技术。异位修复技术是对挖掘后的土壤进行处理，又可细分为原地处理和异地处理。

（2）按操作原理可分为物理修复技术、化学修复技术，以及生物修复技术。

此处主要介绍物理修复技术、化学修复技术和生物修复技术。

1. 物理修复技术

物理修复技术多为异位修复技术，是利用土壤和污染物的各自特性，使污染物固定在土壤中不易扩散和迁移，或通过高温等方式破坏污染物进而降低其对环境的破坏。土壤非氯代有机污染的物理修复技术主要包括热处理、隔离法和换土法等。

（1）热处理

热处理技术多为异位处理，通常指将污染介质转移至特定的处理单元或燃烧室等，然后将其暴露于高温下，从而破坏或去除其中污染物的一种修复过程。异位修复技术的主要优势是处理周期短、处理过程可视、污染介质的连续混合和均质过程易于控制，因此处理程度比较均一。但是，异位修复需要挖掘土壤，这就使得修复成本和修复工程设备需求增加，同时导致异位修复许可申请、材料转移工作安全性等相关问题。

热处理技术主要包括异位热脱附、高温净化、高温分解、传统的焚烧破坏技术以及玻璃化技术。

① 焚烧技术在燃烧和破坏污染介质领域已应用多年，是相对比较成熟的一种修复技术。

② 异位热脱附技术是利用热使污染介质中的污染物和水挥发出来，通常利用载气或真空系统将挥发出的水蒸气和有机污染物传输到后续的譬如热氧化或回收等单元中进一步处理。根据解吸塔操作温度的不同，热脱附过程可以分为高温热脱附（320℃～560℃）和低温热脱附（90℃～320℃）。

③ 高温净化技术指的是将污染的固体介质或设备的温度升至 260℃，并保持一定的时间。介质中所产生的气流进入燃烧系统中进行处理，以去除所有挥发性的污染物。该方法处理后所

得到的残渣可以作为非危险废物进行处置或资源化利用。

④ 高温分解是指在无氧条件下通过加热使有机污染物发生化学分解的过程。高温分解一般发生在温度高于430℃并具有一定压强的条件下。化学分解过程中产生的裂解气需要进一步处理。高温分解的目标污染组分是SVOCs和杀虫剂类，该技术适用于从精炼厂废料、煤焦油、木材加工废料、杂酚油污染的土壤、烃类污染的土壤、混合废物（放射性和危险性）、橡胶合成中的废物以及涂料等废弃物中分离有机成分。

⑤ 玻璃化技术是利用电流在高温（1 600℃～2 000℃）条件下将污染的土壤熔化，待冷却后形成玻璃化产物，该产物是一种类似玄武岩的化学性质稳定、抗渗透性、玻璃状或晶体状的材料。其中的高温处理过程可将土壤中的有机污染成分进行破坏和去除。该技术可用于原位或异位土壤修复。

（2）隔离法

隔离法是采用粘土或其他人工合成的惰性材料，将非氯代有机污染的土壤与周围环境隔离开来，该方法并没有破坏非氯代有机烃类物质，只是起到了防止污染物向周围环境（地下水、土壤）的迁移，该方法适合于任何非氯代有机烃污染土壤的控制，对于渗透性差的地带，尤其比较适用。此法与其他方法相比，运行费用较低，但对于毒性期长的非氯代有机烃类，只是暂时防止其迁移，存在二次污染的风险。

（3）换土法

换土法是用新鲜的未污染的土壤替换或部分替换原来的污染土壤，以稀释原污染土壤中污染物的含量，利用环境自身的能力来消除残余的污染物。换土法又可分为翻土、换土和客土三种方法。

物理修复技术的热处理法、隔离法和换土法都充分发挥了土壤和污染物的各自特性，不用外加其他化学药剂或生物来进行处理，但也存在处理成本高，工作量大，并只能处理小面积污染土壤的局限性。因此，如何更好地利用土壤本身特性，突破其局限性，将是物理修复技术的发展方向。

2. 化学修复技术

化学修复技术是利用污染物与改良剂之间的化学反应从而对土壤中的污染物进行氧化还原、分离、提取等，来降低土壤中污染物含量的一类环境化学技术。土壤非氯代有机污染的化学修复技术主要包括萃取法、土壤淋洗法、化学氧化还原法等。

（1）萃取法

萃取法是依据相似相容的原理，使用有机溶剂对非氯代有机污染土壤中的非氯代有机进行萃取，然后对有机相中的非氯代有机进行分离回收，实现废物的资源化。该方法适用于非氯代有机污染含量较高的土壤，但对于大面积非氯代有机污染含量较低的土壤，其处理成本投入太高，而且会引起二次污染。因此在选择该方法之前先要对成本进行评估，再决定是否可行。

（2）土壤淋洗法

土壤淋洗法是指将吸附在细小土壤颗粒表面的污染物在有水的体系中从土壤中分离出去的一种方法。淋洗水中可以加入一些基本的溶剂、表面活性剂、螯合剂或者调整pH来增强污染物的去除效果。该处理过程中土壤和淋洗水的反应通常在一个反应槽或其他处理单元中异位进行的，淋洗水和不同粒度的土壤在重力沉降的作用下进行分离。

土壤淋洗法成本较高，且操作较复杂，如异位化学淋洗，首先要对土壤进行粒度分级，再分别加以处理，该方法的工程应用远远落后于实验室研究，要实现其广泛的工程应用，还有一系列的技术问题需要解决。

（3）化学氧化还原法

化学氧化还原法是向非氯代有机烃类污染的土壤中喷洒或注入化学氧化还原剂，使其与污染物质发生化学反应来实现净化的目的。常用的化学氧化剂有臭氧、过氧化氢、高锰酸钾、二氧化氯等。该法与萃取法、土壤淋洗法相比，一般不会造成二次污染，对非氯代有机烃类物质有较高的清除效率，氧化还原反应可以在瞬间完成，但其操作比较复杂，需要较高的技术水平。

3. 生物修复技术

生物修复是指利用特定生物的代谢作用吸收、转化、降解环境污染物，将场地污染物最终分解为无害的无机物（水和二氧化碳），实现环境净化和生态效应恢复的生物措施，是一类低耗和安全的环境生物技术。土壤非氯代有机污染的生物修复技术按所应用的类型不同，可以将其分为植物修复技术、动物修复技术、微生物修复技术等。

（1）植物修复

植物修复是指种植对土壤中某种重金属元素具有特殊的吸收富集能力的植物，收获植物并进行妥善处理以使该种重金属移出土壤，达到污染治理目的的修复。植物修复通常包括植物吸收提取、植物挥发、根际滤除和植物稳定。

植物修复技术可以分为根部过滤技术、植物稳定技术、植物挥发技术、植物萃取技术，不管是植物吸收、植物挥发还是植物稳定作用，植物本身的特性是决定污染治理效率的关键。因此，寻找与筛选适宜的植物始终是植物修复研究的一项重要任务。金属阳离子跨膜运载蛋白可能决定性地参与了重金属在根部的吸收、木质部的装载以及液泡的区室化，在细胞中重金属运输、分布和富集及提高植物抗性方面发挥了极其重要的作用。超积累植物的概念是 BIDoks 等人提出来的。重金属超量积累植物，是指能够超量吸收和积累重金属的植物，超积累植物体内的重金属含量要达到一般植物的 100 倍以上，不同元素有不同的临界值，一般业内公认的标准是：镉为 1 000ppm，铜、镍、铅等为 1 000ppm，锰、锌为 10 000ppm。我国目前发现的超积累植物有以下几种。

① 砷——蜈蚣草

蜈蚣草（见图 7-2）中的砷含量竟可以达到 1%，而且多集中于地上部分，可做改良土质土壤，一年可以收割三次之多。中科院地理科学与资源研究所环境修复研究中心主任陈同斌和他的研究团队在国内砷最为集中分布地带之一的广西环江地区，经过长达 3 年时间研究找寻，一座有着 1 500 多年历史的石门矿被科研人员发现，并将该矿附近 100 多种植物纳入搜索圈。经层层筛选以及遗传性能鉴定，当地大量存在的一种优势植物——蜈蚣草胜出。

② 锌——东南景天

东南景天（Sedum alfredii Hance）是一种锌、镉、铅超积累植物，能将镉、锌、铅等较多地吸收到植株的地上部，有效减轻土壤重金属污染。

东南景天的地上部锌含量高达 5 000mg/kg，富集系数为 1.25～1.94，大于 1；而营养液培养试验发现，东南景天地上部锌含量高达 19 674mg/kg。

东南景天对镉污染修复效率较大，能对镉超积累。当土壤中镉含量为 12.5~50mg/kg 时，矿山生态型东南景天的地上部在一年内（两茬）的积累量可达 2~4mg/盆，其对土壤镉清除率达 16%~33%。矿山生态型东南景天特别适合修复低、中度镉污染土壤。

图 7-2　蜈蚣草

（2）微生物修复

微生物修复系指利用土著或外源微生物，在适宜的条件下，对土壤中的有机污染物进行降解，或是通过生物吸附、氧化还原等作用将有毒的污染物转化为无毒或低生物活性的状态，如利用土壤中红酵母和蛇皮藓菌净化土壤。日本学者研究认为，这两种生物对剧毒性的聚氯联苯降解率分别达到 40%和 30%。

（3）利用蚯蚓

蚯蚓不仅能翻耕土壤、改良土壤，而且还能处理农药、重金属等有害物质。

生物修复技术在国内外都得到了较快的发展。一批具有特殊生理生化功能的植物、微生物应运而生，基因修饰、改造、克隆与基因转移等现代生物技术的渗透进一步推动了生物修复技术的应用与发展。与其他方法相比，生物修复技术具有处理成本低，处理效果好（无二次污染，最终产物二氧化碳、水和脂肪酸对人体无害），生化处理后污染物残留量很低等优点，但生物修复时间较长，往往很难在规定时间内完成场地污染的修复。

复习思考题

1. 土壤有哪些性质？
2. 什么叫作土壤环境容量？
3. 简述土壤污染的特征。
4. 简述土壤污染的类型。
5. 简述土壤农药污染的来源。
6. 农药对人体健康的危害表现在哪几个方面？
7. 土壤的主要污染源有哪些？
8. 防治土壤污染的措施有哪些？

第8章　固体废物的处理和利用

8.1　概　述

8.1.1　基本概念

固体废物：简称废物，又称固体废弃物或固体遗弃物。指人类在生产过程和社会生活中产生的不再需要或没有"利用价值"而被遗弃的固体或半固体物质。

固体废物的利用：废物是相对而言的概念，往往一种过程中产生的固体废物可以成为另一过程的原料或可转化成另一种产品。故固体废物有"放错地点的原料"之称。将固体废物进行资源化的积极利用，对保护环境、发展生产是十分有益的。固体废物的利用包括生产工艺过程中的循环利用、回收利用及交由其他单位利用。

固体废物处理：将固体废物转化为适于运输、贮存、利用和处置的过程或操作，即采取防污措施后将其排放于允许的环境中，或暂存于特定的设施中等待无害化的最终处置。

固体废物处置：是将无法回收利用且不打算回收的固体废物长期地保留在环境中所采取的技术措施，是解决固体废物最终归宿的手段，故也称最终处置。

8.1.2　固体废物污染及固体废物的分类

固体废物主要来源于人类的生产及消费活动。在人们的资源开发及产品的制造过程中，必然有废物产生。任何产品经过使用和消费后，都会变成废物。

1. 固体废物污染现状

根据 2010 年中国环境统计年报，全国工业固体废物产生量为 24.094 4 亿吨，比 2009 年全国工业固体废物的产生量 20.394 3 亿吨增加了 18.1%。其中危险废物产生量为 1 587 万吨，比 2009 年增加 11.0%。工业固体废物排放量为 498 万吨，比 2009 年减少 30.0%。工业固体废物综合利用量为 16.177 2 亿吨，比 2009 年增加 16.9%。工业固体废物贮存量为 2.391 8 亿吨，比 2009 年增加 14.5%。其中危险废物贮存量为 166 万吨，比 2009 年减少 24.2%。工业固体废物处置量为 5.726 4 亿吨，比 2009 年增加 20.5%。其中危险废物处置量 513 万吨，比 2009 年增加 19.9%。

近十年来的全国工业固体废物产生和处理情况见表 8-1。

表 8-1 全国工业固体废物产生和处理情况　　单位：万吨

年度	产生量		排放量		综合利用量		贮存量		处置量	
	合计	危险废物	合计	危险废物	合计	危险废物	合计	危险废物	合计	危险废物
2001	88 746	952	2 894	2.1	47 290	442	30 183	3.7	14 491	229
2002	94 509	1 000	2 635	1.7	50 061	392	30 010	383	16 168	242
2003	100 428	1 170	1 941	0.3	56 040	427	27 667	423	17 751	375
2004	120 030	995	1 762	1.1	67 796	403	26 .12	343	26 635	275
2005	134 449	1 162	1 655	0.6	76 993	496	27 876	337	31 259	339
2006	151 541	1 084	1 302	20.0	92 601	566	22 398	267	42 883	289
2007	175 632	1 079	1 197	0.1	110 311	650	24 119	154	41 350	346
2008	190 127	1 357	782	0.07	123 482	819	21 883	196	48 291	389
2009	203 943	1 430	710	0	138 186	831	20 929	219	47 488	428
2010	240 944	1 587	498	0	161 772	977	23 918	166	57 264	513
增长率（%）	18.1	11.0	-30.0	0	16.9	17.6	14.5	-24.2	20.5	19.9

备注："综合利用量"和"处置量"指标含综合利用和处置往年量

2. 固体废物污染来源

（1）工业固体废物

2010 年，全国工业固体废物产生量 24.1 亿吨，比上年增加 18.1%。工业固体废物综合利用率为 66.7%，比上年减少 0.3 个百分点，与国际先进水平相比仍然较低。矿渣是黑色冶金工业影响环境负荷的主要固体废弃物，2004 年我国产钢 2.72 亿吨，冶炼废渣产生 1.461 9 亿吨（其中钢渣约为 5 000 万吨，高炉矿渣约 9 000 万吨），综合利用 1.284 8 亿吨，加上历年累积，总贮存量为 2 亿吨，占地 3 万亩，这些露天储存的冶炼废渣堆存侵占土地，污染毒化土壤、水体和大气，严重影响生态环境，造成明显或潜在的经济损失和资源浪费。据估算，以每吨冶炼废渣堆存的经济损失 14.25 元计，每年造成经济损失 28.5 亿元。

（2）废旧物资

我国废旧物资的回收利用只相当于世界先进水平的 1/4～1/3，大量可再生资源尚未得到回收利用，流失严重，造成污染。据统计，我国每年有数百万吨废钢铁、超过 $6×10^6$ 吨废纸、$2×10^6$ 吨玻璃未予回收利用，每年扔掉的 60 多亿节废干电池中就含有 $8×10^4$ 吨锌、$1×10^5$ 吨二氧化锰、超过 $1.2×10^3$ 吨铜等。每年因再生资源流失造成的经济损失高达 250 亿～300 亿元。

（3）城市生活垃圾

城市生活垃圾产生量大幅增加，平均每年以 10%的速度递增。上海、北京、武汉等城市在流动人口的不断增长下，生活垃圾产生量更是快速提高，如上海 2012 年全市生活垃圾清运量达到 716.00 万吨，日均产出量 1.96 万吨。北京 2012 年全市垃圾日均清出量 1.64 万吨，年产垃圾量 648.31 万吨，增长率达 15%～20%。全国 668 个城市中有 2/3 处于垃圾包围之中。根据 2010 年统计，我国城市生活垃圾中有 77%填埋处置，20%堆肥和焚烧处置，其他 3%被随意丢弃。截至 2010 年年底，我国城市生活垃圾年产生量 2.21 亿吨左右，其中城市约为 1.72 亿吨，县城约为 0.49 亿吨。2011 年，全国共有垃圾无害化处理设施 1 882 座，城市生活垃圾集中处理率达到 90%以上，无害化处理能力为每日 91 万吨，无害化处理率在 79.7%左右，县城无害化处理率不足 5%。

3. 固体废物的分类

固体废物分类的方法很多。按其形状可分为块状、粒状、粉状和半固状（泥状、浆状、糊状）等；按其来源可分为矿业废物、工业废物、农业废物、城市生活垃圾等；按其性质和危害可分为有机和无机废物、一般性和危险性废物，如图 8-1 所示。

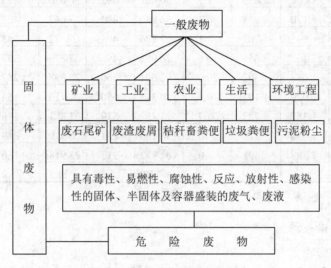

图 8-1 固体废物的分类示意图

8.1.3 固体废物的危害及处理原则

1. 固体废物对环境的危害

固体废物对环境的危害很大，其污染往往是多方面和多要素的。其主要污染途径如图 8-2 所示。

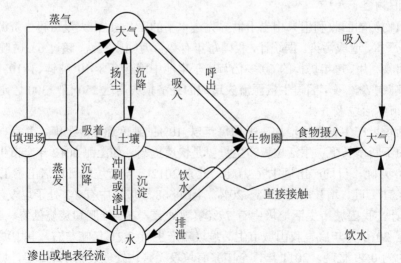

图 8-2 固体废物的主要污染途径

(1) 侵占土地，污染大气

固体废物需要占地堆放。每堆积 10^4 吨废物，约需占地 667 平方米。随着我国生产的发展和消费的增长，城市垃圾收纳场地日益显得不足，垃圾与人争地的矛盾日益尖锐。以北京市为例，远红外高空探测结果显示，市区几乎被环状的垃圾堆所包围。堆放在城市郊区的垃圾侵占了大量农田。未经处理或未经严格处理的生活垃圾直接用于农田，或仅经农民简易处理后便用于农田，后果严重。尾矿粉煤灰、污泥和垃圾中的尘粒随风飞扬；运输过程中产生的有害气体和粉尘、固体废物本身或在处理（如焚烧）过程中散发的有害毒气和臭味等严重污染大气。煤矸石的自燃、垃圾爆炸事故等在我国曾多次发生。随着城市垃圾中有机质含量的提高和由露天分散堆放变为集中堆存，容易产生甲烷气体的厌氧环境，使垃圾产生沼气的危害日益突出，事故不断，造成重大损失。例如，北京市昌平区一个垃圾堆放场在 1995 年连续发生了三次垃圾爆炸事故，如不采取措施，因垃圾简单覆盖堆放产生的爆炸事故将会有较大的上升趋势。

(2) 污染土壤和地下水

废物堆置或没有采取防渗措施的垃圾简易填埋，其中的有害成分很容易随渗沥液浸出而污染土壤和地下水。一方面，使人类的健康受到威胁；另一方面，工业固体废物会破坏土壤的生态平衡。例如，包头市尾矿堆积如山，使坝下游的大片土地被污染，居民被迫搬迁。垃圾不但含有病原微生物，在堆放腐败过程中还会产生大量的酸性和碱性有机污染物，并会将垃圾中的重金属溶解出来，是有机物、重金属和病原微生物三位一体的污染源。任意堆放或简易填埋的垃圾，其内所含水和淋入堆放垃圾中的雨水所产生的渗沥液流入周围地表水体或渗入土壤，造成地表水或地下水的严重污染，致使污染环境的事件屡有发生。

2. 对人体健康的危害

大气、水、土壤污染对人体健康有危害，而危险废物则会对人体产生危害。危险废物的特殊性质（如易燃性、腐蚀性、毒性等）表现在它们的短期和长期危险性上。就短期而言，是通过摄入、吸入、皮肤吸收、眼睛接触而引起毒害或发生燃烧、爆炸等危险性事件；长期危害包括重复接触导致的长期中毒、致癌、致畸、致变等。

3. 固体废物污染的处理原则

《中华人民共和国固体废物污染环境防治法》中规定"国家对固体废物污染环境的防治，实行减少固体废物的产生量和危害性、充分合理利用固体废物和无害化处置固体废物的原则"。也就是说，把"减量化"、"资源化"、"无害化"作为固体废物污染的处理原则。

(1) 减量化原则，是指从产生固体废物的源头进行控制，采取预防为主的原则，减少固体废物的产生量，采用清洁的生产工艺，将固体废物污染环境的防治提前到固体废物的产生阶段。

(2) 资源化原则，是指将其中一部分可以回收利用的固体废物加以充分利用，使其变废为宝。通过对固体废物的大量利用，不仅减少了固体废物的数量，减轻了污染，而且创造了大量的物质财富，取得了可观的经济效益。综合利用、变废为宝，是防治固体废物污染环境的一项根本措施。

(3) 无害化原则，是指将固体废物中不可利用的部分进行无害化处置。这里所讲的处置，是指将固体废物焚烧以及采取其他改变固体废物的物理、化学、生物特性的方法,达到减少已产生的固体废物的数量、缩小其体积,减少或者消除其危险成分的活动,或者将固体废物最终置于符合环境保护规定要求的场所或者设施并不再回取的活动。处置固体废物不当,会造成严重的环境污染。例如,以填埋方式处置危险废物若不符合安全的标准和要求,就会污染地下水、地表水水源和土壤;再如,以焚烧方式处置固体废物若不符合安全焚烧的标准和要求,就会造成大气污染。因此,实行处置固体废物的无害化原则,就是要采取科学的方式、方法,减少或者消除固体废物对环境的污染,并避免因处置不当而造成二次污染。

为有效地控制固体废物的产生量和排放量,相关控制技术的开发主要在三个方向:过程控制技术(减量化)、处理处置技术(无害化)和回收利用技术(资源化)。其中资源化回收利用技术是目前的重点研究内容。表 8-2 列出了固体废物污染的控制技术。

表 8-2 固体废物污染的控制技术

类 别	主要处理处置技术	
过程控制技术(减量化)	原料、能源的优化技术	生产工艺的技术改造
处理处置技术(无害化)	分类法 固化法 投弃海洋法	填埋法 生物消化法 焚烧法
回收利用技术(资源化)	分类回收利用法 堆肥法 沼气法	焚烧发电供热法 饲料法

8.2 工业固体废物的处理利用

8.2.1 一般工矿业固体废物的综合利用

冶金、电力、化工、建材、煤炭等工矿行业所产生的固体废物如冶金渣、粉煤灰、炉渣、化工渣、煤矸石、尾矿粉等,不仅数量大,而且还具有再利用的良好性能,因而受到人们的广泛重视。美国早在 20 世纪 50 年代和 70 年代已将当年产生的 $1×10^8$ 吨高炉渣和 $1×10^8$ 吨钢渣在当年用完,日本、丹麦等国家的粉煤灰利用率也已于 20 世纪 60 年代达到 100%。目前各发达国家的这几类固体废物的利用和处理、处置问题均已基本解决,工矿业固体废物不再是环境污染源。图 8-3 是一个典型的固体废物处理工艺流程。

我国由于长期采用粗放型生产方式,相对于单位产品的固体废物产生量是较大的。据统计,近年来县及县以上每年的固体废物产生量均在 $6×10^8$ 吨左右,2011 年综合利用量约为 19.70 亿吨,利用率为 60.39%;处理、处置量约为 2 690 万吨,占产生量的 78%。

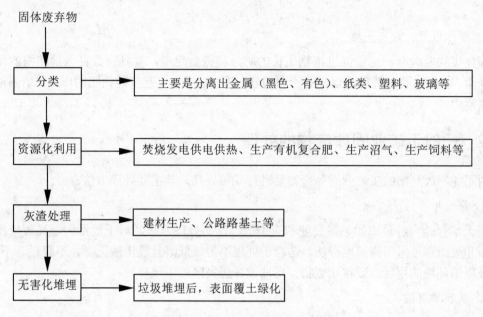

图 8-3 典型的固体废物处理工艺流程

1. 用作建筑材料

工业及民用建筑、道路、桥梁等土木工程每年耗用大量沙、石、土、水泥等材料。

2. 用作冶炼金属的原料

在某些废石尾矿和废渣中常常含有一定量的有用金属元素或冶炼金属所需的辅助成分，如能大规模地建立资源回收系统，必将减少原材料的采用量和废物的排放量、运输量、处理量。这样不仅可以解决这些固体废物对环境的危害，而且还可做到物尽其用，同时又可节约能源，收到良好的经济效益。表 8-3 列出了制造各类材料所需的能量。

从表 8-3 中可以看出，除报纸、玻璃和锡外，制造二次材料所耗的能量约比制造一次材料低 50%以上。

表 8-3 制造各类材料所需的能量

材 料	制造一次材料所需能量/J/kg	制造二次材料所需能量/J/kg
铁和钢	220	100
铝	2 000~2 600	150~200
铜	1 200	300
锌	680	180
锡	2 000	1 280
报纸	320	200
玻璃	120	100

3. 回收能源

煤矸石、粉煤灰和炉渣中往往含有燃烧不充分的化石燃料。如在粉煤灰和锅炉渣中含有 10%以上的未燃尽炭，可从中直接回收炭或用以和粘土混合烧制砖瓦，可同时节省粘土和能源。

4. 用作农肥、改良土壤

固体废物常含有一定量促进植物生长的肥分和微量元素，并具有改良土壤结构的作用，如钢铁渣、粉煤灰和自燃后的煤矸石所含的硅、钙等成分，可起到硅钙肥的作用，增强植物的抗倒伏能力。

8.2.2 一般工矿业固体废物的处理

暂不能回收利用的工矿业固体废物要进行妥善处理。其主要处理方法有：

1. 露天堆存法

露天堆存是一种最原始、最简便和应用最广泛的处理方法。对于数量大、又可堆置成型的废石和废渣都可采用露天堆存法。适合于处理不溶或低溶且浸出液无毒、不腐烂、不扬尘、不危及周围环境的块状或颗粒状废物。场地设在居民区的下风口。

2. 筑坝堆存法

筑坝堆存法常用于堆存湿法排放的尾砂粉、砂和粉煤灰等。坝体材料一般是采用天然的土石方材料。场地一般多用山沟或谷地，同时要考虑水利运输的最佳距离。为节约建新坝的用地，近年来发展了多级筑坝堆存技术，该技术是利用土石材料堆筑一定高度的母坝，随即贮存尾砂粉、砂和粉煤灰等废物，当库容将满时，再在母坝体上堆筑子坝。堆筑子坝时使用已贮存的尾砂粉、砂或粉煤灰作坝体材料，并继续堆存新的尾砂粉、砂和粉煤灰，如此不断逐层堆筑成多级坝。

3. 压实干存法

由于筑坝堆存法堆存粉煤灰存在占地多、征地困难、水力输灰能耗多、水资源浪费大且湿排灰用途有限等问题，近年来，不少发达国家改用压实干存法。该法在我国北京高井电厂已试用成功。压实干存法是将电除尘器收集的干粉煤灰用适量水拌合，其湿度以手捏成团且不粘手为度，然后分层铺撒在贮灰场上，用压路机压实成板状。不但节约水资源，而且占地少、储量大，还有利于粉煤灰的综合利用。

在实施上述处理中，为防止废石和尾矿受水冲刷或被风吹扬而形成扩散污染，可以用以下方法处理：

（1）物理法。向粒状矿屑喷水，再覆盖上泥土和石灰，最后以树皮草根覆盖顶部。

（2）化学法。用水泥、石灰、硅酸盐作化学反应剂与尾矿表面作用，形成凝固硬壳以防止水和空气的侵蚀。

（3）土地复原再植法。在被开采后破坏的土地上填埋废石和尾矿，然后加以平整，并覆盖泥土、栽培植物或建造房屋，最后使土地复原。

除堆存外还有土地耕作法和海洋投弃法等。

8.2.3 危险固体废物的处理和处置

工业生产中排放的有害的固体废物，是可怕的灾害源，是极为严重的环境污染源。处理危险固体废物的方法种类繁多,主要与废物的来源、性质、成分、数量等有关,一般需要在处理前取适量样品进行试验,以寻求最合适的处理方法。常采用的方法有:磁选、液固分离、干燥、蒸馏、蒸发、洗涤、吸收、溶剂萃取、吸附、膜工艺和冷冻等物理处理法;中和、沉淀、氧化还原、水解、辐照等化学处理法;生物降解、生物吸附等生物处理法以及固化和包胶法,等等。

经上述处理后的危险固体废物还要进行最后的处置,这是危险固体废物管理中最重要的一环。常用的处置技术主要有焚烧和安全填埋。

焚烧法是利用处理装置使废物在高温条件下分解,转化为可向环境排放的产物和热能的过程。设计原则应考虑使用方便、运行费用低、建设投资省、余热可利用,能适应废物成分变化以及有配套的处置尾气和灰渣的装置,适用于处置有机废物。

填埋法是应用最早、最广泛的处置固体废物的方法。填埋法的关键技术即利用填埋场的防渗漏系统,将废物永久、安全地与周围环境隔离。一般处置有害固体废物采用安全填埋法,处置一般固体废物采用卫生填埋法。前者在技术上要求更严格,必须首先进行地质和水文调查,选好干旱或半干旱地作填埋场地,将经适当预处理的危险固体废物掩埋,保证不发生渗漏而污染地下水和空气,填埋后应复土、植树,以改善环境。

8.3 城市垃圾的利用与治理

8.3.1 处理城市垃圾的原则

城市垃圾是指城镇居民生活活动中废弃的各种物品,包括生活垃圾、商业垃圾、市政设施及其管理和房屋修建中产生的垃圾或渣土。其中有机成分有纸张、塑料、织物、炊厨废物等;无机成分有金属、玻璃瓶罐、家用什物、燃料灰渣等。国外有的还包括大量的大型垃圾,诸如家庭器具、家用电器和各种车辆等。

针对不同类型的垃圾,宜采用不同的处理方法。一般情况下,有机物含量高的垃圾,宜采用焚烧法;无机物含量高的垃圾,宜采用填埋法;垃圾中的可降解有机物多,宜采用堆肥法。日本、瑞士、荷兰、瑞典、丹麦等国的经济技术实力较强,且可供填埋垃圾的场地又少,所以,它们利用焚烧法处理垃圾的比重较大。

我国城镇垃圾的产生量大,无害化处理率低,为防止城镇垃圾污染,保护环境和人体健康,处理、处置和利用城镇垃圾具有重要意义。

8.3.2 城市垃圾的资源化处理

1. 物资回收

城市垃圾的成分复杂,要资源化利用,必须先进行分类。近年来,国内外均大力提倡将垃圾分类收集,以利于垃圾的回收利用,降低处理成本。不少发达国家实行电池以旧换新并实行由居民将自家的废纸本、金属和塑料、玻璃容器等单独存放,供收运者定期收集。美国有的城市甚至将每月收运两次的收运日期印在日历上，以方便居民。西欧、北欧发达国家的许多城市则在街头放置分类、分格的垃圾箱和垃圾筒，供行人使用。德国、瑞典甚至为分别收集白色和杂色玻璃而设置白色和绿色的垃圾筒。图 8-4 是大众汽车公司对旧汽车的材料回收状况。

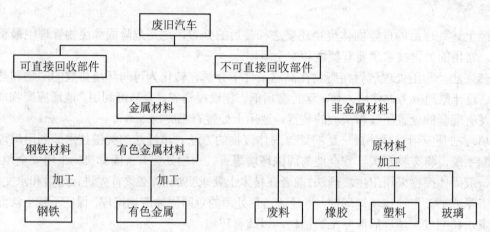

图 8-4　旧汽车再利用中的材料回收

近些年来，我国不少城市也在推行垃圾分类收集工作。垃圾分选技术在城市垃圾预处理中占有十分重要的作用。由于垃圾中有许多可作为资源利用的组分，有目的地分选出需要的资源，可达到充分利用垃圾的目的。凡可用的物质，如旧衣服、废金属、废纸、玻璃、旧器具等，均可由物资公司回收。无法用简单方法回收的垃圾，可根据垃圾的化学和物理性质，如颗粒大小、密度、电磁性、颜色等进行分选。垃圾的分选方法有手工分选、风力和重力分选、筛选、浮选、光分选、静电分选和磁力分选等。

垃圾分类回收有利于物资的回收，我国于 2000 年选择了北京、上海、广州、南京、杭州、厦门、深圳、桂林 8 个城市作为生活垃圾的分类回收试点城市，以期在大范围内推动垃圾的分类回收。

2. 热能回收

垃圾可作为能源资源，利用焚烧法处置垃圾的过程中产生了相当数量的热能，如不加以回收则是极大的浪费。欧洲各国及日本等现代化的垃圾焚烧厂一般都附有发电厂或供热动力站。

发达国家垃圾中纸与塑料的含量高，因而有较高的热值，可作为煤的辅助燃料，用于发电，也可生产蒸汽，或蒸馏成煤气代用能源，用于供暖或生产的需要，也是减少空气污染的有效方法。由于目前世界性的能源短缺，促进了垃圾焚烧的发展，世界各国已广泛采用焚烧来处理垃圾。用焚化处理垃圾，绝大部分炉子均有热能回收设施，从焚化炉中回收蒸汽热能的方法在欧美各国已很普及。我国城市垃圾的焚烧处理尚不普及，主要是焚烧装置费用高，又易造成二次污染等原因，多用于处理少量的医院（特别是传染病医院）垃圾。

城市垃圾的资源化模式如图 8-5 所示。

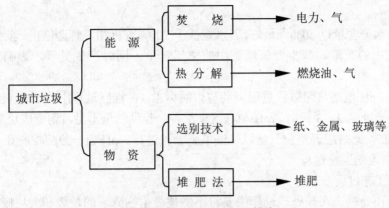

图 8-5 城市垃圾的资源化模式

城镇垃圾的焚烧温度一般在 800℃~1 000℃，所以其适用的炉型各国普遍采用马丁炉等固定式焚烧炉和流化床（沸腾炉）焚烧炉。近年来，利用热解技术处理垃圾，也可使尾气排放达到标准。

8.3.3 城市垃圾的其他无害化处理

1. 用城镇垃圾堆肥

所谓垃圾堆肥，是指垃圾中的可降解有机物借助于微生物发酵降解的作用，使垃圾转化为肥料的方法。在堆肥过程中，微生物以有机物作养料，在分解有机物的同时放出生物热，其温度可达 50℃~55℃。在堆肥腐熟过程中能杀死垃圾中的病原体和寄生虫卵，在形成一种含腐殖质较多的类似"土壤"的过程中，完成了垃圾的无害化。

（1）垃圾堆肥的分类和堆肥过程

堆肥可分为厌氧（嫌氧）发酵堆肥和好氧发酵堆肥两种。厌氧堆肥需要在隔绝空气的条件下使厌氧微生物繁衍完成"厌氧发酵"；好氧堆肥需在良好的供气（氧）环境下完成"好氧发酵"。过去我国农村主要采用厌氧堆肥法，将植物秸秆、垃圾、畜粪等在露天堆垛，沤制数月后启用。这种方法占地面积大，堆置时间长且影响环境卫生。近年来，各地大多发展机械化或半机械化的好氧堆肥法，其工艺过程一般包括预处理、主发酵（一次发酵）、后发酵（二次发酵）、后处理、脱臭储存等步骤。

（2）堆肥要素

影响堆肥品质的要素较多，主要有以下几点：

① 有机物含量。垃圾中有机物的含量是堆肥的基础条件，我国现代化堆肥厂要求垃圾的有机物含量大于 60%，其中可降解有机物应占主要成分。我国大部分城市的垃圾有机物含量虽然也在 40% 左右，但遗憾的是塑料占了相当比重，而塑料不能被微生物降解，并且会破坏土壤结构。减少垃圾中塑料的含量也是发展堆肥所要解决的问题。

② 空气含量。厌氧堆肥过程中绝不应有氧气的进入；而好氧堆肥中，只有在适宜的空气量的条件下，好氧菌才能充分繁殖，完成发酵过程。

③ 碳素。碳素是微生物活动的能源，碳氮比（C/N）一般以 30:1~35:1 为宜。若大于 40:1，有机物分解慢，堆肥时间长；若小于 30:1，则堆肥中可消耗的碳分不足，施入农田后会降低

肥效。

④ 水分。水分含量以 50%为最好。若水量低于 20%,有机物降解会停止。若水量高于 50%,水会堵塞堆肥中的孔隙,减少好氧堆肥中的空气含量,同时产生臭气,影响堆肥的效果和环境卫生。

⑤ pH 值。pH 值是堆肥过程进展顺利与否的标志。在堆肥过程中,pH 值随时间和温度的变化而变化。当堆肥 2~3 天时,pH 值在 8.5 左右,若供气量不足,则变成厌氧发酵,pH 值会降到 4.5 左右,此时应调整空气量以保证堆肥顺利进行。pH 值一般应控制在 5~8。

(3) 好氧堆肥工艺过程

好氧堆肥工艺过程一般分为五步。

第一步:预处理。在预处理过程中要将不能被微生物降解的垃圾和大块废物剔除,并将垃圾破碎到适宜的粒度,同时调节水分、碳氮比(C/N)、接种酶种等。

第二步:主发酵。主发酵为第一次发酵,采用机械强制通风或翻拌,使温度控制在 30℃~40℃,发酵时间一般为 3~8 天,由中温菌完成有机物的分解过程。此后温度逐渐升至 55℃左右,由高温菌继续发酵。

第三步:后发酵。在此阶段主要使难分解的有机物进一步分解,以生成腐殖酸等较稳定的有机成分,达到堆肥熟化的目的。后发酵过程一般需要进行 20~30 天。

第四步:后处理。采用筛分、磁选等方法去除堆肥中残存的塑料、玻璃、金属等杂物,是堆肥的精制过程。

第五步:脱臭与储存。为减少堆肥过程中气体对周围环境的影响,应采取臭气过滤等装置除臭。为适应农肥施用的季节性,应建有堆肥储存 3~6 个月的储存库。

2. 城镇垃圾制沼气

利用有机垃圾、植物秸秆、人畜粪便和活性污泥等制取沼气工艺简单且质优价廉,是替代不可再生资源的途径。制取沼气的过程可杀死病虫卵,有利于环境卫生,沼气渣还可以提高肥效,因而利用城镇垃圾制沼气具有广泛的发展前途。

沼气是有机物中的碳化物、蛋白质、脂肪等在一定温度、湿度、pH 值的厌氧环境中,经过沼气细菌的发酵作用产生的一种可燃气体。沼气发酵过程可分为液化、产酸和生成甲烷三个阶段。控制沼气发酵的主要因素有:

(1) 需要丰富的沼气菌种。人畜粪便、腐烂的动物残体、含有机物较多的屠宰厂、酿造等食品厂的污水和污泥以及下水道污泥中含有丰富的沼气菌种。

(2) 保持严格的厌氧环境。有机物分解在厌氧环境下产生 CH_4(在好氧的条件下产生 CO_2)。在沼气池中应严格保证废物在厌氧环境下进行发酵。因此,沼气池必须是密封的。

(3) 选用适宜的发酵原料配比。沼气菌的繁殖靠碳元素(C)提供能量,靠氮元素(N)构成细胞。通常,发酵原料中的 C/N 比值在 25:1~30:1 为宜。

(4) 选定适宜的干物浓度。原料含水过多时消耗的能量大,沼气产量低;原料中含水量过少时将不易发酵。干物质浓度在 7%~9%为宜。夏季干物质浓度可略低些,冬天可稍高些。

(5) 选定适宜的发酵温度。利于沼气菌发酵的温度在 22℃~60℃范围内。温度越高,则效率越高,一般分为高温(47℃~55℃)发酵、中温(35℃~38℃)发酵和常温(22℃~28℃)发酵。我国农村普遍采用的是常温发酵。

（6）选用适宜的 pH 值。pH 值的大小对沼气菌的活性有影响。在发酵过程中，pH 值是从低到高，然后趋于稳定。发酵过程的最佳 pH 值为 7～9。

3. 城镇垃圾的卫生填埋

卫生填埋是处置城市垃圾的最基本的方法之一。由于填埋场占地量大，因此该方法只应用于处理无机物含量多的垃圾。图 8-6 为平面作业法填埋垃圾示意图。垃圾卫生填埋场关闭后，只有待其稳定（一般约 20 年时间）之后，才可以将其作为运动场、公园等的场地使用，但不应成为人们长期活动的建筑用地。

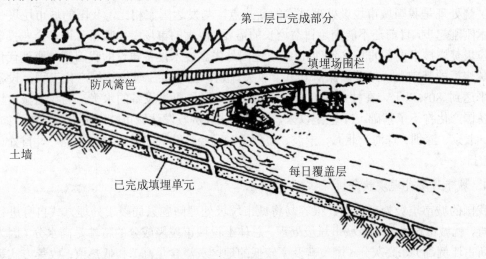

图 8-6　垃圾卫生填埋平面作业法

8.3.4　城市垃圾的处理和利用

1. 城市垃圾填埋处理现状

长期以来，我国绝大部分城市都是采用露天堆放、自然填沟和填坑等方式消纳城市垃圾，不但侵占了宝贵的土地资源，而且对环境造成了潜在的影响和危害。特别是填埋场的城市垃圾渗沥水，由于没有进行必要的收集和处理，导致水资源及其环境被严重污染的现象普遍存在。20 世纪 80 年代末以来，我国的城市垃圾填埋处理技术有了一定的发展，全国相继建成了一批较为完善的城市垃圾卫生填埋场（或准卫生填埋场）。在这些卫生填埋场（或准卫生填埋场）中，一般均设有较完善的防渗系统、渗沥水收集和处理系统、填埋气体导排系统、雨污水分流系统等。深圳、北海、北京和天津等城市建设的城市垃圾卫生填埋场，还采用了进口的高密度聚乙烯衬层。但调查结果表明我国的大部分城市垃圾填埋场，在填埋场场底防渗、填埋气体收集利用、渗沥水收集和处理、填埋作业分层压实以及填埋场日常覆盖和终场恢复等方面还存在较多的不足。

2. 城市垃圾堆肥处理现状

据调查，我国城市垃圾堆肥处理技术处于相对萎缩的状态。实践证明，用混合收集的城市垃圾生产出来的堆肥，肥效低、杂质多、成本高，不便用于农田生产，也影响其市场发展。

"七五"期间建设的无锡、杭州、北京、上海等地的机械化城市垃圾堆肥厂都因技术和市场等原因而相继关闭。我国应用较多的是一些机械化程度低、主要采用静态好氧发酵技术的城市垃圾堆肥厂。其特点是工艺简单、机械设备少、投资和运行费用低,但同时也存在堆肥质量不高,堆肥筛上物以及堆肥过程中产生的气味及污水等未进行有效处理,城市垃圾堆肥厂对周围环境影响较大等问题。降低堆肥成本,提高堆肥产品质量,开辟市场渠道是发展城市垃圾堆肥处理技术的关键因素,而影响这些因素的重要条件是实现有机垃圾的分类收集。

3. 城市垃圾焚烧处理现状

焚烧处理是我国城市垃圾处理技术的新热点。与发达国家相比,我国的城市垃圾焚烧处理技术刚刚起步,目前还不能满足日益增长的需要,巨大的市场潜力吸引了许多企业投资进行城市垃圾焚烧技术设备的开发。深圳市在引进国外先进技术设备建设的我国第一座现代化城市垃圾焚烧厂的基础上,结合国家"八五"攻关计划,完成了3#焚烧炉国产化工程,设备国产化水平达到80%以上,在技术性能方面达到或超过了原引进设备的水平,为我国城市垃圾焚烧设备国产化打下了基础。21世纪以来,国内一些经济较发达城市特别是沿海城市,如上海、广州、北京、深圳、珠海、北海、宁波、厦门等,已经陆续兴建城市垃圾焚烧厂,日处理量约5.5吨/日。

4. 城市垃圾处理现状分析

我国的城市垃圾处理体制,很容易将城市垃圾处理问题只局限于处理方式自身进行讨论和分析,就城市垃圾处理谈城市垃圾处理。总体上说城市垃圾成分的特性是高水分(因为厨余垃圾所占比例高)、高灰分(燃气普及率较低的地区灰渣含量高)和低热值;收集方式基本上是混合收集。城市垃圾处理的现状可归纳为如下几点:

① 大多数城市的大部分城市垃圾还采用露天堆放和简易填埋处理方式,乱堆乱放的现象还相当普遍。

② 一些地区,特别是东部沿海经济较发达的地区,适宜的城市垃圾填埋场场地缺乏,并且越来越少。

③ 在混合收集的条件下,城市垃圾堆肥处理难以发展,在一些地区还处于萎缩状态。

④ 城市垃圾焚烧处理还处于起步阶段。国内自主开发的城市垃圾焚烧设备还不成熟,引进的焚烧设备系统价格太高,大多数城市的经济实力难以承受。如果不进行分类收集,按照《生活垃圾焚烧污染控制标准》(GB 18485—2001)的要求,适宜于高水分、高灰分和低热值的城市垃圾焚烧设施,无论是国产化还是自主开发,其工程投资和运行成本都是相对较高的,难以普遍推广。

5. 我国城市垃圾资源化存在的问题

我国城市生活垃圾增长迅速,到2000年年底,城市生活垃圾的年清运量超过了1.18亿吨。随着经济增长和人民生活水平的提高,特别是民用燃料结构的优化,我国城市生活垃圾产量和成分也发生了根本性变化。种种迹象表明,我国城市生活垃圾资源化利用潜力巨大。经分析,我国城市垃圾资源化存在以下问题:① 城市垃圾混合回收的方式加大了垃圾资源化的难度。我国城市垃圾基本上属混合回收,从回收的垃圾中分选有用物质,在目前分选技术差的情况下需大量的人力、物力和财力,不利于城市垃圾的资源化。② 城市垃圾资源化技术较落后。我国城市垃圾中的无机成分多于有机成分,不可燃成分多于可燃成分,不可堆腐成分多于可堆腐成分,且大中小城市又各有不同,因而资源化难度大,经济效益较差。③ 城市垃圾资源化的资金不足。我国城市垃圾处理费用主要来自于政府,金额有限,而建大型的卫生填埋厂或焚烧发电厂均需大量资金,从而造成城市垃圾资源化基础设施差。④ 法规不健全,管理不善。我国垃圾处置的重点为减量化,对垃圾资源化不够重视,无相应的资源回收法,管理差,且由于垃圾分类管理落实不到位,不利于垃圾的资源化。⑤ 居民资源化意识淡薄。城市居民对垃圾分类及资源回收观念淡薄,回收难度大。

6. 我国城市垃圾资源化的对策

综上所述,单纯地依靠某种技术来处理城市生活垃圾都不是适合国情的解决垃圾问题的根本方法。

就目前情况来看,由于我国对垃圾焚烧发电电力上网方面的政策尚不完善,因此靠垃圾焚烧发电,工厂自用电以外剩余电力上网售电时机还不成熟。而且,垃圾热值低,焚烧发电装机容量较小,发电成本高,与常规发电相比电价也没有竞争力。从经济性角度来讲,垃圾焚烧发电并不是垃圾资源化利用的最佳出路。

垃圾是资源,这一点已成为人们的共识。因此,单纯地"处理"垃圾是不科学的,必须因地制宜,针对垃圾中组分的多样性,以资源、能源回收为出发点进行综合利用。综合利用应包括以下几个方面的内容。

① 可用物资(废纸、金属、玻璃等)的回收再生利用;
② 易腐有机物的堆肥处理;
③ 高热值不易腐烂有机物的能量利用;
④ 灰渣的固化处理,实现灰渣的材料化。

综上所述,发展垃圾综合集成处理系统,应以系统能量自给为目标,一方面可以大大降低生产成本,另一方面由于选取较小的发电装机容量还可以使系统的建设成本大大降低,更适合国情,拥有广阔的市场前景,由此产生的社会效益和经济效益都将是相当可观的。

8.4 农村生活垃圾的利用与治理

随着农村经济的快速发展、人口的增加、畜禽养殖业和农业综合开发规模的不断扩大,农村环境污染和生态破坏日趋严重。农村生活垃圾主要是厨余、清扫物和种养废弃物,其中以易降解的破布、果菜屑、塑料、废橡胶、树枝等有机物居多,难降解的陶瓷、废玻璃、砂石、砖瓦、金属较少;可回收与不可回收、可分解与不可分解、有害物品与无害物品的垃圾混为一体。由于农村人口居住分散,且大多数的农村没有固定的垃圾堆放处和专门的垃圾收集、运输、填埋和处理系统,各类垃圾未得到统一集中处理,严重的生活垃圾问题,影响了新农村的面貌,对农民的生活环境和健康也造成了直接威胁。2005 年修订后的《中华人民共和国固体废物污染环境防治法》第四十九条明确规定"农村生活垃圾污染环境防治的具体办法,由地方性法规规定",将农村生活垃圾的管理纳入法制轨道。但是目前我国在处理农村生活垃圾方面思想认识不到位,资金投入不足,技术和手段落后,法规欠完善,执法难度大,二次污染严重,对切实解决农村生活垃圾工作带来了一些困难。因此，解决农村环境问题已成为当前新农村建设中一项紧迫而艰巨的任务。

8.4.1 农村生活垃圾的产生来源

农村生活垃圾的来源主要包括两个方面：① 家庭日常生活产生的垃圾。近年来，由于乡镇工业持续发展、土地成片开发等因素，大批农村劳动力从单纯农业生产向务工经商转移，农民逐渐向城镇集中，导致生活垃圾大量增加，如包装材料、塑料袋、饮料瓶、易拉罐等。② 各种农作物产生的垃圾。化肥用量增加，许多有机垃圾（如秸秆、果藤和稻草等）随意丢弃，使农村生活垃圾数量明显增加。另外，农药使用量大，我国每年的农药使用量达到 50 万～60 万吨，大部分残留在土壤、水体、农作物和大气中，并通过食物链对人体健康造成危害。农药的大量使用还会造成生态平衡失调，物种多样性减少，破坏农村的生态系统。

8.4.2 处理农村生活垃圾面临的问题

1. 农民环保意识不强

近年来，尽管我国农村经济发展相对较为迅速，农民素质有了一定提高，但仍有相当一部分农民受传统生活方式的影响，环境意识淡薄，价值观念滞后，群众"产品高价、资源低价、环境无价"的旧观念根深蒂固。许多地方政府在实践中很难正确处理全局、长远的生态效益和局部、短期的经济利益之间的关系。农民的思想认识不到位，都扮演着观望者的角色。鉴于此，政府已进行了大力宣传，但效果仍不明显。

2. 缺乏资金投入

经济承受能力是生活垃圾处理设施建设与正常运行的关键条件，而农村生活垃圾处理问题长期得不到应有的重视。与城市环境相比，国家对环境污染整治的投入绝大多数用于城镇。城市的生活垃圾处理系统、生活污水排放管网已经建成并日趋完善，而农村环境容量相对较大，人们对农村环境问题的重视程度不够。长期以来，我国把城市垃圾的收集处理作为社会公益事业由政府包揽，而对农村垃圾问题一直持"不作为"的态度，由于资金问题，部分农村地区的保洁人员和设施配置参差不齐，一些好的做法难以为继。2008 年中央财政首度设立了农村环保专项资金（5 亿元），但仍不到当年同级财政环保总投入（430 亿元）的 1.5%。在不断要求农村生活垃圾处理程度提高的同时，政府财政的支持力度却不能同步，这加大了农村生活垃圾集中规范处理的难度。

3. 缺乏垃圾循环利用

垃圾中可利用资源类型多样，如建筑垃圾和生活垃圾中的无机物可制作建材；生活垃圾中以厨余垃圾为主的有机物可经发酵制肥或制作营养土，用于改良土壤；可燃物可焚烧供热、发电；废旧塑料可制作工业塑料块、再生塑料颗粒及木塑制品。然而，不少人对垃圾资源仍存在认识误区，认为经捡废品的多次挑选已无可利用资源。事实上，当前垃圾资源化活动不是完全的自觉行为，在某种程度上其行为受利益驱使。如目前主要回收金属、塑料饮料瓶、书报、纸箱等高利润物资，导致"白色污染"严重的塑料薄膜很少有人愿意回收。垃圾的循环利用很有价值，我国在这方面做得仍不到位，尤其是在农村人们几乎意识不到对垃圾循环利用的重要意义。当然，我国一些农村地区也进行了积极探讨，如宁波一些农村地区将垃圾分为食物垃圾和非食物垃圾两大类，运用生态转化技术和资源回收办法，较好地解决了农村垃圾的循环利用问题，为我国农村垃圾的循环利用提供了宝贵的借鉴。具体垃圾处理方法如图 8-7 所示。

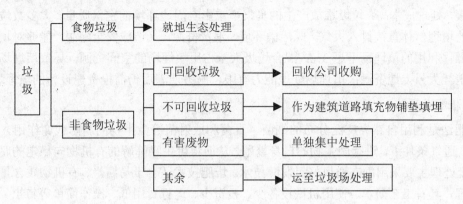

图 8-7 宁波农村地区的垃圾处理方法

4. 长效机制不健全

目前，各方视点大多集中于城市生活垃圾的治理，对农村生活垃圾污染问题关注较少，相关的法律法规不健全，我国专门针对农村生活垃圾治理的相关法律法规很少，需要进一步建立健全农村环境卫生的法律法规体系。行政管理部门设有综合执法机构，负责某区县的执法工作。但在实际工作中，市政行政管理部门的执法范围更多地集中在市区，对农村生活垃圾的执法管理不到位。对垃圾的收集、运输和处理，尚未形成整体规划。按照属地管理的原则，各乡（镇）、行政村负责自己辖区内生活垃圾的清理，在不同程度上形成了各自为"政"，在乡镇接合和村村接合部地带容易出现垃圾"三不管"的死角。例如，《江南晚报》在 2009 年 12 月 24 日曾以《南苑新村无名小路成三不管"垃圾路"》为题，报道了处于南长区与新区交界一条无名小路的垃圾问题，"三不管"的状态使得这条小路的垃圾很难得到有效处理，更谈不上长效机制的建立。

8.4.3 生活垃圾的处理与回收利用

生活垃圾处理专指垃圾中由居民排弃的各种废弃物（不包括市政设施与修建垃圾）的处理，包括为了运输、回收利用所进行的加工过程。处理的目的是使垃圾的形态和组成更适于处置要求。例如，为了便于运输和减少费用，常进行压缩处理；为了回收有用物质，常需加以破碎处理和分选处理。如果采用焚烧或土地填埋作最终处置方法，也需对垃圾先作适当的破碎、分选等处理，使处置更为有效。

生活垃圾的处理应遵循减量化、资源化、无害化的原则，目前主要有填埋、堆肥及焚烧三种处理方法。

1. 填埋处理法

填埋法是指利用天然地形或人工构造，形成一定空间，将垃圾填充、压实、覆盖达到储存的目的。垃圾填埋处理具有投资小、运行费用低、操作设备简单、可以处理多种类型的垃圾等特点。2010年我国垃圾填埋处理的比例超过77%。但由于生活垃圾仍然未实行分类分拣，填埋处理的对象多为混合垃圾，因此填埋法存在以下问题：混合垃圾中的大部分可回收物、可焚烧物或可堆肥物等被一并填埋，不能再生利用，资源利用率低；混合垃圾渗出液会污染地下水及土壤，处理成本高；垃圾堆放产生的臭气严重影响周边环境的空气质量，大多数垃圾填埋场产生的填埋气体直接排入大气，既污染环境、浪费资源，又造成安全隐患，能够对填埋气体进行资源化利用的填埋场不足3%；混合垃圾大量占用填埋场的空间资源，导致填埋场占地面积大，消耗大量土地资源；填埋场处理能力有限，服务期满后仍需投资建设新的填埋场。

2. 堆肥处理法

堆肥法是利用自然界广泛分布的细菌、真菌和放射菌等微生物的新陈代谢作用，在适宜的水分、通气条件下，进行微生物的自身繁殖，从而将可生物降解的有机物向稳定的腐殖质转化。堆肥处理主要采用静态通风好氧发酵技术。堆肥技术适合于易腐烂、有机物质含量较高的垃圾处理，具有工艺简单、使用机械设备少、投资少、运行费用低、操作简单等特点。利用生活垃圾堆肥在我国已有较长时期，但存在如下问题：不能处理不可腐烂的有机物和无机物，垃圾中石块、金属、玻璃、塑料等不可降解部分必须分拣出来，另行处理，分选工艺复杂，费用高，因此减容、减量及无害化程度低；堆肥周期长，卫生条件差；堆肥处理后产生的肥料肥效低、成本高，与化肥比，销售困难、经济效益差；许多有毒、有害物质会进入堆肥，农田长期大量使用堆肥，可能会造成潜在污染。

3. 焚烧处理法

焚烧法是一种高温热处理技术，即以一定的过剩空气量与被处理的有机废物在焚烧炉内进行氧化燃烧反应，废物中的有毒物质在高温下氧化、热解而被破坏，是一种可同时实现废物无害化、减量化、资源化的处理技术。焚烧法具有厂址选择灵活，占地面积小，处理量大，处理速度快的特点。减容减量性好（减重一般达70%，减容一般达90%）无害化彻底，可回收能源等特点，因此是世界各发达国家普遍采用的一种垃圾处理技术。2011年，我国垃圾处理方法中，焚烧为9.413吨/日，占23%左右，处理能力增长相对较快，但应用并不普遍，主要存在如下问题：建设焚烧厂投资大，建成后运行成本高；混合生活垃圾成分复杂，燃烧的效率低，焚烧尾气污染严重；混合垃圾中餐厨类垃圾含盐量较高，烟气中的氯化氢会腐蚀焚烧炉，增加烟气处理的难度和污染控制成本。

8.4.4 生活垃圾的处理与回收利用的对策

如何有效地对其进行处理和回收利用，已成为各级政府和普通百姓关注的热点问题之一。

1. 开展科普宣传，增强农民的环保意识

在《公民道德建设实施纲要》中，"协调人与自然的关系以保护环境"第一次被国家倡导为公民社会公德的一项重要内容,因为通过有效的环境教育塑造社会个体乃至社会组织的社会参与环保意识至关重要。做好农村生活垃圾的处理需要广大农村居民的积极参与和配合，需要环保部门、新闻媒体和教学单位多下乡宣传普及环保知识。要善于结合并利用世界环境日、世界地球日、全国爱国卫生月等，在公共场所悬挂环保宣传标语，组织广大干部、群众、学生开展环境卫生大扫除，利用广播、电视等媒体进行宣传，举办群众参与性强的环保知识竞赛等活动，吸引广大居民积极参与，逐步提高居民的环保意识。环境保护意识的宣传教育要从最贴近农民生活的细节入手，让环保知识以小妙招、小窍门的形式和他们"零距离"接触，拉近知识与生活的距离，消除农民的抵触情节，提高宣传效果。

2. 增加环保资金，实现垃圾市场化运作

即使村民认识到了乱倒垃圾的危害，但由于基础设施不足，垃圾也得不到集中有效的处理。这说明农村环卫基础设施建设是提升农村生活垃圾处置水平的关键，政府应将垃圾处理系统纳入新农村建设总体规划中，其中包括垃圾收运系统、垃圾中转设施和垃圾处理设施。由于农村经济发展存在着不平衡性，使其不具备支撑农村垃圾处理的能力，因此，实现农村生活垃圾的减量化、资源化和无害化，有赖于上级政府的财政支持。

政府应根据各地情况，确定农村生活垃圾处置的经费标准，但地方政府尚未设立农村生活垃圾整治的专项资金。应将农村生活垃圾整治资金纳入每年的财政预算中，并保持每年按一定比例增长，以保证农村生活垃圾整治的资金来源，扶持农村改变现行落后的生活垃圾处置方式。对农村生活垃圾整治资金的使用，要进行严格的审计和监督，专款专用，防止挪用。此外，放开投资渠道，引导并鼓励各类社会资金参与农村生活垃圾处置设施的建设和运营，逐步实现投资主体多元化，运营主体企业化，运行管理市场化。多渠道寻找投资企业、融资方式。走垃圾处理产业化发展方向，市场化运作是必然趋势，坚持政府投入与市场运行相结合的原则。

3. 综合利用，变废为宝

遵循循环经济的理念，将农村生活垃圾尽可能地变为资源，真正地循环利用，以减少对大量新资源的利用，而且能从源头上有效地防止垃圾对环境的破坏和对生态的污染。应全面推广分类回收，实现废物利用最大化（具体环节见图 8-8）。例如，规划畜禽养殖园区，对畜禽进行集中饲养，大力发展沼气、培植林地等，使畜禽粪便变废为宝，形成生态村。这样可大大降低垃圾总量和体积，减少垃圾转运中耗费的人力和物力，以及过多的垃圾堆放对环境造成的污染，减少相关部门清运和处理垃圾的负担，延长造价昂贵的垃圾处理场的使用寿命。实现垃圾从源头分类，资源回收将大有可为。科学合理地分类是实现垃圾减量化、资源化、无害化的前提。

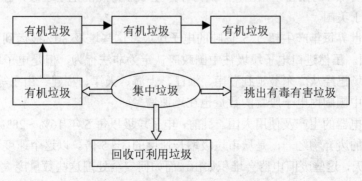

图 8-8 农村垃圾最大化利用的实现

4. 建立长效机制，强化行政管理

农村生活垃圾的处理，需要一定的法规来保障。应通过立法手段，明确各级政府和组织在农村生活垃圾处理中所履行的职责，明确垃圾产生者对垃圾的产生、收集、清运和处理所承担的义务，对已有的政策和法规要落到实处，做到有法可依、有法必依、执法必严、违法必究。国家、省、市、县级环境管理网络已形成，为保护农村环境，应尽快建立镇、村、组级环境管理网络，"推广'组保洁、村收集、镇运转、县处理'的城乡垃圾一体化处理模式"。

在乡镇级政府设立相应的工作机构，落实负责人员。同时与村两委签订环境保护目标责任书，作为年终考核的依据。村委会通过公开选聘培训合格的保洁员，进行挨家挨户指导垃圾分类方法，并按时上门收集垃圾。县、乡镇、村、组四级组织网络的形成，为农村生活垃圾分类收集提供了有利条件。同时，政府应设立用于农村垃圾回收处理的专项资金，用于对垃圾的收集、运输和处理及垃圾对周围环境影响的监测。

农村环境污染问题是新时期建设社会主义新农村、倡导生态文明、构建社会主义和谐社会亟待解决的问题。为解决农村生活垃圾问题和加快农村生态环境建设，以农民为主体、以政府为主导，根据各地实际，尽快建立一套适合农村生活垃圾收集处理处置系统，加快环境基础设施的建设，开展农村环境综合整治，倡导农村居民绿色消费，积极推广垃圾资源回收，分类收集，从源头进行控制，使农村环境质量有明显提升，环境面貌有明显改观，将各村镇真正变成民富、村美、风气好的社会主义新农村。

8.5 电子垃圾处理现状

随着信息技术的飞速发展，现在的电子产品更新换代的加快，电子产品的淘汰成为当今中国的一个难题。

8.5.1 我国电子垃圾的现状

2010年，联合国环境规划署（UN Environment Programme）在标题为《回收再利用：电子废物转为可用资源》的报告中指出，中国每年产生230万吨的电子垃圾，占世界电子垃圾总量的第二，仅次于美国。

据统计，全世界每年产生超过5亿吨的电子垃圾，这些垃圾80%被运到亚洲，而其中又有90%进入中国。虽然进口电子垃圾被中国政府认定为非法行为，但是电子垃圾的交易仍在继续。电子垃圾场已经从广东蔓延到湖南、浙江、上海、天津、福建、山东等地区。

与此同时，中国国内电子废物的数量也在迅速增多。

中国是家用电器的生产及使用大国。目前，电子垃圾以每5年16%~28%的速度增长，成为增长速度最快的废弃物之一，是城市垃圾增长速度的3~5倍。以这个速度计算，如果不及时处置，总有一天，这些废旧电器会堆积如山。而如何安全处理这些数量庞大的废旧电器，是一个亟待解决的问题。

8.5.2 我国电子垃圾处理存在的问题

(1) 相关法律法规不健全。我国在电子垃圾污染控制方面的专项立法还比较滞后，法律法规可操作性还需进一步完善。

(2) 处理技术水平低。电子垃圾处理当前对环境以及社会经济发展带来了严重影响，世界各国都很注意对电子垃圾处理技术的研究工作。但因多方面原因，我国在这一领域的研究工作距离世界领先水平还很大。

8.5.3 建议措施

(1) 建立统一规范的电子垃圾回收体系。为解决电子垃圾带来的环境问题，必须尽快建立统一完善的回收系统。

(2) 加强立法建设，明确责任。在电子垃圾的处理处置过程中，目前国际上比较普遍的做法都是以生产企业作为垃圾回收的主体，流通和消费领域也要承担部分责任。信息产业部根据《中华人民共和国清洁生产促进法》、《中华人民共和国固体废物污染环境防治法》等有关法律，制定了《电子信息产品污染防治管理办法》，并于2005年1月1日起施行。《废弃电器电子产品回收处理管理条例》于2008年8月20日国务院第23次常务会议通过，自2011年1月1日起施行。

(3) 加强科技研究。这主要包括两个方面的内容：其一，电子垃圾的再生利用仅仅是把毒性物质从一种产品中转移到另一种产品中，并没有真正解决毒性物质对环境的影响。真正的解决办法是重新设计产品，开发新技术，使用无毒性材料。其二，当前解决电子垃圾所面临的首要的必须解决的问题，即危险电子垃圾。因此，从根本上消除有毒有害物质对环境的威胁，必须加大科研力度，着实有效地消除电子垃圾中毒性物质对环境威胁。

复习思考题

1. 固体废物的来源有哪些？
2. 简述固体废物的危害。
3. 辩证讨论固体废物的概念，结合实际讨论你对废物资源化问题的理解。
4. 何谓危险废物？

第9章 物理性污染及其防治

有别于前述各种环境污染，本章所讲的几种环境污染是物理因素引起的非化学性污染。这种污染形成时很少给周围环境留下具体污染物，但已成为现代人类尤其是城市居民感受到的公害。例如，噪声就是影响最大、最易激起受害者强烈不满的环境污染，而反映噪声污染问题的投诉也高居各类污染的首位。但是有的物理性污染如电磁波和光，无色无味很隐蔽，无明显和直接的危害，因而还没有引起人们的足够重视。

9.1 噪声污染及其控制

9.1.1 环境噪声的特征与噪声源分类

人类生存的空间是一个有声世界，大自然中有风声、雨声、虫鸣、鸟叫，社会生活中有语言交流、美妙音乐，人们在生活中不但要适应这个有声环境，也需要一定的声音满足身心的支撑。但如果声音超过了人们的需要和忍受力就会使人感到厌烦，所以噪声可定义为对人而言不需要的声音。需要与否是由主观评价确定的，不但取决于声音的物理性质，而且和人类的生理、心理因素有关。例如，听音乐会时，除演员和乐队的声音外，其他都是噪声；但当睡眠时，再悦耳的音乐也是噪声。

1. 噪声特征

环境噪声是一种感觉公害。噪声对环境的污染与工业"三废"一样，都是危害人类环境的公害。它具有局限性和分散性，即环境噪声影响范围上的局限性和环境噪声源分布上的分散性，噪声源往往不是单一的。噪声污染还具有暂时性，噪声对环境的影响不积累，也不持久，声源停止发声，噪声即消失。

2. 声源及其分类

向外辐射声音的振动物体称为声源。噪声源可分为自然噪声源和人为噪声源两大类。目前人们尚无法控制自然噪声，所以噪声的防治主要指人为噪声的防治。人为噪声按声源发生的场所，一般分为交通噪声、工业噪声、建筑施工噪声和社会生活噪声。

（1）交通噪声

交通噪声包括飞机、火车、轮船、各种机动车辆等交通运输工具产生的噪声。其中以飞机噪声强度最大。

交通噪声是活动的噪声源，对环境影响范围极大。尤其是汽车和摩托车，它们量大、面广，几乎影响每一个城市居民。有资料表明，城市环境噪声的70%来自于交通噪声。在车流量高峰期，市内大街上的噪声可高达90dB。遇到交通堵塞时，噪声甚至可达100dB以上，以致有的国家出现警察戴耳塞指挥交通的情况。一些交通工具对环境产生的噪声污染情况如表 9-1 所示。

表 9-1　典型机动车辆噪声级范围

车 辆 类 型	加速时噪声级/dB（A 计权）	匀速时噪声级/dB（A 计权）
重型货车	89～93	84～89
中型货车	85～91	79～85
轻型货车	82～90	76～84
公共汽车	82～89	80～85
中型汽车	83～86	73～77
小轿车	78～84	69～74
摩托车	81～90	75～83
拖拉机	83～90	79～88

机动车辆噪声的主要来源是喇叭声（电喇叭 90dB～95dB，汽喇叭 105dB～110dB）、发动机声、进气和排气声、启动和制动声、轮胎与地面的摩擦声等。汽车超载、加速和制动、路面粗糙不平都会增加噪声。

（2）工业噪声

工业噪声主要是机器运转产生的噪声，如空气机、通风机、纺织机、金属加工机床等，还有机器振动产生的噪声，如冲床、锻锤等。一些典型机械设备的噪声级范围如表 9-2 所示。

表 9-2　一些机械设备产生的噪声

设 备 名 称	噪声级/dB（A 计权）	设 备 名 称	噪声级/dB（A 计权）
轧钢机	92～107	柴油机	110～125
切管机	100～105	汽油机	95～110
气锤	95～105	球磨机	100～120
鼓风机	95～115	织布机	100～105
空压机	85～95	纺纱机	90～100
车床	82～87	印刷机	80～95
电锯	100～105	蒸汽机	75～80
电刨	100～120	超声波清洗机	90～100

工业噪声强度大，是造成职业性耳聋的主要原因，它不仅给生产工人带来危害，而且厂区附近的居民也深受其害。但是，工业噪声一般是有局限性的，噪声源是固定不变的。因此，污染范围比交通噪声要小得多，防治措施相对也容易些。

（3）建筑施工噪声

建筑施工噪声包括打桩机、混凝土搅拌机、推土机等产生的噪声。它们虽然是暂时性的，但随着城市建设的发展，兴建和维修工程的工程量与范围不断扩大，影响越来越广泛。此外，施工现场多在居民区，有时施工在夜间进行，严重影响周围居民的睡眠和休息。施工机械噪声级范围如表 9-3 所示。

表 9-3　建筑施工机械噪声级范围

机械名称	距声源 15m 处噪声级/dB（A 计权）	机械名称	距声源 15m 处噪声级/dB（A 计权）
打桩机	95～105	推土机	80～95
挖土机	70～95	铺路机	80～90
混凝土搅拌机	75～90	凿岩机	80～100
固定式起重机	80～90	风镐	80～100

（4）社会生活噪声

社会生活噪声主要指由社会活动和家庭生活设施产生的噪声，如娱乐场所、商业活动中心、运动场、高音喇叭、家用机械、电器设备等产生的噪声。表 9-4 是一些典型家庭用具噪声级的范围。

社会生活噪声一般在 80dB 以下，虽然对人体没有直接危害，但却能干扰人们的工作、学习和休息。

表 9-4　家庭噪声来源及噪声级范围

设备名称	噪声级/dB（A 计权）	设备名称	噪声级/dB（A 计权）
洗衣机	50～80	电视机	60～83
吸尘器	60～80	电风扇	30～65
排风机	45～70	缝纫机	45～75
抽水马桶	60～80	电冰箱	35～45

按噪声产生机理可将噪声分为以下三类。

（1）机械噪声：是由于机械设备运转时，机械部件间的摩擦力、撞击力或非平衡力，使机械部件和壳体产生振动而辐射的噪声。

（2）空气动力性噪声：是由于气体流动过程中的相互作用，或气流和固体介质之间的相互作用而产生的噪声，如空压机、风机等进气和排气产生的噪声。

（3）电磁噪声：由电磁场交替变化引起某些机械部件或空间容积震动而产生的噪声。

按噪声随时间的变化分类还可分成稳态噪声和非稳态噪声两大类。

9.1.2　噪声的评价和检测

噪声的描述方法可分为两类：一类是把噪声作为单纯的物理扰动，用描述声波特性的客观物理量来反映，这是对噪声的客观量度；另一类则涉及人耳的听觉特性，根据人们感觉到的刺激程度来描述，因此被称为对噪声的主观评价。现分别陈述如下。

1. 噪声的客观量度

简单地说，噪声就是声音，它具有声音的一切声学特性和规律。

（1）频率与声功率

声音是物体的振动以波的形式在弹性介质（气体、固体、液体）中进行传播的一种物理现象。这种波就是通常所说的声波，频率等于造成该声波的物体振动的频率，其单位为赫兹（Hz）。一个物体每秒钟的振动次数，就是该物体的振动频率的赫兹数，亦即由此物体引起的声波的频率赫兹数。例如，某物体每秒钟振动 100 次，则该物体的振动频率就是 100Hz，对应的声波频率也是 100Hz。声波频率的高低，反映了声调的高低。频率高，声调尖锐；频率低，则声调低沉。人耳能听到的声波的频率范围是 20Hz～20 000Hz。20Hz 以下的称为次声，20 000Hz 以上的称为超声。人耳有一个特性，即从 1 000Hz 起，随着频率的减少，听觉会逐渐迟钝。换句话说，人耳对低频率噪声容易忍受，而对高频率噪声则感觉烦躁。

声功率是描述声源在单位时间内向外辐射能量本领的物理量，其单位为瓦（W）。一架大型的喷气式飞机，其声功率为 10kW；一台大型鼓风机的声功率为 0.1kW。

（2）声强和声强级

为了表示声波的能量以波速沿传播方向传输的情况，定义通过垂直于声波传播方向的单位面积的声功率为声强度，或简称声强，用 I 表示，单位为每平方米瓦（W/m²）。声场中某一位置的声强的量值越大，则穿过垂直于声波传播方向上的单位面积的能量越多。在自由声场中（无障碍物和声波反射体）有一非定向辐射源，其声功率为 W，辐射的声波可视为球面波，在距声源 r 处，球面的总面积为 $4\pi r^2$，则在球面上垂直于球面方向的声强为：

$$I_n = W/4\pi r^2 \quad (W/m^2) \tag{9-1}$$

由式（9-1）可以看出，声强 I_n 以与 r^2 成反比的关系发生变化，即距声源越远声强越小，并且降幅比距离增加更显著。

对于频率为 1 000Hz 的声音，人耳能够感觉到的最小的声强约等于 10^{-12}W/m²。这一量值用 I_0 表示，常作为声波声强的比较基准，即 $I_0=10^{-12}$W/m²，因此又称 I_0 为基准声强。对于频率为 1 000Hz 的声波，正常人的听觉所能忍受的最大声强约为 1W/m²，这一量值常用 I_m 表示，$I_m=1$W/m²。声强超过这一上限时，就会引起耳朵的疼痛，损害人耳的健康。声强小于 I_0，人耳就觉察不到了，所以 I_0 又称为人耳的听阈，I_m 又称为人耳的痛阈。

声强级是描述声波强弱级别的物理量。声强大小固然客观上反映声波的强弱，但是根据声学实验和心理学实验证明，人耳感觉到的声音的响亮程度，即人耳对感受到的声音的强弱程度的主观判断，并不是简单地和声强 I 成正比，而是近似与声强 I 的对数成正比。又因为能引起正常听觉的声强值的上下限相差悬殊（$I_m/I_0=10^{12}$ 倍），如用声强以及它通常使用的能量单位来量度可听声波的强度极不方便。基于上述两个原因，所以引入声强级作为声波强弱的量度。声强级是这样定义的：将声强 I 与基准声强 I_0 之比的对数值，定义为声强 I 的声强级，声强级以 L_I 表示，即：

$$L_I = \lg I/I_0 \quad (B) \tag{9-2}$$

由于 Bel 单位较大，常取分贝（dB）作声强级单位，其换算关系为：1B=10dB，即

$$L_I = 10\lg I/I_0 \quad (dB) \tag{9-3}$$

[例 9-1] 试计算声强为下列数值的声强级，$I=0.01$W/m²；$I_0=10^{-12}$W/m²；$I_m=1$W/m²。

解：根据 $L_I=10\lg I/I_0$

$I=0.01$W/m²　　　　　$L_I=10\lg 0.01/10^{-12}=100$dB

$I=10^{-12}$W/m²　　　　$L_I=10\lg 10^{-12}/10^{-12}=0$dB

$I=1$W/m²　　　　　　$L_I=10\lg 1/10^{-12}=120$dB

由题可见：第一，数量差别如此巨大的不同声强用声强级表示，数量上的差别可以缩小，表示较方便；第二，听阈的声强级为 0，0dB 的声音刚刚能为人们听到，分贝数越大，噪声越

强。痛阈的声强级为120dB。

（3）声压与声压级

声压是描述声波作用效能的宏观物理量。声波与传感器（如耳膜）作用时，与无声波情况相比较，多出的附加压强称为声波的声压，用 p 表示，单位为帕（Pa），$1Pa=1N/m^2$。当声波的声强为基准声强 I_0 时，其表现的声压约为 $2\times10^{-5}Pa$（在空气中），这一量值也常被用作比较声波声压的衡量基准，称为基准声压，记作 p_0，即 $p_0=2\times10^{-5}Pa$。

理论表明，在自由声场中，在传播方向上声强 I 与声压 p 的关系为：

$$I=p^2/\rho c \text{（W/m}^2\text{）} \tag{9-4}$$

式（9-4）中，ρ 为媒质密度（kg/m³），c 为声速（m/s），两者的乘积就是媒质的特性阻抗。在测量中声压比声强容易直接测量，因此，往往根据声压测定的结果间接求出声强。

声压级是描述声压级别大小的物理量。式（9-4）表明声强与声压的平方成正比，即：

$$I_1/I_2=p^2_1/p^2_2 \tag{9-5}$$

式（9-5）两边取对数，则：

$$\lg(I_1/I_2)=\lg(p^2_1/p^2_2)=2\lg(p_1/p_2) \tag{9-6}$$

为了表示声波强弱级别的统一，人们希望无论用声强级或声压级表示同一声波的强弱级别具有同一量值，特按如下方式定义声压级，即声压级 L_p 等于声压 p 与基准声压 p_0 比值的对数值的 2 倍，即：

$$L_p=2\lg(p/p_0) \text{（B）}$$
$$=20\lg(p/p_0) \text{（dB）} \tag{9-7}$$

声压和声压级可以互相换算。

[例 9-2] 强度为 80dB 的噪声的相应声压为多少？

解：

因为　　　　　　　$L_p=20\lg(p/p_0)$

$\lg p=L_p/20+\lg p_0=80/20+\lg 2\times10^{-5}=\lg 2\times10^{-1}$

所以　　　　　　　$p=0.2$（Pa）

声压和声压级的换算值如表 9-5 所示。

表 9-5　声压与声压级的换算值

声压级/dB	0	10	20	30	40	50	60
声压/Pa	2×10^{-5}	$2\times10^{-4.5}$	2×10^{-4}	$2\times10^{-3.5}$	2×10^{-3}	$2\times10^{-2.5}$	2×10^{-2}
声压级/dB	70	80	90	100	110	120	
声压/Pa	$2\times10^{-1.5}$	2×10^{-1}	$2\times10^{-0.5}$	2	$2\times10^{0.5}$	20	

如果有几种声音同时发生，则总的声压级不是各声压级的简单算术和，而是按照能量的叠加规律，即压力的平方进行叠加的。

[例 9-3] 设有两个噪声，其声压级分别为 L_{p1}dB 和 L_{p2}dB，问：叠加后的声压级 L 为多少？

解：

由 $L_{p1}=20\lg(p_1/p_0)$　　得 $p_1=p_0 10^{L_{p1}/20}$

　　$L_{p2}=20\lg(p_2/p_0)$　　得 $p_2=p_0 10^{L_{p2}/20}$

而 $p^2_{1+2}=p^2_1+p^2_2=p^2_0(10^{L_{p1}/10}+10^{L_{p2}/10})$

或$(p_{1+2}/p_0)^2 10^{L_{p1}/10}+10^{L_{p2}/10}$

所以总的声压级 $L_{p1+2}=20\lg p_{1+2}/p_0=10\lg(p_{1+2}/p_0)^2$

即 $L_{p1+2}=10\lg(10^{L_{p1}/10}+10^{L_{p2}/10})$

由计算总声压级 L_{p1+2} 的公式可见：

① 当 $L_{p1}=L_{p2}$ 或 $L_{p1}-L_{p2}=0$ 时

$L_{p1+2}=L_{p1}+10\lg 2=L_{p1}+3$（dB）

即增大 3dB。同理，三个相同声音叠加时，其声压级增大 $10\lg 3$；若 N 个相同声音叠加时，其声压级增大 $10\lg N$。

② 两个不同的声音叠加时，其计算式如下：

$$L_{1+2}=L_1+10\lg[1+10^{-0.1(L_1-L_2)}] \tag{9-8}$$

其中，L_1-L_2 为两个声压级之差（以大减小）。

根据式（9-8）可画出分贝和的增值，如图 9-1 所示。从分贝增值图查得对应 L_1-L_2 的 ΔL 值，加到较大的一个声压级下，即为和声压级。对于几个共存声音，可以按下列步骤进行。例如，84、87、90、95、96、91 共 6 个分贝数相加，即：

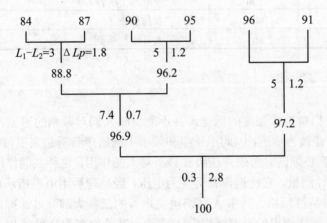

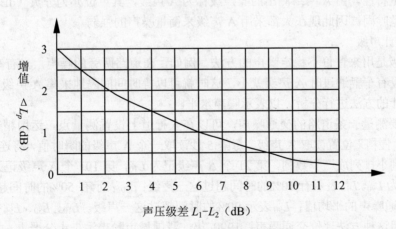

图 9-1 分贝和的增值图

也可以用分贝和的增值表 9-6 来计算任意两种声压级不等的声音共存时的总声压级。即将增值加在声压级中较大的一方。

表 9-6　分贝和的增值表

声压级差 L_1-L_2/dB	0	1	2	3	4	5	6	7	8	9	10
增值 ΔL/dB	3.0	2.5	2.1	1.8	1.5	1.2	1.0	0.8	0.6	0.5	0.4

如有几种声音同时出现，总的声压级必须由大而小地将每两个声压级逐一相加而得。例如，声压级分别为 85dB、83dB、82dB、78dB 的四种声音共存时，其总声压级为 89dB。

表 9-7 列出了几种典型环境噪声源的声压级的数据。

表 9-7　几种典型环境噪声源的声压级

几种典型环境噪声源	声压级/dB	几种典型环境噪声源	声压级/dB
喷气式飞机的喷气口附近	150	繁华街道上	70
喷气式飞机附近	140	普通讲话	60
锻锤、铆钉操作位置	130	微电机附近	50
大型球磨机旁	120	安静房间	40
8-18 型鼓风机附近	110	轻声耳语	30
纺织车间	100	树叶落下的沙沙声	20
4-72 型风机附近	90	农村静夜	10
公共汽车内	80	人耳刚能听到	0

2. 噪声的主观评价

（1）A 声级

声压级只是反映了人们对声音强度的感觉，并不能反映人们对频率的感觉，而且由于人耳对高频声音比对低频声音较为敏感，因此声压级和频率不同的声音听起来很可能一样响。因此，要表示噪声的强弱，就必须同时考虑声压级和频率对人的作用，这种共同作用的强弱称为噪声级。噪声级可用噪声计测量，它能把声音转变为电压，经处理后用电表指示出分贝数。噪声计中设有 A、B、C 三种特性网络。其中 A 网络可将声音的低频大部分过滤掉，能较好地模拟人耳的听觉特性。由 A 网络测出的噪声级称为 A 声级，其单位亦为分贝（dB）。A 声级越高，人们越觉吵闹。因此现在大都采用 A 声级来衡量噪声的强弱。

（2）统计声级

统计声级是用来评价不稳定噪声的方法。例如，在道路两旁的噪声，当有车辆通过时 A 声级大，当没有车辆通过时 A 声级就小，这时就可以等时间间隔地采集 A 声级数据，并对这些数据用统计的方法进行分析，以表示噪声水平。

例如，要测量一条道路的交通噪声，可以在人行道上设置测量点，运用精密声级计，将声级计调到"慢档"位置读取 A 声级。每隔 5 秒读取一个 A 声级的瞬时值，将连续读取的 200 个数值由大到小排列成一个数列，第 21 个 A 声级记为 L_{10}，第 101 个 A 声级记为 L_{50}，第 181 个 A 声级记为 L_{90}。L_{10} 表示有 10% 的时间超过这一声级；L_{50} 表示有 50% 的时间超过这一声级，L_{50} 相当于交通噪声的平均值；L_{90} 表示 90% 的时间超过这一声级。L_{10}、L_{50}、L_{90} 等也称为百分声级，可以用这种方法评价交通噪声。1990 年，我国城市噪声污染十分严重，城市功能区环境噪声普遍超标，约有一半以上的城市居民受到噪声的困扰。

（3）其他噪声评价方法

其他噪声评价方法有昼夜等效声级、感觉噪声级等。

昼夜等效声级：以平均声级和一天里的作用时间为基础的公众反应评价量。考虑到人们在夜间对噪声比较敏感，该评价量是通过增加对夜间噪声干扰的补偿以改进等效等级 Leq，就是对所有在夜间（如在 22:00～次日 7:00 时段）出现的噪声级均以比实际数值高出 10dB 来处理。

感觉噪声级：某一噪声的感觉噪声级是在"吵闹"上与该声音相同的中心频率为 1 000 赫的窄带噪声的声压级。它是基于"烦恼"而不是基于"响度"的主观分析。同样响度的声音使人感到烦恼的程度并不完全一致，人们对于频带宽度较窄的、断断续续的、频率高的和突发的噪声特别感到烦躁不安。

3. 噪声的评价方法

在城市区域环境质量评价和工程建设项目环境影响评价中，环境噪声污染往往是评价工作的内容之一，在交通工程建设项目中，噪声影响评价直接涉及居民搬迁和噪声防治工程措施。环境噪声影响评价的具体工作程序是：

(1) 拟定评价大纲

评价大纲是开展环境影响评价工作的依据。它包括了建设项目工程概况；污染源的识别与分析；确定评价范围；环保目标（这里主要指噪声敏感点）；噪声敏感点的地理位置及其环境条件、评价标准；评价工作实施方案；评价工作费用。

(2) 收集基础资料

基础资料包括建设项目中噪声源强；噪声源与敏感点的分布位置图，并注明相对距离和高度；声传播的环境条件（如建、构筑物屏障等）。

(3) 进行现状调查

主要是噪声敏感点的背景噪声的调查。

(4) 选定预测模式

根据噪声源类别，如车间，道路机动车及其流量、速度，飞机的类型架次、飞机程序，声传播的衰减修正等，按点、线声源特征选定预测模式。可以根据各建设行业有关环境评价规范来选定。

(5) 噪声影响评价

根据预测评价量与采用的评价标准，给出各敏感点超标分贝值及评价结果。

(6) 提出噪声治理措施

敏感点超标值达到 3dB 或以上时，应考虑噪声治理措施。具体措施应给出技术、经济和环境效益的技术论证，以便为工程设计与施工以及日常管理提供依据。

9.1.3 环境噪声的危害

随着工业生产、交通运输、城市建设的高度发展和城镇人口的迅猛膨胀，噪声污染日趋严重。据《2009 年中国环境状况公报》显示：全国 74.6%的城市区域声环境质量处于好和较好水平，环境保护重点城市区域声环境质量处于好和较好水平的占 76.1%。全国 94.6%的城市道路交通声环境质量为好和较好，环境保护重点城市道路交通声环境质量处于好和较好水平的占 96.5%。城市各类功能区昼间达标率为 87.1%，夜间达标率为 71.3%。归纳起来，噪声的危害主要表现在以下几个方面。

1. 损伤听力

噪声可以给人造成暂时性的或持久性的听力损伤，后者即耳聋。一般说来，85dB 以下的噪声不至于危害听觉，而超过 85dB 则可能发生危险。表 9-8 列出了在不同噪声级下长期工作时耳聋发病率的统计情况。由表 9-8 可见，噪声达到 90dB 时，耳聋发病率明显增加。但是，即使高至 90dB 的噪声，也只是产生暂时性的病患，休息后即可恢复。因此噪声的危害，关键在于它的长期作用。

表 9-8　工作 40 年后噪声性耳聋发病率

噪声级/dB（A 计权）	国际统计/%	美国统计/%
80	0	0
85	10	8
90	21	18
95	29	28
100	41	40

2. 干扰睡眠和正常交谈

（1）干扰睡眠

睡眠对人是极为重要的，它能够调节人的新陈代谢，使人的大脑得到休息，从而使人恢复体力，消除疲劳。保证睡眠是人体健康的重要因素。噪声会影响人的睡眠质量和数量。连续声可以加快熟睡到轻睡的回转，缩短人的熟睡时间；突然的噪声可使人惊醒。一般情况下，40dB 的连续噪声可使 10% 的人受影响，70dB 时可使 50% 的人受影响；突然噪声达 40dB 时，可使 10% 的人惊醒，60dB 时，可使 70% 的人惊醒。对睡眠和休息来说，噪声最大允许值为 50dB，理想值为 30dB。

（2）干扰交谈和思考

噪声对交谈的干扰情况如表 9-9 所示。

表 9-9　噪声对交谈的影响

噪声/dB	主观反应	保证正常讲话距离/m	通信质量
45	安静	10	很好
55	稍吵	3.5	好
65	吵	1.2	较困难
75	很吵	0.3	困难
85	太吵	0.1	不可能

3. 引起疾病

噪声对人体健康的危害，除听觉外，还会对神经系统、心血管系统、消化系统等有影响。

噪声作用于人的中枢神经系统，会引起失眠、多梦、头疼、头昏、记忆力减退、全身疲乏无力等神经衰弱症状。

噪声可使神经紧张，从而引起血管痉挛、心跳加快、心律不齐、血压升高等病症。对一些工业噪声调查的结果表明：长期在强噪声环境中工作的人比在安静环境中工作的人心血管系统的发病率要高。有人认为，20世纪生活中的噪声是造成心脏病的一个重要因素。

噪声还可使人的胃液分泌减少、胃液酸度降低、胃收缩减退、蠕动无力，从而易患胃溃疡等消化系统疾病。有资料指出，长期置身于强噪声下，溃疡病的发病率要比安静环境下高5倍。

噪声还会使儿童的智力发育迟缓，甚至可能会造成胎儿畸形。

当然，噪声不一定是引起以上疾病的唯一原因，但它对人体健康的危害不可低估。

4. 杀伤动物

噪声对自然界的生物也是有危害的。例如，强噪声会使鸟类羽毛脱落，不产蛋，甚至内出血直至死亡。1961年，美国空军F-104喷气战斗机在俄克拉荷马市上空做超音速飞行实验，飞行高度为10^4m，每天飞行8次，6个月内使一个农场的1万只鸡被飞机的轰响声杀死6 000只。实验还证明，170dB的噪声可使豚鼠在5分钟内死亡。

5. 破坏建筑物

20世纪50年代曾有报道，一架以1 100km/h的速度（亚音速）飞行的飞机，作60m低空飞行时，噪声使地面一幢楼房遭到破坏。在美国统计的3 000起喷气式飞机使建筑物受损害的事件中，抹灰开裂的占43%，损坏的占32%，墙开裂的占15%，瓦损坏的占6%。1962年，3架美国军用飞机以超音速低空掠过日本藤泽市时，导致许多居民住房玻璃被震碎，屋顶瓦被掀起，烟囱倒塌，墙壁裂缝，日光灯掉落。

9.1.4 噪声的控制

1. 噪声标准与立法

（1）环境噪声标准

控制噪声污染已成为当务之急，而噪声标准是噪声控制的基本依据。毫无疑问，制定噪声标准时，应以保护人体健康为依据，以经济合理、技术上可行为原则。同时，还应从实际出发，因人、因时、因地不同而有所区别。此外，噪声标准并不是固定不变的，它将随着国家经济、科学技术的发展而不断提高。我国由于立法工作的加快，已制定了若干有关噪声控制的国家标准，如表9-10所示。

表9-10 我国城市区域环境噪声标准

适 用 区 域	昼间噪声级/dB（A计权）	夜间噪声级/dB（A计权）	备　　注
特殊住宅区	45	35	特别需要安静的住宅区，如医院、疗养院、宾馆等
居民文教区	50	40	指居民和文教、机关区
一类混合区	55	45	指一般商业与居民混合区，如小商店、手工作坊与居民混合区
二类混合区、商业中心区	60	50	指工业、商业、少量交通和居民混合区；商业集中的繁华地区
工业集中区	65	55	指城市或区域规划明确规定的工业区
交通干线道路两旁	70	55	指车流量100辆/h以上的道路两旁

（2）立法

噪声立法是一种法律措施。为了保证已制定的环境噪声标准的实施，必须从法律上保证人民群众在适宜的声音环境中生活与工作，消除人为噪声对环境的污染。

国际噪声立法活动从 20 世纪初期就已经开始。早在 1914 年，瑞士就有了第一个机动车辆法规，规定机动车必须装配有效的消声设备。20 世纪 50 年代以后，许多国家的政府都陆续制定和颁布了全国性的、比较完整的控制法，这些法律的制定对噪声污染的控制起了很大作用，不仅使噪声环境有了较大改善，而且促进了噪声控制和环境声学的发展。

我国 1989 年颁布了国家环境噪声污染防治条例，基本内容包括交通噪声、施工噪声、社会生活噪声污染等。1997 年《中华人民共和国环境噪声污染防治法》颁布施行。

2. 噪声控制的一般原则

声是一种波动现象，它在传播过程中遇到障碍物会发生反射、干涉和衍射现象。在不均匀媒质中或从某媒质进入另一种媒质时，会发生透射和折射现象。声波在媒质中传播时，由于媒质的吸收和波束的扩散作用，声波强度会随着距离的增加发生衰减。对于声波的这些认识是控制噪声的理论基础。在噪声控制中，首先是降低声源的辐射功率。工业和交通运输业可选用低噪声生产设备和生产工艺，或者改变噪声源的运动方式（如用阻尼、隔振等措施降低固体发声体的振动；用减少涡流、降低流速等措施降低液体和气体的声源辐射）。其次是控制噪声的传播，改变噪声传播的途径，如采用隔声和吸声的方法降噪。再次是对岗位工作人员的直接防护，如采用耳塞、耳罩、头盔等护耳器具，以减轻噪声对人员的损害。

3. 噪声控制的技术措施

（1）声源控制

声源是噪声系统中最关键的组成部分，噪声产生的能量集中在声源处。所以对声源从设计、技术、行政管理等方面加以控制，是减弱或消除噪声的基本方法和最有效的手段。

① 改进机械设计。在设计和制造机械设备时，选用发声小的材料、结构型式和传动方式。例如，用减振合金（如锰-铜-锌合金）代替 45 号钢，可使噪声降低 27dB；将风机叶片由直片形改成后弯形，可降低噪声 10dB；用皮带传动代替直齿轮传动可降低噪声 16dB；用电气机车代替蒸汽机车可使列车降低噪声 50dB；对高压、高速气流降低压差和流速或改变气流喷嘴形状都可以降低噪声。

② 改进生产工艺。如用液压代替冲压，用焊接代替铆接，用斜齿轮代替直齿轮，等等。

③ 提高加工精度和装配质量。如提高传动齿轮的加工精度，可减小齿轮的啮合摩擦；若将轴承滚珠加工精度提高一级，则轴承噪声可降低 10dB；设备安装得好，可消除机械零部件因不稳或平衡不良引起的振动和摩擦，从而达到降低噪声的效果。

④ 加强行政管理。用行政管理手段，对噪声源的使用加以限制。例如，建筑施工机械或其他在居民区附近使用的设备，夜间必须停止操作；市区内汽车限速行驶、禁鸣喇叭，等等。

（2）传播途径控制

由于条件的限制，从声源上降低噪声难以实现时，就需要在噪声传播途径上采取以下措施加以控制。

① 闹静分开、增大距离。利用噪声的自然衰减作用，将声源布置在离工作、学习、休息场所较远的地方。无论是城市规划，还是工厂总体设计，都应注意合理布局，尽可能缩小噪声

污染面。

② 改变方向。利用声源的指向性（方向不同，其声级也不同），将噪声源指向无人的地方。例如，高压锅炉、高压容器的排气口朝向天空或野外，比朝向生活区可降低噪声10dB（见图9-2）。

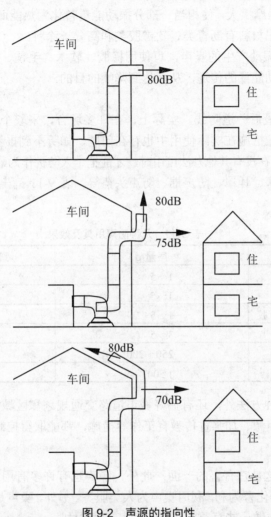

图 9-2　声源的指向性

③ 设置屏障。在噪声源和接受者之间设置声音传播的屏障，可有效地防止噪声的传播，达到控制噪声的目的。有数据表明，40m宽的林带能降低噪声10dB～15dB，绿化的街道比没有绿化的街道能降低噪声8dB～10dB。设置屏障，除了用林带、砖墙、土坡、山岗外，主要指采用声学控制方法。常用的几种声学控制方法如下。

吸声：主要利用吸声材料或吸声结构来吸收声能，常用于会议室、办公室、剧场等室内空间。由于吸声材料只是降低反射的噪声，故它在噪声控制中的效果是有限的。

隔声：用隔声材料阻挡或减弱在大气中传播的噪声，多用于控制机械噪声。典型的隔声装置有将声源封闭，使噪声不外逸的隔声罩（降噪20dB～30dB），有防止外界噪声侵入的隔声室（降噪20dB～40dB），还有用于露天场合的隔声屏。

消声：利用消声器（一种既允许气流通过而又能衰减或阻碍声音传播的装置）控制空气

动力性噪声简便而又有效。例如，在通风机、鼓风机、压缩机、内燃机等设备的进出口管道中安装合适的消声器，可降噪 20dB～40dB。

阻尼减振：当噪声是由金属薄板结构振动引起时，常用阻尼材料减振。例如，将阻尼材料涂在产生振动的金属板材上，当金属薄板弯曲振动时，其振动能量迅速传递给阻尼材料，由于阻尼材料的内损耗、内摩擦大，使相当一部分振动能量转化为热能而损耗散掉。这样就减小了振动噪声。常用的阻尼材料有沥青类、软橡胶类和高分子涂料。

隔振：由机器设备振动产生的噪声，可使用橡胶、软木、毛毡、弹簧、气垫等隔振材料或装置，隔绝或减弱振动能量的传递，从而达到降噪的目的。

（3）接受者的防护

这是对噪声控制的最后一道防线。实际上，在许多场合，采取个人防护是最有效、最经济的办法。但是个人防护措施在实际使用中也存在问题，如听不到报警信号，容易出事故等。因此立法机构规定，只能在没有其他办法可用时，才能把个人防护作为最后的手段暂时使用。

个人防护用品有耳塞、耳罩、防声棉、防声头盔等。表 9-11 列出的是几种常用个人防护用具及防噪效果。

表 9-11 几种防声用具及效果

种类		质量/g	降噪/dB（A 计权）
耳塞	干棉花	1～5	5～10
	涂蜡棉花	1～5	10～20
	软塑料、软橡胶	1～5	15～30
	乙烯套充蜡	3～5	20～30
耳罩		250～300	20～40
防声头盔		1 500	30～50

控制噪声除上述几种方法外，还有搞好城市道路交通规划和区域建设规划、科学布局城市建筑物、合理分流噪声源、加强宣传教育工作等措施，都能取得控制噪声污染的良好效果。

4. 噪声的利用

噪声是一种污染，这是它有害的一面；此外，噪声也有许多有用的方面。人们在控制噪声污染的同时，也可将其化害为利，利用噪声为人类服务。另外，噪声是能量的一种表现形式，因此，有人试图利用噪声做一些有益的工作，使其转害为利。

噪声可用作工业生产中的安全信号。煤矿中为了防止塌方、瓦斯爆炸带来的危害，研制出了煤矿声报警器。当煤矿冒顶、瓦斯喷出之前，会发出一种特有的声音，煤矿声报警器记录到这种声音后就会立即发出警报，提醒人们离开现场或采取安全措施以防止事故的发生和蔓延。强噪声还可作为防盗手段。有人发明了一种电子警犬防盗装置，电子警犬处于工作状态时，能发出肉眼看不见的红外光，只要有人进入监视范围，电子警犬就会立即发出令人丧胆落魄的噪声。各种防盗柜也安装了这种防盗发声装置。

噪声还有很多其他方面的可利用性，如可用在农业上，提高作物的结果率和除杂草，也可用于干燥食物等；科学家正在研究如何将噪声应用于诊病，利用噪声来探测人体的病灶等。噪声是一种有待开发的新能源，化害为利、变废为宝是解决污染问题的最好途径。相信随着人类科学技术的发展，不仅是噪声，还有其他的各种污染，人类都可以解决，并能利用它们来为人类服务。

9.2 放射性污染与防治

9.2.1 放射性及其度量单位

1. 放射性物质

某些物质的原子核能发生衰变，放出人们肉眼看不见也感觉不到，只能用专门的仪器才能探测到的射线。物质的这种性质叫放射性。凡具有自发地放出射线特征的物质，即称之为放射性物质。这些物质的原子核处于不稳定状态，在其发生核转变的过程中，自发地放出由粒子或光子组成的射线，并辐射出能量，同时本身转变成另一种物质，或是成为原来物质的较低能态。其所放出的粒子或光子，将对周围介质包括肌体产生电离作用，造成放射性污染和损伤。射线的种类很多，主要有以下三种：

α射线：其本质是氦（$_2^4H$）的原子核，具有高速运动的α粒子。

β射线：由放射性同位素（如32P、35S等）衰变时放出来的带负电荷的粒子。

γ射线：它是波长在10^{-8}以下的电磁波。由放射性同位素如60Co或137Cs产生。

2. 放射线性质

（1）每一种射线都具有一定的能量

例如，α射线具有很高的能量，它能击碎$_{13}^{27}Al$核，产生核反应：

$$_{13}^{27}Al + _2^4He \longrightarrow _{15}^{30}P + _0^1n \tag{9-9}$$

其中$_{15}^{30}P$就是人工产生的放射性核素，它可通过衰变产生正电子：

$$_{15}^{30}P \longrightarrow _{14}^{30}Si + _1^0e \tag{9-10}$$

（2）它们都具有一定的电离本领

所谓电离是指使物质的分子或原子离解成带电离子的现象。α粒子或β粒子会与原子中的电子有库仑力的作用，从而使原子中的某些电子脱离原子，而原子变成了正离子。带电粒子在同一物质中电离作用的强弱主要取决于粒子的速率和电量。α粒子带电量大、速率较慢，因而电离能力比β粒子强得多。γ光子是不带电的，在经过物质时由于光电效应和电子偶效应而使物质电离。所谓电子偶效应是指能量在1.02mV以上的光子，可转变成一个正电子和一个负电子，即电子对，它们附着于原子则产生离子对。γ射线的电离能力最弱。

（3）它们各自具有不同的贯穿本领

所谓贯穿本领是指粒子在物质中所走路程的长短。路程又称射程，射程的长短主要是由电离能力决定的。每产生一对离子，带电粒子都要消耗一定的动能，电离能力越强，射程越短。因此3种射线中α射线的贯穿能力最弱，用一张厚纸片即可挡住；β射线的贯穿能力较强，要用几毫米厚的铅板才能挡住；γ射线的贯穿能力最强，要用几十毫米厚的铅板才能挡住。

（4）它们能使某些物质产生荧光

人们可以利用这种致光效应检测放射性核素的存在与放射性的强弱。

（5）它们都具有特殊的生物效应

这种效应可以损伤细胞组织，对人体造成急性和慢性伤害，有时还可以改变某些生物的遗传特性。

3. 放射性度量单位

为了度量射线照射的量、受照射物质所吸收的射线能量以及表征生物体受射线照射的效应，采用的单位有以下几种。

（1）放射性活度（A）

放射性活度也称放射性强度，是指处于某一特定能态的放射性核素在给定时间内的衰变数，即放射性物质在单位时间内所发生的核衰变的数目。

$$A = dN/dt \tag{9-11}$$

dN 为衰变核的个数，dt 为时间，活度单位为贝可勒尔，简称贝可（Bq）。1Bq 表示放射性核素在 1 秒内发生 1 次衰变，即 1Bq=1J/s。

（2）吸收剂量（D）

电离辐射在机体的生物效应与机体所吸收的辐射能量有关。吸收剂量是反映物体对辐射能量的吸收状况，是指电离辐射给予一个体积单元中的平均能量，即：

$$D = de/dm \tag{9-12}$$

吸收剂量单位为戈瑞（Gy），1 戈瑞表示任何 1kg 物质吸收 1J 的辐射能量，即：

$$1Gy = 1J/kg = 1m^2/s^2 \tag{9-13}$$

其吸收剂量率是指单位时间内的吸收剂量，单位为 Gy/s 或 J/(kg·s)。

（3）剂量当量（H）

电离辐射所产生的生物效应与辐射的类型、能量等有关。尽管吸收剂量相同，但若射线类型、照射条件不同时，对生物组织的危害程度是不同的。因此在辐射防护工作中引入了剂量当量这一概念，以表征所吸收的辐射能量对人体可能产生的危害情况。H 是指在人体组织内某一点上的剂量当量等于吸收剂量与其他修正因素的乘积，其单位为希沃特（S）。1S=1J/kg，关系式如下：

$$H = DQN \tag{9-14}$$

式中，H 为剂量当量（S）；D 为吸收剂量（Gy）；Q 为品质因子；N 表示所有其他修正因数的乘积。

品质因子 Q 用以粗略地表示吸收剂量相同时各种辐射的相对危险程度。Q 越大，危险性越大。Q 值是依据各种电离辐射带电粒子的电离密度而相应规定的。国际放射防护委员会建议对内、外照射皆可使用表 9-12 给出的 Q 值。

表 9-12　各种辐射的品质因子 Q

辐射类型	品质因子	辐射类型	品质因子
射线和电子	1	粒子	20
中子（<10kV）	3	反冲重核	20
中子（>10kV）	10		

在辐射防护中应用剂量当量,可以评价总的危险程度。例如,某人全身均匀受到照射,其中 γ 射线照射吸收剂量为 1.5×10^{-2} Gy,快中子吸收剂量为 2.0×10^{-3} Gy,计算总剂量当量。

解:$H=(1.5\times10^{-2}\times1)+(2.0\times10^{-3}\times10)$

$=3.5\times10^{-2}$(Sv)

(4)照射量(X)

照射量只适用于 X 和 γ 辐射,它是用于 X 或 γ 射线对空气电离程度的度量。

照射量(X):是指在一个体积单元的空气中(质量为 dm),由光子释放的所有电子(负电子和正电子)在空气中全部被阻时,形成的离子总电荷的绝对值(负电子或正电子)。关系式如下:

$$X=dQ/dm \tag{9-15}$$

照射量单位为库仑/千克(C/kg)。单位时间的照射量率,单位为库仑/(千克·秒)(C/(kg·s))。

9.2.2 放射性污染源

1. 放射性污染及特点

(1)定义

放射性污染指由放射性物质造成的环境污染。

(2)放射性污染的特点

放射性污染之所以被人们强烈关注,主要是由于放射性的电离辐射具有以下特征:

① 绝大多数放射性核素毒性,按致毒物本身重量计算,均远远高于一般的化学毒物。

② 按辐射损伤产生的效应,可能影响遗传,给后代带来隐患。

③ 放射性剂量的大小,只有辐射探测仪器方可探测,非人的感觉器官所能知晓。

④ 射线的辐照具有穿透性,特别是 γ 射线可穿过一定厚度的屏障层。

⑤ 放射性核素具有蜕变能力。当形态变化时,可使污染范围扩散。如 ^{226}Ra 的衰变子体 ^{222}Rn 为气态物,可在大气中逸散,而此物的衰变子体 ^{218}Po 则为固态,易在空气中形成气溶胶,进入人体后会在肺器官内沉积。

⑥ 放射性活度只能通过自然衰变而减弱。

此外,放射性污染物种类繁多,在形态、射线种类、毒性、比活度以及半衰期、能量等方面均有极大差异,在处理上相当复杂。

2. 放射性污染源

除天然本底照射外,人为污染源如下:

(1)核工业产生的核废料

核燃料生产和核能技术的开发、利用的各生产环节均会产生和排放含放射性的固体、液体及气体,是导致环境放射性污染的"三废"之一,成为人们关心的问题。

(2)核武器试验

核爆炸后,裂变产物最初以蒸气状态存在,然后凝结成放射性气溶胶。粒径>0.1mm 的气溶胶在核爆炸后一天内即可在当地降落,称为落下灰;粒径<25μm 的气溶胶粒子可在大气中长期飘浮,称为放射性尘埃。放射性尘埃在大气平流层的滞留时间一般认为在 4 个月至 3 年之间。核试验造成的全球性污染要比核工业造成的污染严重得多。1970 年以前,全世界大气层核试验进入大气平流层的锶-90 达 $5.757 \times 10^7 Gy$,其中 97%已沉降到地面。核工业后处理厂每年排放的锶-90 一般仅相当于前者数量级的万分之一。因此,全球已严禁在大气层做核试验,严禁一切核试验和核战争的呼声也越来越高。

放射性落下物成为环境放射性污染的重要来源之一。

（3）意外事故

难以预测的意外事故的发生,可能会泄漏大量的放射性物质,从而引起环境的污染。

（4）放射性同位素的应用

核研究单位、科研中心、医疗机构等使用放射性同位素用于探测、治疗、诊断、消毒中,导致所谓的"城市放射性废物"。在医疗上,放射性核素常用于"放射治疗"以杀死癌细胞;有时也采用各种方式有控制地注入人体,作为临床上诊断或治疗的手段;工业上放射性核素可用于探伤;农业上放射性核素可用于育种、保鲜等。如果使用不当或保管不善,也会造成对人体的危害和环境的污染。

目前,由于辐射在医学上的广泛应用,它已构成主要的人工污染源,约占全部污染源的90%。在医学中使用的放射性核素已达几十种,如 ^{60}Co 照射治癌、^{131}I 治疗甲状腺机能亢进等。它们必然也会给医务工作者和病人带来内、外照射的危害,如一次 X 射线透视使照射者受到 $0.01mGy \sim 10mGy$ 的剂量;一次全部牙科 X 光拍片所受剂量高达 $0.6Gy$。在一般日用消费品中,也常常包含天然的或人工的放射性物质,如放射性发光表盘,家用彩色电视机,甚至燃煤、住房内的放射等。

3. 放射性物质进入人体的途径

放射性物质进入人体主要有三种途径:呼吸道进入、消化道食入、皮肤或黏膜侵入,如图 9-3 所示。

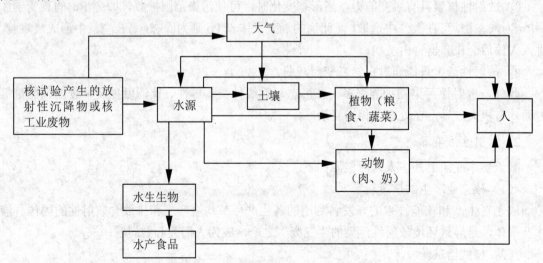

图 9-3　放射性物质进入人体的途径

从不同途径进入人体的放射性核素，人体具有不同的吸收蓄积和排出的特点，即使同一核素，其吸收率也不尽相同。现分述如下：

（1）呼吸道吸入

由呼吸道吸入的放射性物质，其吸收程度与气态物质的性质和状态有关。难溶性气溶胶吸收较慢，可溶性较快。气溶胶粒径越大，在肺部的沉积越少。气溶胶被肺泡膜吸收后，可直接进入血液流向全身。

（2）消化道食入

食入的放射性物质由肠胃吸收后，经肝脏随血液进入全身。

（3）皮肤或黏膜侵入

可溶性物质易被皮肤吸收，由伤口侵入的污染物吸收率极高。

无论以哪种途径，放射性物质进入人体后，都会选择性地定位在某个或某几个器官或组织内，叫作"选择性分布"。其中，被定位的器官称为"紧要器官"，将受到某种放射性的较多照射，损伤的可能性较大，如氡会导致肺癌等。放射性物质在人体内的分布与其理化性质、进入人体的途径以及机体的生理状态有关。但也有些放射性在体内的分布无特异性，广泛分布于各组织、器官中，叫作"全身均匀分布"，如有营养类似物的核素进入人体后，将参与机体的代谢过程而遍布全身。

9.2.3 放射性污染的危害

1. 放射性作用机理

放射性核素释放的辐射能被生物体吸收以后，要经历辐射作用的不同阶段的各种变化。它们包括物理、物理化学、化学和生物学的四个阶段。当生物体吸收辐射能之后，先在分子水平发生变化，引起分子的电离和激发，尤其是生物大分子的损伤。有的发生在瞬间，有的需经物理的、化学的以及生物的放大过程才能显示所致组织器官的可见损伤，因此时间较久，甚至延迟若干年后才表现出来。人体对辐射最敏感的组织是骨髓、淋巴系统以及肠道内壁。

2. 急性效应

大剂量辐射造成的伤害表现为急性伤害。当核爆炸或反应堆发生意外事故时，其产生的辐射生物效应立即呈现出来。1945年8月6日和9日，美国在日本的广岛和长崎分别投了两颗原子弹，几十万日本人死于非命。急性损伤的死亡率取决于辐射剂量。辐射剂量在6Gy以上，通常在几小时或几天内立即引起死亡，死亡率达100%，称为致死量；辐射剂量在4Gy左右，死亡率下降到50%，称为半致死量。

3. 远期效应

放射性核素排入环境后，可造成对大气、水体和土壤的污染，这是由于大气扩散和水流输送可在自然界稀释和迁移。放射性核素可被生物富集，使一些动物、植物，特别是一些水生生物体内放射性核素的浓度比环境浓度高许多倍。例如，牡蛎肉中的锌的同位素锌-65的浓度可以达到周围海水中浓度的10万倍。环境中的核素，其中危害最大的是锶-89、锶-90、铯-137、碘-131、碳-14 和钚-239 等。进入人体的放射性核素，不同于体外照射可以隔离、回避，这种照射直接作用于人体细胞内部，这种辐射方式称为内照射。

内照射具有以下几个特点：

① 单位长度电离本领大的射线损伤效应强，同样能量的 α 粒子比 β 粒子损伤效应强，如果是外照射的话，α 粒子穿透不过衣物和皮肤。

② 作用持续时间长。核素进入人体内持续作用时间要按 6 个半衰期时间计算，除非因新陈代谢排出体外。例如，以下几种核素的半衰期是：磷-32，14d；钴-60，560d；锶-90，6 400d；碘-131，7d；钚-239，18 000d。

③ 绝大多数放射性核素都具有很高的比活度（单位质量的活度）。如以铋-210 为例，10^9Bq 数量级的铋可引起辐射效应，但其质量仅为 10^{-6}g 数量级。就化学毒性而言，这样小的质量对肌体无明显的作用。

④ 放射性核素进入人的肌体后，不是平均分配地分散于人体，而常显示其在某一器官或某一组织选择性蓄积的特点。例如，碘-131 进入人的肌体后，甲状腺中碘-131 的活度占体内总量的 68%，肝中占 0.5%，脾中仅占 0.05%。其他放射性核素也有类似的特性，如磷-32 对于骨，也呈现高度性蓄积作用。这一特性造成内照射对某一器官或某几种器官的损伤力的集中。

综合放射性核素内照射的上述特点可以看出，一旦环境污染以后，内照射难以早期觉察，体内核素难以清除，照射无法隔离，照射时间持久，即使小剂量，常年累月也会造成不良后果。内照射远期效应的结果会出现肿瘤、白血病和遗传障碍等疾病。

9.2.4 放射性污染的防治

1. 控制污染源

放射性污染的防治首先必须控制污染源，核企业厂址应选择在人口密度低、抗震强度高的地区，保证出事故时居民所受的伤害最小，更重要的是将核废料进行严格处理。

（1）放射性废液处理

处理放射性废液的方法除置放和稀释之外，主要有化学沉淀、离子交换、蒸发、蒸馏和固化五种类型。图 9-4 所示为处理放射性废液的流程图。

（2）放射性废气处理

在核设施正常运行时，任何泄漏的放射性废气均可纳入废液中，只是在发生大事故及以后一段时间，才会有放射性气态物释出。通常情况下，采取预防措施将废气中的大部分放射性物质截留极为重要。可选取的废气处理方法有过滤法、吸附法和放置法等。

（3）放射性固态废物处理

处理含放射性核素固体废物的方法主要有焚烧法、压缩法、包装法和去污法等。图 9-5 所示为放射性固体废物处理的流程图。

第 9 章 物理性污染及其防治

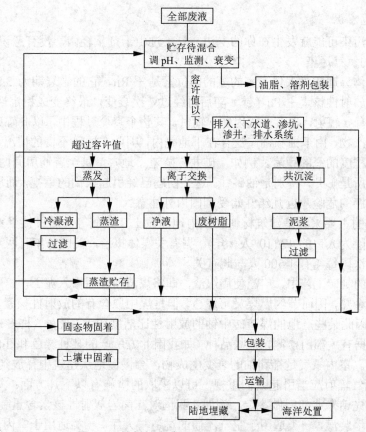

图 9-4 放射性废液处理主工艺流程示意图

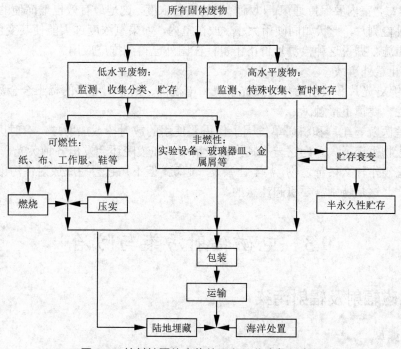

图 9-5 放射性固体废物处理主工艺流程示意图

2. 加强防范意识

其实放射性污染可能就发生在你的身边，只不过由于剂量轻微，没有意识到罢了。

(1) 居室的氡气污染

氡是惰性气体。通常对人体有害的氡的同位素是 ^{222}Rn，它的半衰期为 3.8 天，释放出 α 粒子后变成固态放射性核素 ^{218}Po（钋）随后再经过 7 次衰变，最终变成稳定性元素 ^{206}Pb。在衰变过程中，既有 α 辐射，也有 β 辐射和 γ 辐射，其整个衰变过程中，以 α 辐射能量最多。氡是铀和镭的衰变产物，由于铀和镭广泛存在于地壳内，因此在通风不良的情况下，几乎任何空间都可能有不同程度的氡的积累。例如，矿井、隧道、地穴，甚至普通房间内也有氡。当然，氡浓度最高的场所是矿井，特别是铀矿井。这些问题已经引起人们的重视，而居民室内氡及其子体水平和致肺癌的危险，近几年开始受到国内外注意。

居民室内氡的主要来源是建筑材料、室内地面泥土、大气等。居民接受室内氡子体照射所造成的肺癌危险为人口的 $47/(10^6 人·年)$。据有关媒体报道，美国每年有两万人所患肺癌与室内氡气有关，法国每年有 1 500 人与此有关。

我国在建材的制砖工艺中，广泛使用煤渣，即将煤渣粉碎后掺入泥土，焙烧过程中煤渣中的未烧尽炭可生余热，因而节约燃煤又可烧透。但是煤中原含有的放射性核素，既不改变放射性且又被浓缩，因此某些产地的煤渣砖中铀的放射性比活度较大。此外，许多建筑使用花岗岩作为装饰材料，据有关部门检测，某些品种（如我国北方所产的某种绿色和红色花岗岩）中镭和铀的含量超标。室内氡气是镭和铀的衰变生成物，会慢慢地从建筑中释放到空气中。

预防室内氡气辐射应当引起人们重视。可以采取的措施有以下几方面：第一，建材选择要慎重，可以事先请专业部门做鉴定。例如，我国对花岗岩放射性核素含量制定了分类标准。一类只适用于外墙装潢，一类适用于空气流通的过道与大厅，一类适用于室内。如果自己不知道某些花岗岩属于哪一种类型的话，千万别用来做居室装潢材料，尤其是色彩艳丽的，特别要慎重选择；第二，室内要保持通风，以稀释氡的室内浓度，这是最有效也最简便的方法；第三，市场有售一种检测片，形状如同硬币大小，放在室内，如果氡浓度过大能使其变色，则提示主人采取预防措施。据说这种检测片价格不贵，在国外已得到推广应用。

(2) 防止意外事故

医院里的 X 光片和放射治疗、夜光手表、电视机、冶金工业用的稀土合金添加材料等，都具有放射性，要慎重接触。

现在一些医院、工厂和科研单位因工作需要使用的放射棒或放射球，有时因保管不当遗失，或当作废物丢弃了。因为它一般制作比较精细，在夜晚还会发出各种荧光，很能吸引人，所以有人把它当作什么稀奇之物，甚至让亲友一起玩，但不知它会造成放射性污染，轻者得病，重者甚至死亡，这是特别需要引起注意的。

9.3 电磁辐射污染与防治

9.3.1 电磁辐射及辐射污染

1. 电磁辐射

以电磁波形式向空间环境传递能量的过程或现象称为电磁波辐射，简称电磁辐射。电磁波有很多种，各种电磁波的波长与频率各不相同。电磁波波长与频率的关系可用式（9-16）表示：

$$f\lambda = c \tag{9-16}$$

其中，c 为真空中的光速，其值为 2.993×10^8 m/s，实际应用中常以空气代表真空。由此可知，在空气中，不论电磁波的频率如何，它每秒传播距离均为固定值（约 3×10^8 m）。因此，频率越高的电磁波，波长越短。二者呈反比例关系。

电磁波的频带范围为 $0 \sim 10^{25}$，包括无线电波、微波、红外线、可见光、紫外线、X射线、γ射线和宇宙射线均在其范畴内。

2. 电磁辐射污染

电磁辐射强度超过人体所能承受的或仪器设备所允许的限度时就构成电磁辐射污染，简称电磁污染。

9.3.2 电磁辐射源

电磁辐射源有两大类：一类是自然界电磁辐射源，另一类是人工型电磁辐射源。自然界电磁辐射源来自于某些自然现象；人工型电磁辐射源来自于人工制造的若干系统或装置与设备，其中又分为放电型电磁辐射源、工频电磁辐射源及射频电磁辐射源。各种电磁辐射源的分类如表 9-13 和表 9-14 所示。

表 9-13 自然界电磁辐射源

分 类	来 源
大气与空气辐射源	自然界的火花放电、雷电、台风、寒处雪飘、火山喷烟等
太阳电磁场源	太阳的黑点活动与黑体放射等
宇宙电磁场源	银河系恒星的爆炸、宇宙间电子移动等

表 9-14 人为电磁辐射源

分 类		设 备 名 称	辐射来源与部件
放电所致辐射源	电晕放电	电力线（送配电线）	由于高压、大电流而引起的静电感应，电磁感应、大地漏电所造成
	辉光放电	放电管	白光灯、高压水银灯及其他放电管
	弧光放电	开关、电气铁道、放电管	点火系统、发电机、整流装置等
	火花放电	电气设备发动机、冷藏库	整流器、发电机、放电管、点火系统
工频辐射场源		大功率输电线、电气设备、电气铁道	高电压、大电流的电力线场电气设备
射频辐射场源		无线电发射机、雷达	广播、电视与通信设备的振荡与发射系统
		高频加热设备、热合机等	工业用射频利用设备的工作电路与振荡系统
		理疗机、治疗机	医用射频利用设备的工作电路与振荡系统
建筑物反射		高层楼群以及大的金属构件	墙壁、钢筋、吊车等

人工型电磁辐射源按电磁能量传播方式划分，可分为发射型电磁场源与泄漏型电磁场源两类。前者主要有广播、电视、通信、遥控、雷达等设施；后者主要是工业、科研与医用射频设备，简称 ISM 设备（即工、科、医设备）。

人类生活在充满电磁波的环境里。电磁波可在空中传播，也可经导线传播。全世界有数万个左右的无线广播电台和电视台，在日夜不停地发射着电磁波。此外，还有为数很多的军用、民用雷达，无线电通信设备，各种电磁波设备和仪器，以及电热毯和日渐进入家庭的微波炉等也在不断地发射电磁波。电磁波的影响可经常感觉到，如会场里扩音器刺耳的响声，打电话时收音机距离过近发出的杂音，洗衣机、吹风机开动时对电视图像的干扰，无绳电话对电视接收的干扰等。这些都是人为的电磁辐射污染源。

以电脑为例，对人类健康的隐患，从辐射类型来看，主要包括电脑在工作时产生和发出的电磁辐射（各种电磁射线和电磁波等）、声（噪音）、光（紫外线、红外线辐射以及可见光等）等多种辐射"污染"。从辐射根源来看，它们包括 CRT（阴极射线管）显示器辐射源、机箱辐射源以及音箱、打印机、复印机等周边设备辐射源。其中 CRT 显示器的成像原理，决定了它在使用过程中难以完全消除有害辐射。因为它在工作时，其内部的高频电子枪、偏转线圈、高压包以及周边电路，会产生诸如电离辐射（低能 X 射线）、非电离辐射（低频、高频辐射）、静电电场、光辐射（包括紫外线、红外线辐射和可见光等）等多种射线及电磁波。而液晶显示器则是利用液晶的物理特性，其工作原理与 CRT 显示器完全不同，天生就是无辐射（可忽略不计）、环保的"健康"型显示器；机箱内部的各种部件，包括高频率、功耗大的 CPU，带有内部集成大量晶体管的主芯片的各个板卡，带有高速直流伺服电机的光驱、软驱和硬盘，若干个散热风扇以及电源内部的变压器等，工作时则会发出低频电磁波等辐射和噪音干扰。另外，外置音箱、复印机等周边设备辐射源也是一个不容忽视的"源头"。

9.3.3 电磁辐射污染的危害与控制

1. 污染危害

电磁辐射污染是指电磁辐射能量超过一定限度，所引起的有机体异常变化和某些物质功能的改变，并趋于恶化的现象。电磁辐射污染的危害主要包括对电器设备的干扰和对人体健康的负面影响两大方面：

（1）对电器设备的干扰

无线通信发展迅速，但发射台、站的建设缺乏合理规划和布局，使航空通信受到干扰，如 1997 年 8 月 13 日，深圳机场由于附近山头上的数十家无线寻呼台发射的电磁辐射对机场指挥塔的无线电通信系统造成严重干扰，使地对空指挥失灵，机场被迫关闭两小时。一些企业使用的高频工业设备对广播电视信号造成干扰，使周围居民无法正常收看电视而导致严重的群众纠纷，如北京市东城区文具厂就曾因该厂的高频热合机干扰了电视台的体育比赛转播，被愤怒的群众砸坏了工厂的玻璃。

（2）对人体健康的危害

电磁辐射是心血管疾病、糖尿病、癌突变的主要诱因。美国一癌症治疗基金会对一些遭电磁辐射损伤的病人抽样化验，结果表明在高压线附近工作的人其癌细胞生长速度比一般人快24倍。电磁辐射对人体生殖系统、神经系统和免疫系统造成直接伤害。其损害中枢神经系统,若头部长期受电磁辐射影响后,轻则引起失眠多梦、头痛头昏、疲劳无力、记忆力减退、易怒、抑郁等神经衰弱症,重则使大脑皮细胞活动能力减弱,并造成脑损伤。电磁辐射是造成孕妇流产、不育、畸胎等病变的诱发因素。过量的电磁辐射直接影响儿童组织发育、骨骼发育、视力下降、肝脏造血功能下降,严重者可导致视网膜脱落。电磁辐射可使男性性功能下降,女性内分泌紊乱、月经失调。

电磁辐射对人体产生的不良影响,其影响程度与电磁辐射强度、接触时间、设备防护措施等因素有关。电磁辐射污染是一个隐藏在人们身边的无形杀手,时时刻刻、不声不响地对生命体造成危害。人们早已发现,牛、马、羊等动物都不愿意在郊区高压电线下活动,甚至地下的老鼠也搬到别处生活了。有些地方把高大的电视塔或转播塔建在人口稠密的市中心,对周围居民造成严重污染,周围树木也往往发生大面积死亡。

电磁辐射已被世界卫生组织列为继水源、大气、噪声之后的第四大环境污染源,成为危害人类健康的隐形"杀手",防护电磁辐射已成当务之急。

2. 污染控制

为了消除电磁辐射对环境的危害,要从辐射源与电磁能量传播的方向控制电磁辐射污染。通过产品设计,合理降低辐射源强度,减少泄漏,尽量避开居民区设置设备。拆除辐射源附近不必要的金属体(防其因感应而成为二次辐射源或反射微波而加大辐射源周围的辐射强度)以控制辐射源。

屏蔽是电磁能量传播控制手段。所谓屏蔽,是指用一切技术手段,将电磁辐射的作用与影响局限在指定的空间范围之内。

电磁屏蔽装置一般为金属材料制成的封闭壳体。当电磁波传向金属壳体时,一部分被金属壳体反射,一部分被壳体吸收,这样透过壳体的电磁波强度便大大减弱了。电磁屏蔽装置有屏蔽罩、屏蔽室、屏蔽头盔、屏蔽衣、屏蔽眼罩等。

目前,关于电磁辐射的危害问题,世界各国都制定了相应的标准(表9-15为世界各地射频辐射职业安全标准限值)。各国制定的这些标准,对广播、电视发射台等的建设提出了预防性的防护、环保措施,对于加强电磁辐射污染的治理起到了规范与监督的作用。

表9-15 世界各地射频辐射职业安全标准限值

国家及来源	频率范围	标准限值	备 注
美国国家标准协会	10MHz~100GHz	10mW/cm^2	在任何0.1h之内
英国	30MHz~100GHz	10mW/cm^2	连续8h作用的平均值
北约组织	30MHz~100GHz	0.5mW/cm^2	
加拿大	10MHz~100GHz	10mW/cm^2	在任何0.1h之内
波兰	300MHz~300GHz	10μW/cm^2	辐射时间在8h之内
法国	10MHz~100GHz	10mW/cm^2	在任何1h之内
德国	30MHz~300GHz	2.5mW/m^2	
澳大利亚	30MHz~300GHz	1mW/cm^2	
中国	100kHz~30MHz	10mW/cm^2	20V/m,5A/m
捷克	30kHz~30MHz	50V/m	均值

一般对于电磁辐射的防护，我们应该注意以下几点：

不要把家用电器摆放得过于集中或经常一起使用，特别是电视、电脑、电冰箱不宜集中摆放在卧室里，以免使自己暴露在超剂量辐射的危险中。各种家用电器、办公设备、移动电话等都应尽量避免长时间操作。如电视、电脑等电器需要较长时间使用时，应注意每一小时离开一次，采用眺望远方或闭上眼睛的方式，以减少眼睛的疲劳程度和所受辐射的影响。

当电器暂停使用时，最好不让它们处于待机状态，因为此时可产生较微弱的电磁场，长时间也会产生辐射累积。对各种电器的使用，应保持一定的安全距离。例如，眼睛离电视荧光屏的距离，一般为荧光屏宽度的5倍左右；微波炉开启后要离开一米远，孕妇和小孩应尽量远离微波炉；手机在使用时，应尽量使头部与手机天线的距离远一些，最好使用分离耳机和话筒接听电话。手机接通瞬间释放的电磁辐射最大，为此最好在手机响过一两秒或电话两次铃声间歇中接听电话。电视或电脑等有显示屏的电器设备可安装电磁辐射保护屏，使用者还可佩戴防辐射眼镜。

9.3.4 光污染与防护

1. 光污染及其危害

光对人类的生产生活至关重要，是人类永不可缺少的。超量的光辐射，包括紫外、红外辐射对人体健康和人类生活环境造成不良影响的现象称为光污染。

依据不同的分类原则，光污染可以分为不同的类型，如光入侵、过度照明、混光、眩光等。国际上一般将光污染分为3类，即白亮污染、人工白昼和彩光污染。白亮污染：指过度光亮给人视觉造成的不良影响。其中，城市建筑中使用的玻璃幕墙是最典型的白亮污染制造者。人工白昼：夜幕降临后，商场、酒店上的广告灯、霓虹灯闪烁夺目，令人眼花缭乱。有些强光束甚至直冲云霄，使得夜晚如同白天一样，即所谓"人工白昼"。彩光污染：舞厅、夜总会安装的黑光灯、旋转灯、荧光灯以及闪烁的彩色光源构成了彩光污染。在电磁辐射波谱中，光包括红外线、可见光和紫外线三种，它们各自具有一定的波长和频率范围。可见光是波长为390nm～760nm的电磁辐射体，按其光波长短可区分为不同的七色。当光的亮度过高或过低，对比过强或过弱时，均可引起视觉疲劳，导致工作效率降低。

（1）激光污染

激光光谱除部分属于红外线和紫外线外，大多属于可见光范围。因其具有指向性好、能量集中、颜色纯正等特点，在医学、生物学、环境监测、物理、化学、天文学以及工业上的应用日见广泛。激光强度在通过人眼晶状体聚焦到达眼底时，可增大数百至万倍，从而对眼睛产生较大伤害；大功率的激光能危害人体深层组织和神经系统，故激光污染日益受到重视。激光光谱还有一部分属于紫外线和红外线频率范围。

（2）紫外线污染

紫外线辐射（简称紫外线）是波长范围为10nm～390nm的电磁波，其频率范围在$(0.7～3)\times10^{15}$Hz，相应的光子能量为3.1eV～12.4eV。自然界中的紫外线来自于太阳辐射，不同波长的紫外线可被空气、水或生物分子吸收。而人工紫外线是由电弧和气体放电所产生，可用于人造卫星对地面的探测和灭菌消毒等方面。适量的紫外线辐射量对人体健康有积极的作用。若长期缺乏这种照射，会使人体代谢产生一系列障碍。

波长在 220～320 波段的紫外线对人体有损伤作用，轻者能引起红斑反应，重者可导致弥漫性或急性角膜结膜炎、皮肤癌、眼部烧灼，并伴有高度畏光、流泪和睑痉挛等症状。

（3）红外线污染

当皮肤受到短期红外线照射时，可使局部升温、血管扩张，出现红斑反应，停照后红斑会消失。适量的红外线照射，对人体健康有益；若过量照射，除产生皮肤急性灼烧外，透入皮下组织的红外线可使血液和深层组织加热；当照射面积大且受照时间又长时，则可能出现中暑症状。

若眼球吸收大量红外线辐射，可导致角膜热损伤，当过量接触远区范围红外线照射时，能完全破坏角膜表皮细胞；长期接触中区范围红外照射的工作人员，可引起白内障眼疾。近区范围的红外线可以对视网膜黄斑区造成损伤。以上的一些症状，多出现于使用电焊、弧光灯、氧乙炔等的操作人员中。

（4）眩光污染

眩光也是一种光污染。汽车夜间行驶所使用的车头灯，球场和厂房中布置不合理的照明设施都会造成眩光污染。在眩光的强烈照射下，人的眼睛会因受到过度刺激而损伤，甚至有可能导致失明。

（5）杂散光污染

杂散光是光污染的又一种形式。在阳光强烈的季节，饰有钢化玻璃、釉面砖、铝合金板、磨光石面及高级涂面的建筑物对阳光的反射系数一般在 65%～90%，要比绿色草地、深色或毛面砖石建筑物的反射系数大 10 倍，从而产生明晃刺眼的效应。在夜间，街道、广场、运动场上的照明光通过建筑物反射进入相邻住户，其光强有可能超过人体所能承受的范围。这些杂散光不仅有损视觉，而且还能导致神经功能失调，扰乱体内的自然平衡，引起头晕目眩、食欲下降、困倦乏力、精神不集中等症状。

2. 光污染的防护

防治光污染主要有下列几个方面：

（1）加强城市规划和管理，改善工厂照明条件等，以减少光污染的来源。

（2）对有红外线和紫外线污染的场所采取必要的安全防护措施。如在有些医院的传染病房安装有紫外线杀菌灯，杀菌灯不可在有人时长时间开着，否则就会灼伤人的皮肤，造成危害。

（3）采用个人防护措施，主要是戴防护眼镜和防护面罩。光污染的防护镜有反射型防护镜、吸收型防护镜、反射-吸收型防护镜、爆炸型防护镜、光化学反应型防护镜、光电型防护镜、变色微晶玻璃型防护镜等类型。

光污染的危害显而易见，并在日益加重和蔓延。因此，人们在生活中应注意，防止各种光污染对健康的危害，避免过长时间接触污染。

3. 光污染相关法规

我国没有专门的光污染的法律法规。第一部正式的法律法规，是上海市制定的限定灯光污染的地方标准《城市环境装饰照明规范》，于 2004 年 9 月 1 日正式实施。但是，在污染法出台之前，司法机构处理水污染、大气污染案件时，均是按照"相邻妨害"的原则进行解决的，光污染同样适用。光污染纠纷的法律适用,可在我国《宪法》、《物权法》、《民法通则》等中找到依据。

国外光污染立法情况:捷克的《保护黑夜环境法》是世界上首部有关光污染的防治法。它将光污染定义为各种散射在指定区域之外的,尤其是高于地平线以上的人为光源的照射,而且还规定了公民和组织有义务采取措施防止光污染。瑞典《环境保护法》第一条规定:本法适用于以可能造成大气污染、噪声、震动、光污染或其他类似方式干扰周围环境的方式对土地、建筑物或设施的使用,但暂时性干扰除外。美国的光污染防治法规以州的形式制定。1996年,美国密歇根州制定了《室外照明法案》;2003年,犹他州和阿肯色州分别制定了《光污染防治法》和《夜间天空保护法》;印地安那州制定了《室外光污染控法》。这些法规均对光污染做出了相关防治规定。德国没有专门针对光污染的法律法规,但其《民法典》规定了不可量物侵害制度,实际上包含了光污染这种侵权类型。

9.4 热污染及其防治

9.4.1 热污染及其对环境的影响

热污染是指现代工业生产和生活中排放的废热所造成的环境污染,也就是使环境温度反常的现象。

从大范围看,人类活动改变了大气的组成,从而改变了太阳辐射的穿过率,造成全球范围的热污染。由于工业的发展,能源消耗量的增加,排放 CO_2 的速度大大加快;而另一方面,作为大自然中 CO_2 的主要吸收者的绿色植物,如森林和草地都在大面积减少,因此,大气中 CO_2 浓度迅速上升。由于大气中 CO_2 含量的提高,全球平均气温已经上升了 0.3℃～0.8℃。科学家预测,如果大气中 CO_2 含量再提高 1 倍,地球平均温度将再上升 1.5℃～4.5℃,这将给地球生态系统带来灾难性的影响。

(1)水体热污染的影响

工业冷却水是水体遭受热污染的主要污染源,其中 80%是发电厂冷却水,一般热电厂只有 1/3 的热能转为电能,其余 2/3 热能流失在大气和冷却水中。一个大型核电站每 1 秒需要 42.5m^3 的冷却水,这相当于直径 3m 的水管,24km/h 流速的流量。这些来自河流、湖泊或海洋的水在发电厂的冷却系统流动过程中,水温升高了大约 11℃,然后又返回来源地。

水体温度升高后,首先影响鱼类的生存。这是因为,一般来说,温度每升高 10℃,生物代谢速度增加 1 倍,从而引起生物需氧量的增加。而在同一时间里,水中溶解氧却随温度的升高而下降。因此,当生物对氧的需要量增加时,所能利用的氧反而少了。溶解氧减少的第二个原因是,当温度升高时,废物的分解速度加快了,分解速度越快,需要的氧气越多。结果水中的溶解氧在大多数情况下不能满足鱼生存所必需的最低值,从而使鱼难以活下去。

其他物种也有适于存活的温度范围。在具有正常混合藻类种群的河流中,硅藻在 18℃～20℃ 之间生长最佳;绿藻为 30℃～35℃;蓝藻为 35℃～40℃。水体里排入热废水后利于蓝藻生长,而蓝藻是一种质地粗劣的饵料,一般还认为有些情况下对鱼是有毒的。

（2）大气热污染的影响

通常在燃料燃烧时会有碳氧化物等产生，在完全燃烧的条件下，CO_2 的产量最高。由于能源的大量消费，据估算近 30 年来大气中的 CO_2 含量每年以 0.7mg/L 的速率在增长，大气中的 CO_2 含量已从 19 世纪的 3×10^{-4} 增加到 1978 年的 3.35×10^{-4}。大气中的 CO_2 分子（或水蒸气）的增加，不仅能加大太阳透过大气层辐射到地球表面的辐射能，而且还能吸收从地球表面辐射出的红外线，再逆辐射到地球表面。如此多次反复，终使近地层大气升温。大气层温度升高的结果将导致极地冰层融化。

（3）热污染引起的"城市热岛"效应

由于城市人口集中，城市建设使大量的建筑物、混凝土代替了田野和植物，改变了地表反射率和蓄热能力，形成了同农村有很多差别的热环境。工业生产、机动车辆行驶和居民生活等排出的热量远远高于郊区农村，可造成温度高于周围农村（1℃～6℃）的现象，如同出露水面的岛屿，被形象地称为"城市热岛"。夏季危害尤其严重，为了降温，机关、单位、家庭普遍安装、使用空调，又新增了能耗和热源，形成恶性循环，加剧了环境的升温。资料表明，大城市市中心和郊区温差在 5℃以上，中等城市在 4℃～5℃，小城市市内外也差 3℃左右。尤其像南京、重庆、武汉、南昌这类"火炉"城市，有时市内外温差高达 7℃～8℃。城市成了周围凉爽世界中名副其实的"热岛"。

9.4.2 热污染的控制与综合利用

热污染对气候和生态平衡的影响已渐渐受到重视，许多国家的科学工作者为控制热污染正在进行有益的探索。

1. 改进热能利用技术，提高发电站效率

目前所用的热力装置的效率一般都比较低，工业发达的美国 1966 年平均热效率为 33%，近年才达到 44%。将热直接转换为电能可以大大减少热污染。如果把有效率的热电厂和聚变反应堆联合运行的话，热效率可能高达 96%。这种效率为 96%的发电方法，和今天的发电厂浪费 60%～65%的热能相比，只浪费 4%的热能，有效地控制了热污染。

2. 开发和利用无污染或少污染的新能源

从长远来看，现在应用的矿物能源将会被已开发和利用的或将要开发和利用的无污染或少污染的能源所代替。这些无污染或少污染的能源有太阳能、风力能、海洋能及地热能等。

3. 废热的利用

利用废热既可以减轻污染，同时还有助于节约燃料资源。生产过程中产生的废热都是可以利用的二次能源。我国每年可利用的工业废热相当于 5 000 万吨标煤的发热量。在冶金、发电、化工、建材等行业，通过热交换器利用废热来预热空气、原燃料、干燥产品、生产蒸汽、供应热水等。此外还可以调节水田水温，调节港口水温以防止冻结。

4. 城市及区域绿化

绿化是降低城市及区域热岛效应及热污染的有效措施，但需注意树种的选择和搭配，同时加强空气流通和水面的结合，从而使效果更加显著。

复习思考题

1. 放射性有哪些来源和危害？
2. 电磁辐射污染对人体有哪些危害？
3. 热污染对环境有什么影响？
4. 城市环境噪声分为哪几类？
5. 噪声有哪些特征和危害？
6. 试述声强、声压、声压级的区别及其换算关系。
7. 大型喷气式飞机噪声功率可达 10kW，当它飞行在 1 000m 高空掠过你的头顶时，到达你耳边的声强是多大？声强级是多大？
8. 如果有三架声功率各为 10kW、8kW、5kW 的飞机在 1 000m 高空掠过你的头顶，到达你耳边的声强级各是多少？总的声强级是多少？
9. 结合实际谈一谈噪声污染的危害，以及对控制这些噪声污染的建议和方法。

第 10 章 环境质量评价

10.1 环境质量评价概述

10.1.1 环境质量

质量是客观事物的性质和数量的反映,是可以认识并能够度量的。任何事物都有质量,环境也不例外。

环境质量是表示环境本质属性的一个抽象概念,是环境素质好坏的表征。目前对这一概念理解不一。有的认为环境质量是环境状态惯性大小的表示,即环境从一种状态变化到另一种状态,其变化难易程度的表示;也有的认为环境质量是环境状态品质优劣的表示;还有的认为环境质量是环境系统的内在结构和外部所表现的状态对人类及生物界的生存和繁衍的适宜性。例如,当空气的组成结构被破坏,如 O_2 含量降低或硫氧化物浓度过高,就会导致不适宜人和生物生存,这时,我们就说空气质量恶化或变坏。全球气候变暖是环境质量恶化的表现,作为地球对环境系统的外部表现是伴随气候变暖发生极地冰雪消融、海平面上升等。而造成全球变暖的原因是人类过量燃烧化石燃料,排放大量 CO_2,打破了大气对太阳辐射的吸收—反射平衡,超越了海洋、土壤、植被等对 CO_2 的调节能力范围,破坏了环境系统中原有的 CO_2 分配的结构关系,使环境质量恶化。

环境质量(Environment Quality)是环境系统客观存在的一种本质属性,并能用定性和定量的方法加以描述的环境系统所处的状态。环境始终处于不停的运动和变化之中,作为环境状态表示的环境质量,也是处于不停的运动和变化之中的。引起环境质量变化的原因主要有两个方面,一方面是人类的生活和生产行为引起环境质量的变化;另一方面是自然的原因引起环境质量的变化。

10.1.2 环境质量评价的概念

环境质量评价是认识和研究环境的一种科学方法,是对环境质量优劣的定量描述。从广泛的领域理解,环境质量评价是对环境的结构、状态、质量、功能的现状进行分析,对可能发生的变化进行预测,对其与社会、经济发展的协调性进行定性或定量的评估等。其概念是从环境卫生学的角度按照一定评价标准和评价方法对一定区域范围内的环境质量加以调查研究并在此基础上作出科学、客观和定量的评定和预测。

一般环境质量评价可表示为:根据环境本身的性质和结构,环境因子的组成和变化,对人及生态系统的影响。按照不同的目的要求、一定的原则和方法,对区域环境要素的质量状况或整体环境质量合理划分其类型和级别,并在空间上按环境质量性质和程度上的差异划分为不同的质量区域。

10.1.3 环境质量评价的目的

环境质量评价的目的是为制定城市环境规划,进行环境综合整治,制定区域环境污染物排放标准、环境标准和环境法规,搞好环境管理提供依据;同时也是为比较各地区所受污染的程度和变化趋势提供科学依据。环境质量评价可指明改善环境的方向和途径,并采取补救措施和办法,把不利影响降到最低程度。

通过评价,弄清区域环境质量变化发展的规律,制订区域环境污染综合防治方案,实施区域环境质量管理和区域环境规划,达到区域和质量目标。

根本目的是为各级政府和有关部门制订经济发展计划及能源政策、确定大型工程项目及区域规划,为环保部门制定环境规划、实施环境管理提供服务。

10.1.4 环境质量评价的类型

环境质量评价是一个系统,它可以从不同的角度被分成许多类型。如从时间上可以分为环境质量回顾评价、环境质量现状评价、环境质量影响评价等;从空间上可以分为项目环境影响评价、区域流域环境质量评价、全球环境评价等;从环境要素上可以分为大气环境评价、水环境评价、土壤环境评价等;从内容上可以分为健康影响评价、经济影响评价、生态影响评价、风险评价、美学景观评价等。这里仅对按时间划分的三种评价类型作简要介绍。

1. 环境质量回顾评价

环境质量回顾评价是根据历史资料对区域过去一定历史时期的环境质量进行回顾性的评价。通过回顾评价可以揭示出区域环境污染的发展变化过程。进行这种评价需要历史资料的积累,一般多在科研工作比较好的大中城市进行。

2. 环境质量现状评价

环境质量现状评价是我国各地普遍开展的评价形式。一般是根据近三五年的环境监测资料进行的。通过这种形式的评价,可以阐明环境污染的现状,为进行区域环境污染综合防治提供科学依据。

3. 环境质量影响评价

环境质量影响评价又称环境质量预断评价,是指对区域的开发活动(由于土地利用方式的改变等)给环境质量带来的影响进行评价。《中华人民共和国环境保护法》规定,在新的大中型厂矿企业、机场、港口、铁路干线及高速公路等建设以前,必须进行环境影响评价,写出环境影响评价报告书。

此外,按照评价的规模,可以把评价分为单个基本建设项目环境影响评价和区域性的环境质量综合评价。进行这种评价工作量较大,有一定难度。

10.1.5 环境质量评价的方法

环境质量评价实际上是对环境质量优与劣的评价过程,而且是一种方向性的评价过程。

这个过程包含许多个层次，如环境评价因子的确定、环境监测、环境识别等，最终的方向是评定人类生存发展活动与环境质量之间的价值关系。目前国内外使用的环境质量评价方法很多，但大体上可以分以下几类：决定论评价法、经济论评价法、模糊数学评价法和运筹学评价法。每一类方法中又分成多种不同方法。

1. 决定论评价法

所谓决定论评价法是通过对环境因素与评价标准进行判断与比较的过程。使用这种方法，先设定若干评价指标和若干判断标准，然后将各个因子依据各个判断标准，通过直接观察和相互比较对环境质量划分等级，或者按评分的多少排序，从而判断该环境因素的状态。它包括指数评价法和专家评价法。

（1）指数评价法

指数评价法是最早用于环境质量评价的一种方法。近十几年来，这一方法在环境质量评价中得到了广泛应用，并且有了很大的发展。它具有一定的客观性和比较性，常用于环境质量现状评价中。

（2）专家评价法

专家评价法是一种古老的方法，但至今仍有重要地位。这一方法是将专家们作为索取信息的对象，组织环境科学领域（有时也请其他领域）的专家运用专业方面的经验和理论对环境质量进行评价的方法。它是以评价者的主观判断为基础的一种评价方法，通常以分数或指数等作为评价的尺度进行度量。

2. 经济论评价法

在费用（或支持、投资）与收益的相互比较中可评价人类活动与环境质量之间的关系，这种从经济的角度进行环境评价的方法，称为经济论评价法。经济论评价法是考虑环境质量的经济价值，是以事先拟订好的某一环境质量综合经济指标来评价不同对象。常用的有两种方法：一种是用于一些特定的环境情况所特有的综合指标，如森林资源的经济评价、农业土地经济评价等；另一种是费用—效益分析法，也是目前常用的一种方法，其评价标准是效益必须大于费用。一般来说，经济论评价法，可根据环境质量、经济价值计算的难易程度分为不同的方法。对于有一定依据计量其效益和损失的可采用效益—损失法，而对于那些计算环境质量效益比较难的问题，可采用费用—效益分析法。

3. 模糊综合评价法

环境是一个多因素耦合的复杂动态系统。随着环境质量评价工作的不断深入，需要研究的变量关系也越来越多、越来越错综复杂，其中既有确定的可循环的变化规律，又有不确定的随机变化规律。另外，人们对环境质量的认识也是既有精确的一面，又有模糊的一面。环境质量同时具有的这种精确与模糊、确定与不确定的特性都具有量的特征。

环境质量评价的整个过程中，评价的对象、评价的方法，甚至评价的主体及其掌握的评价标准都具有不确定性，环境质量评价结论必然存在一定程度的不确定性。任何处理评价中的不确定性因素，不仅关系到评价结论是否全面地反映环境质量的价值，而且还关系到依据评价结论所做的决策是否正确。在环境质量评价中引入模糊评价方法是客观事物的需要，也是主观认识能力的发展。目前，处理不确定性常用概率法。模糊数学的兴起，为精确与模糊的沟通建立了一套数学方法，也为解决环境质量评价中的不确定性开辟了另一个途径。

4. 运筹学评价法

运筹学评价法是利用数学模型对多因素的变量进行定量动态评价。这种方法理论性强，对于带有不确定因素的环境质量评价来说，能够从本质上逐步逼近，以求出最优解，最适于复杂环境质量系统或区域性评价。经常使用的方法有：以图论为工具建立的数学模型——结构模型；以线性理论为基础建立的含有环境因素的投入产出模型；以及在环境质量评价工作中处于研究阶段的以控制理论为指导建立的系统动力学模型。

5. 生态学评价法

生态学评价法是通过各种生态因素的调查研究，建立生态因素与环境质量之间的效应函数关系，评价自然景观破坏、物种灭绝、植被减少、作物品质下降与人体健康和人类生存发展需要的关系。由于生态学的内容非常丰富，生态学评价方法也有许多种，这里主要介绍植物群落评价、动物群落评价和水生生物评价。

（1）植物群落评价。一个地区的植物与环境有一定的关系。评价这种关系可用下列指标——植物数量，说明该地区的植被组成、植被类型和各物种的相对丰盛度、优势度（即一个种群的绝对数量在群落中占优势的相对程度）、净生产力（是指单位时间的生长量或产生的生物量，这是一个很有用的生物学指标）、种群多样性（是用种群数量和每个种群的个体量来反映群落的繁茂程度，它反映了群落的复杂程度和"健康"情况）。通常使用辛普生指数，其公式为：

$$0<D<1-1/S$$

式中，D 为辛普生多样性指数。

$$D = 1 - \sum_{i=1}^{S}\left(\frac{ni}{N}\right)^2$$

其中，N 为所有种群的个体总数；ni 为一个种群的个体数，S 为物种数目。

由于指数受样本大小的影响，所以必须用两个以上同样大小的群落进行对比研究。

（2）动物群落评价。一个地区的动物构成取决于植物情况。因此，植物群落的评价结果及方法，在动物群落评价中都有重要作用。动物群落评价注重优势种、罕见种或濒危种，通过物种表、直接观察等方法确定动物种群的大小。

（3）水生生物评价。水生态系统（包括河流、海洋）的生物在很多方面与陆生生物和陆生群落不一样。因此，采集的方法和评价的方法也不同。在评价过程中，通常需要了解组成成分（即某区域内有什么生物体存在）；丰盛度（某种水生生物在该地研究区域内所有水生生物中的相对数量）、生产力（为了说明某种生物在它的群落食物链中的相对重要性）。其次是对水生动物的评价。水生动物包括范围广，种类繁多，应根据评价的目的选择评价因子。

10.2 环境质量现状评价

10.2.1 环境质量现状评价的基本程序

在对环境质量的现状进行评价时，应该首先确定评价的对象、评价地区的范围和评价目的，并根据评价的目的确定评价精度。其基本程序如图 10-1 所示。

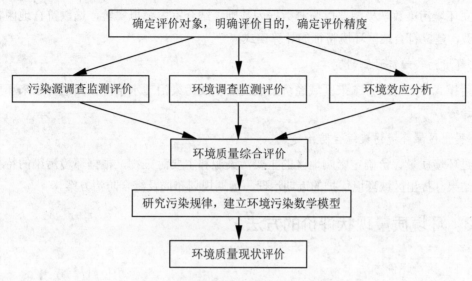

图 10-1 环境质量现状评价的工作程序

10.2.2 环境质量现状评价的内容

区域环境质量评价的内容包括以下几方面：

1. 污染源调查与评价

通过对污染源的调查与评价，确定主要污染源与主要污染物，以及污染物的排放方式、途径、特点和规律，综合评价污染源对环境的危害作用，以确定污染源治理的重点。

2. 环境污染物监测项目的确定

根据区域环境污染特点及主要污染物的环境化学行为，确定不同环境要素的监测项目，为评价提供参考。

3. 监测网点的布设

根据区域环境的自然条件特点及工、农、商业、交通和生活居住区等不同功能区分别布点，布点疏密及采样次数应力求合理且有代表性。

4. 获得环境污染数据

按质量保证要求分析测定，获得可靠的污染物在环境中污染水平的数据。

5. 建立环境质量指数系统进行综合评价

根据环境质量评价的目的选择评价标准，对监测数据进行统计处理，利用评价模式计算环境质量综合指数。

6. 人体健康与环境质量关系的确定

计算各种与环境污染关系密切的疾病发病率（包括死亡率）与环境质量指数之间的相关性，确定人体健康与环境质量状况的相关性。

7. 建立环境污染数学模型

建立环境污染数学模型要以监测数据为基础,结合室内模拟实验,选取符合地区特征的环境参数,建立符合地区环境特征的计算模式。

8. 环境污染趋势预测研究

运用模式计算,结合未来区域经济发展的规模及污染治理水平,预测地区未来环境污染的变化趋势。

9. 提出区域环境污染综合防治建议

通过环境质量评价确定影响地区的主要污染源和主要污染物,根据环境污染的特征及污染预测结果,提出区域环境保护的近期治理、远期规划布局及综合防治方案。

10.2.3 环境质量现状评价的方法

1. 环境污染评价方法

其目的在于分析现有的污染程度、划分污染等级和确定污染类型。经常使用的是污染指数法,一般分为单因子指数和综合指数两大类。

2. 生态学评价方法

是通过各种生态因素的调查研究,建立生态因素与环境质量之间的效应函数关系,评价自然景观破坏、物种灭绝、植被减少、作物品质下降与人体健康和人类自下而上发展需要的关系。由于生态学的内容非常丰富,生态学评价方法也有许多种,主要有植物群落评价、动物群落评价和水生生物评价。

3. 美学评价方法

是从审美准则出发,以满足人们追求舒适安逸的需求为目标,对环境质量的文化价值进行评价。评价的方法主要有定性评价,如美感的描述;定量评价,如美感评分。对风景环境质量的美学评价方法还不成熟,需要进一步完善。

10.2.4 大气环境质量现状评价

由于受到人类科学发展水平和人类认识能力的限制,人们对大气环境质量现状的认识仅局限在大气环境被污染的程度上。因此,当前所进行的大气环境质量现状评价通常是大气环境的污染评价。下面按大气污染指数的使用目的,将其分为三类,并分别进行扼要介绍。

1. 主要用于评价大气质量逐日变化的指数

美国污染物标准指数(PSI),是美国在 1976 年 9 月公布的通用指数。PSI 考虑了 CO、NO_2、SO_2、氧化剂和颗粒物 5 个参数,并反映了 SO_2 和颗粒物协同作用的 SO_2 与颗粒物浓度的乘积(在 PSI 值相同时,此乘积远比单列的该两个指标值乘积为小)。各污染物的分指数与浓度的关系采用分段线性函数来表示。在已知各污染物的实测浓度后,可按分段线性函数关系,参照表 10-1 的数据,用内插法计算各分指数,再取各分指数中的最高值预报该天大气质量。PSI 将大气分为五级,即 PSI=0~5。

表 10-1 污染物标准指数(PSI)与各污染物浓度的关系及分级

PSI	大气污染浓度水平	污染物浓度						大气质量分级	对健康的一般影响	要求采取的措施
		颗粒物(24h)/μg·m^{-3}	SO_2(24h)/μg·m^{-3}	CO(24h)/μg·m^{-3}	O_3(24h)/μg·m^{-3}	NO_2(24h)/μg·m^{-3}	C(PM)·C(SO_2)/(μg·m^3)^2			
500	显著危害水平	1 000	2 620	57.5	1 200	3 750	490 000	危险	病人和老年人提前死亡,健康者出现不良症状,影响正常活动	全体人群应停留在室内,关闭门窗,尽量减少体力消耗,避免交往
400	紧急水平		2 100	46.0	1 000	3 000	393 000		病人除了病情加重外,还会出现某些疾病,健康人运动耐力下降	老年人和病人应停留在室内,避免体力消耗,一般人群应避免户外活动
300	警报水平		1 600	34.0	800	2 260	261 000	很不健康		老年人和心脏病、肺病患者应停留在室内,并减少体力活动
200	警戒水平	375	800	17.0	400	1 130	65 000	不健康	易感染的人病症轻度加剧,健康人群出现刺激症状	心脏病与呼吸系统疾病患者应减少体力消耗和户外活动
100	达到大气质量一级标准	260	365	10.0	160	*	*	中等		
50	为大气质量一级标准的50%	75**	80**	5.0	80			良好		
0		0	0	0	0					

注:*浓度低于警戒水平时,不报告此分指数;**一级标准年平均浓度。

50 为良好;51~100 为中等;101~200 为不健康;201~300 为很不健康;301~500 为有危险。在表 10-1 中还相应于污染水平对人群活动提出劝诫。PSI 广泛用于报告、预报一个城市或区域的逐日大气污染状况,也可用于比较有开发行动或无开发行动时大气污染程度的变化。

例：某城市的一个区域大气监测站测得某天的颗粒物（PM）和 SO_2 平均浓度分别为 363μg/m³ 和 800μg/m³，CO 的 8h 浓度为 10.7mg/m³，NO_2 和 O_3 的 1h 浓度平均为 1 000μg/m³ 和 184μg/m³，该天 PSI 的分指数 PSI_{PM}=190，PSI_{SO_2}=100，PSI_{CO}=110，PSI_{NO_2} 很小可不报告，PSI_{O_3}=110，C（PM）·C（SO_2）=290 400（μg/m³）²，则该天的 $PSI_{C(PM)·C(SO_2)}$=322，为分指数中最大，故该天的 PSI=322，已超过警戒标准。

2. 可兼用于评价大气质量长期变化和逐日变化的指数

橡树岭大气质量指数（ORAQI），由美国橡树岭国家实验室 1971 年提出，属于幂函数型。它包括 SO_2、NO_x、CO、飘尘和氧化剂 5 项污染物参数，指数的计算式为：

$$ORAQI = \left[a \sum_{i=1}^{5} \frac{C_i}{S_i} \right]^b \tag{10-1}$$

式中，ORAQI 为大气环境质量指数；C_i 为 i 污染物 24h 实测平均浓度；S_i 为 i 污染物的环境评价标准；a、b 为常数。

常数 a、b 的确定方法是：当大气中这 5 项污染物浓度相当于未受污染的背景浓度时，令 ORAQI=10；当各污染物浓度达二级标准时，令 ORAQI=100。代入式（10-1）计算得 a=5.7，b=1.37。因此可得：

$$ORAQI = \left[5.7 \sum_{i=1}^{5} \frac{C_i}{S_i} \right]^{1.37} \tag{10-2}$$

按 ORAQI 的大小，把大气质量分为 6 级，即：ORAQI≤20 时，大气质量优良；ORAQI 为 20～39 时，较好；ORAQI 为 40～59 时，尚可；ORAQI 为 60～79 时，较差；ORAQI 为 80～99 时，坏；ORAQI≥100 时，大气质量有危险性。

ORAQI 既适用于分析某一地区大气质量的长期变化，也适用于评价每日的大气质量状况。

3. 评价大气质量长期变化的指数

（1）密特大气质量指数

美国密特以 5 项污染物为参数，采用美国大气质量二级标准作为计算依据。它是 5 项分指数的综合计算结果，计算式如下：

$$MAQI = \sqrt{I^2_{CO} + I^2_{SO_2} + I^2_P + I^2_{NO_2} + I^2_{O_3}} \tag{10-3}$$

式中，MAQI 为密特大气质量指数；I^2_{CO}、$I^2_{SO_2}$、I^2_P、$I^2_{NO_2}$、$I^2_{O_3}$ 分别为 CO、SO_2、颗粒物、NO_2 和氧化剂污染物的分指数。

计算该指数时，必须具备比较完善的监测手段，并要掌握全年完整的监测数据。MAQI 是用于评价大气质量长期变化的指数，可每月、每季或每年计算一次。每次计算都应取最近 12 个月内的大气监测结果作为原始数据。

（2）上海大气质量指数

我国学者姚志麒等（1978 年）提出了大气质量指数。他们认为采用形式计算污染指数有时并不能清楚地表现出污染状况。如果大气中有一种污染物出现高浓度污染，而其他污染浓度都不高甚至很低，这时按平均值计算出的指数值不一定很高，因而有可能掩盖高浓度的那个污染物的污染情况。而事实上，当大气中出现任何一种污染物的严重污染时，就有可能引起相应的较大危害。其表达式为：

$$I = \sqrt{\left(\max \frac{C_1}{S_1}, \frac{C_2}{S_2}, \cdots, \frac{C_n}{S_n}\right)\left(\frac{1}{n}\sum_{i=1}^{n}\frac{C_i}{S_i}\right)} = \sqrt{xy} \quad (10\text{-}4)$$

式中，x 为 C_i/S_i 中的最大值；y 为 C_i/S_i 的平均值；n 为污染物数目；C_i、S_i 分别为污染物 i 的年平均浓度和评价标准。

评价标准（S_i）和分级系统如表 10-2 所示，评价标准相当于 GB 3095—1996 的二级标准。

表 10-2　I 的评价标准和分级系统/mg/L

评价参数举例	SO₂	NO₂	飘尘	铅
S_i	0.06	0.04	0.10	0.001
分级	清洁	轻度污染	中度污染	重度污染	极重污染
I	<0.6	0.6~1	>1~1.9	>1.9~2.8	>2.8
大气污染水平	清洁	大气质量标准	警戒水平	警报水平	紧急水平

表 10-2 中，各分指数 C_i/S_i 可分别评价各个污染的逐年变化趋势。如果具备相应取值的监测数据，用式（10-4）也可以计算各月甚至逐日的大气质量，或按各采样点所在位置分成若干行政区或功能区，按区计算其逐年的大气质量指数。

10.2.5　水环境质量现状评价

早期，人们是根据感官性状、味、嗅、颜色和混浊度来评价水质的，因此很难定量化评价，20 世纪 60 年代中期以来，国内外学者进行了广泛的研究，并建立了一个适合的水质指数评价系统。下面介绍几种评价水质污染比较完善的方法。

1. 国外水质评价指数

（1）N.L.内梅罗（N.L.Nemerow）河水污染指标方法

N.L.内梅罗建议的水质指标的计算公式如下：

$$PI_j = \sqrt{\frac{\left(\max \frac{C_i}{S_{ij}}\right)^2 + \left(\frac{1}{n}\sum_{i=1}^{n}\frac{C_i}{S_{ij}}\right)^2}{2}} \quad (10\text{-}5)$$

式中，PI_j 为水质指标；C_i 为 i 污染物的实测浓度；S_{ij} 为 i 污染物的水质标准（j 代表水的用途）。

该水质指标考虑了各污染物的平均污染水平、个别污染物的最大污染状况、水的用途等条件，设计上比较合理。因为在污染物平均浓度比较低的情况下，有时个别污染物的浓度可以很高。此时，为了保证该水质的用途，对个别污染物常需要特殊处理（该水质指标法对水质处理具有指导意义）。

（2）布朗水质指数

美国学者布朗（R.M.Brown）等发表了水质污染的水质指数（WQI），他在 35 种水质参数中选取了 10 种主要水质参数，即溶解氧、BOD、混浊度、总固体、硝酸盐、磷酸盐、pH、温度、大肠菌数、杀虫剂有毒元素等。然后根据专家意见，确定权系数，其模式为：

$$WQI = \sum_{i=1}^{n} W_i Q_i \tag{10-6}$$

式中，WQI 为水质指数；Q_i 为污染物 i 的质量评分；W_i 为污染物 i 的权系数。

在该指数计算中，不仅考虑到各种污染物实测含量的平均值与相应污染物所规定的环境标准的比，而且考虑了污染物中含量最大的污染物与所规定的环境标准之比，强调了最大值的作用，是一种几何均值型的变异指数。

参数选取有温度、颜色、透明度、pH 值、大肠杆菌数、总溶解固体、总氮、碱度、硬度、氯、铁、锰、硫酸盐、溶解氧等。

水的用途划分为三类：

① 人直接接触使用的（PI_1），包括饮用、游泳、制造饮料等；
② 人间接接触使用的（PI_2），包括养鱼、工业产品制造、农业用等；
③ 人不接触使用的（PI_3），包括工业冷却用水、公共娱乐及航运等。

（3）罗斯（S.L.Ross）水质指数

罗斯水质指数计算公式如下：

$$WQI = \frac{\sum \text{分级值}}{\sum \text{权重值}} \tag{10-7}$$

罗斯在上述指数系统研究的基础上，对英国克鲁德流域干支流的水质进行了评价。他在常规监测的 12 个参数中，选取了 4 个参数作为计算河水水质指数的指标，并对其分别给以不同的权系数：BOD 为 3；氨-氮为 3；悬浮固体物为 2；溶解氧饱和度百分数及浓度各为 1；总权重为 10。

罗斯将河流水质分为 11 个等级（水质指数 0～10），如表 10-3 所示。河流水质指数为 0 表示质量最差，类似腐败的原生污水；而对天然纯净状态的水，则规定河流质量指数为 10。

表 10-3　几种主要水质参数分级表

悬浮固体		BOD_5		氨-氮		DO		DO	
浓度/mg/L	分级	浓度/mg/L	分级	浓度/mg/L	分级	饱和度/%	分级	浓度/mg/L	分级
0～10	20	0～2	30	0～0.2	30	>90～105	10	>9	10
>10～20	18	>2～4	27	>0.2～0.5	24	>80～90	8	>8～9	8
>20～40	14	>4～6	24	>0.5～1.0	18	>105～120		>6～8	6
>40～80	10	>6～10	18	>1.0～2.0	12	>60～80	6	>4～6	4
>80～150	6	>10～15	12	>2.0～5.0	6	>120		>1～4	2
180～300	2	>15～25	6	>5.0～10.0	3	>40～60	4	0～1	0
>300	0	>25～50	3	>10.0	0	>10～40	2		
		>50	0			0～10	0		

如某一地点水质测定结果是：

（1）悬浮固体为 27mg/L；

（2）BOD_5 为 6.8mg/L；

（3）DO 浓度为 8.9mg/L、DO 饱和度为 78%，氨-氮为 1.3mg/L。

查污染物分级表可得评价值及权重值如表 10-4 所示。

表 10-4　一些污染因子的评价值和权重值

污染因子	评价值	权重值
悬浮固体	14	2
BOD_5	18	3
DO 浓度	8	1
DO 饱和度/%	6	1
氨-氮	12	3
Σ	58	10

根据式（10-7）

则
$$WQI = \frac{58}{10} = 5.8 \approx 6$$

计算结果，罗斯将水质分为 11 个等级，数值越大，水质越好。各级指数描述如表 10-5 所示。

表 10-5　水质指数描述

WQI 数值	水质指数描述
10	天然纯水
8	轻度污染
6	污染
3	严重污染
0	水质类似腐败的原始水

2. 中国的水质评价指数

（1）黄浦江水质指数

也叫有机污染综合评价。我国环境科学工作者鉴于上海地区黄浦江等河流的水质受有机污染突出的问题，进行了一系列研究，综合出氨氮与溶解氧饱和百分率之间的相互关系，并在此基础上提出了有机污染综合评价值 A，其定义为：

$$A = \frac{BOD_i}{BOD_0} + \frac{COD_i}{COD_0} + \frac{NH_3-N_i}{NH_3-N_0} - \frac{DO_i}{DO_0} \tag{10-8}$$

式中，A 为综合污染评价指数；BOD_i 和 BOD_0 分别为 BOD 的实测值和评价标准值；COD_i 和 COD_0 分别为 COD 的实测值和评价标准值；(NH_3-N_i) 和 (NH_3-N_0) 分别为 (NH_3-N) 的实测值和评价标准值；DO_i 和 DO_0 分别为溶解氧的实测值和评价标准值。

可见，根据有机物污染为主的情况，评价因子只选了代表有机物污染状况的 4 项，其中溶解氧项前面的负号表示水质的影响与上三项污染相反（溶解氧不能理解为污染物质）。

式（10-8）也可改写为：

$$A = \frac{BOD_i}{BOD_0} + \frac{COD_i}{COD_0} + \frac{NH_3-N_i}{NH_3-N_0} + \frac{DO_{饱}-DO_i}{DO_{饱}-DO_0} \tag{10-9}$$

式中，$DO_{饱}$为实测水温条件下的饱和溶解氧浓度。

在计算时，根据黄浦江的具体情况，各项标准值规定如下：

$BOD_0=4mg/L$；$COD_0=6mg/L$；$NH_3-N_0=1mg/L$；$DO_0=4mg/L$

由式（10-8）可以看出，当前三项分别大于1，第4项小于1时，则A值必大于2。因此，定义$A \geq 2$为开始受到有机污染的标志，并根据A值的大小，分级评定水质受到有机物质污染的程度，结合黄浦江的具体情况，水质质量评价分级如表10-6所示。

表10-6 黄浦江水质质量评价分级

A值	污染程度分类	水质质量评价
<0	0	良好
0～1	1	较好
1～2	2	一般
2～3	3	开始污染
3～4	4	中等污染
>4	5	严重污染

有机污染综合评价值（A）可以综合地评价水质受到有机污染的情况。在实际工作中，证明该值在受到有机物污染较严重的河段是适用的，但各项标准的规定要根据具体情况酌情确定。

（2）北京西郊地面水环境质量评价指数

属于多因子简单加和型指数，计算公式如下：

$$P = \frac{1}{n}\sum_{i=1}^{n}\frac{C_i}{S_i} \tag{10-10}$$

式中，P为水质质量指数；C_i为污染物i的实测浓度（mg/L）；S_i为污染物i的地面水质量标准（mg/L）。

10.2.6 总环境质量综合评价

环境由大气、水域、土壤和生物等要素组成，它们相互联系、相互影响、相互制约，构成一个统一的整体。污染物对某一环境要素的影响，必然会涉及其他要素。实际上，污染物是在整个环境中进行迁移转化，最后引起环境质量变化的。所以对各要素分别进行评价后，还应对整体环境质量进行综合评价。现举例说明城市环境质量综合评价的方法。

1. 北京西郊评价

北京西郊环境质量综合评价是在对大气、地面水、地下水和土壤环境质量进行评价的基础上进行的。即采用叠加法，求出环境质量综合指数（$PI_{综合}$）：

$$PI_{综合} = PI_{地面水} + PI_{地下水} + PI_{大气} + PI_{土壤} \tag{10-11}$$

再按$PI_{综合}$大小将环境分为六级，如表10-7所示。

表 10-7 北京西郊环境质量综合评价的六个级别

等 级	环境质量状况	综 合 指 数
1	清洁	0～0.1
2	尚清洁	0.1～1.0
3	轻污染	1.0～5.0
4	中污染	5.0～10.0
5	重污染	10.0～50.0
6	极重污染	50.0～100.0

根据北京西郊地区各环境要素中的主要污染物,即地下水为酚、氰;土壤为镉、苯并[a]芘、重金属等;大气为飘尘、SO_2 等,分别计算出 $PI_{地面水}$、$PI_{地下水}$、$PI_{大气}$、$PI_{土壤}$。其中,污染范围最大的为大气（PI＞1 的区域为 150km^2）;其次为地下水（PI＞1 为 30km^2）;土壤最小（PI＞1 为 1.5km^2）。污染程度最大的为地面水（PI 最大值为 265）,其次为大气（PI 最大值为 11）,再次为地下水（PI 最大值为 5）,污染最轻的为土壤（PI 最大值为 1.3）。

2. 南京市环境质量评价

南京市进行环境质量评价与北京西郊不同的地方,主要表现在以下几方面:

（1）选用环境质量评价参数,如大气、水和噪声（没有列入土壤）,特别突出大气的作用。

选定的参数（评价因子）及其标准如表 10-8 所示。

表 10-8 南京市环境质量评价因子及其标准

环境污染要素（因子个数）	污染因子	评价标准
空气污染/mg/m^3 (3)	SO_2	0.15
	NO_2	0.1
	降尘量	8.0[t/(km^2·d)]
噪声/dB	室外环境噪声	50
地面水污染/mg/L (5)	酚	0.01
	氰	0.1
	铬	0.1
	砷	0.05
	汞	0.005
地下水污染/mg/L (5)	酚	0.002
	氰	0.01
	铬	0.05
	砷	0.02
	汞	0.001

（2）加权:分别根据污染物对环境要素的影响程度加权。

权重根据人民群众的来信确定,即根据几千封来信进行统计分析,并结合当地环境污染特点确定相对权重。南京环境污染的相对权重是空气污染占 60%,噪声占 20%,地面水和地下水各占 10%。

（3）提出环境质量指数（PI综合）的计算公式：

$$\text{PI}_{综合} = \frac{1}{n}\sum_{i=1}^{n} W_j PI_{ij} \quad (10\text{-}12)$$

式中，j 为环境污染要素；W_j 为权重。

根据南京市实例，即：

$$\text{PI}_{综合} = \frac{1}{4}(0.6\times\text{PI}_{大气} + 0.2\times\text{PI}_{噪声} + 0.1\times\text{PI}_{地面水} + 0.1\times\text{PI}_{地下水})$$

其分级标准如表 10-9 所示。

表 10-9 南京市环境质量综合评价的五个级别

等级	环境质量状况	综合指数
1	好	<0.4
2	尚好	0.4～0.5
3	稍差	0.5～0.75
4	差	0.75～1.0
5	最差	>1.0

10.3 环境影响评价

10.3.1 环境影响评价的程序

环境影响评价工作程序可简单地用图 10-2 表示。

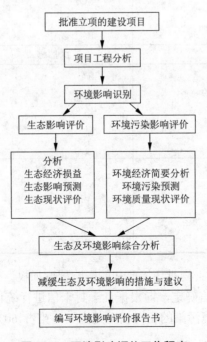

图 10-2 环境影响评价工作程序

10.3.2 环境影响评价的类型

近年来,国际上环境影响评价发展很快,因评价对象及侧重点不同,发展了各种不同类型的评价。通常,按开发活动可以分为单个建设项目的环境影响评价、区域开发的环境影响评价及发展战略的环境影响评价。

1. 单个建设项目的环境影响评价

建设项目的种类繁多,包括化工、煤炭、钢铁、电力、炼钢、油田交通等。不同建设项目的环境影响是不一样的。

2. 区域开发的环境影响评价

随着我国经济建设的高速发展,区域开发项目(如经济技术开发区、高新技术开发区等)越来越多。区域开发的环境影响评价重点是论证区域内未来建设项目的布局、结构及时序,建立合理的产业结构及污染控制基础设施,以协调开发活动与保护区域环境的关系。

3. 战略环境影响评价

国内外的实践证明,仅开展项目的环境影响评价尚不能很好地为决策服务,应拓宽环境影响评价的范围,进一步开展战略环境影响评价。

战略环境影响评价是指对发展战略进行环境影响评价。发展战略是对未来发展目标的预期与谋划,该类评价侧重于比较不同发展战略间的环境后果,以选择环境影响小的,并具有显著社会经济效益的发展战略作为区域备选发展战略。1996年6月,在葡萄牙召开的国际环境影响评价学术讨论会上,联合国环境规划署号召各国改进环境影响评价,提高其有效性,让发展战略环境影响评价为政府决策服务。

10.3.3 环境影响报告书的编制

环境影响报告书是环境影响评价工作的最终结果。其主要内容包括:

1. 总则

(1)结合评价项目的特点,阐述编制目的。

(2)编制依据。包括项目建议书、批准文件、评价大纲及其审查意见、评价委托书、建设项目可行性研究报告等。

(3)采用标准。

(4)控制污染与保护环境的目标。

2. 建设项目概况

(1)建设项目的名称、地点和建设性质。

(2)建设规模、占地面积及厂区平面布置。

(3)土地利用情况和发展规划。

(4)产品方案和主要工艺方法。

(5)职工人数和生活区布局。

3. 工程分析

(1) 主要原料、燃料及其来源、储运和物料平衡，水的用量与平衡，水的回用情况。

(2) 生产工艺过程（附工艺、污染流程图）。

(3) 排放的污染物种类、排放量和排放方式、污染物的性质及排放浓度，噪声、振动的特性等。

(4) 废弃物的回收利用、综合性利用和处理、处置方案。

4. 建设项目周围地区的环境现状

(1) 地理位置。

(2) 自然环境。包括气象、气候及水文情况；地质、地貌状况；土壤、植被及珍稀野生动、植物；大气、地面水、地下水及土壤环境质量状况，等等。

(3) 社会环境。包括建设项目周围现有工矿企业和生活居住区的分布情况、农业概况及交通运输状况；人口密度、人群健康及地方病情况。

5. 环境影响预测

(1) 预测范围。

(2) 预测时段（建设过程、投入使用、服务期满的正常、异常情况）。

(3) 预测内容（污染因子、预测手段、预测方法等）。

(4) 预测结果及其分析说明。

6. 评价建设项目环境影响的特征

(1) 建设项目环境影响的特征。

(2) 建设项目环境影响的范围、程度和性质。

7. 环境保护措施的评述及环境经济论证提出的各项措施的投资估算

8. 环境影响经济损益分析

9. 环境监测制度及环境管理、环境规划的建议

10. 环境影响评价结论与建议

(1) 建设地址环境质量的现状。

(2) 污染可能影响的范围。

(3) 项目选址、规模、产品结构等是否合理。

(4) 污染防治措施技术可行性、经济合理性。

复习思考题

1. 什么叫环境质量和环境质量评价？
2. 环境质量评价的类型主要有哪几种？其区别在哪里？
3. 环境影响报告书的主要内容有哪些？
4. 环境质量现状评价的方法是什么？

第 11 章 环境分析与环境监测

11.1 环境分析与环境监测概述

11.1.1 环境分析与环境监测的概念

环境分析是运用量的化学因素进行分析研究的方法,是环境化学的一个分支学科,也为分析化学开辟了新的研究领域。其工作流程如图 11-1 所示。

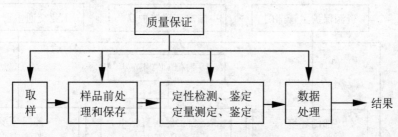

图 11-1 环境分析的工作流程

环境监测是利用物理的、化学的和生物的方法,对影响环境质量的因素中有代表性的因子(包括化学污染因子、物理污染因子和生物污染因子)进行长时间的监视和测定,它可以弥补单纯用化学手段进行环境分析的不足。其工作流程如图 11-2 所示。

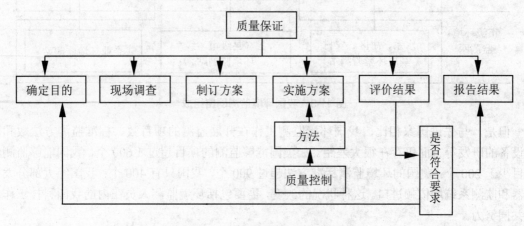

图 11-2 环境监测的工作流程

环境分析是环境监测的基础,环境监测包括了环境分析的大部分内容。两者在原理、方法上相互渗透,可统称为"环境分析与监测"。

11.1.2 环境监测的作用及目的

1. 环境监测的发展

环境监测的发展大体可分为三个阶段：依靠化学手段，以分析环境中有害化学毒物为主要任务的被动监测阶段；以化学、物理和生物等综合手段进行区域性监测的主动监测阶段；用遥感、遥测等手段和自动连续监测系统对污染因子进行自动、连续监测，甚至预测环境质量的自动监测阶段。

我国环境监测工作起步较晚，经过 20 多年的发展，已形成了全国性的由 4 000 多家环境监测站组成的环境监测网络，如图 11-3 所示。

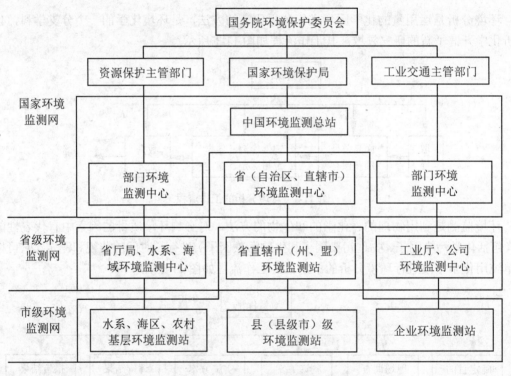

图 11-3 我国环境监测网络组成

但是，与先进国家相比，我国环境监测工作在开展监测的项目数、标准监测方法数和监测设备的研发等方面仍存在很大差距。如美国能够监测的项目超过 1 600 个，我国能够监测的项目少于 200 个；美国的环境监测标准方法超过 900 个，我国只有 400 个；我国绝大部分大型仪器和监测系统均依赖进口。这种状况的改变，需要包括环境监测人员在内的我国科技工作者的共同努力。

2. 环境监测的概念

环境监测（Environmental Monitoring），指通过对影响环境质量因素的代表值的测定，确定环境质量（或污染程度）及其变化趋势。环境监测的过程一般为接受任务、现场调查和收集资料、监测计划设计、优化布点、样品采集、样品运输和保存、样品的预处理、分析测试、数据处理、综合评价等。环境监测的对象有自然因素、人为因素、污染组分。环境监测包括化学监测、物理监测、生物监测、生态监测。

3. 环境监测的作用

环境监测对环境科学研究和环境保护是十分重要的，具体体现在：

（1）环境监测提供了及时、准确的环境质量信息。这些信息是确定环境管理目标、进行环境决策的重要依据。

（2）具有中国特色的强化环境管理制度的贯彻执行要依靠环境监测，否则所制定的制度和措施将流于形式。

（3）评价环境管理的效果必须依靠环境监测的结果，否则难以提高科学管理环境的水平。

4. 环境监测的目的

环境监测的目的是准确、及时、全面地反映环境质量现状及发展趋势，为环境评价、环境管理、污染源控制、环境规划等提供科学依据。具体可概括为以下几个方面：

（1）根据环境质量标准，评价环境质量。

（2）根据污染物的时空分布情况，追踪寻找污染源，为实现监督管理、控制污染提供依据。

（3）收集本底数据，积累长期监测资料，为预测预报环境质量、研究环境容量、实施总量控制和目标管理提供数据。

（4）为开展环境科学研究提供科学依据。

（5）为保护人类健康，保护环境，合理使用自然资源，制定环境法规、标准、规划等服务。

11.1.3 环境监测的要求和特点

1. 环境监测的要求

只有全面、客观、准确地获取到环境质量信息，并在综合分析的基础上，揭示监测信息的内涵，才能对环境质量及其变化趋势作出正确的评价。所以，环境监测要准确、可靠、科学、全面地反映实际的情况。

环境监测的要求主要有以下几个方面：

（1）代表性。由于污染物在环境中具有时空分布特征，环境监测要求确定合适的采样时间、采样地点、采样频率和采样方法，从而使所采集的样品具有代表性，能真实地反映总体的质量状况。

（2）完整性。主要是强调监测计划的实施应当完整，即布点、采样、样品运送、分析过程、分析人、质控人和签发人等，包括从采样到分析，每一步骤都要记录在案。

（3）可比性。一是要求同一实验室对同一样品的监测结果应该具有数据可比，而且要求各实验室之间对同一样品的监测结果相互可比；二是要求同一项目的历年监测数据具有可比性，这可从时间上确定环境质量的变化趋势。

（4）准确性。要求分析结果可靠。

（5）精密性。其反映分析方法或测量系统所存在随机误差的大小。环境监测的精密性要满足一定的要求。

2. 环境污染因子特点

(1) 污染物质的种类繁多。环境中污染物质种类繁多，且同一种物质亦会以不同的形态存在。监测每一种污染物质几乎是不可能的，目前只能选择那些常见、毒性大、对环境影响较大的污染物质作为优先监测的对象。例如，美国提出了水体中6大类共129种污染物质作为优先监测污染物；我国提出了包括14类68种污染物的"中国环境优先污染物黑名单"，如表11-1所示。

表11-1 中国环境优先污染物黑名单

化学类别	名称
卤代（烷、烯）烃类	二氯甲烷、三氯甲烷、四氯化碳、1,2-二氯乙烷、1,1,1-三氯乙烷、1,1,2-三氯乙烷、1,1,2,2-四氯乙烷、三氯乙烯、四氯乙烯、三溴甲烷
苯系物	苯、甲苯、乙苯、邻-二甲苯、间-二甲苯、对-二甲苯
氯代苯类	氯苯、邻-二氯苯、对-二氯苯、六氯苯
多氯联苯类	多氯联苯
酚类	苯酚、间-甲酚、2,4-二氯酚、2,4,6-三氯酚、五氯酚、对-硝基酚
硝基苯类	硝基苯、对-硝基甲苯、2,4-二硝基甲苯、三硝基甲苯、对-硝基氯苯、2,4-二硝基氯苯
苯胺类	苯胺、二硝基苯胺、对硝基苯胺、2,6-二氯硝基苯胺
多环芳烃	萘、荧蒽、苯并[b]荧蒽、苯并[k]荧蒽、苯并[a]芘、茚并[1,2,3-c,d]芘、苯并[ghi]芘
酞酸酯类	酞酸二甲酯、酞酸二丁酯、酞酸二辛酯
农药	六六六、滴滴涕、敌敌畏、乐果、对硫磷、甲基对硫磷、除草醚、敌百虫
丙烯腈	丙烯腈
亚硝胺类	N-亚硝基二丙胺、N-亚硝基二正丙胺
氰化物	氰化物
重金属及其化合物	砷及其化合物、铍及其化合物、镉及其化合物、铬及其化合物、铜及其化合物、铅及其化合物、汞及其化合物、镍及其化合物、铊及其化合物

(2) 污染物质浓度低。污染物质进入环境中后，经过水、大气的稀释，其在环境中的含量是很低的，浓度往往是10^{-6}、10^{-8}，甚至是10^{-12}级的，这就对环境监测方法的灵敏度、检测限提出了较高的要求，有时还要对多环境样品进行分离、富集等预处理后，才能满足监测的要求。

(3) 污染物质的时空分布性。污染源排放的污染物质或污染因子的强度随时间而变化，污染物和污染因子进入环境后，随空气和水的流动而被稀释、扩散，其扩散速度取决于污染因子的性质。这就要求我们充分考虑到污染因子的时间和空间分布性，设计出科学的环境监测计划，从而对环境质量进行比较客观的监测。

(4) 污染因子的综合效应。环境因素十分复杂，多种污染因子同时作用于环境时，表现出并非单个污染因子效应的简单相加。如锌能通过拮抗镉对δ-氨基乙酰丙酸脱氢酶的抑制作用；拮抗镉对肾小管的损害；硒能拮抗食物中甲基汞的毒性；而CO和H_2S可相互促进中毒的发展（协同作用）等。这就要求我们考虑多种因素同时存在时对环境的综合效应。

3. 环境监测的特点

环境监测的特点可归纳为以下几个方面：

（1）综合性。包括环境监测手段的多样性（物理、化学、生物等一切能表达环境污染因子的方法都已被用于环境监测）、监测对象的多样性（环境监测的对象包括水、大气、土壤、固体废弃物、生物等客体）等方面。

（2）连续性。环境污染因子的时空分布性决定了环境监测必须坚持长期连续测定，才能从大量的数据中揭示污染因子的分布和变化规律，进而预测其变化趋势。

（3）追踪性。环境监测是一个复杂的过程，包括监测项目的确定，监测方案的设计，样品的采集、运送、处理，实验室测定和数据处理等程序，每一步骤都将对结果产生影响。特别是区域性的大型监测项目，参与监测的人员、实验室和仪器各不相同，为了保证监测结果的准确性，建立一套完善的质量保证体系是十分必要的。

11.1.4 环境监测的分类

环境监测一般按监测目的的不同来分类，也可以按监测对象的不同或专业部门来分类。

1. 按监测目的分类

（1）常规性监测。常规性监测又称例行监测或监视性监测，是对指定的项目进行长期、连续的监测，以确定环境质量和污染源状况、评价环境标准的实施情况和环境保护工作的进展等，是环境监测部门的日常工作。

（2）应急性监测。应急性监测又称特定目的监测，主要是指：

① 污染事故监测：在污染事故发生时进行应急监测，以确定污染物的扩散方向、速度和可能波及的范围，为污染的有效控制提供依据。

② 仲裁监测：当发生环境污染事故纠纷或在环境执法过程中产生矛盾时，进行仲裁监测，为执法部门、司法部门提供具有法律效力的数据。仲裁监测只能由国家指定的权威部门进行。

③ 考核验证监测：包括人员、实验室的考核，方法的验证和污染治理工程竣工时的验收监测等。

④ 咨询服务监测：为政府部门、生产部门和科研部门等提供的咨询性监测。如对新建企业进行环境评价时所进行的监测。

（3）研究性监测。针对特定目的的科学研究所进行的高层次监测，如环境监测新方法的建立、环境标准物质的研制和环境本底值的确定等。

2. 按监测对象分类

（1）水质污染监测。对地表水、地下水和底泥中的物理指标（色度、电导率、温度、悬浮物等）、化学指标（重金属、无机盐类、化学需氧量、生化需氧量、农药、挥发酚等）和生物学指标（细菌总数、大肠杆菌数）等进行监测，以评价水质情况。

（2）大气污染监测。对大气中的悬浮颗粒、SO_2、CO、汞等一次污染物和光化学烟雾等二次污染物进行定性和定量测定。

（3）土壤污染监测。对土壤中的重金属、农药残留量及其他有毒有害物质进行监测。

（4）固体废弃物监测。对工业有害固体废物和生活垃圾的毒性、易燃性、腐蚀性、重金属等指标进行监测。

（5）生物污染监测。当生物从环境中摄取营养时，水、空气、土壤中的污染物质随之进入生物体内。植物的监测项目大体与土壤监测项目类似，水生生物的监测项目依水体污染情况而定。

（6）噪声污染监测。现代工农业生产、交通运输业和生活噪声产生的污染日益严重，噪声污染的监测和噪声控制越来越受到人们的重视。

（7）放射性污染监测。随着核武器实验、核电站的发展及原子能和平应用的日益增多，环境中的放射性物质与日俱增，它对人类的潜在威胁受到了人们的广泛关注，因而对放射性的监测是十分必要的。

3. 按照专业部门分类

环境监测可分为卫生监测、气象监测和资源监测等。

11.2 环境标准

11.2.1 环境标准的种类和作用

1. 环境标准的种类

环境标准是由环境管理部门制定的，为了保护人体健康、防治环境污染、促进生态良性循环，同时又合理利用资源、促进经济发展，对环境中有害成分含量及其排放源进行规定的强制性规范。环境标准是环境保护立法的重要组成部分，是环境保护法规、政策的决策结果和具体体现。

我国的环境标准体系可概括为4类2级。4类是指环境质量标准、污染物排放标准、环境基础标准和污染方法标准以及污染警报标准，2级是指国家标准和地方标准。环境质量标准和污染物排放标准既有国家标准，又有地方标准，而环境基础标准和环境方法标准只有国家标准。地方标准的主要作用是：

（1）根据地方特点，对国家标准中没有的项目给予规定。

（2）地方标准比国家标准严格，对国家标准进行完善和补充。

表 11-2 所示为常见环境标准的特点。

表 11-2 常见环境标准的特点

种 类	目 的	作 用	依 据	分 类	形 式
环境质量标准	保护人体健康和正常生活环境	为环保管理部门的工作和监督提供依据	环境质量基准及技术经济条件	空气、水、土壤等	环境中污染物浓度
污染物排放标准	保证环境质量标准的实现，控制排放	直接控制污染源，便于设计规划	环境质量标准及技术经济条件	废气、废水、废渣	污染物排放浓度或质量排放率

续表

种 类	目 的	作 用	依 据	分 类	形 式
环境基础标准和污染方法标准	促进排放标准的实施，控制排放	直接控制污染源，便于设计规划	污染物排放标准或环境质量标准	燃料、原料、净化设备、排气筒、卫生防护带等	含硫量、净化效率、烟囱高度、防护带距离等
污染警报标准	防止污染事故的发生，减少损害	便于环保部门和社会公众采取必要行动	环境质量标准	警戒、警告、危险、紧急	环境中污染物浓度

2. 环境标准的作用

（1）环境标准是制定环境保护规划和计划的依据，是环境保护的手段，也是环境保护的目标。

（2）环境标准是评价环境质量和环境保护工作成果的准绳。

（3）环境标准是环境执法部门执法的依据。

（4）环境标准是组织现代化生产的重要手段和条件，通过环境标准的实施，可以使资源和能源得到充分的利用，实现清洁生产。

11.2.2 环境标准发展的历史

环境标准是随着环境污染和环境科学的发展而产生和发展的。1863年，英国制定的《碱业法》是最早的环境标准。此后，发达国家的工业化进程引起了环境污染的日趋严重，各国相继制定了各种环境标准和环保法规。我国环境标准的形成和发展大体上经历了以下三个阶段。

1. 第一阶段

新中国成立到1973年。这一阶段，我国制定的环境标准基本上都是以保护人体健康为目的的局部性环境卫生标准。如《工业企业设计暂行卫生标准》（1956年）、《生活饮用水卫生规范》（1959年）等，这些标准对城市规划、工业企业设计和卫生监督的环境保护工作起到了指导和促进作用。

2. 第二阶段

1973—1979年。这是我国环境保护史上具有特殊意义的一段时期。1973年，召开了第一次全国环境保护会议，确定了"全面规划、合理布局、综合利用、化害为利、依靠群众、大家动手、保护环境、造福人类"的环境保护工作方针；1979年颁布了《中华人民共和国环境保护法》，标志着我国环境保护工作开始走向法制的轨道。这一阶段，在修订了一些标准的同时，制定了一批新的标准，如《放射防护规定》、《工业"三废"排放试行标准》等。

3. 第三阶段

1979年至今。随着改革开放和经济建设的飞速发展，一方面，我国对原有的环境标准进行了修订、充实和完善；另一方面，相继颁布了一系列新的环境标准。主要是将《大气环境质量标准》修改后更名为《环境空气质量标准》，修订了《地面水环境质量标准》，颁布了《污水综合排放标准》、《大气污染综合排放标准》等。

11.2.3 环境标准制定的原则

环境标准体现了一个国家环境管理的水平,也体现了一个国家的技术经济政策。环境标准的制定要综合考虑现实性和科学性的统一,才能达到既保护环境,又促进经济技术发展的目的。制定环境标准要遵循以下原则:

1. 保护人体健康和生态系统免遭破坏

保护人体健康和生态系统是环境保护工作的出发点和最终目的,因此,制定环境标准时,首先要调查环境中污染物质的种类、含量及对人体和环境的危害程度等环境基准资料,并以此作为依据,制定出相应的环境标准。

2. 要综合考虑科学性和技术性的统一

环境标准的制定,既要与经济发展和技术水平相适应,也不能以牺牲人体健康和生态环境为代价,过分迁就经济、技术水平。即既要技术先进,也要经济合理。

3. 要考虑地区差异性

我国地域辽阔,不同地区生态系统的差异性决定了各地的环境容量、环境自净能力的差异性。在制定环境标准,尤其是制定地方环境标准时,要充分利用这种差异性,因地制宜地制定出合理的环境标准。

4. 要考虑与相关标准、制度的配套性

环境标准要与收费标准、国际标准等相关标准和制度相互协调,才能贯彻执行。

5. 要考虑与国际接轨

环境保护是全球性的工作,制定环境标准时,积极采用国际标准或等效采用国际标准是我国技术引进的重要部分,也是了解国际先进技术和发展趋势的有效途径。

11.2.4 环境标准物质

环境标准物质是指基体组成复杂,与环境样品组成接近,具有良好的均匀性、稳定性和长期保存性,能以足够准确的方法测定,组分含量已知的物质。

环境样品的基体复杂、污染物质浓度低、待测组分浓度范围广、稳定性差,与单一组分的样品有显著差异。因此,常用的相对分析方法中采用的单一组分的标准溶液将带来较大的误差。为了解决这种由于基体效应而产生的误差,从20世纪70年代开始,美、日等发达国家开始研制环境标准物质,环境标准物质的作用在于:

(1) 标准物质作为组成和含量已知的样品,可用作实验室之间和实验室内部的监测质量控制;

(2) 由于组成相似,环境标准物质作为环境监测的标准,可以消除基体效应;

(3) 环境标准物质可以用于校正分析仪器、评价监测方法的准确性和精密度;

(4) 环境标准物质可以用于检验新方法的可靠性。

目前国际上有代表性的环境标准物质有：国际标准化组织的"有证参考物质"、以美国国家标准局的"标准参考物质"为代表的发达国家标准物质等。我国国家标准局规定以 BM 作为国家标准物质的代号，我国已有国家一级标准物质和部颁二级标准物质，已有的环境标准物质包括标准水样、固体标准物质和标准气体等。表 11-3 列出了我国水质和大气监测中所使用的部分标准物质。

表 11-3 水质、大气监测中使用的部分标准物质

类 别	名 称	编 号
水质监测中使用的混合组分标准物质	水中 Cl^-、NO_3^-、NO_4^- 成分分析	GBW08606
	水中镉、铬、铜、镍、铅、锌	GBW08607
		GBW08068
	水中铜、铅、锌、镍、镉	GBW（E）080080
	水中铅、锌、镉	GBW（E）080081
		GBW（E）080082
	水中无机盐成分（包括钾、钠、钙、镁、Cl^-、总硬度、总碱度）	GBW（E）080112
	水中钾、钠、钙、镁	
		GBW（E）080158
	水中氟、氯根、硝酸根、硫酸根	GBW（E）080166
		GBW（E）080167
大气监测中使用的混合组分标准物质	氮中乙烷、甲烷、丙烷、乙烯、异丁烷气	GBW08111
	氮中甲烷、乙烷、丙烷、丙烯混合气	GBW08112
	甲烷中乙烷，丙烷，正、异丁烷，正、异戊烷气	GBW（E）080111
	氩中氢、氮混合气	GBW（E）080168
	氢中 CO、CO_2、甲烷气	GBW（E）080171
	氮中甲烷，乙烷，丙烷，正、异丁烷气	GBW（E）080172

11.3 环境监测的组织

11.3.1 环境监测方案的制订

监测方案是一项监测任务的总体构思和设计，制定时需回答以下几方面的问题：通过监测需要得到什么环境信息；需要哪些具体的监测数据；在什么地方、什么时候、怎样获取这些数据；怎样分析这些数据；怎样评价监测数据的质量；怎样保证监测数据的质量可靠性；怎样管理、存储这些数据；怎样传递数据到需要的部门或个人。所以，具体制定时必须明确监测目的，然后在调查研究的基础上确定监测对象、设计监测网点，合理安排采样时间和采样频率，选定采样方法和分析测定技术，提出监测报告要求，制定质量保证程序、措施和方案的实施计划等。

11.3.2 地面水质监测方案的制订

1. 基础资料的收集

在制订环境监测方案之前,应尽可能收集监测对象及所处区域的相关资料。要收集的资料包括:水体的水文、地质、地貌和气候资料;水体沿岸城市分布、工业布局、污染源分布及污染排放资料;水体沿岸资源分布,饮用水、重点水源保护区,土地功能和使用计划以及历年的水质资料等。

2. 监测断面的设置

(1) 水质监测断面的设置

① 水质监测采样点布置的原则。根据河流的不同断面,将采样点分为对照点、控制点、削减点和背景点。在河流入口、水库出入口或大城市、工业区的下游河段设置对照点;控制点(一般污染点)设在河流的特定河段,控制某几个城市的污染,监测项目取决于污染源的情况;削减点(或称净化点)设在一般污染点的下游,其监测结果可反映水体的自净程度;背景点设置在河流源头或城市、工业区的上游,其监测结果可以和污染点进行比较。

② 河流监测断面的设置。对于江、河水系或某一河段,一般要求设置三种断面,即对照断面、控制断面和削减断面,有时还要求设置能代表水系和河流背景值的背景断面,如图11-4所示。

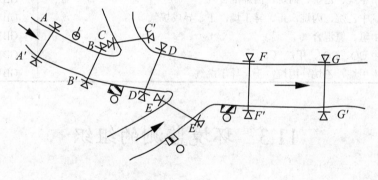

→ 水流方向; ⊖ 自来水厂取水点;
○ 污染源; ▨ 排污口;
$A—A'$ 对照断面; $G—G'$ 削减断面;
$B—B'$、$C—C'$、$D—D'$、$E—E'$、$F—F'$ 控制断面

图 11-4 河流监测断面设置图

③ 湖泊、水库监测断面的设置。对湖泊、水库,要根据汇入的河流数量、沿岸污染源分布、水体的径流量等情况,按照采样点布置的原则设置监测断面。图11-5示意了典型的湖泊、水库监测断面设置情况。

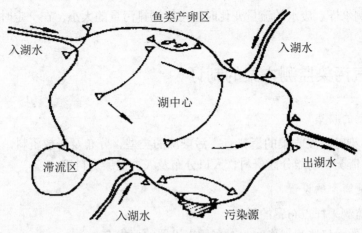

图 11-5　湖泊、水库监测断面设置图

3. 采样点位的确定

设置监测断面后,应根据水面的宽度确定断面上的采样垂线,再根据采样垂线的深度确定采样点的位置和数目。

对于江、河水系的每个监测断面,当水面宽小于 50m 时,只设一条中泓垂线;水面宽 50m～100m 时,在左右近岸有明显水流处各设 1 条垂线;水面宽为 100m～1 000m 时,设左、中、右 3 条垂线;水面宽大于 1 500m 时,至少要设置 5 条等距离采样垂线;较宽的河口应酌情增加垂线数。

在一条垂线上,当水深小于或等于 5m 时,在水面下 0.3m～0.5m 处设 1 个采样点;水深 5m～10m 时,在水面下 0.3m～0.5m 处和河底以上约 0.5m 处各设 1 个采样点;水深 10m～50m 时设 3 个采样点,即水面下 0.3m～0.5m 处 1 点,河底以上约 0.5m 处 1 点,1/2 水深处一点;水深超过 50m 时,应酌情增加采样点数。

4. 水质监测采样的时间和频率

（1）对于水系的采样

为了掌握水系的季节变化,需要采集四季的水样,每季不少于 3 次。如达不到要求,每年至少应在丰水期、枯水期和平水期各取样 2 次。在有冰封期的北方和有洪水期的南方,必须分别增加冰封期、洪水期采样。一年内总采样次数不少于 6～8 次。对于一些重要的控制断面,可在 1 天内按不同时段采样或安置自动采样器连续采样,对受潮汐影响的河流,在涨退潮时,增加采样次数,遇污染事故时,应临时增加采样次数。

（2）对于废水的采样

不同的工业废水,其污染情况完全不同,应根据实际情况和监测目的,以不同的采样时间和频率来采样。

① 瞬时水样。如果生产工艺过程连续、恒定,废水中的污染物组成、浓度稳定,可采用瞬时水样。

② 平均水样。如果废水排放的流量恒定,可按等时间间隔采样,混合均匀的水样即为用于测定平均浓度的平均水样。

③ 平均比例水样。废水的流量变化时，可根据排污量的大小，在一定时间内按排污量的比例采样。

11.3.3 大气污染监测方案的制订

1. 基础资料的收集

监测大气污染时，要收集的资料有：污染源的类型、分布及排放资料，监测区域的气象资料、土地利用情况和功能分区资料、人口分布及人群健康资料等。

2. 大气监测断面的设置

（1）大气监测采样点布置的原则

在进行一般的大气监测工作时，对采样点设置的要求有：

① 在整个监测区域的高、中、低不同污染物浓度的地方都应设置采样点。

② 在污染源集中的情况下，应在下风向多设置采样点，上风向设置少量采样点作为对照。

③ 工矿区、交通密集区、污染物超标区及人口集中的区域，要增设采样点，城郊、污染物浓度低的地区和农村，可减少采样点。

④ 采样点应避开树木和吸附能力强的建筑物，交通密集区的采样点要距人行道至少1.5m，采样口水平线与建筑物高度的夹角不应大于30°。

⑤ 采样点的高度应根据监测目的而定，如监测大气污染对植物的影响时，采样高度应与植物高度一致；监测大气污染对人体的危害时，采样点应距地面1.5m～2m等。

⑥ 各采样点设置条件应一致或标准化，以使检测结果有可比性。

（2）大气监测网点的设置

大气监测采样点的设置有同心圆布点法（见图11-6）、扇形布点法（见图11-7）等多种形式。

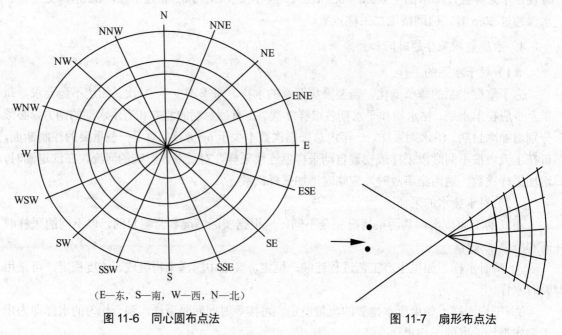

（E—东，S—南，W—西，N—北）

图 11-6　同心圆布点法　　　　　　图 11-7　扇形布点法

3. 采样点位的确定

我国 1986 年颁布的大气监测技术规范中明确规定了城市大气监测点的数目，如表 11-4 所示。

表 11-4　我国大气环境污染例行监测采样点设置数目

城市人口/万人	监测点设置数目		
	SO_2、NO_x、总悬浮颗粒物	灰尘自然沉降量	硫 酸 盐
<50	3	不少于3个	不少于6个
50～100	4	4～8	6～12
100～200	5	8～11	12～18
200～400	6	12～20	18～30
>400	7	20～30	30～40

4. 采样的时间和频率

（1）采样时间

① 短期采样。由于采样时间短，试样可能没有足够的代表性，测定结果不能反映污染变化规律。因此，短期采样一般只适用于气象条件极不利于污染物扩散、事故引起的排出污染物浓度剧增及广泛监测之前的初步调查等情况。

② 间歇性采样。间歇性采样指每隔一段时间取样测定一次，并从多次测定结果中求出平均值。如每季度采样，可在 1 个月或每 6 天采样 1 天；而 1 天内又间隔相等时间，如在 2 时、8 时、14 时、20 时采样，并在一定时间后进行测定，以求出日平均值、季度平均值。这种采样监测可节省费用，尤其适合于用手工操作的采样仪器。若采样时间足够长，积累足够多的数据，所测结果就具有一定的代表性，从而对大气污染的趋势分析和对控制污染方案的评价都更有说服力。

③ 长期采样。长期采样是指在一段较长时间内，连续自动采样测定。长期采样所得数据具有较好的代表性，能反映出污染物浓度随时间变化的规律，可进行远期趋势分析，这对于建立必要的大气污染控制规划，制定相应的法规是极其重要的。同时可以方便地取得日平均值、月平均值、年平均值等监测数据。但此法只有在采样监测仪器自动化条件下才能适用。

（2）采样频率

采用连续自动采样监测仪器，其采样频率可以达到很高，若受人力、物力等条件所限，使用间歇性采样，则采样频率就比较低。

如要测定大气昼夜变化，采样时间应均匀分布，如每隔 2h～4h 采样一次，测出的日平均浓度能反映真实情况。同样，如要通过逐日采样以了解一周内的变化，在工作日及周末假日均应采样。如要测定年均值，则全年各个时候都要有等量的数据。当每季度的监测量不少于全年观测量的 20%时，则可认为监测工作计划已足够平衡。表 11-5 给出了针对大气中不同监测对象的采样时间和频率。

表 11-5 大气监测的采样时间和采样频率

监测项目	采样时间和频率
SO_2	隔日采样,每天连续采 $24\pm0.5h$,每月 14~16 天,每年 12 个月
氮氧化物	隔日采样,每天连续采 $24\pm0.5h$,每月 14~16 天,每年 12 个月
总悬浮颗粒物	隔双日采样,每天连续采 $24\pm0.5h$,每月 5~6 天,每年 12 个月
灰尘自然降尘量	每月采样 30 ± 2 天,每年 12 个月
硫酸盐化速率	每月采样 30 ± 2 天,每年 12 个月

11.3.4 样品的采集和保存

1. 水样的采集和保存

(1) 水样的采集

采集水样的设备主要有水桶、单层采水器、急流采样瓶、自动采样器等。采样方法有以下几种:

① 涉水采样。指用试样瓶或塑料容器直接取水样的方法。此取样法适用于靠近岸边的取样点或在较浅的水域取样。

② 桥梁采样。指利用桥梁作为监测断面的采样方法。此采样法安全、方便,不受洪水和天气的影响,适合于频繁采样。

③ 一般采样。指利用小船在河流、湖泊、水库等水域采样的方法。此法经济灵活,可到达任何采样点,但最好有专用的采样船或监测船。

④ 索道采样。在地形复杂、险要,地处偏僻的取样点,只能架设索道进行取样。

(2) 水样的保存

由于环境条件的变化、化学反应的影响和微生物的作用,采集来的水样在分析之前可能会发生物理参数、化学组成的改变。因此,必须采取适当的保存措施,以减少这种变化。

水样的保存措施取决于监测项目的不同,常见的水样保存方法如表 11-6 所示。

表 11-6 水样保存的常用措施

项目	容器类别	保存方法	分析地点	可保存时间	建议
pH	P 或 G		现场		
酸碱度	P 或 G	2℃~5℃,暗处	实验室	24h	水样充满容器
嗅	G		实验室	6h	最好现场测定
电导	P 或 G	2℃~5℃冷藏	实验室	24h	最好现场测定
色度	P 或 G	2℃~5℃冷藏	实验室	24h	最好现场测定
悬浮物	P 或 G		实验室	24h	尽快测,最好单独定容采样
浊度	P 或 G		实验室	尽快	最好现场测定
余氯	P 或 G	加 NaOH 固定	实验室	6h	最好现场测定
CO_2	P 或 G		实验室		水样充满容器
DO	G(DO 瓶)	加 $MnSO_4$-KI,现场固定,冷暗处	实验室	数小时	最好现场测定

续表

项目	容器类别	保存方法	分析地点	可保存时间	建议
COD	G	2℃~5℃冷藏	实验室	尽快	
		加 H_2SO_4 酸化 pH<2	实验室	1周	
		-20℃冷藏		1个月	
BOD_5	G	2℃~5℃冷藏	实验室	尽快	
		-20℃冷冻	实验室	1个月	
凯氏氮	P 或 G	加 H_2SO_4，pH≤2	实验室	24h	注意 H_2SO_4 中的 NH_4^+ 空白
氨氮	P 或 G	加 H_2SO_4，pH≤2			为阻止硝化菌作用，可加杀菌
		2℃~5℃冷藏			剂 $HgCl_2$ 或 $CHCl_3$
硝酸盐氮	P 或 G	酸化，pH≤2，	实验室	24h	有些废水不能保存,应尽快分析
		2℃~5℃冷藏			
亚硝酸盐氮	P 或 G	2℃~5℃冷藏	实验室	尽快	有些废水不能保存,应尽快分析
TOC	G	加 H_2SO_4，pH<2，	实验室	24h	尽快分析
		2℃~5℃冷藏			
有机氯农药	G	2℃~5℃冷藏	实验室	1周	
有机磷农药	G	2℃~5℃冷藏	实验室	24h	最好现场用有机溶剂萃取
油和脂	G	加 H_2SO_4，pH<2，	实验室	24h	建议定容采样
		2℃~5℃冷藏			
阴离子表面活性剂	G	加 H_2SO_4，pH<2，	实验室	48h	
		2℃~5℃冷藏			
非离子表面活性剂	G	加 4%甲醛使含 1%,充满容器,冷藏	实验室	1个月	
砷	P	加 H_2SO_4, pH 为 1~2	实验室	数月	生活污水、工业废水用此法
		加 NaOH, pH 为 12	实验室		
硫化物		每100mL 水样加 2mol/L 的 $Zn(AC)_2$ 和 1mol/L 的 NaOH 各 2mL, 2℃~5℃冷藏	实验室	数月	现场固定
总氰	P 或 G	加 NaOH, pH 为 12	实验室	24h	若含余氯应加 $Na_2S_2O_3$ 除去
游离氰	P 或 G	加 NaOH, pH 为 12	实验室	24h	若含余氯应加 $Na_2S_2O_3$ 除去
酚	BG	加 H_3PO_4、$CuSO_4$, pH<2;	实验室	24h	
		加 NaOH, pH 为 12			
肼	G	加 HCl 至 1mol/L, 冷暗处	实验室	24h	
汞	P 或 BG	1%HNO_3—0.05%$K_2Cr_2O_7$	实验室	2周	
铝（可滤态）	P	现场过滤，HNO_3 酸化滤液, pH 为 1~2	实验室	1个月	
铝（不可滤态）	P	现场过滤，滤渣	实验室	1个月	滤渣用于不可滤态铝测定

续表

项目	容器类别	保存方法	分析地点	可保存时间	建议
总铝	P	加 HNO_3,pH 为 1～2	实验室	1 个月	取混样,消解后测定
钡	P 或 G	加 HNO_3,pH 为 1～2			
镉	P 或 BG	加 HNO_3,pH 为 1～2			
铜	P 或 BG	加 HNO_3,pH 为 1～2			
总铁	P 或 BG	加 HNO_3,pH 为 1～2			
铅	P 或 BG	加 HNO_3,pH 为 1～2			
锰	P 或 BG	加 HNO_3,pH 为 1～2			
镍	P 或 BG	加 HNO_3,pH 为 1～2			
银	BG	加 HNO_3,pH 为 1～2			
锡	P 或 BG	加 HNO_3,pH 为 1～2			
铀	P	加 HNO_3,pH 为 1～2			
锌	P 或 BG	加 HNO_3,pH 为 1～2			
总铬	P 或 BG	加 HNO_3,pH<2			
六价铬	BG	加 NaOH,pH 为 8～9	实验室	尽快	
钴	P 或 BG	加 HNO_3,pH 为 1～2			
钙	P 或 BG	加 HNO_3,pH 为 1～2	实验室	24h	
可滤态		酸化滤液 pH<2	实验室	数月	酸化时不能用 H_2SO_4
镁	P 或 BG	加 HNO_3,pH 为 1～2	实验室		
总硬度	P 或 BG	加 HNO_3,pH 为 1～2	实验室		
锂	P	加 HNO_3,pH 为 1～2	实验室		
钾	P	加 HNO_3,pH 为 1～2	实验室		
钠	P	加 HNO_3,pH 为 1～2	实验室		
溴化物	P 或 G	2℃～5℃冷藏	实验室	尽快	避光保存
氯化物	P 或 G		实验室	数月	
氟化物	P		实验室	数月	
碘化物	棕色玻璃瓶	加 NaOH,pH 为 8		1 个月	避光保存
		2℃～5℃冷藏	实验室	24h	
正磷酸盐	BG	2℃～5℃冷藏	实验室	24h	尽快分析可溶性磷酸盐
总磷	BG		实验室	24h	
硒	G 或 BG	加 H_2SO_4,pH<2;加 NaOH,pH≥11	实验室	数月	
硅酸盐	P	酸化滤液,pH<2,2℃～5℃冷藏	实验室	24h	
总硅	P		实验室	数月	
硫酸盐	P 或 G	2℃～5℃冷藏	实验室	1 周	
亚硫酸盐	P 或 G	现场按 100mL 水样加 25%(m/v)EDTA1mL	实验室	1 周	
硼及硼酸盐	P		实验室	数月	

2. 大气样品的采集

大气样品的采样方法和采样设备取决于污染物质在大气中存在的状态、浓度,分析检测方法的灵敏度等。当大气中污染物浓度较高或分析检测方法的灵敏度足够高时,可选用直接采样法。当大气中被测组分的浓度较小,或所采用的分析方法灵敏度不够高时,采用浓缩采样法。

(1) 直接采样法

① 采气管法。采气管是两端带有活塞的玻璃管,采样时,一端接抽气泵,打开两端活塞,使气样从采样管的一端充入,采气管原有气体从另一端流出。充入被采气体的量要比采气管的容积大 6~10 倍,以保证采气管中原有气体被完全置换。然后关闭两端活塞,带回实验室进行分析。

② 注射器采样法。气量很小时,注射器是最方便的采样器。采样后用橡皮帽密封进气口。

③ 真空瓶采样法。采样时先用真空泵将瓶内抽成真空。同时要用压力计测出瓶内的剩余压力。采样时打开瓶口上的活塞,借瓶内的负压使气样吸进瓶内,然后关闭活塞。

④ 塑料袋采样法。采样所用的塑料袋必须与所采集的气体不发生化学反应,且密封性好,不漏气,常用的为聚乙烯或聚四氟乙烯制成的塑料袋。采样后夹封好袋口。

直接采样法所用的容器如图 11-8 所示。

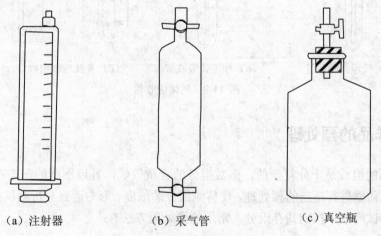

(a) 注射器　　(b) 采气管　　(c) 真空瓶

图 11-8 直接采样法所用容器

(2) 浓缩采样法

① 溶液吸收法

溶液吸收法主要用于气态或蒸汽状态物质的采集。采样器主要是吸收管或吸收瓶。吸收管中盛有能吸附被测组分的吸收液。当气体通过管内的吸收液时,气泡内的分子由于快速运动而扩散到表面,继续进入吸收液中。通气时间越长,吸收液中待测物质的浓度越大,这就是溶液吸收法的基本原理。溶液吸收法所用的吸收管有三种形式,如图 11-9 所示。

- 气泡式吸收管主要用于吸收气态或蒸汽态的物质,一般管内放吸收液 5mL~10mL。
- 冲击式吸收管主要用于采集气溶胶样品或易溶解的气体样品。
- 多孔玻板吸收管对气态分子和气溶胶都有较高的吸收率,对两者都适用。

② 固体阻留法

- 滤纸滤膜阻留法。将滤纸或滤膜夹在采样夹上,用抽气泵抽气时,分子状的气体物质能通过滤纸或滤膜，但颗粒物被阻留在滤纸或滤膜上。分析滤纸或滤膜上被浓缩的污染物质的含量，并根据采样体积求出污染物质的浓度。

- 采样管法。用一个内径为 3cm～5cm、长 6cm～10cm 的玻璃管，内装颗粒状固体填充剂，填充剂可用吸附剂，或在颗粒状的表面上涂以某种化学试剂。当大气样品以一定的流速通过采样管时，大气中被测组分因吸附、溶解或化学反应等作用，而被阻留在填充剂上。采样后，可将采样管插到一个加热器中，迅速加热解吸，用载气将样品吹出来，通入测定仪器中分离和测定。
- 低温冷凝法。用制冷剂将大气中的某些低沸点物质冷凝成液态物质，达到浓缩目的，适用于采集低沸点的有机物。

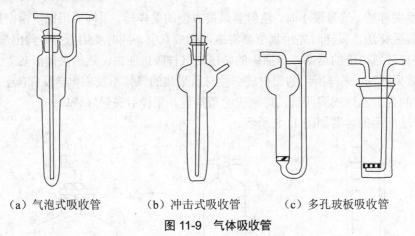

(a) 气泡式吸收管　　(b) 冲击式吸收管　　(c) 多孔玻板吸收管

图 11-9　气体吸收管

11.3.5　样品的预处理

环境样品的组成是十分复杂的，多数组分的含量很低，且以不同的形态存在于环境中，在分析测试之前要进行适当的预处理，使待测组分的浓度、形态达到分析测试方法的要求，或去除对分析测试产生干扰的共存组分。常用的预处理方法有：

1. 过滤

因水样多含有各种悬浮物或沉积物，对水中溶解性成分的定量测定产生影响，必须进行过滤除去。一般采用 0.45μm 的滤膜过滤，收集滤液供分析用，或自液面向下在液层 2/3 处抽取澄清样液进行分析。

2. 灰化处理

分析土壤、废渣、生物样品和含有较多有机物质的水样中的痕量无机物时，常需将有机物破坏或分解成有关元素的无机化合物，然后测定。常用湿法消化和干法灰化处理。

（1）湿法消化

湿法消化又称消解法，一般利用硫酸、硝酸、高氯酸等 2 种或 3 种混合酸，与试样共同回流浓缩至一定体积，使有机物分解成 CO_2 和 H_2O，悬浮物和生物体溶解，金属离子氧化为高价态，以排除还原性物质的干扰。

为了加速氧化反应，可加入氧化剂或催化剂，如高锰酸钾、过氧化氢、五氧化二钒、过硫酸钾、钼酸钠等。消化样品常用的酸如表 11-7 所示。

表 11-7　消化样品常用的酸

名　称	浓　度 %	浓　度 mol/L	相对体积质量	沸点/℃
盐酸	36.5	11.9	1.19	108
硫酸	98.3	17.8	1.84	338
硝酸	70	15.8	1.42	121
高氯酸	72	11.6	1.67	203
磷酸	85	14.6	1.69	211
氢氟酸	48	27.4	1.14	120
冰醋酸	99.7	17.4	1.05	118

① 硝酸-硫酸消化。硝酸-硫酸消化多用于生物样品和浑浊污水的处理，不适用于能形成硫酸盐沉淀的样品。硝酸氧化能力强，沸点较低，而硫酸沸点高，因此，二者结合使用，消化效果较好。常用的硫酸与硝酸的比例为 25:。消化时先加硝酸于试样中，加热蒸发至较小体积，再加硝酸、硫酸加热至冒白雾，溶液变得无色、透明、清亮。冷却后，用蒸馏水稀释，若有残渣，需进行过滤或加热溶解。

② 硝酸-高氯酸消化。硝酸-高氯酸消化适用于含难氧化有机物的样品处理。两种混合酸氧化能力强，高氯酸沸点较高，能有效破坏有机物。但高氯酸会与羟基化合物生成不稳定的高氯酸酯而产生爆炸。为避免发生危险，应预先加硝酸处理使羟基化合物氧化，冷却后，再加硝酸和高氯酸进行消化。

（2）干法灰化

干法灰化又称燃烧法或高温分解法。根据待测组分的性质，选用铂、石英、银、镍或瓷坩埚，将样品放入坩埚，置于高温电炉中加热，温度控制在 450℃～550℃ 之间，使其灰化完全，将残渣溶解供分析用。灰化过程中一般不加试剂，但为了促进有机物的分解或抑制挥发损失，可以加硝酸、硫酸、磷酸、磷酸二氢钠、氯化钠等灰化助剂。

对于易挥发元素如汞、砷、碲等，为避免高温灰化损失，可用氧瓶燃烧法进行灰化，此法是将样品包在无灰滤纸中，滤纸包钩在磨口塞的铂丝上，瓶中预先充入氧气和吸收液，将滤纸引燃后，迅速盖紧瓶塞，让其燃烧灰化，摇动瓶子让燃烧产物溶解于吸收液中，溶液供分析用。

3. 提取

分析生物、土壤样品中的农药等有机污染物时，必须用溶剂将待测组分从样品中提取出来，提取液供分析用。提取有以下几种方法：

（1）振荡浸取

将一定量经制备的生物或土壤样品置于容器中，放入高速组织捣碎杯，加入适当溶剂，放置在振荡器上振荡一定时间，过滤，用溶剂淋洗样品，或再提取一次，合并提取液。此法用于粮食、土壤中的三氯醛、油类等的提取。

（2）组织捣碎

取一定量经制备的生物样品，放入高速组织捣碎杯，加入适当溶剂，高速捣碎 2~5 分钟后过滤，用溶剂冲洗捣碎杯，冲洗液经过滤，合并滤液。此法用于蔬菜、水果中农药的提取。

（3）脂肪提取器提取

索格斯列特工脂肪提取器简称索氏提取器，用于提取土壤和生物样品中的苯并[a]芘、油类、有机氯农药等。将经过制备的固体样品放入滤纸筒中或用滤纸包紧，置于回流提取器内。蒸发瓶中盛装适当的有机溶剂，仪器组装后，在水浴上加热。此时，溶剂蒸气经支管进入冷凝器内，凝结的溶剂滴入回流提取器，对样品进行浸泡提取，当溶剂液面达到虹吸管顶部时，含提取液的溶剂回流到蒸发瓶中，如此反复进行直到提取结束。此种方法因样品都与纯溶剂接触，所以提取效果好，但较费时。

11.4 环境监测主要方法简介

环境监测的对象是反映环境质量的各种自然因素、对人类活动和环境有影响的人为因素和对环境有危害的各种污染因子。按照监测对象的不同可分为：空气污染监测、水质污染监测、土壤污染监测、固体废弃物监测、生物监测、生态监测、噪声监测、热污染监测、放射性监测和电磁污染监测等。监测对象的多样性决定了监测技术的多样性。环境监测涉及的专业面宽、知识面广，不仅需要分析化学知识，还需要物理、生物、生态、气象、地质和工程等多个学科的知识。以下仅就几种常用的方法进行简单介绍。

11.4.1 物理监测方法

当环境中的噪声、振动、电磁辐射、放射性等物理因子超过人体的忍耐限度时，就构成了物理性污染。物理污染监测的内容很多，目前主要有噪声污染监测和放射性污染监测等。

1. 噪声污染监测

广义来说，一切不希望存在的声音都是噪声。狭义的噪声指的是杂乱无章的无序声音。噪声干扰人们正常的学习、工作和生活，严重时会引起心血管系统、神经系统、消化系统和内分泌系统疾病，强烈的噪声甚至会引起噪声性耳聋。声压的标度为声压级，定义为：

$$L_p = 20\lg(p/p_0)$$

式中，p 为待测声压；p_0 为基准声压，当声音频率为 1 000Hz 时，其值为 2×10^{-5}Pa，声压级的单位是无量纲的分贝（dB）。

噪声监测的仪器有声级计、声频频谱仪、自动记录仪、录音机和实时分析仪器等。这里只简单介绍声级计的工作原理。

声级计是测量噪声的基本仪器，它的结构如图 11-10 所示，声压经传声器转化为电压讯号，经前置放大器放大后，在显示仪表上显示出所测声压级的分贝值。

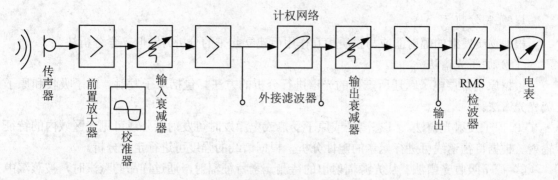

图 11-10 声级计方块图

2. 放射性污染监测

当环境中的放射性水平超过本底值，甚至超过规定标准时，就构成了放射性污染。放射性核素可通过呼吸道、消化道、皮肤或黏膜进入人体并在人体内蓄积。放射性对人体的危害包括近期危害、远期危害和遗传效应。近期危害的表现有恶心、呕吐、毛发脱落、体温升高、迅速消瘦等；远期危害是指急性照射若干时间或低剂量照射长时间后才发生病变；遗传效应是指在下一代或几代后才显示出危害效应。

放射性强度可用放射性活度（A）来表示，即：

$$A = dN/dt$$

上式表示单位时间内，发生核衰变的数目。A 的单位为贝可（Bq），1Bq 表示放射性核素在 1 秒内发生 1 次衰变。

放射性监测仪器有电离探测器、闪烁探测器和半导体探测器等，这里只简单介绍盖革计数管的工作原理。盖革计数管属于电离型探测器，是目前应用最广泛的放射性监测仪器，它的基本结构是一个密封的充气容器，如图 11-11 所示，中间是金属丝的阳极，周围是金属筒的阴极，端窗根据监测的射线种类不同而采用玻璃的厚窗或云母的薄窗，管内是惰性气体和少量的有机气体。射线进入计数管内，引起惰性气体电离，形成的电流使原来加有的一定的电压产生瞬间电压降，向电路输出，形成脉冲信号。在一定的电压范围内，单位时间输出的脉冲信号与放射性强度成正比，从而达到监测放射性的目的。

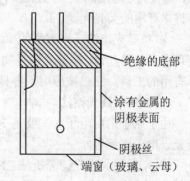

图 11-11 盖革计数管

11.4.2 化学监测方法

化学监测方法包括化学分析法和仪器分析法。化学分析法是以物质间的化学反应为基础的监测方法。如测定大气中的悬浮物质、水中悬浮固体等的重量分析法和测定水体化学耗氧量、硬度、酸碱度、酚等的容量分析法。仪器分析法是利用特殊或复杂的仪器，通过测定物理或物理化学性质来确定物质组成、含量和结构的监测方法。按照所监测的物理或物理化学性质，一般将其分为光学分析法、电化学分析法和波谱分析法。

1. 光学分析法

根据物质发射的辐射能或与物质相互作用而建立起来的分析方法叫光学分析法。

(1) 原子光谱法

根据原子外层电子跃迁所产生的光谱进行分析的方法,包括原子发射、原子吸收和原子荧光光谱法。

① 原子发射光谱法。气态离子或原子受热或电激发时可发射紫外或可见光区域内的特征辐射。根据特征谱线可进行元素的定性分析,根据谱线的强度可进行定量分析。

② 原子吸收光谱法。从光源辐射出的待测元素特征辐射,通过样品的蒸汽时,被蒸汽中待测元素的基态原子所吸收,根据辐射强度减弱的程度求出待测元素的含量。

③ 原子荧光光谱法。基于被辐射激发的原子的再发射现象,即通过测量待测元素的原子蒸汽在辐射能激发下所产生的荧光发射强度,来测定待测元素含量的方法。

(2) 分子光谱法

分别根据分子的转动光谱、振动光谱、电子光谱、荧光光谱和拉曼光谱进行分析,包括红外吸收、可见和紫外吸收、分子荧光和拉曼散射光谱等方法。

① 红外吸收光谱法。是以物质对红外区域辐射的吸收为基础。由于红外辐射的吸收只能引起分子的振动能级和转动能级的跃迁。这样得到的吸收光谱称为振动-转动光谱或红外吸收光谱。主要用于有机化合物的成分分析和结构分析。

② 紫外可见吸收光谱。是以物质对紫外和可见区域辐射的吸收为基础。广泛应用于无机和有机体系的定性和定量分析。

③ 荧光光谱法。许多化学体系可被电磁辐射所激发而再发射出波长相同或不同的特征辐射,即荧光,通过测量荧光强度可对许多痕量有机和无机组分进行定量测定,生物体系中存在着许多有用的荧光光谱。

④ 拉曼光谱法。以很强的单色光照射样品,在对光源成直角的方向考察散射的波长特征便可获得拉曼光谱。拉曼光谱是物质对光的选择散射的表征。因此对某些类型的定量分析提供了有用的工具,它已被应用于各种有机体系的结构研究中。

(3) X 射线光谱法

由于原子内层电子(主要是 K、L 层)的跃迁所产生,包括 X 射线发射、吸收、衍射和荧光、电子探针等。

① X 射线荧光光谱分析法。由于入射光是 X 射线,发射出的荧光亦在 X 射线范围内,因此常称为二次 X 射线光谱分析或 X 射线荧光光谱分析。各种元素所发射出来的 X 射线的波长由它们的原子序数决定。原子序数越高,所发射出来的 X 射线的波长越短。通常,根据 X 射线的波长,可以进行定性分析;根据谱线的强度,可以进行定量分析。

② 电子探针 X 射线显微分析法。以电子束(探针)为激发源来进行 X 射线光谱分析的一种微区分析方法。当用电子束在样品上进行扫描时,一部分电子轰击样品表面使其激发出特征 X 射线,另一部分电子向试样穿透,还可以被试样表面的原子所散射。因此根据所产生的 X 射线图像、吸收电子图像以及散射电子图像的变化,可以直接显示出样品表面 1 平方微米至几平方毫米范围内元素的分布状态。电子探针法可用探测周期表中原子序数 4~92 的元素,且分析过程中不破坏样品,制样简单。

2. 电化学分析法

根据物质溶液的电化学性质来确定物质成分的方法称为电化学分析法。溶液的电化学性质是指由它组成的电池电学量（如电极间的电位差、电流、电量、电阻等）与其化学量（如电解质溶液的浓度等）之间的内在联系。溶液的电化学现象一般发生于电池中（电解池与原电池），电池主要包括放置在被测电解质溶液中的两个电极，以及与这两个电极相连接的外部电源。电化学分析法的分类如下。

（1）电导法

以电池的电导作为具体测量对象的方法。可以分为两种：电导分析法和电导滴定法。

① 电导分析法：是将被分析溶液放在由固定面积、固定距离的两个铂电极所构成的电导池中，通过测量溶液的电导（或电阻）确定被测物质含量的方法。

② 电导滴定法：是一种容量分析方法，根据溶液电导的变化来确定终点。滴定时，滴定剂与溶液中被测离子结合生成水、沉淀或其他难离解的化合物而使溶液的电导值发生变化，当滴定过程中出现转折点，指示滴定终点。

（2）电位分析法

用一个指示电极（其电位与被测物质浓度有关）和一个参比电极（其电位保持恒定）与试液组成化学电池。根据电池电动势（或指示电极电位）来进行分析的方法，称为电位分析法。同样，电位分析法也可分为两种：电位法和电位滴定法。

① 电位法：直接根据指示电极的电位与待测物质浓度的关系进行分析，称为电位法。

② 电位滴定法：电位滴定法也是一种容量分析方法。根据滴定过程中指示电极电位的变化，来确定滴定终点。滴定时在等当点附近，由于被测物质浓度变化，而使指示电极电位出现突跃，指示滴定终点。

（3）电重量分析法及电解分离法

电重量分析法是应用电解作用来进行分析的一种方法，即将被测定的溶液放在由电极（常用铂电极）组成的电解电池中，在恒电流或恒电位下进行电解，此时被测离子在已经称重的电极上以金属或其他形式析出，由电极所增加的重量就可计算其含量。电解作用也可应用于金属离子的分离。由于各种金属离子具有不同的析出电位，因而控制电极电位进行电解，可用于元素的分离。

（4）库仑分析法

是通过测定被分析物质定量地进行某一电极反应，或者通过它与某一电极反应的产物定量地进行化学反应所消耗的电量（库仑数）来进行定量分析的方法。包括控制电位库仑分析法和库仑滴定法（控制电流库仑分析法）。

① 控制电位库仑分析法：控制工作电极的电位为恒定值，以 100%的电流效率电解试液，使被测物质直接参与电极反应，根据电解过程中所消耗的电量来求得其含量，称之为控制电位库仑分析法。

② 库仑滴定法（控制电流库仑分析法）：控制电解电流为恒定值，以 100%的电流效率电解试液，使其产生某一试剂与被测物质进行定量的化学反应，反应的等当点可借助于指示剂或电化学方法来确定。根据等当点时，电解所消耗的电量来求得被测物质的含量，称之为库仑滴定法。

（5）伏安法和极谱法

用微电极电解被测物质的溶液，根据所得到的电流-电压（或电极电位）极化曲线来测量电解电流与被测物质浓度之间的关系而进行分析的方法。这类方法根据所用的指示电极的不同可分为两种：一种是用液态电极做指示电极，如滴汞电极，其电极表面做周期性连续更新，专称极谱法；另一种是用固定或固态电极做指示电极，如悬汞滴、石墨、铂电极等，称为伏安法。

随着极谱分析的发展，又出现了极谱催化波法、固定电极溶出伏安法，以及单扫描示波极谱、交流极谱、方波极谱、脉冲极谱等新的分支。

3. 波谱分析法

（1）色谱法

色谱分析是一种物理分离方法，它是以混合物各组分在互不相溶的两相（固定相与流动相）中吸附能力、分配系数或其他亲和作用性能的差异为分离依据的。当混合物中各组分承受着流动相移动时，在流动相与固定相之间进行反复多次的分布。这样，就使吸附能力（或分配系数）不同的各组分在移动速度上产生了差别，从而得到分离。

色谱法有各种分类方法：

① 若按两相所处的状态分类，用气体作为流动相的称为气相色谱法，以液体作为流动相的称为液相色谱或液体色谱法。

② 若按分离过程的作用原理分类，可分为吸附色谱、分配色谱，还有离子交换色谱、凝胶色谱、热色谱等。

（2）质谱法

当试样在离子源中电离后，产生各种带正电荷的离子，在加速电场作用下，形成离子束射入质量分析器。在质量分析器中，由于受磁场的作用，入射的离子束便改变运动的方向。当离子的速度和磁场强度不变时，离子做等速圆周运动，其轨迹与质荷比（即质量对电荷的比值 m/e）的大小有关。各种离子会按其质荷比的大小分离开，然后记录质谱图。根据谱线的位置及相应离子的电荷数，可进行定性分析，根据谱线的黑度或相应的离子流相对强度，可进行定量分析。

（3）核磁共振和顺磁共振波谱法

在有强磁场存在的情况下，某些元素原子核由于其本身所具有的磁性质，将分裂成两个或两个以上量子化的能级。电子也具有类似的情况。吸收适当频率的电磁辐射，可在所产生磁诱导能级间发生跃迁。对于原子核对射频辐射吸收的研究称为核磁共振，这是测定各种有机和无机成分结构的常用方法之一。顺磁共振（也称电子自旋共振）是指磁场中电子对微波辐射的吸收，它可提供有用的结构信息。

4. 联用技术

为了更好地解决环境监测中复杂的分析技术问题，近来已越来越多地采用仪器联用的方法。例如，气相色谱仪是目前最强有力的成分分析仪器，而质谱仪则是目前最强有力的结构分析仪器，将两者合在一起再配上电子计算机组成气相色谱—质谱—计算机联用仪（GC-MS-COM），它可用于解决环境监测中有关污染物特别是有机污染物分析的大量疑难问题，如表11-8所示。

表 11-8　环境分析中的联用技术

联用技术	应用示例
GC-MS	普遍应用（挥发性化合物、衍生物）
GC-FAAS	石油中的乙基铅化合物、鱼体中的汞化合物
GC-FAES	有机锡化合物、甲硅烷化醇类
GC-FAFS	四乙基铅
GC-ETA-AAS	生物中的有机铅、有机砷、有机汞
GC-DCP-AES	石油中的锰化合物
GC-MIP-AES	烷基汞化合物、血液中的铬
GC-ICP-AES	烷基铅、有机硅化合物
HPLC-FAAS	有机铬化合物、铜螯合物、氨基酸络合物
HPLC-FAFC	生物样品中锰的形态、金属的氨基酸络合物
HPLC-ETA-AAS	四烷基铅化合物、有机锡化合物、铜的氨基酸铬合物
HPLC-DCP-AES	各种金属螯合物
HPLC-ICP-AES	维生素 B_{12} 中的钴、蛋白质中的金属、四烷基铅、铁钼的羰基化合物

11.4.3　生物监测方法

环境中的生物学变化与环境中的物理、化学变化是相互联系的。因此，可以通过生物的变化来监测环境质量。与物理、化学监测方法相比，生物监测具有多种优点：

（1）生物监测的结果能更直接地反映出环境质量对生态系统的影响；
（2）监测方法简易、监测费用低廉；
（3）可以在更广的范围布置监测点；
（4）可以较方便地实现连续监测。

当然，生物监测也有其局限性，如生物过程不仅受环境污染的影响，同时还受很多非污染因素的影响，因此，在不同的自然、地理和气象条件下没有可比性。此外，生物监测一般只能是半定量监测等。

生物监测目前主要应用在水质和大气监测上，这里只进行简单介绍。

1. 水质生物监测

天然水域中的大量水生生物和水环境之间保持着动态平衡的关系，当环境受到污染时，某些水生生物将产生不同的特征反应，可以根据这些特征反应来监测水质的污染程度。

（1）指示生物法

不同的水生生物对所生存的水体环境有不同的要求，适宜在清洁水中生存的称为寡污生物；适宜在污水中生存的称为污水生物。污水生物又可以根据河流从严重污染到逐步恢复的自净过程而分为多污带、α-中污带和β-中污带生物。出现在某个污染等级内的生物称为该等级的指示生物，指示生物可以是水生动物，也可以是水生植物。

① 寡污带指示生物。寡污带水体中溶氧饱和，有机物浓度低，适于生物生存。水体中生物种类以需氧性水生生物为主，如大量的鱼类、硅藻、甲藻、水螅等，蜉蝣、石蚕和蜻蜓幼虫

等基本不在污染环境出现的生物可作为寡污带的指示生物。

② 多污带指示生物。多污带一般处于污水排放口附近的下游处,其特征为水体呈昏暗色、浑浊,因受有机物污染严重,水中溶氧极低,由于厌氧发酵作用产生大量的硫化氢、有机胺等还原产物,水体恶臭。多污带指示生物都是浮游球衣细菌、贝氏硫细菌、颤蚯蚓、水蚂蝗等异养性水生生物。

③ 中污带指示生物。根据污染程度的差别,将中污带分为污染较严重的α-中污带和污染相对不严重的β-中污带。α-中污带的污染程度仍然较高,虽已开始有氧化作用,但溶氧还是较低,水体中硫化氢、有机胺等还原产物仍存在,水质较臭,指示生物主要有水细菌、颤蚯蚓、轮虫类、纤毛虫类、蓝藻和绿色鞭毛藻等;β-中污带的氧化作用已超过还原作用,溶氧已基本恢复正常,由于氨类已转化为铵盐,水体硫化物含量极低,主要指示生物有蓝藻、绿藻、硅藻等藻类,轮虫、切甲类甲壳动物和昆虫,以及泥鳅、黄鳝等耐污能力较强的水生生物。

(2) 生物指数法

指示生物法只通过某种生物来评价水体受污染的程度,所得结果不够全面,且只能进行半定量的监测,为了克服指示生物法的缺陷,提出了一些定量的评价方法,如生物指数法、生物多样性指数法等。

将底栖动物分成对污染敏感(A)和不敏感(B)两类,生物指数 $BI=2n_A+n_B$。其中 n_A、n_B 分别为 A、B 两类动物的种类数。BI 值越小,表示水中生物种类越少,水体受污染越严重;BI 值越大,表示水中生物种类越多,水质越好。BI 与水质的关系如表 11-9 所示。

表 11-9 BI 与水质的关系

BI 值	水 质
>10	清洁
>6	轻度污染
1~6	中度污染
0~1	严重污染

(3) 种类多样性指数法

当水体被污染时,底栖动物的种类和数量都将受到影响。在清洁水体中,生物种类多,但由于环境容量的限制,各种生物竞争的结果是每种的数量较少;在污染严重的水体中,不适应的种群将死亡或逃逸,生物种群减少,生存下来的种群数量将增加。从而根据水体底栖生物的种类和每种的个数来评价水体受污染的程度。多样性指数定义为:

$$\bar{d} = -\sum_{i=1}^{s}(n_i/n)\log_2(n_i/n)$$

式中,$\bar{d}$ 为多样性指数;n 为单位面积样品中所收集到的生物总个体数;n_i 为单位面积样品中第 i 种生物的个体数;s 为收集到的生物的种类数。

当生物种类只有一种时,$\bar{d}$ 值为 0,随着生物种类的增加和每一种生物个体数的减少,$\bar{d}$ 值逐渐增大,当全部个体属不同生物时 $\bar{d}$ 值最大。威尔姆对美国的几条河流进行了调查,总结出 $\bar{d}$ 值与水域污染程度情况如表 11-10 所示。

表 11-10 $\bar{d}$ 值与水域污染程度

$\bar{d}$ 值	污 染 状 况
<1.0	严重污染
1.0~3.0	中等污染
>3.0	清洁

2. 大气生物监测

大气中的污染物质一样会对生物产生影响，由于植物的分布范围广，对大气污染物的反应更为灵敏，因此，监测大气污染一般选择植物作为指示生物。不同的植物对不同的污染物质表现出的受害症状是不同的，如大气中 SO_2 的含量较高时，一些植物的叶脉间会出现烟斑，而硫酸雾对植物的危害则为圆形腐蚀性小孔。图 11-12 是 SO_2 对不同植物叶片的危害情况，表 11-11 列出了化工厂排放的含 SO_2 的烟雾对附近植物的危害情况。

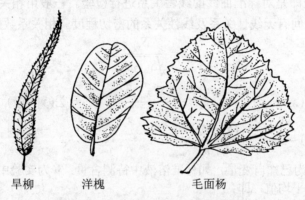

图 11-12 SO_2 对植物叶片的危害症状

表 11-11 化工厂废气（含 SO_2）对附近植物的危害

植 物 名 称	受 害 情 况
悬铃木、加拿大白杨	80%~100%叶片受害，甚至脱落
桧柏、丝瓜	叶片有明显大块伤斑，部分植物枯死
向日葵、苋、玉米、牵牛花	50%左右叶面积受害，叶片脉间有点、块状伤斑
季、蔷薇、枸杞、香椿、乌桕	30%左右叶面积受害，叶脉间有轻度点、块状伤斑
葡萄、金银花、枸树、马齿苋	10%左右叶面积受害，叶片有轻度点状斑
广玉兰、大叶黄杨、栀子花、腊梅	无明显症状

11.5 环境监测的质量控制

环境监测的质量受到监测方法、监测人员、监测仪器和实验室环境等多个因素的影响，因此，对监测的全过程必须制定统一的规范和标准，才能保证监测结果的可靠性。其中监测质量控制是环境监测质量保证的重要部分。

环境监测质量控制是对监测过程进行监视、检验和控制的方法，其目的是将监测的误差控制在一定的限度内,以保证监测数据的准确性和精密度。质量控制包括实验室内部质量控制和外部质量控制。

11.5.1 实验室内部质量控制

实验室内部质量控制是实验室自我控制质量的常规程序,包括空白试验、标准曲线的核查、仪器设备的定期标定、平行样分析、标准加入试验、密码样品分析和编制质量控制图等。

1. 空白试验

空白试验即以水样代替实际样品,完全按照实际样品的操作程序所得到的结果分析。空白试验值的大小和重现性可以反映实验室和分析人员的水平。

2. 标准曲线的核查

标准曲线的核查即是对标准曲线的线性关系进行检验。一般用相关系数来考查。相关系数是表示两个变量之间有无线性关系及线性关系的密切程度。相关系数的定义为:

$$r = \frac{S_{xy}}{\sqrt{S_{xx} \cdot S_{yy}}}$$

式中,$S_{xx} = \sum(x_i - \bar{x})^2 = \sum x_i^2 - \frac{(\sum x_i)^2}{n}$;$S_{yy} = \sum(y_i - \bar{y})^2 = \sum y_i^2 - \frac{(\sum y_i)^2}{n}$;$S_{xy} = \sum(x_i - \bar{x})(y_i - \bar{y}) = \sum x_i y_i - \frac{(\sum x_i)(\sum y_i)}{n}$。

以上各式中,x 为已知自变量,如标准溶液中待测含量;y 为实验中测得的因变量,如吸光度。$\bar{x}$ 和 $\bar{y}$ 为算术平均值,即:

$$\bar{x} = \frac{\sum x_i}{n}$$

$$\bar{y} = \frac{\sum y_i}{n}$$

r 值的范围是 $-1 \leqslant r \leqslant +1$。其物理意义为:

① $r>0$ 时,两变量为正相关;
② $r<0$ 时,两变量为负相关;
③ $r=\pm 1$ 时,两变量完全相关,即全部点都落在一条直线上;
④ $r=0$ 时,两变量无相关,即 y 与 x 无线性关系。

3. 标准加入试验

即在样品中加入已知量的标准物质,测定其回收率。这是确定方法准确度最常用的方法。

4. 密码样品分析

由质量控制的组织者将密码样品发放给分析人员,测定其含量,以此考核分析人员的技术水平。密码样品可以是标准物质或含量已知的质量控制样品,也可以是分成若干份的平行样品。

5. 质量控制图

质量控制图是常用的实验室内部质量控制的有效方法,可以用于准确度和精密度的检验。

常见的均数控制图如图 11-13 所示。

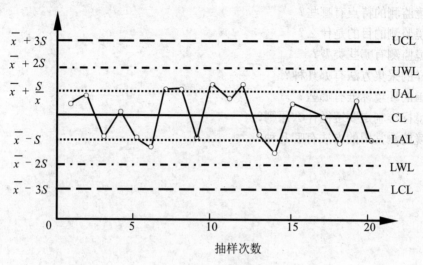

图 11-13 均数控制图

图 11-13 中，CL 为中心线（总体平均值），UCL、LCL 分别为上、下控制线，UWL、LWL 分别为上、下警告线，UAL、LAL 分别为上、下辅助线。

例：用原子吸收光谱法测得地面水中铅含量实验的回收率结果如表 11-12 所示。

表 11-12 铅含量实验的回收率

样品序号	1	2	3	4	5	6	7	8	9	10
回收率/%	98	110	106	100	104	106	116	96	100	90
样品序号	11	12	11	14	15	16	17	18	19	20
回收率/%	88	110	98	90	90	108	96	106	110	98

则 CL=101%，S=8%，UCL=125%，UWL=117%，UAL=109%，LCL=77%，LWL=85%，LAL=93%。

以 CL 为中心线，即可画出回收率的控制图。

11.5.2 实验室外部质量控制

实验室外部质量控制的目的主要是检验各实验室是否存在系统误差，找出误差来源，提高实验室的分析质量，从而增强各实验室之间分析结果的可比性。

实验室外部质量控制是在各参加实验室都已认真执行了实验室内部质量控制程序的基础上进行的。通常是其上级部门，通过权威的中心实验室来负责组织协调工作，负责制订具体的考核实施方案，一般包括考核的测定项目、分析方法、参加单位，考核的统一程序以及结果评定等。由中心实验室提供标准参考样品，分发给各实验室，在规定期间内进行考核测定并上报分析结果。中心实验室对各实验室的测定结果进行统计评价，然后将结果公布。对测定结果不符合要求的实验室，及时给予技术上的帮助与指导，使各个参加的实验室从中能够发现自身存在的问题，以便及时进行校正。只有考核合格的实验室，其常规监测分析数据才被承认和接受。

复习思考题

1. 环境监测的特点有哪些?
2. 环境监测的目的是什么?
3. 环境监测有哪些类型?
4. 水样的采集方法有哪几种?
5. 我国的环境标准有哪些?
6. 环境标准制定要遵循什么原则?
7. 环境监测常用的方法有哪几种?

第 12 章　环境保护法规与环境管理

12.1　环境法概述

12.1.1　环境法的概念和特点

1. 环境法的定义

环境法，是国家制定或认可，并由国家强制保证执行的关于保护环境和自然资源、防治污染和其他公害的法律的总称。

这个定义包含三点主要含义：

（1）表明环境法是由国家制定或认可并由国家强制保证执行的法律规范。

（2）环境法的目的是通过防止自然环境破坏和环境污染来保护人类的生存环境和生态平衡，协调人类同自然的关系。

（3）环境法所调整的是社会关系的一个特定领域，即人们（包括组织）在生产、生活或其他活动中所产生的同保护和改善环境有关的各种社会关系。

2. 环境法的特征

环境法区别于一般法律的主要特征，有如下几点。

（1）综合性

保护对象的广泛性和保护方法的多样性决定了环境法是一个极其综合的法律部门。环境保护的范围和对象，从空间和地域上说，比任何法律部门都更加广泛。它所调整的社会关系也十分复杂，涉及生产、流通和生活的各个领域，并同开发、利用、保护环境和资源的广泛社会活动有关。这就决定了需要多种法律规范、多种方法，从各个方面对环境法律关系进行调整。环境法的立法体系，不仅包括大量的专门环境法规，而且包括宪法、民法、刑法、劳动法和经济法等多种法律部门中有关环境保护的规范。环境法所采取的措施涉及经济、技术、行政、教育等多个方面。

（2）技术性

从宏观上说，环境法不是单纯调整人与环境之间的社会关系，而是通过调整一定领域的社会关系来协调人同自然的关系。这就决定了环境法必须体现自然规律特别是生态学规律的要求，因而具有很强的自然科学的特性。

具体来说，环境保护需要采取各种工程的、技术的措施，环境法必须把大量的技术规范、操作规程、环境标准、控制污染的各种工艺技术要求包括在法律体系之中。这就使环境法成为一个技术性极强的法律体系。

（3）社会性

从环境法的保护对象和任务来看，它不直接反映阶级利益的对立和冲突，而主要是解决人类同自然的矛盾。环境保护的利益同全社会的利益是一致的。从这个角度说，环境法具有广泛的社会性和公益性，最明显地体现了法的社会职能的一面。

（4）共同性

人类生存的地球环境是一个整体。当代的环境问题已不是局部地区的问题，有的已经超越国界甚至成为全球性问题。污染是没有国界的，一国的环境污染会给别国带来危害。因此，环境问题是人类共同面临的问题，尤其是全球性环境问题的解决，需要各国的合作与交流。在环境法所调整的社会关系中，也较多涉及经济发展、生产管理、资源管理、资源利用和科学技术等方面的问题。同其他法律相比，各国的环境法有较多可以相互借鉴的地方。

3. 环境法的目的和任务

我国《环境保护法》第一条规定："为保护和改善生活环境与生态环境，防治污染和其他公害，保障人体健康，促进社会主义现代化建设的发展，制定本法。"

这个规定包含三项任务：

（1）合理地利用环境与资源，防治环境污染和生态破坏。
（2）建设一个清洁适宜的环境，保护人民健康。
（3）协调环境与经济的关系，促进现代化建设的发展。

第一项任务即保护环境，是环境法的直接目的，这是不言而喻的。第二项任务是保护人民健康，是环境法的根本任务，是环境法的出发点和归宿。第三项任务是促进经济增长，这是因为环境保护与经济发展有内在的相互制约和依存关系。立法上要完成环境保护的任务，就必须协调它同经济发展的关系。

12.1.2 环境法的产生和发展

环境法是随着环境问题的产生和发展而产生和发展的。环境问题不是人类的新课题，而是古老的问题，随着人们对环境问题认识的不断深化，环境法得到了不断的发展和完善。环境法的发展大体可以分为三个阶段。

1. 环境法的产生阶段（18世纪60年代至20世纪初）

18世纪出现了以蒸汽机的大量使用为标志的产业革命，工业污染随即出现。因而一些工业发达国家，开始制定防治大气污染和水质污染的专门法律。如这一时期英国制定了《制碱法》、《河流防污法》；美国制定了《煤烟法》等。日本在1896年颁布了《矿业法》和《河川法》，"公害"一词，最早就是在日本《河川法》里提出的。这个阶段是公害发生期，也是环境法的产生时期。

西方国家早期的环境法，主要是针对当时的环境污染，即大气和水的污染，防治范围比较狭窄。具体措施是限制性地规定或采用治理技术，较少涉及国家对环境的管理。

2. 环境法的发展阶段（20世纪初至20世纪60年代）

从20世纪初至60年代，随着石油化工、电力、汽车、飞机等新的工业部门相继出现，内燃机代替了蒸汽机，石油天然气的大量使用引起了更多的社会性公害。一些国家开始制定一些新的单行环保法规。如这一时期英国制定了《公共卫生（食品）法》、《水法》；日本制定了《农药取缔法》；法国制定了关于水的《1937年5月4日法令》、关于放射性物质的《1937

年11月9日法令》等。

这一时期的环境法有两个重要特点：

（1）由于环境问题的严重化和国家加强环境管理的迫切需要，许多国家加快了环境立法的步伐，制定了大量环境保护的专门法规，从数量上说，远远超过了其他部门法。

（2）除水污染防治法和大气污染法外，又制定了一些新的环境法规，如噪声防治，固体废物处理，放射性物质、农药、有毒化学品的污染防治等，使环境法调整的对象和范围更加广泛。

3. 环境法的完备阶段（20世纪60年代至今）

20世纪60年代以后，现代化大工业迅猛发展，城市人口高度集中，农业向大型机械化和化学化方向发展，各种新的合成产品不断出现。很多国家开始进一步对环境保护采取法律措施，先后颁布了大量的环境法规。如1967年日本制定了《公害对策基本法》；1969年美国颁布了《国家环境政策法》；1974年英国制定了《污染控制法》；1987年中国颁布了《大气污染防治法》，1988年颁布了《水法》，1998年颁布了《建设项目环境保护管理条例》等。在国际环保法领域中，产生了1954年的《防止海洋石油污染的国际公约》、1982年的《海洋法公约》等。在国家之间，也出现了一些地区范围的国家间合作的环境保护法律文件。

这一时期的环境立法有如下特点：

（1）把环境保护规定为国家一项基本职能。

（2）环境立法从局部到整体、从个别到一般的发展趋势，也反映了各国从单项环境要素的保护向全面环境管理、综合防治的方向发展，这是环境法向完备阶段发展的重要标志。

（3）在立法上引进了旨在贯彻、预防为主的各种法律制度。

（4）把环境保护从污染防治扩大到对整个自然环境的保护，加强自然资源与环境保护的立法。

（5）法律"生态化"的观点在国家立法中受到重视并向其他部门法渗透。

（6）环境法从传统法律部门分离出来，形成了一个独立的法律部门。

12.2 环境法的基本原则和基本制度

12.2.1 环境法的基本原则

环境法的基本原则是指为我国环境法所确认的，体现环境保护工作基本方针、政策，并为国家环境管理所遵循的基本准则。

1. 协调发展原则

协调发展原则是指经济建设、社会发展和环境保护要统筹兼顾、有机结合、共同进步，以实现人类与自然的和谐共存，使经济和社会发展持续、健康地进行。

经济、社会与环境协调发展是人们在不断的环境保护实践中得出的经验与教训的总结。当前的环境问题主要是人类社会经济和生存繁衍活动对环境产生不良冲击的结果，而实质是人的思维、决策和行为的失误。长期以来，在思维上，"人是自然的主宰"的观念占据主导地位；

在决策上，环境保护被排除于经济、社会发展之外；在行为上，开发利用与增殖保护严重脱节。所有这一切导致了人类普遍的滥采乱伐和肆意排放现象，造成了今天的严重环境污染和生态破坏局面。可以说，环境问题是人的问题，其根源在于人本身。

而人是社会关系与自然关系的统一体，自然关系是社会关系的基础，社会关系是自然关系的延伸、升华和发展，并由此促进自然关系的发展。对人而言，理想的状态应当是自然关系与社会关系，即人的社会性与生物性实现和谐的统一、协调的发展。然而，现实并非如此，实际上两者时常处于一种不平衡状态，处于一种对社会关系过分强调夸大，对自然关系忽视甚至否定并使两者相互对立起来的状态。更由于人类的不和谐，社会关系中存在众多矛盾，加剧了这种忽视、否定和对立的状态。环境问题的产生，正是这种人的社会性过度超越、压制生物性的结果，近几十年来人们在付出了惨痛的代价后对这一现象进行了深刻的反思，终于认识到，必须进行人的革命，找出人、社会及环境相互调整的途径，走协调发展的道路。环境法作为调整人们环境社会关系的行为规范体系，当然要将协调发展作为自己贯彻始终的指导思想和基本准则。国家实施环境保护法制管理，也必须贯彻这一指导思想，正如《环境保护法》第四条所规定的："国家制定的环境保护规划必须纳入国民经济和社会发展计划，国家采取有利于环境保护的经济、技术政策和措施，使环境保护工作同经济建设和社会发展相协调。"

协调发展原则是经济、社会与环境发展的一项总原则，是解决环境问题，建立人类—环境和谐关系的唯一途径。无论是以牺牲环境为代价而换取经济的畸形发展还是以"零增长"来避免人口和经济增长所带来的环境危机，都不能使经济和社会持续、稳定地发展。因此，只有将经济建设与环境保护相协调，实现经济效益、社会效益与环境效益的统一，才能走上持续发展的道路。

协调发展原则的内容十分广泛，它首先要求人们树立正确的环境观，要求人们在所有的立法活动、宏观决策和计划、具体的管理活动和管理制度中体现协调发展的指导思想。其次，要求人们采取各种措施，实现经济效益、社会效益和环境效益的统一。因为在这三种效益关系中，环境效益是基础，经济效益是手段，社会效益是目的。没有环境效益，就不能产生或长期产生经济效益，没有经济效益也就没有社会效益，而没有经济效益也使生态效益的实现失去了物质手段。所以，经济效益、社会效益、环境效益三者的统一，是协调发展的必然结果。

2. 预防为主的原则

预防为主原则是预防为主、防治结合、综合整治原则的简称，其含义是指国家在环境保护工作中采取各种预防措施，防止开发和建设活动中产生新的环境污染和破坏；而对已经造成的环境污染和破坏要积极治理。

环境问题的产生都是与经济和社会发展相伴随的，西方发达国家在走过了一段"先污染，后治理"的弯路以后才逐步认识到，环境问题是在经济发展过程中忽视自然规律的结果。如果在发展过程中注意统筹兼顾、预防为主，许多环境问题是可以防止的，即使出现一些环境问题，也可以控制在一定限度以内。而对于过去已经产生的环境问题则必须采取综合措施，运用各种手段进行治理和管理，更重要的是要防止产生新的环境污染和破坏，如果只治不防，其结果是治不胜治。因此，必须采取预防为主、防治结合的综合措施，才能以较小的经济代价取得较高的环境效益。环境法在调整人们的行为时，必须将预防为主、防治结合、综合整治的指导思想贯彻始终，才能保证人们开发和利用环境的行为不至于对环境产生危害，因此，它是环境法必不可少的一个基本原则。

预防为主、防治结合、综合整治原则的内容十分丰富。主要包括：将环境保护纳入国民经济计划和社会发展计划，为治理污染、防止新污染源的产生提供物质保证；实行城市环境综合整治；严格控制新的污染和破坏，对建设项目切实加强环境管理，实行全面规划、合理布局，严格环境影响评价制度、"三同时"制度、限期治理制度、许可证制度、监督检查制度等。

值得指出的是，预防为主、防治结合、综合整治原则并不意味着削弱或忽视"治"，而是要求在切实做到"防"的前提下，控制新的污染和破坏的发生，以便集中力量治理老的污染。因为环境问题的产生和发展，具有污染容易治理难、破坏容易恢复难的特点。从环境法的功能来看，也必须是立足于"防"，在"防"的基础上，根据环境问题的特点和自然规律，综合整治，改变过去那种单纯治理、单项治理的办法，强化环境管理手段和措施，真正地解决问题，实现协调发展。

3. 环境责任原则

环境责任原则是指法律关系的主体在生产和其他活动中造成污染和破坏的，应承担治理污染、恢复生态环境的责任。在此，责任是指广义的法律责任。有的学者将这一原则称为"谁污染谁治理，谁开发谁保护"原则。

环境问题是人们在经济和社会活动中长期忽视环境保护的结果，环境污染和破坏问题的日益加剧，必将影响到人类的生命健康和经济建设的顺利进行；而经济主体在其生产经营活动中利用环境获得了一定利益，这些利益中的一部分是以污染和破坏环境为代价的。因此，必须明确污染者和破坏环境者的环境责任，要求他们承担治理和恢复生态环境的义务。在过去相当长的时期内，人们只享有任意污染和破坏环境的权利，却无治理和恢复生态环境的义务，将环境责任轻易地推给了政府和社会，其结果是污染和破坏愈演愈烈，政府则包袱沉重，治不胜治。20 世纪 70 年代初期，联合国经济合作发展组织提出了"污染者负担"原则，要求明确环境责任。以法律的强制性和规范性，明确环境责任。这一原则迅速为国内立法所接受并加以引申和发展，形成了环境责任原则。它以法律的强制性和规范性，明确规定污染者和破坏者的责任，要求将环境保护与人们的经济利益和其他利益相结合，以保证环境保护的顺利进行。

环境责任原则的核心内容就是"谁污染谁治理，谁开发谁保护"，具体体现为：结合技术改造防治工业污染，对工业污染实行限期治理；实行征收排污费制度和资源有偿使用制度；明确开发利用者的义务和责任等。

实行谁污染谁治理，谁开发谁保护，目的在于强化人们的环境保护责任感并解决环境保护的资金渠道问题，它并不排除污染者和破坏者及其上级主管部门或者有关部门在保护和改善环境、防治污染方面的责任，也不与各级人民政府承担的对全面环境质量负责的责任相悖。治理、保护仅仅是污染者和破坏环境者所承担的一项法律义务，并不能因此免除其参加区域环境综合整治的义务以及应当承担的其他法律责任；其他有关部门也并不因为污染破坏环境者承担了治理保护责任就可以不履行自己在环境保护方面的职责。任何部门和机关都必须依法履行保护和改善环境的职责，搞好本地区、本部门的环境保护工作。

4. 公众参与原则

公众参与原则是指在环境保护中，任何公民都有保护环境的权利，同时也有保护环境的义务，全民族都应该积极自觉地参与环境保护事业。如果说环境责任原则着重于公民和社会组织的环境保护义务,那么公众参与原则主要是强调公民和社会组织的环境保护权利。

环境质量的好坏,直接关系到每个人生活的质量,关系到一个民族的生存和发展;保持清洁、舒适、优美的环境,既是人们的愿望,也符合人们的利益。《环境保护法》第六条规定,"一切单位和个人都有保护环境的义务,并有权对污染和破坏环境的单位和个人进行检举和控告。"

环境保护事业是千千万万人的事业,环境法制建设需要每一位社会成员的自觉努力。为此,必须动员全社会的力量,充分发挥人民群众的主动性、积极性和创造性。在环境法上将公众参与作为一项基本原则,就是要在环境法制建设过程中充分注意环境保护的广泛性特征,在各项法律制度的制定、执行及实施过程中注重发挥人民群众的作用,赋予公民参与环境保护的各项权利,形成公众参与的机制,将环境保护事业建立在公众广泛参与、支持、监督的基础上是我国社会主义民主建设的一个重要组成部分。

在我国目前的情形下,实施公众参与原则除了要加快立法的步伐外,更为重要的是要加强环境保护宣传教育,通过各种形式宣传让每个公民了解环境保护的方针、政策和法律、法规,懂得环境科学基础知识,从而提高全民的环境意识和法制观念,这是搞好环境保护工作的基础。定期发布环境状况公报,切实发挥人民群众的监督作用。《环境保护法》第十一条第二款规定,"国务院和省、自治区、直辖市人民政府的环境保护行政主管部门,应当定期发布环境状况公报。"通过发布环境状况公报,使广大群众了解环境污染和破坏以及环境保护方面的情况,了解环境问题的严重性及保护环境的迫切性,增强其保护环境的责任感。建立公众参与环境保护的制度。公众参与环境保护是搞好环境保护工作的群众基础和社会保证。如《水污染防治法》、《环境噪声污染防治法》关于环境影响报告书中,应当有该建设项目所在地单位和居民的意见的规定,是公众参与环境保护的一种体现。

12.2.2 环境法的基本制度

1. 土地利用规划制度

土地利用规划制度是指国家根据各地区的自然条件、资源状况和经济发展需要,通过制定土地的全面规划,对城镇设置、工农业布局、交通设施等进行具体安排,以保证国家的经济发展,防止环境污染和生态破坏。

任何建设、开发和规划活动都需要在一定空间和地区上进行,因而都要占用一定的土地。通过土地利用规划,特别是控制土地使用权,就能从总体上控制各项活动,做到全面规划、合理布局。西方国家总结环境污染被动治理的教训后认识到,通过国土利用规划来实现合理布局,是贯彻"预防为主"的方针、改变被动治理的极好方法。对于环境管理来说,它是一种积极的、治本的措施,也是一项综合性的先进管理制度。20世纪70年代以后,已迅速被许多国家所采用。

对国土的规划和控制,一般是通过国土规划法来实现的。各种规划的要求、制度、程序都在法律上作出了规定。规划法的种类有土地利用规划法、城市规划法、区域规划法等。我国已颁布执行的有土地管理、城市规划、县镇规划和村镇规划等法规,国土整治法正在起草中。

2. 环境影响评价制度

对可能影响环境的工程建设、开发活动和各种规划，预先进行调查、预测和评价，提出环境影响及防治方案的报告，经主管当局批准才能进行建设，这就是环境影响评价制度。它不是指通过评价，一般地了解环境状况，而是要求可能对环境有影响的建设开发者必须事先通过调查、预测和评价，对项目的选址、对周围环境产生的影响以及应采取的防范措施等提出环境影响报告书，经过审查批准后，才能进行开发和建设，是一项决定项目能否进行的具有强制性的法律制度。

环境影响评价的概念最早是在 1964 年加拿大召开的一次国际环境质量评价的学术会议上提出来的，而环境影响评价作为一项正式的法律制度则首创于美国。1972 年联合国斯德哥尔摩人类环境会议之后，我国开始对环境影响评价制度进行探讨和研究。1979 年颁布的《环境保护法（试行）》（现已废止）第六条规定，"一切企业、事业单位的选址、设计、建设和生产，都必须防止对环境的污染和破坏。在进行新建、改建和扩建工程时，必须提出对环境影响的报告书，经环境保护部门和其他部门审查批准后才能进行设计"，从此，我国从立法上确立了环境影响评价制度。2002 年 10 月 28 日通过的《中华人民共和国环境影响评价法》明确将环境影响评价写进法律，标志着我国环境影响评价制度的正式建立，形成了较为完善的环境影响评价法律制度体系。

环境评价制度是对传统经济发展方式的改革，它可以把经济建设与环境保护协调起来；是贯彻"预防为主"和合理布局的重要法制制度；是民事侵权法律原则在环境法中的应用。

3. "三同时"制度

"三同时"制度是指一切新建、改建和扩建的基本建设项目（包括小型建设项目）、技术改造项目、自然开发项目以及可能对环境造成损害的工程建设，其防治污染和其他公害的设施及其他环境保护设施，必须与主体工程同时设计、同时施工、同时投产。

"三同时"制度是我国首创的，它是总结我国环境管理的实践经验为我国法律所确认的一项重要的控制污染的法律制度。我国对环境污染的控制，包括两方面：一方面是对原有老企业污染的治理，另一方面是对新建项目产生的新污染的防治。"三同时"制度的实施应该和环境影响评价制度结合起来，成为贯彻"预防为主"方针的完整的环境管理制度。因为只有"三同时"制度而没有环境评价，会造成选址不当，只能减轻污染危害，而不能防止环境隐患，而且投资巨大。把"三同时"和环境影响评价结合起来，才能做到合理布局，最大限度地消除和减轻污染，真正做到防患于未然。

4. 许可证制度

凡是对环境有不良影响的各种规划、开发、建设项目、排污设施或经营活动，其建设者或经营者，都需要事先提出申请，经主管部门审查批准，颁发许可证后才能从事该项活动，这就是许可证制度。

许可证制度一般包括许可证申请、审核、批准、监督、中止、吊销以及作废等一系列管理活动过程，根据管理对象的不同要求，可分为规划、开发、生产销售和排污许可证等类型。它是国家为加强环境管理而采用的一种卓有成效的行政管理制度。在国外，有人把环境法分为预防法和规章法两大类，许可证制度在规章法中占有重要地位，它被称为污染控制法的"支柱"，在环境法中被广泛采用。

许可证制度以其以下优点而在环境管理中发挥显著作用：

（1）便于把影响环境的各种开发、建设、排污活动纳入国家统一管理的轨道，把各种影响环境的排污活动严格限制在国家规定的范围内，使国家能够有效地进行管理。

（2）便于主管机关针对不同情况，采取灵活的管理办法，规定具体的限制条件和特殊要求。这样，就可以使各种法规、标准和措施的执行更加具体化、合理化，也更加实用。

（3）便于主管机关及时掌握各方面的情况，及时制止不当规划、不当开发及其各种损害环境的活动，及时发现违法者，从而加强国家环境管理部门的监督、检查职能的行使，促使法律、法规的有效实施。

（4）促进企业加强环境管理，进行技术改造和工艺改造，采取无污染、少污染的工艺。

（5）便于群众参与环境管理，特别是对损坏环境活动的监督。

5. 征收排污费制度

征收排污费制度是对向环境排放污染物或者超过国家排放标准排放污染物的排放者，按照污染物的重量、数量和浓度，根据规定征收一定的费用。这项制度既运用经济手段有效地促进了污染治理新技术的发展，又能使污染者承担一定的污染防治费用。它是根据我国的具体情况，在环境保护工作的实践中产生、发展和完善起来的。

征收排污费制度包括排污费的征收、管理和使用三个环节。我国目前有两种意义的排污收费制度：① 超标准排污收费。《环境保护法》第二十八条中明确规定：排放污染物超过国家或地方规定的污染物排放标准的企事业单位，依照国家规定缴纳超标准排污费。② 排污收费，即《水污染防治法》第十五条规定的，凡向水体排放污染物的，即使不超过标准，也要征收排污费。征收排污费的目的是为了促进企业加强经营管理，节约和综合利用资源，治理污染和改善环境。

我国的工业企业一般是因为设备、工艺落后和管理不善而大量排放污染物，并成为环境污染严重的重要原因之一。控制工业企业污染的根本办法是调动企业加强管理和治理污染的积极性。征收排污费的办法是利用经济杠杆的调节作用，从外部给企业一定的经济压力，使排污量的大小同企业的经济效益直接联系起来。企业为了不交或少交排污费，就必须健全企业的管理制度，明确生产过程各个岗位的环境责任、降低原材料消耗、开展污染物的综合利用和净化处理，使污染物排放量不断减少。

6. 经济刺激制度

在市场经济和价值规律起作用的场合，费用和效益即利润的动机，支配着经济活动。工业企业的环境保护是和生产直接联系的一种经济活动，在这里，费用和收益的考虑同样起着重要作用。而就企业用于环境的投资来说，企业内部的经济性和社会效益是不一致的，这就是说，企业治理污染，对社会有利，企业则要支付费用。如果没有经济杠杆的作用，企业会对环境保护缺乏热情。因此，有些经济学家主张，为了使环境污染的外部不经济性内部化，在环境管理中应该广泛采用各种经济刺激手段，或者把行政、立法与经济刺激结合起来，这样比单纯行政管理或法律强制更为有效。

世界各国在环境法中普遍重视经济刺激制度的采用，并且在环境学、环境法学的研究中，注意结合环境保护的特点，研究采用哪些经济制度在环境管理中更为有效。比较普遍采用的是：财政援助、低息贷款和税收（包括征收排污费）。

12.3 国家对环境的管理

12.3.1 环境管理的概念、原则和范围

1. 环境管理的概念

环境管理是国家采用行政、经济、法律、科学技术、教育等多种影响环境的手段进行规划、调整和监督，目的在于协调经济发展与环境保护的关系，防治环境污染和破坏，维护生态平衡。

2. 环境管理的原则

（1）综合性原则

环境保护的广泛性和综合性特点，决定了环境管理必须采取综合性措施，从管理体制到管理制度、管理措施和管理手段都要贯彻综合性原则。在管理措施和手段中，必须采用行政、经济、法律、科学技术、宣传教育等多种形式，尤其是法律和经济手段的综合应用在环境管理中起着关键性的作用。现代环境管理也是环境科学、环境工程交叉渗透的产物，具有高度的综合性。

（2）区域性原则

环境问题具有明显的区域性，这一特点决定了环境管理必须遵循区域性原则。我国幅员广大、地理环境情况复杂、各地区的人口密度、经济发展水平、资源分布、管理水平等都有差别。这种状况决定了环境管理必须根据不同地区的不同情况，因地制宜地采取不同措施。

（3）预测性工作的重要性

国家要对环境实行有效的管理，首先必须掌握环境状况和环境变化趋势，这就需要进行经常的科学预测。可靠的预测是科学的环境管理和决策的基础和前提。因此，调查、监测、评价情报交流、综合研究等一系列工作，就成为环境管理不可缺少的重要内容。

（4）规划和协调

各国环境管理的经验都说明，制定环境规划是环境管理的重要内容，也是实行有效的环境管理的重要方式，全面的、综合的管理措施都体现在环境规划中。

3. 环境管理的范围

狭义的环境管理主要是指污染控制。20世纪70年代以前，美、日、原联邦德国等工业发达国家对环境管理的主要任务限于对大气污染、水污染、土壤污染和噪声污染的控制。当时我国的地方环保机构称为"三废办公室"，也主要限于对污染的防治。即使在目前，仍有一些国家的环境管理机构主要负责污染防治工作。

广义的环境管理，把污染防治和自然保护结合起来，包括资源、文物古迹、风景名胜、自然保护区和野生动植物的保护。有的国家甚至把环境管理扩大到相关方面，认为协调环境与经济发展、土地利用规划、生产力的布局、水土保持、森林植被管理、自然资源养护等也是环境管理的组成部分。

12.3.2　环境管理是国家的一项基本职能

环境问题一直伴随着人类的社会活动（主要是经济活动）存在和发展。但是，把环境管理上升为国家的一项基本职能，则是在 20 世纪 70 年代环境问题成为严重的社会公害之后。

直到 20 世纪 70 年代初，人们仍然把环境问题仅仅看成是由于工农业生产带来的污染问题，把环境保护工作看成是遵守一定工艺条件、治理污染的技术问题，国家对环境的管理充其量是动用一定技术和资金，加上一定的法律和行政的保证来治理污染。1972 年的人类环境会议是一个转折点。这次会议指出，环境问题不仅是一个技术问题，也是一个重要的社会经济问题，不能只用科学技术的方法去解决污染，还需要用经济的、法律的、行政的、综合的方法和措施，从其与社会经济发展的联系中全面解决环境问题。因而，只有把环境管理作为一项国家职能，全面加强国家对环境的管理才能做到全面解决环境问题。

20 世纪 50 年代兴起的环境运动，对推动发达国家的环境管理工作发生过重大影响。50 年代和 60 年代是发达国家经济高速发展的 20 年，日本的增长率最高达 10%，欧洲和北美国家为 4%～5%。伴随着高度经济增长的是公害泛滥，许多著名公害事件都发生在这个时期。大量的人生病或死亡，使公众产生了一种"危机感"，于是游行、示威、抗议等"环境运动"席卷全球。当时，日本反对公害斗争的声势甚至超过了反对军事基地的斗争。这说明，危及人类生存的环境问题不仅引起了公众的强烈关注，还会成为社会动荡、政局不稳的导火线。这些严酷的现实使发达国家的政府认识到，环境问题已经成为同政治、经济密切相关的重大社会问题，不把环境管理列为国家的重要职能，便不能应付这些挑战。

1971—1972 年的两年里，美、日、英、法、加拿大等国政府分别在中央设立和强化了环境保护专门机构，同时，不少国家相继在宪法里规定了环境管理的原则和对策、公民在环境保护方面的基本权利和义务，把"环境保护是国家的一项职责"规定为宪法原则。

12.3.3　环境管理机构

1. 一些国家的环境管理体制

（1）现有的部（局）兼负环境保护职责

有的国家有一个或几个有关的部或局监管环境管理工作的有关方面。这种形式由于把环境管理分割成了若干部分，缺乏统一和协调，在环境问题比较突出的国家，已被证明不能适应环境管理工作的需要。

（2）委员会

由有关的各部组成，负责制定政策和协调各部的活动。这种形式只起协调作用，常常在纵向、横向都缺乏实权。如法国 1970 年设立了由有关部组成的"最高环境委员会"，主管部长任主席；意大利设有"环境问题部级委员会"；澳大利亚设立了"环境委员会"；日本设立了"公害对策特别委员会"等。

（3）新成立的部门机构

由于环境问题日益突出，有的国家把分散于各部的环保工作集中起来，建立环境管理专门机构。如 1970 年，英国、加拿大分别成立环境部；1971 年，丹麦设立环保部，日本设立环境厅等。

(4) 具有更大权限的独立机构

有些国家设立具有更大权限的独立的环境权力机构，这种机构的权力超过一般的部，有的国家政府首脑兼任该机构的领导，如日本的环境厅、美国的环保局。这是因为这两个国家的环境问题都非常突出，在管理过程中遇到了种种阻力和复杂情况，使两国政府不得不逐渐地、极大地加强环境管理机构的实权。

(5) 几种机构同时并设

有的国家认为，建立专门机构对于环境管理工作固然需要，但是采用集中的单一机构来处理范围极其广泛的环境问题，不一定是最适宜的形式，而统一领导与分工负责相结合，可能更适合环境管理的特点。如英国建立环境管理体制的原则是，由其工作职责受环境影响的部和对污染活动负有责任的部来管理环境。英国为了加强领导和协调工作，1970 年把公共建筑、交通、房屋与地方行政三个部合并，成立了相当庞大的环境部（工作人员达 7 万多人），全面负责污染防治工作和协调各部的工作。同时，中央其他有关部门仍负责本部门的污染防治工作。如农业部、渔业部、食品部负责农药使用、放射性及农田废物处理、食品污染监测、海洋倾废；贸易工业部负责海洋船舶污染、飞机噪音控制；能源部负责原子能设施；内政部负责地方噪音控制及危险品运输；健康及社会安全部负责人体健康。与英国体制相似的有法国、意大利、比利时、瑞典等国家。

即使建立了强有力的专门机构的国家，如美国和日本，环境管理工作也并非全集中在一个部门。日本虽设有环境厅，但仍在一些省（厅）中设有相应的环保机构，如厚生省设有环境卫生局，通产省设有土地公害局，海上保安厅设有海上公害科等。美国的内务部、商业部、卫生教育福利部、运输部等部门也设有相应的环境管理机构。

多数国家都在地方各级行政机构中设立有相应的环境管理机构。值得提出的是，有的国家（如日本）环境管理机构一直建立到基层工矿企业，特别是较大企业，普遍设有环境管理机构。这些机构负责本企业的环境规划与计划的制定、污染防治与监测以及监督检查。日本法律规定，在企业中设立"法定管理者"与"法定责任者"，他们对执行国家公害法负责。

2. 我国的环境管理机构

新中国成立以来，我国的环境管理机构经历了四次调整，逐渐加强和完善，已经形成了一个比较适应环境管理需要的完整体系。

(1) 新中国成立以后至 20 世纪 70 年代初，我国环境问题尚不突出，环境管理工作由有关部、委兼管。如农业部、卫生部、林业部、水产总局，以及有关的各工业部门分别负责本部门的污染防治与资源保护工作。

(2) 1974 年 5 月，国务院建立了由 20 多个有关部、委领导组成的环境保护领导小组，下设办公室。国务院环境保护领导小组是一个主管和协调全国环境工作的机构，日常工作由下属的领导小组办公室负责。

(3) 1982 年，在国家机构改革中，根据全国人大常委会《关于国务院部委机构改革实施方案的决议》成立了城乡环境建设保护部，同时撤销了国务院环境保护领导小组。建设部下属的环保局为全国环境保护的主管机构。另外，在国家计划委员会内增设了国土局，负责国土规划与整治工作，这个局的职责也同环境保护有关。

（4）1984年5月，根据《国务院关于环境保护工作的决定》成立了国务院环境保护委员会，负责研究审定环境保护的方针、政策，提出规划要求，领导和组织协调全国的环境保护工作。1984年12月，经国务院批准，城乡建设环境保护部下属的环保局改为国家环保局，同时也是国务院环境保护委员会的办事机构，负责全国环境保护的规划、协调、监督和指导工作。

根据国务院的决定，除国务院环境保护委员会、国家环境保护局为中央的环境主管机构外，国家计委、国家建委和国家科委要负责国民经济、社会发展计划和生产建设、科学技术发展中的环境保护综合平衡工作；据此，国务院19个有关部委设立了司局级的环保机构。在冶金部、电子工业部和解放军系统还成立了部级的环境保护委员会。

1988年国家环境保护局升格为国家环境保护总局（正部级），继续作为国务院的直属单位（尽管在行政级别上也是正部级单位，但在制定政策的权限，以及参与高层决策等方面，与作为国务院组成部门的部委有着很大不同）。

2008年，根据第十一届全国人民代表大会第一次会议批准的国务院机构改革方案和《国务院关于机构设置的通知》（国发200811号），国家环保总局正式升格为国家环境保护部，从此正式成为了国务院的组成部门。

（5）地方机构。2008年国家环境保护部成立以后，各省、自治区相应成立了环境保护厅，各直辖市和地级市相应成立环境保护局。

3. 我国国家及地方行政机关的环境保护职责

我国的环境行政实行"由环保部门统一监督管理与其他相关部门分工负责管理相结合"的管理模式。国务院环境保护行政主管部门对全国环境保护工作实施统一监督管理。县级以上地方人民政府环境保护行政主管部门对本辖区的环境保护工作实施统一监督管理。国家海洋行政主管部门、港务监督、渔政、渔港监督、军队环境保护部门和各级公安、交通、铁道、民航管理部门，依照有关法律的规定对环境污染防治实施监督管理。县级以上人民政府的土地、矿产、林业、农业、水利行政主管部门，依照有关法律的规定对资源的保护实施监督管理。

人民政府作为环境保护行政主管部门的上级机关，领导其开展环境保护相关工作。地方各级人民政府对本辖区环境质量负责，实行环境质量行政领导负责制。制订本辖区控制主要污染物排放量，改善环境质量的具体目标和措施，并报上级人民政府备案。

根据《中华人民共和国环境保护法》、《中华人民共和国大气污染防治法》、《中华人民共和国水污染防治法》、《中华人民共和国固体废弃物污染环境防治法》、《中华人民共和国环境噪声污染防治法》、《中华人民共和国水污染防治法实施细则》、《中华人民共和国大气污染防治法实施细则》、《建设项目环境保护条例》、《征收排污费暂行办法》、《排放污染物申报登记管理规定》、《环境信访办法》等法律法规的有关规定，各行政机关的职责如下：

1）国务院及地方各级人民政府的职责

（1）国务院的职责

根据我国《宪法》及其他法律规定，国务院在环境保护方面的职责有：

要根据宪法和法律，规定有关环境保护方面的行政措施，制定规章，发布决定和命令；

向全国人民代表大会或者全国人民代表大会常务委员会提出有关环境保护的议案；

规定各部和各委员会的任务和职责，统一领导各部和各委员会的工作，包括对国家环境保护主管部门的领导；

统一领导全国地方各级的工作；

编制和执行国民经济和社会发展计划和国家预算，包括环境保护篇章等；

领导和管理经济工作和城乡建设、卫生、体育和计划生与工作；

改变或者撤销各部、各委员会发布的不适当的关于环境保护的命令、指示和规章；地方各级国家行政机关关于环境保护的不适当的决定和命令。

（2）地方各级人民政府的职责

县级以上的地方各级人民政府在环境保护方面行使以下职责：

执行本级人民代表大会及其常务委员会有关环境保护的决议，以及上级国家行政机关有关环境保护的决定和命令，规定行政措施，发布决定和命令。

领导所属各工作部门和下级人民政府的环境保护工作。具体包括对造成严重污染的企事业单位进行限期治理，对造成严重污染的十五类小企业等依法取缔，对违禁采用禁止采用的工艺设备的单位责令停业关闭等。

改变或者撤销所属各工作部门有关环境保护的不适当的命令、指示和下级人民政府有关环境保护的不适当的决定、命令。

执行国民经济和社会发展计划、预算，管理本行政区域内的经济、卫生、环境和资源保护、城乡建设事业等行政工作。

乡、民族乡、镇的人民政府执行本级人民代表大会的决议和上级国家行政机关的决定和命令，管理本行政区域内的有关环境保护的行政工作。

2）国家及地方各级环境保护行政主管部门的职责

根据我国《环境保护法》规定，国家环境保护部和各级地方人民政府环保部门分别对国家及其地方辖区实施统一的监督管理。

环保部门职权范围广泛，包括执行工业污染防治，城市环境综合整治，自然生态环境保护以及履行我国承担的有关全球环境保护义务等事项。国家环境保护部门是根据法律和国务院的行政法规、决定、命令，在其本部门的权限内，发布命令、指示和规章，是国务院的组成部门。地方环境保护部门是地方人民政府具体实施环境保护工作的部门。

（1）根据有关法律法规的相关规定，国家环境保护部的职责包括：

负责建立健全环境保护基本制度。拟订并组织实施国家环境保护政策、规划，起草法律法规草案，制定部门规章。组织编制环境功能区划，组织制定各类环境保护标准、基准和技术规范，组织拟订并监督实施重点区域、流域污染防治规划和饮用水水源地环境保护规划，按国家要求会同有关部门拟订重点海域污染防治规划，参与制订国家主体功能区划。

负责重大环境问题的统筹协调和监督管理。牵头协调重特大环境污染事故和生态破坏事件的调查处理，指导协调地方政府重特大突发环境事件的应急、预警工作，协调解决有关跨区域环境污染纠纷，统筹协调国家重点流域、区域、海域污染防治工作，指导、协调和监督海洋环境保护工作。

承担落实国家减排目标的责任。组织制定主要污染物排放总量控制和排污许可证制度并监督实施，提出实施总量控制的污染物名称和控制指标，督查、督办、核查各地污染物减排任务完成情况，实施环境保护目标责任制、总量减排考核并公布考核结果。

负责提出环境保护领域固定资产投资规模和方向、国家财政性资金安排的意见，按国务院规定权限，审批、核准国家规划内和年度计划规模内固定资产投资项目，并配合有关部门做好组织实施和监督工作。参与指导和推动循环经济和环保产业发展，参与应对气候变化工作。

承担从源头上预防、控制环境污染和环境破坏的责任。受国务院委托对重大经济和技术政策、发展规划以及重大经济开发计划进行环境影响评价，对涉及环境保护的法律法规草案提出有关环境影响方面的意见，按国家规定审批重大开发建设区域、项目环境影响评价文件。

负责环境污染防治的监督管理。制定水体、大气、土壤、噪声、光、恶臭、固体废物、化学品、机动车等的污染防治管理制度并组织实施，会同有关部门监督管理饮用水水源地环境保护工作，组织指导城镇和农村的环境综合整治工作。

指导、协调、监督生态保护工作。拟订生态保护规划，组织评估生态环境质量状况，监督对生态环境有影响的自然资源开发利用活动、重要生态环境建设和生态破坏恢复工作。指导、协调、监督各种类型的自然保护区、风景名胜区、森林公园的环境保护工作，协调和监督野生动植物保护、湿地环境保护、荒漠化防治工作。协调指导农村生态环境保护，监督生物技术环境安全，牵头生物物种（含遗传资源）工作，组织协调生物多样性保护。

负责核安全和辐射安全的监督管理。拟订有关政策、规划、标准，参与核事故应急处理，负责辐射环境事故应急处理工作。监督管理核设施安全、放射源安全，监督管理核设施、核技术应用、电磁辐射、伴有放射性矿产资源开发利用中的污染防治。对核材料的管制和民用核安全设备的设计、制造、安装和无损检验活动实施监督管理。

负责环境监测和信息发布。制定环境监测制度和规范，组织实施环境质量监测和污染源监督性监测。组织对环境质量状况进行调查评估、预测预警，组织建设和管理国家环境监测网和全国环境信息网，建立和实行环境质量公告制度，统一发布国家环境综合性报告和重大环境信息。

开展环境保护科技工作，组织环境保护重大科学研究和技术工程示范，推动环境技术管理体系建设。

开展环境保护国际合作交流，研究提出国际环境合作中有关问题的建议，组织协调有关环境保护国际条约的履约工作，参与处理涉外环境保护事务。

组织、指导和协调环境保护宣传教育工作，制定并组织实施环境保护宣传教育纲要，开展生态文明建设和环境友好型社会建设的有关宣传教育工作，推动社会公众和社会组织参与环境保护。

承办国务院交办的其他事项。

（2）各省、自治区环境保护厅的职责主要包括：

贯彻执行国家和省有关环境保护的方针政策和法律法规，起草环境保护地方性法规、规章草案，拟订并监督实施本省环境保护标准，组织编制环境功能区划，拟订全省环境保护规划，组织拟订并监督实施重点区域、流域污染防治规划和饮用水水源地环境保护规划，会同有关部门拟订重点海域污染防治规划，参与制订省主体功能区划。

负责重大环境问题的统筹协调和监督管理。牵头协调重大环境污染事故、生态破坏事件的调查处理和重点区域、流域、海域环境污染防治工作，指导协调全省重大突发环境事件的应急、预警工作，协调解决跨区域环境污染纠纷，指导、协调和监督海洋环境保护工作。

承担落实全省污染减排目标的责任。组织制定主要污染物排放总量控制制度并监督实施，提出实施总量控制的指标，督查、督办、核查各地污染物减排任务的完成情况，牵头实施环境保护目标责任制、总量减排考核并公布考核结果。

指导并监督管理排污费的征收和使用，会同有关部门管理省级环境保护资金。

承担从源头上预防、控制环境污染和环境破坏的责任。受省人民政府委托对重大经济和技术政策、发展规划以及重大经济开发计划进行环境影响评价，对涉及环境保护的法规草案提出有关环境影响方面的建议,按管理权限审批开发建设区域、项目环境影响评价文件,负责建设项目竣工环境保护验收。

负责环境污染防治的监督管理。制定水体、大气、土壤、噪声、光、恶臭、固体废物、化学品、机动车等的污染防治管理制度并组织实施,会同有关部门监督管理饮用水水源地环境保护工作,组织指导城镇和农村的环境综合整治工作,牵头组织强制性清洁生产审核工作,负责环境监察和环境保护行政稽查,组织实施排污申报登记、排污许可证、重点污染源环境保护信用管理等各项环境管理制度。

指导、协调、监督生态保护工作。拟订生态保护规划,组织评估生态环境质量状况,监督对生态环境有影响的自然资源开发利用活动、重要生态环境建设和生态破坏恢复工作,指导、协调、监督各种类型的自然保护区、风景名胜区、森林公园的环境保护工作,协调和监督野生动植物保护、湿地环境保护工作,负责全省自然保护区的综合管理,指导、协调全省农村生态环境保护和生态示范区建设,监督生物技术环境安全,牵头组织生物物种(含遗传资源)资源保护工作,组织协调生物多样性保护。

负责民用核与辐射环境安全的监督管理。协助国家监督管理核设施安全,参与民用核事故应急处理,负责辐射环境事故应急处理,监督管理民用核设施、核技术应用、电磁辐射、伴有放射性矿产资源开发利用中的污染防治,参与反生化、反核和辐射恐怖袭击工作。

负责环境监测和发布环境状况公报、重大环境信息。组织对全省环境质量监测和污染源监督性监测,组织对环境质量状况进行调查评估、预测预警,组织建设和管理本省环境监测网和环境信息网。

开展环境保护科技工作。组织环境保护重大科学研究和技术工程示范,参与指导和推动环境保护产业发展。

开展与港澳台地区及其他国家(地区)环境保护方面的交流与合作,协调本省有关环境保护对外合作项目。

组织、指导和协调环境保护宣传教育工作。制定并组织实施环境保护宣传教育纲要,开展生态文明建设和环境友好型社会建设的有关宣传教育工作,推动社会公众和社会组织参与环境保护。

承办省人民政府和环境保护部交办的其他事项。

(3) 地方性环境保护局的主要职责

市环保局是负责本市环境保护工作的市政府组成部门。主要职责包括:

贯彻落实国家关于环境保护方面的法律、法规、规章和政策;起草本市相关地方性法规草案、政府规章草案,拟订环境保护政策、规划并组织实施,建立健全环境保护制度;组织编制环境功能区划;拟订地方污染物排放标准和国家规定项目以外的地方环境质量标准;组织拟订并监督实施重点区域、重点流域污染防治规划和饮用水水源地环境保护规划。

负责本市重大环境问题的统筹协调和监督管理。牵头组织协调重大环境污染事故和生态破坏事件的调查处理,参与突发环境事件的应急处置;协调推动与周边省区市区域、流域污染防治工作;统筹协调重点区域、流域的污染防治工作;协调解决区县之间的区域、流域环境污染纠纷。

承担落实本市污染减排目标的责任。组织制定主要污染物排放总量控制计划并监督实施,实施排污许可证制度;督查、督办、核查有关部门、单位和各区县污染物减排任务完成情况;实施环境保护目标责任制,负责总量减排考核并公布考核结果。

负责提出本市环境保护领域固定资产投资方向、规模及项目安排建议;参与编制总体规划及国民经济和社会发展规划、计划；负责环境形势综合分析。

负责本市环境污染防治的监督管理。制定水体、大气、土壤、噪声、光、恶臭、固体废物、化学品、机动车等的污染防治管理制度并组织实施；负责环境监察和环境保护行政稽查，组织开展环境保护执法检查；负责限期治理、排污申报登记、排污收费等制度的实施；参与促进清洁生产；会同有关部门监督管理饮用水水源地环境保护；组织指导城镇和农村的环境保护综合整治工作。

承担从源头上预防、控制本市环境污染和环境破坏的责任。受市政府委托，对本市重大经济和技术政策、发展规划以及重大经济开发计划进行环境影响评价；按有关规定审批建设项目环境影响评价文件，负责建设项目主体工程与环境保护设施同时设计、同时施工、同时投产使用的监督管理，负责建设项目竣工环境保护验收；受环境保护部委托，对环境影响评价机构资质进行管理。

指导、协调、监督本市生态保护工作。拟订生态保护规划；组织开展生态环境质量状况评估工作；监督对生态环境有影响的自然资源开发利用活动、重要生态环境建设和生态破坏恢复工作，协调、指导农村生态保护工作；组织对新建自然保护区提出审批意见，依法对各类自然保护区的管理进行监督检查。

负责本市辐射安全的监督管理。拟订辐射安全相关政策、规划；负责辐射环境事故应急处置；监督管理核技术利用、电磁辐射、伴有放射性矿产资源开发利用中的污染防治；对废弃的放射源、放射性废物处置进行监督管理；负责权限内的核设施管理。

负责本市环境监测和信息发布工作。制定环境监测制度和规范；组织建设和管理环境监测网和环境信息网；组织实施环境质量监测和污染源监督性监测；组织对环境质量状况进行调查评估、预测预警；负责环境统计工作；建立和实行环境质量公告制度，统一发布环境状况公报等环境信息。

开展本市环境保护科技工作。组织环境保护重点科学研究和技术工程示范；推动环境保护科研成果和技术应用；促进循环经济和环境保护产业发展。

开展环境保护国际合作交流。研究提出国际环境合作中有关问题的建议；负责与有关国家、地区、国际组织的环境保护合作事项；参与应对气候变化等工作；受市政府和环境保护部委托处理涉外环境保护事务。

组织、指导和协调本市环境保护宣传教育工作。制定环境保护宣传教育纲要并组织实施；组织开展环境保护新闻宣传工作；开展生态文明建设和环境友好型社会建设的宣传教育工作；推动社会组织和公众参与环境保护。

负责监督检查区县污染防治、生态保护和执法监察等工作。

承办市政府交办的其他工作。

3）涉及环境保护其他事务的行政主管部门职责

国家海洋行政主管部门。根据《环境保护法》、《海洋环境保护法》、《海洋石油勘探开发环境保护管理条例》、《海洋倾废管理条例》的规定，对我国内河船舶、拆船污染港区水域和港区的机动船舶噪声污染防治实施监督管理。

国家海事行政主管部门。根据《海洋环境保护法》、《防止船舶污染海域管理条例》、《防止拆船污染环境管理条例》规定，负责所辖港区水域内非军事船舶和港区水域外非渔业、非军事船舶污染海洋环境污染防治监督管理。并负责污染事故的调查处理，对在我国管辖海域航行、停泊和作业的外国籍船舶造成污染事故的需登轮检查处理。

港务监督行政主管部门。对我国内河船舶、拆船污染港区水域和港区的机动船舶噪声污染防治实施监督管理。

渔政渔港监督。根据《渔业法》、《防止拆船污染环境管理条例》和《海洋环境保护法》的规定，对内河渔业船舶排污、拆船作业污染内河渔业港区水域的污染防治实施监督管理。对我国海域渔港水域内非军事船舶和渔港水域外渔业船舶污染海洋环境的监督管理，并负责调查处理内河的渔业污染事故；参与船舶造成海域污染事故的调查处理。

军队环境保护部门。根据《环境保护法》、《中国人民解放军环境保护条例》和《海洋环境保护法》的规定，对部队在演练、武器试验、军事科研、军工生产、运输、部队生活等对环境的污染防治实施监督管理。

各级公安机关。根据《环境保护法》、《环境噪声污染防治法》等的规定，对环境噪声、放射性污染、汽车尾气污染、破坏野生动物和破坏水土保持等环境污染防治和自然资源保护实施监督管理。

各级交通部门的航政机关。根据《环境保护法》、《大气污染防治法》、《水污染防治法》和《环境噪声污染防治法》的规定，对陆地水体船舶的大气污染、水污染和环境噪声污染防治实施监督管理。

铁道行政主管部门。根据《环境保护法》、《环境噪声污染防治法》和《大气污染防治法》的规定，对铁路机车环境污染防治实施监督管理。

民航管理部门（即中国民用航空局）。根据《环境保护法》、《环境噪声污染防治法》、《通用航空管理暂行规定》和《民用机场管理暂行规定》的规定，对经营通用航空业务的企业事业单位和民用机场的环境噪声污染防治实施监督管理。

土地资源行政主管部门。根据《环境保护法》、《土地管理法》、《农业法》和《土地复垦规定》等的规定，对土地资源保护实施监督管理。

矿产资源行政主管部门。根据《环境保护法》和《矿产资源法》的规定，对矿产资源保护实施监督管理。

林业行政主管部门。根据《森林法》、《野生动物保护法》、《野生植物保护条例》和《防沙治沙法》的规定，对森林资源、陆生野生动物、野生植物资源保护和防沙治沙工作实施监督管理。

农业行政主管部门。根据《环境保护法》、《草原法》、《野生植物保护条例》、《农业法》等规定，对耕地、农田保护区、草原、野生植物资源保护实施监督管理。

水利行政主管部门。根据《环境保护法》、《水法》、《水土保持法》的规定，水利行政主管部门对水资源保护、水土保持实施监督管理。

渔业行政主管部门。根据《渔业法》和《野生动物保护法》的规定，对渔业资源、水生野生动物资源保护实施监督管理。此外，在近年颁布的《固体废物污染环境防治法》、《野生动物保护法》、《野生植物保护条例》和《风景名胜区管理暂行规定》等法律、法规，还规定建设、卫生、海关、工商等行政主管部门，可依法对某些环境污染防治或者自然资源保护实施监督管理。

12.4 我国的环境保护基本法

12.4.1 环境保护基本法的概念

环境保护基本法又称为环境保护基干法，是指一个国家制定的全面调整环境社会关系的法律文件。这个法律文件以对人类环境合理开发利用、保护、改善为立法目的和法律控制的内容，以规定国家的环境保护职责和权限为形式，以全面协调人类与环境的关系为宗旨，对一国环境秩序的建立、确认和保障发挥基础与核心作用。环境保护基本法通常表现为一个国家的最高环境立法。一般认为，环境保护基本法的颁布，是一国环境保护法制化的标志，也是一国环境保护或环境管理水平的标志，它体现着一国的社会文明和发展的观念。

环境保护基本法是在人类面临严重的环境问题，重新审视人类与环境的关系，开始选择新的不同于传统发展模式的生产方式和生活方式时的产物。它虽然仅仅只是一个法律文件，但却真正具有划时代的意义，无论是对于环境法还是环境法学的产生和发展都具有决定性的作用。理解环境保护法的概念，必须把握如下几点。

1. 环境保护基本法是人类正确认识自然、重新检讨人类传统生活方式，规范人类活动对环境影响的产物

世界上最早颁行的环境保护基本法是美国 1969 年颁布的《国家环境政策法》，迄今也不过 40 多年的历史。环境问题早已存在，过去也有不少国家颁布过许多单行法律法规来解决环境问题，但始终未将环境问题的解决与人类的生产方式或发展模式联系起来。直到 1966 年，联合国在世界范围内组织人类环境问题大讨论，才使人们真正认识到环境与发展、环境与资源、环境与人口的关系，认识到需要有统一的发展目标和发展战略，需要有统一的法律。1972 年，斯德哥尔摩人类环境会议的召开以及《人类环境宣言》的出台，使人们对环境问题的认识产生了质的飞跃，只有这一时期才有可能出现环境保护基本法。事实上，1972 年前后也正是世界各国产生环境保护基本法的高峰期，大多数国家的环境保护基本法是在20世纪70年代出台的。

2. 环境保护基本法的产生是环境社会关系客观上需要统一的法律调整的结果

人类与环境的关系自人类产生以来便伴随着社会经济的发展，而人类的社会经济活动又无一不与环境紧密联系。但是在相当长的时期内，由于人类生产力发展水平的限制，人类活动对于环境的不良影响还不足以对人类自身的发展构成威胁，或人类由于认识的局限还不足以预见这种威胁，所以法律在人类与环境的关系领域尚未发挥积极的作用，也未进行系统的规范。但人类进入现代化社会后，随着生产力水平的迅猛提高，人类对环境的影响日益增大，各种新的与环境有关的行为与活动不断出现，而这些行为与活动过程中所产生的社会关系日益复杂并呈现出特殊性，这就在客观上要求出现专门的法律对于这样一类社会关系进行统一调整，确立一致的调整原则和控制内容。因此，环境保护基本法正是在环境问题、环境保护与环境社会关系日益复杂的客观条件下产生的。

3. 环境保护基本法是确立环境法的基本原则与制度，建立环境法律秩序的重要保证

环境问题产生之初，各国曾试图运用传统的法律手段对于这类社会现象进行调整。但是，环境问题的特殊性以及传统法律手段的局限性都使得各种利用传统法律部门或法律措施的内容拓展以覆盖环境保护领域的企图归于失败。根源于自由主义、个人本位或国家本位的传统法律制度无法也无力调整环境社会关系。必须出现真正体现社会利益本位、保障当代人与后代人权利的新的法律制度与原则。而较之于已经经过几百年甚至上千年历史的传统法律部门而言，这一新的法律部门要有贯穿一致的立法宗旨，要有不同于传统法律部门的规范体系和制度体系，更要有一个能够全面反映这些新的法律观念、法律意识、法律制度的法律文件。因此，即使是在美国这样典型的英美法系国家，其环境保护基本法也是以成文形式并由联邦政府颁布的。

4. 环境保护基本法的内容是随着人类对环境保护的认识不断提高而向纵深发展的，环境保护基本法作为一个国家环境政策的集中体现，与该国环境问题及环境保护的特点密切相关，也与人类对环境问题的认识直接联系

1992 年，里约热内卢环境与发展大会召开，此次大会宣布的《环境宣言》将持续发展作为全球环境保护的根本目标，继《人类环境宣言》以后又一次使人类对环境问题的认识产生了新的飞跃，环境与发展成为 21 世纪人类面临的最大问题。在这一挑战面前，各国纷纷对环境保护基本法进行了检讨，一些过去没有环境保护基本法的国家迅速制定并颁布了环境保护基本法，如泰国以及拉丁美洲诸国；一些已经制定有环境保护基本法的国家根据可持续发展的要求修订或重新制定了新的基本法，如日本将过去的《公害对策基本法》予以废止，重新制定并颁布了《环境保护法》，完成了环境保护从以公害治理为主到全面保护的过程。1992 年以来，世界各国方兴未艾地颁行环境保护基本法的热潮也说明了这一问题。

12.4.2 环境保护基本法的地位

环境保护基本法的地位是指该法在一国法律体系中所处的位置。具体而言，它应包括两方面的内容，其一是环境保护基本法在某一国家立法体系中与其他法律文件相比较而言所处的位置。其二是环境保护基本法在某国环境法体系中所处的位置，而这两方面又是相互联系的。学者们通常从不同的角度来认识这一问题。

由于各国立法体制的不同，关于基本法与普通法的划分标准很难统一。如在我国，根据法学基础理论所提出的划分法律的标准是立法机关的立法权限，通常认为，由全国人民代表大会制定的法律为基本法，由全国人大常委会制定的法律为普通法。根据这一划分标准，《环境保护法》与《水法》、《森林法》、《水污染防治法》、《大气污染防治法》等一系列有关环境保护的法律都是由全国人大常委会颁布的，它们应该属于同一层次的法律，不存在孰高孰低的问题，更不应有普通法与基本法的区别。这样的话，在我国，《环境保护法》根本不可能与《刑法》、《民法通则》等法律同日而论。

但是，《环境保护法》无论内容，还是作用又都的确不同于其他的环境保护法律，那么，应如何认识这一问题呢？

有学者认为，美国《国家环境政策法》在美国环境体系中占有比较特殊的地位，被称为

"保护环境的国家基本章程"。而《国家环境政策法》在美国环境法体系中的地位主要是由其性质和作用决定，就性质而言，它是一部从宏观方面调整国家基本政策的法律，它对一切联邦行政机关补充了保护环境的法律义务和责任。它以统一的国家环境政策、目标和程序改变了行政机关在环境保护问题上的各行其是、消极涣散的局面。就其作用而言，它规定的环境影响评价程序迫使行政机关把对环境价值的考虑纳入决策过程。改变了行政机关过去的忽视环境价值的行政决策方式。它在美国历史上第一次为行政机关正确对待经济发展和环境保护两方面利益和目标创造了内部和外部的条件。由于《国家环境政策法》的特殊性质和作用，同其他的环境法律相比，它在美国环境法体系中显然处于更高的位置。

我国的环境保护基本法是1989年12月26日颁布实施的《中华人民共和国环境保护法》。它在中国环境法体系中占有核心地位；同时，在中国法律体系中也占有重要的地位。

可以认为，环境保护基本法在环境法体系中的效力仅次于宪法，一切环境立法都必须遵循宪法和基本法。同时，我国的其他基本法如民法、刑法、行政法等涉及环境保护的规定，也必须与《环境保护法》相协调。

12.4.3 我国环境保护基本法的主要内容

环境保护基本法作为一个国家为保护、改善环境和合理开发利用自然资源而对有关重大问题加以全面综合调整的法律文件，虽然在不同的国家有不同的名称和不同的具体内容，但各国的环境保护基本法都遵循相同的立法宗旨和环境保护的客观规律，有着相同的立法基础，面临的是共同的环境问题。我国环境保护基本法的主要内容是：

（1）规定环境法的目的和任务是保护和改善生活环境和生态环境，防治污染与其他公害，保障人体健康，促进社会主义现代化建设的发展。

（2）规定环境保护的对象是大气、水、海洋、土地、矿藏、森林、草原、野生生物、自然遗迹、人文遗迹、自然保护区、风景名胜区、城市和乡村等直接或间接影响人类生存与发展的环境要素。

（3）规定一切单位和个人均有保护环境的义务，对污染或破坏环境的单位或个人有监督、检举和控告的权利。

（4）规定环境保护应当遵循预防为主、防治结合、综合治理原则，经济发展与环境保护相协调原则，污染者治理、开发者养护原则，公众参与原则等基本原则；应当实行环境影响评价制度、"三同时"制度、征收排污费制度、排污申报登记制度、限期治理制度、现场检查制度、强制性应急措施制度等法律制度。

（5）规定防治环境污染、保护自然环境的基本要求及相应的法律义务。

（6）规定中央和地方环境管理机关的环境监督管理权限及任务。

复习思考题

1. 什么是环境法？它有哪些特征？
2. 试述环境保护法的基本原则。
3. 什么是"三同时"制度？
4. 环境管理有哪些原则？
5. 我国环境保护基本法的主要内容有哪些？

第 13 章 清洁生产与循环经济

13.1 清洁生产概述

过去几十年的环境保护实践使人们逐渐认识到，仅依靠开发更有效的污染控制技术所能实现的环境改善十分有限，关心产品和生产过程对环境的影响，依靠改进生产工艺和加强管理等措施来消除污染更为有效，于是清洁生产战略应运而生。清洁生产是环境保护战略具有重大意义的创新，是工业可持续发展的必然选择。

13.1.1 清洁生产的由来

1. 国际清洁生产发展

清洁生产的起源来自于 20 世纪 60 年代美国化工行业的污染预防审核，而"清洁生产"概念的出现，最早可追溯到 1976 年。当年欧共体在巴黎举行了"无废工艺和无废生产国际研讨会"，会上提出了"消除造成污染的根源"的思想；1979 年 4 月欧共体理事会宣布推行清洁生产政策。1984、1985、1987 年欧共体环境事务委员会三次拨款支持建立清洁生产示范工程。1989 年 5 月联合国环境署工业与环境规划活动中心（UNEP IE/PAC）根据 UNEP 理事会会议的决议，制定了《清洁生产计划》，在全球范围内推进清洁生产。1992 年 6 月在巴西里约热内卢召开的"联合国环境与发展大会"上，通过了《21 世纪议程》，号召工业提高能效，开展清洁技术，更新替代对环境有害的产品和原料，推动实现工业可持续发展。

美国、澳大利亚、荷兰、丹麦等发达国家在清洁生产立法、组织机构建设、科学研究、信息交换、示范项目和推广等领域已取得明显成就。特别是近年来发达国家清洁生产政策有两个重要倾向：其一是着眼点从清洁生产技术逐渐转向清洁产品的整个生命周期；其二是从多年前大型企业在获得财政支持和其他种类的支持方面拥有优先权转变为更重视扶持中小企业进行清洁生产，包括提供财政补贴、项目支持、技术服务和信息等措施。

2. 清洁生产在中国

我国早在 20 世纪 80 年代初召开了第一次全国工业污染防治会议。1983 年第二次全国环境保护会议明确提出了经济、社会、环境效益三统一的指导方针。同年国务院发布了技术改造结合工业污染防治的有关规定，提出要把工业污染防治作为技术改造的重要内容，通过采用先进技术，提高资源能源利用率，把污染消除在生产过程之中，并提出开发资源转化率高的少废无废工艺和设备；替代有毒有害原料；研制少污染、无污染的新产品等要求。80 年代中期全国举行过两次少废无废工艺研讨会，不少工业部门和企业在开发应用少废无废品工艺方面取得了一定成绩。

1992 年 5 月，中国国家环保局与联合国环境署工业与环境办公室联合组织了在我国举办的第一次国际清洁生产研讨会，会上中方首次提出"中国清洁生产行动计划（草案）"。

1993 年 10 月，在上海召开的第二次全国工业污染防治会议上，国务院、经贸委及国家环保局的高层领导一致高度评价推行清洁生产的重要意义和作用,确定了清洁生产在我国工业污染控制中的地位。

1996年8月,国务院颁布了《关于环境保护若干问题的决定》,明确规定所有大、中、小型新建、扩建、改建和技术改造项目,要提高技术起点,采用能耗物耗小、污染物排放量少的清洁生产工艺。

1997年4月,国家环保总局制定并发布了《关于推行清洁生产的若干意见》,要求地方环境保护主管部门将清洁生产纳入已有的环境管理政策中,以便更深入地促进清洁生产。

1999年5月,国家经贸委发布了《关于实施清洁生产示范试点的通知》,选择北京、上海等10个试点城市和石化、冶金等5个试点行业开展清洁生产示范和试点。

2002年6月29日,第九届全国人大常委会第28次会议通过了《中华人民共和国清洁生产促进法》,2003年1月1日起施行。

2012年2月29日,第十一届全国人大常委会第25次会议通过了《修改〈中华人民共和国清洁生产促进法〉》的决定,自2012年7月1日起施行。

13.1.2 清洁生产的定义

1. 定义

联合国环境规划署将清洁生产定义为:"清洁生产是一种新的创造性思想。该思想将整体预防的环境战略持续应用于生产过程、产品和服务中,以增加生态效率和减少人类及环境的风险。

① 对生产过程,要求节约原材料和能源,淘汰有毒原材料,减降所有废弃物的数量和毒性;
② 对产品,要求减少从原材料提炼到产品最终处置的全生命周期的不利影响;
③ 对服务,要求将环境因素纳入设计和所提供的服务中。"

清洁生产是在较长的污染预防进程中逐步形成的,也是国内外几十年来污染预防工作基本经验的结晶。究其本质,在于源头削减和污染预防。它不但覆盖第二产业,同时也覆盖第一产业和第三产业。

清洁生产是污染控制的最佳模式,它与末端治理有着本质的区别:

(1)清洁生产体现的是"预防为主"的方针。传统的末端治理侧重于"治",与生产过程相脱节,先污染后治理;清洁生产侧重于"防",从产生污染的源头抓起,注重对生产全过程进行控制,强调"源削减",尽量将污染物消除或减少在生产过程中,减少污染物的排放量,且对最终产生的废物进行综合利用。

(2)清洁生产可以实现环境效益与经济效益的统一。传统的末端治理投入多、治理难度大、运行成本高,只有环境效益,没有经济效益;清洁生产则是从改造产品设计、替代有毒有害材料,改革和优化生产工艺和技术装备,物料循环和废物综合利用的多个环节入手,通过不断加强管理和技术进步,达到"节能、降耗、减污、增效"的目的,在提高资源利用率的同时,减少污染物的排放量,实现经济效益和环境效益的最佳结合,调动组织的积极性。

2. 内涵

清洁生产是通过产品设计、能源和原料选择、工艺改革、生产过程管理和物料内部循环利用等环节,实现源头控制,使企业生产最终产生的污染物最少的一种工业生产方法。清洁生产既包括生产过程少污染或无污染,也包括产品本身的"绿色",还包括这种产品报废之后的可回收和处理过程的无污染。

13.1.3　清洁生产的内容

根据清洁生产的概念与内涵，其内容主要包括以下三个方面：

（1）清洁的原料、能源

尽量少用、不用有毒有害的原料；无毒、无害的中间产品；尽可能采用无毒或者低毒、低害的原料，替代毒性大、危害严重的原料。减少生产过程中的各种危险因素，包括：少废、无废的工艺和高效的设备；完善的管理，物料的再循环（厂内、厂外）；简便、可靠的操作和控制；原材料和能源的合理化利用；节能降耗，淘汰有毒原材料。

（2）清洁的生产过程

尽量选用少废、无废工艺和高效设备；尽量减少生产过程中的各种危险性因素，如高温、高压、低温、低压、易燃、易爆、强噪声、强振动等；采用可靠和简单的生产操作和控制方法；对物料进行内部循环利用；完善生产管理，不断提高科学管理水平。

（3）清洁的产品

产品设计应考虑节约原材料和能源，少用昂贵和稀缺的原料；产品在使用过程中以及使用后不含危害人体健康和破坏生态环境的因素；产品的包装合理；产品使用后易于回收、重复使用和再生；使用寿命和使用功能合理。

13.1.4　清洁生产的意义

（1）清洁生产是保障可持续发展的基本策略。清洁生产可大幅度减少资源和能源消耗，减少甚至消除污染物的产生，通过努力还可以使破坏了的生态环境得到缓解和恢复，排除资源匮乏困境和污染困扰，走工业可持续发展之路。

（2）清洁生产坚持污染预防为主，改变末端治理模式。清洁生产改变了传统被动、滞后的"先污染，后治理"的污染控制模式，强调在生产过程中提高资源、能源转换率，减少污染物的产生，最大限度地降低对环境的不利影响。

（3）增强企业竞争力。推行清洁生产可促使企业提高管理水平，提高职工队伍的整体素质。通过清洁生产审核，实施节能、降耗、减污等方案，可降低生产成本，提高产品质量，带来良好的经济效益；同时还可以树立企业的良好声誉，帮助企业在社会上树立良好的形象，做出品牌，从而增强企业的整体竞争力。

13.2　清洁生产的科学方法

13.2.1　生命周期评价

1. 生命周期评价的定义

生命周期评价（Life Cycle Assessment，LCA）是一种用于评估产品在其整个生命周期中，即从原材料的获取、产品的生产直至产品使用后的处置过程中,对环境影响的技术和方法。国际标准化组织定义为:"生命周期评价是对一个产品系统的生命周期中输入、输出及其潜在环境影响的汇编和评价。"

作为新的环境管理工具和预防性的环境保护手段,生命周期评价主要应用在通过确定和定量化研究能量和物质利用及废物的环境排放来评估一种产品、工序和生产活动造成的环境负载;评价能源、材料利用和废物排放的影响以及评价环境改善的方法。

2. 生命周期评价步骤

ISO14040标准将生命周期评价的实施步骤分为目标和范围的确定、清单分析、影响评价和结果解释四个部分,如图13-1所示。

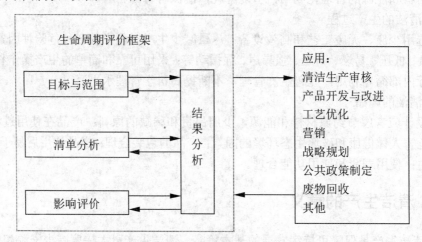

图13-1 生命周期评价技术框架

(1)目标和范围的确定

目标定义是要清楚地说明开展此项生命周期评价的目的和意图,以及研究结果的可能应用领域。研究范围的确定要足以保证研究的广度、深度与要求的目标一致,涉及的项目有:系统的功能、功能单位、系统边界、数据分配程序、环境影响类型、数据要求、假定的条件、限制条件、原始数据质量要求、对结果的评议类型、研究所需的报告类型和形式等。生命周期评价是一个反复的过程,在数据和信息的收集过程中,可能修正预先确定的范围来满足研究的目标,在某些情况下,也可能修正研究目标本身。

(2)清单分析

清单分析是量化和评价所研究的产品、工艺或活动的整个生命周期阶段资源和能量使用以及环境释放的过程。

预测在产品的整个生命周期过程中输入和输出的详细情况,填写清单。整个生命周期过程包括原材料的获取、加工,产品的运输、销售、使用、储存、重复利用和使用后的最终处置。输入包括原材料和能源,输出包括废水、废气、废渣和其他向环境中释放的物质。这个过程被称为生命周期的清单分析。

一种产品的生命周期评价将涉及其每个部件的所有生命阶段,这包括从地球采集原材料和能源,把原材料加工成可使用的部件,中间产品的制造,将材料运输到每一个加工工序,所研究产品的制造、销售、使用,最终废弃物的处置(包括循环、回用、焚烧或填埋等)等过程。

（3）生命周期影响评价

将清单分析所获得的资料用于考察生产过程对环境的影响，这个过程被称为生命周期的影响评价。它考察生产过程中使用的原材料和能源以及向环境中排放的废物对环境和人体健康实际的和潜在的影响。影响评价将清单分析所获得的数据转化成对环境的影响的描述，将清单数据进一步与环境影响联系起来，让非专业的环境管理决策者更容易理解。一般将影响评价定为一个"三步走"的模型，即分类、特征化和量化。

（4）结果解释

根据规定的目的和范围，综合考虑清单分析和影响评价，从而形成结论并提出建议。如果仅仅是生命周期清单研究，则只考虑清单分析结果。对影响评价的结果进行更进一步的分析，评估改善环境质量的可能性，其目的在于减少全生命周期过程所造成的环境影响。这个过程被称为生命周期的改进评价。

3. 生命周期评价的应用

生命周期评价作为一种评价产品、工艺或活动的整个生命周期环境后果的工具，迄今为止在企业和公共领域中有不少应用。

在企业层次，生命周期评价主要用于产品的比较和改进，典型的例子有布质和易处理婴儿尿布的比较、塑料杯和纸杯的比较、汉堡包聚苯乙烯和纸质包装盒的比较等。

在政府方面，生命周期评价主要用于公共政策的制定，其中最为普遍的适用于环境标志或生态标志的确定，许多国家和国际组织都要求将生命周期评价作为制定标志标准的方法。还可用来制定政策、法规和刺激市场等，如美国环保局在"空气清洁法修正案"中使用生命周期理论来评价不同能源方案的环境影响，还将生命周期评价用于制定污染防治政策。清洁生产、绿色产品、生态标志的提出和发展将会进一步推动生命周期评价的发展。

13.2.2 生态设计

1. 生态设计的概念

生态设计（Ecological Design）也称绿色设计或生命周期设计或环境设计，是指应用生态学的思想，在产品开发阶段综合考虑与产品相关的生态环境问题，设计出对环境友好，又能满足人的需求的一种新的产品设计方法。生态设计要求在产品开发的所有阶段均考虑环境因素，从产品的整个生命周期减少对环境的影响，最终引导产生一个更具有可持续性的生产和消费系统。

生态设计活动主要包括两个方面的含义：一是从保护环境角度考虑，减少资源消耗、实现可持续发展战略；二是从商业角度考虑，降低成本、减少潜在的责任风险，以提高竞争能力。

2. 生态设计战略

生态设计的具体实施，就是将工业生产过程比拟为一个自然生态系统，对系统输入（能源与原材料）与产出（产品与废物）进行综合平衡。可以概括出以下七项实施原则：

（1）选择环境影响低的材料

设计过程中选择可更新、低能源成分、可循环利用率高的清洁原材料，降低产品对环境的最终影响。

(2) 减少材料使用

通过产品的生态设计，在保证其技术生命周期的前提下，尽可能减少使用材料的数量。

(3) 生产技术的最优化

生产技术优化是通过替换工艺技术、减少生产步骤、优化生产过程，以减少辅助材料（无危险的材料）和能源的使用，从而减少原材料的损失和废物的产生。

(4) 营销系统的优化

采用更少、更清洁和可再使用的包装，采用节能的运输模式和可更有效利用能源的后勤系统，确保产品以更有效的方式从工厂输送到零售商和用户手中。

(5) 消费过程的环境影响

通过生态设计的实施尽可能减少产品在使用过程中可能造成的环境影响，具体措施包括：降低产品使用过程的能源消费、减少易耗品的使用、使用环境友好的消耗品、减少资源的浪费。

(6) 初始生命周期的优化

产品设计考虑到技术生命周期、美学生命周期和产品的生命周期的优化，尽量延长产品的使用时间，可以使用户推迟购买新产品，避免产品过早地进入处置阶段，提高产品的利用效率。

(7) 产品末端处置系统的优化

产品的设计考虑到产品的初始生命周期结束后对产品的处理和处置。产品末端处置系统的优化指的是再利用有价值的产品零部件和确保正确的废物管理，从而减少在制造过程中材料和能源的投入，减少产品的环境影响。

3. 生态设计的环境经济效益

(1) 可降低生产成本，包括原材料和能源的消耗及环保投入。

(2) 可减少责任风险。产品的生态设计要求尽量不用或少用对环境不利的物质，可以起到预防的作用，减少企业潜在的责任风险。

(3) 可提高产品质量。生态设计提出高水平的环境质量要求，如产品的实用性、运行可靠性、耐用性以及可维修性等，这些方面的改善都将有利于产品对环境的影响。

(4) 可刺激市场需求。随着消费者环境意识的提高，对环境友好产品的需求将越来越大，这是产品生态设计的一个市场。

13.2.3 绿色化学

1. 绿色化学的定义

绿色化学（Green Chemistry）是指设计没有或者只有尽可能小的环境负作用并且在技术上和经济上可行的化学产品、化学过程及应用，以减少和消除各种对人类健康、生态环境有害的化学原料在生产过程中的使用，使这些化学产品或过程更加环境友好。绿色化学包括所有可以降低对人类健康与环境产生负面影响的化学方法、技术与过程。

2. 绿色化学的研究原则

(1) 预防环境污染

应当防止废物的生成，而不是废物产生后再处理。通过有意识设计不产生废物的反应，减少分离、治理和处理有毒物质的步骤。

（2）原子经济性

原子经济性的目标是使原料分子中的原子更多或全部进入最终产品中。最大限度地利用反应原料，最大限度地减少废物的排放。

（3）无害化学合成

尽量减少化学合成中的有毒原料和有毒产物，只要可能，反应和工艺设计应考虑使用更安全的替代品。

（4）设计安全化学品

使化学品在被期望功能得以实现的同时，将其毒性降到最低。

（5）使用安全溶剂和助剂

尽可能不使用助剂（如溶剂、分离试剂等），在必须使用时，采用无毒无害的溶剂代替挥发性有毒有机物作溶剂。

（6）提高能源经济性

合成方法必须考虑过程中能耗对成本与环境的影响，最好采用在常温常压下进行的合成方法。

（7）使用可再生原料

在经济合理和技术可行的前提下，选用可再生资源代替消耗资源。

（8）减少衍生物

应尽可能减少不必要的衍生作用，以减少这些不必要的衍生步骤需要添加的试剂和可能产生的废物。

（9）新型催化剂的开发

尽可能选择高选择性的催化剂，高选择性使反应产生的废物减少，在降低反应活化能的同时，也使反应所需的能量降到最低。

（10）降解设计

在设计化学品时就应优先考虑在它完成本身的功能后，能否降解为良性物质。

（11）预防污染中的实时分析

进一步开发可进行实时分析的方法，实现在线监测。在线监测可以优化反应条件，有助于产率的最大化和有毒物质产生的最小化。

（12）防止意外事故发生的安全工艺

采用安全生产工艺，使化学意外事故的危险性降到最低程度。

3. 绿色化学的发展方向

未来绿色化学的研究重点包括：

（1）设计对人类健康和环境更安全的化合物；

（2）探求新的、更安全的、对环境更友好的化学合成路线和生产工艺；

（3）改善化学反应条件、降低对人类健康和环境的危害，减少废弃物的生产和排放。

具体地说，绿色化学的研究主要是围绕化学反应原料、催化剂、溶剂和产品的绿色化开展的。

13.2.4 环境标志

1. 环境标志的定义

环境标志是一种产品的证明性商标，它表明该产品不仅质量合格，而且在生产、使用和处理处置过程中符合环境保护要求，与同类产品相比，具有低毒少害、节约资源等环境优势。

发展环境标志的最终目的是保护环境，它通过两个具体步骤得以实现：一是通过环境标志向消费者传递一个信息，告诉消费者哪些产品有益于环境，并引导消费者购买、使用这类产品；二是通过消费者的选择和市场竞争，引导企业自觉调整产品结构，采用清洁生产工艺，使企业环保行为遵守法律法规，生产对环境有益的产品。

2. 环境标志的作用

（1）为消费者建立和提供可靠的尺度来选择有利于环境的产品

一种产品在其整个生命周期中可能对环境产生各种各样的影响，所以在说明一种产品比同类产品更符合"绿色要求"时，需要许多理由，环境标志系统可以确保多种环境因素被考虑进去。

（2）为生产者提供公平竞争的统一尺度

产品在整个生命周期中对环境产生各种影响，因此可以根据产品的某一方面或生命周期的一个阶段对环境产生的影响来说明它是相对"绿色"的产品。但是，对每个生产者或销售者来说，要完成这样大的研究和测试是不现实的，而且也相当昂贵。在对各种产品进行广泛的研究和测试后由中立的第三方建立的标志授予标准可为生产者提供一个公平竞争的平台。

（3）提高消费者的环境意识

在选择产品类别和制定标志授予标准的过程中，多数经济合作与发展组织成员国的环境标志计划都鼓励消费者尽可能地参与。宣传工具也刺激消费者购买产品时的环境影响意识。产品的环境标志作为有力的工具，提醒消费者在他们站在货架前购买东西时，要考虑到环境问题。

（4）改善标志产品的销售情况，改变企业形象

如果生产者的产品在获得环境标志后并没有增加销售量，那么生产者就不会去努力地争取标志，而在市场供需原则上建立起来的环境标志计划也注定要失败。因此，增加标志产品的销售量是环境标志计划成功的关键因素。

为了改善销售情况，消费者对环境标志的重视和信任是最重要的。从企业投资广告事业而力争改变企业形象便可证明这点，从同一企业生产出的各种产品都有环境标志这一事实，给消费者一个印象，这个企业已完全向"绿色产品"方向发展。

（5）鼓励生产绿色产品

通过市场供需原理，企业将尽一切力量满足消费者的需求，由此可通过增加销售量而获得更多的利润。设想如果有相当多的绿色消费主义者把目光集中到有利于环境的产品上——足够使企业认为生产绿色产品是赚钱的买卖——那么通过市场机制，更多的绿色产品将会占领市场。

（6）保护环境

环境标志的最终受益是通过鼓励生产和消费有利于环境的产品而减少对环境有害的影响。

3. 我国的环境标志策略

1993年8月我国推出了自己的环境标志图形,并于1994年5月成立了中国环境标志产品论证委员会,它标志着我国环境标志产品认证工作的正式开始。

一方面,环境标志的发展依靠公众的环境保护意识;另一方面,由于标志产品在生产过程中要考虑产品环境因素,不能像普通产品那样只遵循成本最低原则,因此,标志产品一般要比普通产品价格高。这就要求消费者生活水平较高,有能力多付钱来购买标志产品。

我国实施环境标志的策略如下:

(1) 有步骤、分阶段、逐步扩大环境标志产品的实施范围。
(2) 鼓励企业自愿申请标志产品认证。
(3) 在出口产品中大力开展标志工作。
(4) 加强与人们切身利益相关的产品的环境标志工作。

13.2.5 环境管理会计

1995年,美国的世界资源研究所在9个美国企业中研究并发现成本核算中的问题:一是环境有关的成本和效益不容易区分和识别;二是环境成本和效益在企业内的分配常常不正确,从而导致非优化的管理。现有的企业财会制度往往难以反映出环境成本和效益,在清洁生产实践中,被证明这是影响到企业实施清洁生产的内部障碍之一。为能正确全面地反映、评价清洁生产和清洁产品的成本与效益,国外在20世纪80年代末开发应用了总成本核算、生命周期核算、全成本核算等主要核算方法。

1. 总成本核算

1989年,美国环保局和美国波士顿Tellus研究所合作完成的《污染预防效益手册》中首次提出总成本核算,指出环境费用的四个层次:① 直接费用,包括基建费用、原材料、运行和维护费用等;② 不可见费用,如监测、报告和审批费用等;③ 责任费用,如企业所在的被污染场地的恢复费、相应的罚款等;④ 不明显成本和效益,如环境改善后企业的市场形象提高带来的无形资产等。

目前总成本核算主要是:① 改进企业内部管理财会系统,解决如何把过去一些较隐蔽的成本与效益定理化,如何将它们合理分配到各个环节,以便发现哪些环节最需要改进,对各个产品、流程和获利性重新认识和评价;② 在项目投资分析时,正确评估真实的获利性,以鼓励清洁生产项目。

2. 生命周期核算

生命周期核算是将生命周期分析的结论转化为费用形式。其不仅包括企业内部,而且延伸到企业外部,即产品生命的每个阶段所涉及的成本效益因素,特别是使用过程中材料和能源消耗,以及报废后处理和处置费用。

3. 全成本核算

全成本核算比生命周期核算更进一步,全成本核算包括生产、使用和处置过程对社会所造成的环境损失,例如对臭氧层的影响等。该法建立在生命周期分析的量化基础上,根据生命周期分析清单分析得出的物质、能源消耗量和污染量,换算成费用指标。

13.3 企业清洁生产审核

企业是实施清洁生产的主体。通过清洁生产审核可以强化组织管理、提高生产技术水平、节约资源和综合利用，从而实现"节能、降耗、减污、增效"的目标。实施清洁生产审核是实现污染物达标排放和完成污染物排放总量控制指标，保证企业走可持续发展道路的重要手段。

13.3.1 清洁生产审核原理

1. 清洁生产审核定义

根据国家发展与改革委员会、国家环境保护局 2004 年 8 月 16 日发布的《清洁生产审核暂行办法》定义为："本办法所称清洁生产审核，是指按照一定程序，对生产和服务过程进行调查和诊断，找出能耗高、污染重的原因，提出减少有毒有害物料的使用、产生，降低能耗、物耗以及废物产生的方案，进而选定技术经济及环境可行的清洁生产方案的过程。"

组织的清洁生产审核是一种对污染来源、废物产生原因及其整体解决方案的系统化的分析和实施过程，其目的是通过实行污染预防分析和评估，寻找尽可能高效率利用资源（如原辅材料、能源、水等），减少或消除废物的产生和排放的方法。清洁生产审核是组织实行清洁生产的重要前提，也是其关键和核心。持续的清洁生产审核活动会不断产生各种清洁生产方案，有利于组织在生产和服务过程中逐步地实施，从而实现环境绩效的持续改进。

2. 清洁生产审核原则

《清洁生产审核暂行方法》确定了清洁生产审核的四原则：

（1）以企业为主体。清洁生产审核的对象是企业，是围绕企业开展的，离开了企业，所有工作都无法开展。

（2）自愿审核与强制审核相结合。对污染物排放达到国家和地方规定的排放标准以及总量控制指标的企业，可按照自愿的原则开展清洁生产审核；而对于污染物排放超过国家和地方规定的标准或者总量控制指标的企业，以及使用有毒、有害原料进行生产或者在生产中排放有毒、有害物质的企业，应依法强制实施清洁生产审核。

（3）企业自主审核与外部协助审核相结合。

（4）因地制宜、注重实效、逐步开展。不同地区、不同行业的企业在实施清洁生产审核时，应结合本地实际情况，因地制宜地开展工作。

3. 清洁生产的思路

清洁生产审核的思路可以概括为：判明废物产生的部位，分析废物产生的原因，提出方案以减少或消除废物。图 13-2 表述了该审核思路。

（1）废物在哪里产生？通过现场调查和物料平衡找出废物的产生部位并确定产生量，这里的

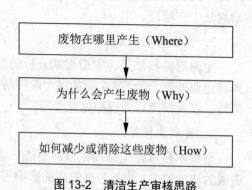

图 13-2 清洁生产审核思路

"废物"包括各种废弃物和排放物。

（2）为什么会产生废物？一个生产过程一般可以用图13-3简单地表示出来。

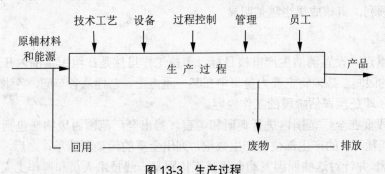

图 13-3　生产过程

从上述生产过程的简图可看出，对废物的产生原因分析要针对八个方面进行：

① 原辅材料和能源。原材料和辅助材料本身所具有的特性，如纯度、毒性、难降解性等，在一定程度上决定了产品及其生产过程对环境的危害，因而选择对环境无害的原辅材料是清洁生产所要考虑的重要方面。同样，作为动力基础的能源，也是每个企业必需的，有些能源在使用过程中直接产生废物，节约能源或使用二次能源、清洁能源有利于减少污染物的产生。

② 技术工艺。生产过程的技术工艺水平基本上决定了废物的产生量和状态，先进而有效的技术可以提高原材料的利用率，从而减少废物的产生。

③ 设备。设备作为技术工艺的具体体现在生产过程中也具有重要作用，设备的搭配、自身的功能、设备的维护保养等均会影响到废物的产生。

④ 过程控制。过程控制对生产过程十分重要，反应参数是否处于受控状态并达到优化水平，对产品的获得率和废物产生数量具有直接影响。

⑤ 产品。产品的要求决定了生产过程，产品性能、种类和结构等的变化往往要求生产过程作出相应的改变和调整，因而也会影响到废物的产生。另外，产品的包装、体积等也会对生产过程及其废物的产生造成影响。

⑥ 管理。加强管理是企业发展的永恒主题，任何管理上的松懈均会严重影响到废物的产生。

⑦ 员工。任何生产过程，无论自动化程度多高，均需要人的参与，因而员工素质的提高及积极性的激励也是有效控制生产过程和废物产生的重要因素。

⑧ 废物。废物本身所具有的特性和所处的状态直接关系到它是否可现场再用和循环使用。"废物"只有当其离开生产过程时才称其为废物，否则仍为生产过程中的有用材料和物质。

（3）如何消除这些废物？针对每一个废物产生的原因，设计相应的清洁生产方案，通过实施清洁生产方案来消除这些废物产生，达到减少废物的目的。

13.3.2　清洁生产审核程序

1. 筹划和组织

组织清洁生产审核的宣传、发动和准备工作，取得组织高层领导的支持和参与是清洁生产审核准备阶段的重要工作。审核过程需要调动组织各个部门和全体员工积极参加，涉及各部门之间的配合，需要投入一定的物力和财力，需要领导的发动和督促，这些首先都需要取得高层领导对审核工作的大力支持。这既是顺利实施审核工作的保证，也是审核提出的清洁生产方案做到切合实际、实施起来容易取得成效的关键。从实际来看，越是领导支持的组织，审核工作的进展越是顺利，审核成果也越是明显。

2. 预评估

选择审核重点，设置清洁生产审核目标。审核工作虽然是在组织范围内开展的，但由于时间、财力等的限制，必须将主要力量集中在某一重点上。怎样从各车间、各生产线确定出本次审核的重点，即是预评估阶段的工作内容。

预评估阶段要在全厂范围内进行调研和考察，得出全厂范围内废物（包括废水、废气、废渣、噪声、能耗等）的产生部位和产生数量，列出全厂的污染源清单，之后，定性地分析污染源产生的原因，并针对这些原因发动全体员工特别是一线技术人员和操作工人提出清洁生产方案，特别是无低费方案，这些方案一旦可行和有效就立即实施。

3. 评估

建立审核重点的物料平衡，进行废物产生原因分析。在摸清组织产污、排污状况和同国内外同类型组织比较之后，初步分析出产生污染的原因，并对执行环保法律法规和标准的状况进行评价。

评估阶段针对审核重点展开工作，此阶段的工作主要包括物料输入输出的实测、物料平衡、废物产生原因的分析等三项内容。物料输入输出的实测和平衡的目的是准确判明物料流失和污染物产生的部位和数量，通过数据反复衡算准确得出污染源清单（预评估阶段更多的是经验和观察的结果），针对每一产生部位的每一污染物仍然要求全面地分析产生的原因。

4. 方案产生和筛选

针对废物产生的原因，提出相应的清洁生产方案并进行筛选，编制组织清洁生产中期审核报告。第三阶段针对审核重点在物料平衡的基础上分析出了污染物产生的原因，接下来应针对这些原因提出切实可行的清洁生产方案，包括低费和中高费方案。审核重点清洁生产方案既要体现污染预防的思想，又要保证审核的成效性和预定清洁生产目标的完成，因此，方案的产生是审核过程的一个关键环节，这一阶段提出的方案要尽可能地多，其可行性将在第五阶段加以研究。

5. 可行性分析

对筛选出的中高费清洁生产方案进行可行性评估是在结合市场调查和收集与方案相关的资料基础上，对方案进行技术、环境、经济的一系列可行性分析和比较，对照各投资方案的技术工艺、设备、运行、资源利用率、环境健康、投资回收期、内部收益率等多项指标结果，以确定最佳可行的推荐方案。

6. 方案实施

实施方案，并分析、跟踪验证方案的实施效果。推荐方案只有经实施后，才能达到预期的目的，获得显著的经济效益和环境效益，使组织真正从清洁生产审核中获利，因此方案的实施在整个审核过程中占有相当的分量。推荐方案的立项、设计、施工、验收等，都需按照国家、地方或部门的有关程序和规定执行。在方案可分别实施，且不影响生产的条件下，可对方案实施顺序进行优化，先实施某项或某几项方案，然后利用方案实施后的收益作为其他方案的启动资金，使方案滚动实施。

7. 持续清洁生产

制订计划、措施在组织中持续推行清洁生产,编制组织清洁生产审核报告。

这 7 个阶段的具体活动及产出如图 13-4 所示。

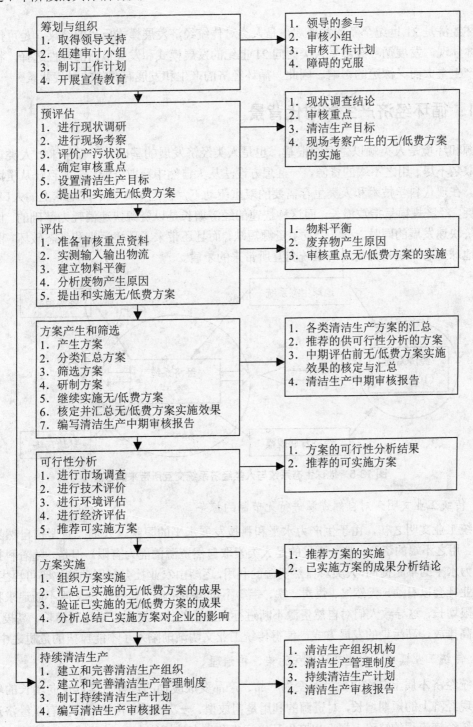

图 13-4 企业清洁生产审核工作程序图

13.4 循环经济

循环经济是 21 世纪全新的发展观，是人类对传统经济发展模式反思的结果，是可持续理念的具体体现。发展循环经济是人类面向 21 世纪的发展模式和发展道路的理性选择，将对人类未来产生重大而又深远的影响。因此，循环经济的产生和发展有深刻的时代背景。

13.4.1 循环经济产生的时代背景

资源和环境是人类赖以生存的根基，也是人类经济发展的基础。千百年来，人类认为自然界有取之不尽、用之不竭的资源，一直想方设法从大自然中获取资源，千方百计从资源中获得财富。在现代科学技术和人类生存需要的双重驱动下，在近 100 年中，地球上的人口增长、资源消耗、经济规模呈指数增长，而这种快速的经济增长是以资源快速消耗为基础的。因此在全球经济快速发展的同时，不仅引发了资源短缺，而且还带来了环境污染和生态破坏。图 13-5 所示为地球生态系统与人类经济系统交互所带来的矛盾。

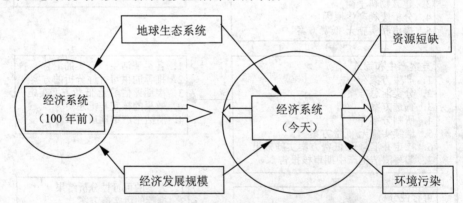

图 13-5　地球生态系统与人类经济系统交互所带来的矛盾

1. 传统工业文明：对自然资源进行无节制的掠夺

传统工业文明之初，由于生产力水平和科技发展水平的限制，人们一直坚信自然界有取之不尽、用之不竭的资源，唯一不足的是人类索取自然资源的能力有限。但是，随着科技进步和生产力水平的不断提高，人类对自然资源的利用，逐渐由农业社会利用动植物等可再生资源，转向工业社会以石油、天然气、煤炭、铁、铝等不可再生资源。传统工业文明不断追求物质的财富无限增长，这导致人们对自然资源不断进行大规模的掠夺开采。这种高增长、高投入、高消耗、高排放、高污染的发展方式，使得传统工业文明渐渐陷入了不能自拔的危机之中。

2. 传统工业模式：对生态环境先污染、再治理

传统经济本质上是将自然资源变为产品、产品变成废物的过程，其以反向增长的环境代价来实现经济上的短期增长，对资源的利用是粗放型、一次性的。传统经济没有从经济运行机制和传统经济流程的缺陷上揭示出产生环境污染和生态破坏的本质，也没有从经济和生产的源

头上寻找问题的症结所在。因此,"边生产,边污染,边治理","先生产,后污染,再治理"成为当时的普遍现象。

3. 传统工业流程:开环式、单程型的线性经济

众所周知,传统的工业文明范式是一种"资源—产品—污染—排放"的单程型线性经济,其显著的特征是"两高一低"(资源的高消耗、物质和能量的低利用、污染物的高排放)。同时传统工业采用低利用率的工艺进行加工生产,导致大量"无使用价值的污染物"产生,并将其大量地排放到自然环境中。图13-6所示为传统经济流程图。

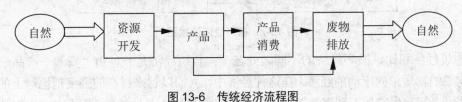

图13-6 传统经济流程图

4. 两个有限性:自然资源和环境容量

(1) 自然资源有限性

地球上的自然资源是有限的,尤其是不可再生资源在总量上是有限的。有限的资源不能满足经济无限增长以及人类对物质财富的无限需求。据有关专家统计,与人类关系密切的自然资源中,可以连续利用的时间分别为:石油50~60年,天然气60~80年,煤炭280~340年。其他矿产资源,特别是金属矿产,少则几十年,多则数百年,也将消耗殆尽。

我国的资源总量和人均资源严重不足。在资源总量方面,现已查明的石油含量仅占世界1.8%,天然气占0.7%,铁矿石不足9%,铜矿不足5%,铝土矿不足2%。在人均资源量方面,我国人均矿产资源约为世界平均水平的1/2,人均耕地、草地资源约为1/3,人均水资源约为1/4,人均森林资源约为1/5,人均能源占有约为1/7,其中人均石油占有量约为1/10。

(2) 环境容量的有限性

自然界在太阳提供的能量中,昼夜交替,四季循环,万物生长,生命繁衍。自然界的生态环境对人类文明进程有一种承载能力和包容能力。自然环境可以通过大气、水流的扩散和氧化作用,以及微生物的分解作用,将污染物化为无害物。然而,随着人类活动范围的拓展,无休止地对自然资源进行摄取,无节制地向自然环境排放废弃物,使得局部环境恶化开始达到或超越生态阈值。自然环境受到永久性损害,并直接危及人类自身的生存条件,人类才开始意识到自然生态环境的承载能力和包容能力是有限的,自然界的自净能力也是有限的。

13.4.2 循环经济的含义

循环经济是一种以资源的高效利用和循环利用为核心,以减量化、再利用资源化为原则,以低投入、低消耗、低排放和高效率为基本特征,符合可持续发展理念的经济发展模式。循环经济是一种全新的经济观,是一种"资源—产品—再利用"的闭环型非线性经济,图13-7所示为循环经济流程图。

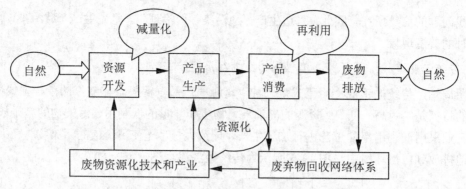

图 13-7 循环经济流程图

与传统经济相比，循环经济的不同之处在于：传统经济是一种由"资源—产品—污染排放"所构成的物质单向流动的经济。在这种经济中，人们以越来越高的强度把地球上的物质和能源开发出来，在生产加工和消费过程中又把污染和废物大量地排放到环境中去，对资源的利用常常是粗放的和一次性的，通过把资源持续不断地变成废物来实现经济的数量型增长，导致了许多自然资源的短缺与枯竭，并酿成了灾难性环境污染后果。与此不同，循环经济倡导的是一种建立在物质不断循环利用基础上的经济发展模式，它要求把经济活动按照自然生态系统的模式，组织成一个"资源—产品—再生资源"的物质反复循环流动的过程，使得整个经济系统以及生产和消费的过程基本上不产生或者只产生很少的废物。只有放错了地方的资源，而没有真正的废物，其特征是自然资源的低投入、高利用和废物的低排放，从根本上消解长期以来环境与发展之间的尖锐冲突。

13.4.3 循环经济的理论基础

循环经济的理论基础应当说是生态经济理论。生态经济学以生态学原理为基础，经济学原理为主导，以人类经济活动为中心，运用系统工程方法，从最广泛的范围研究生态和经济的结合，从整体上去研究生态系统和生产力系统的相互影响、相互制约和相互作用，揭示自然和社会之间的本质联系和规律，改变生产和消费方式，高效合理利用一切可用资源。简言之，生态经济就是一种尊重生态原理和经济规律的经济。它要求把人类经济社会发展与其依托的生态环境作为一个统一体，经济社会发展一定要遵循生态学理论。生态经济所强调的就是要把经济系统与生态系统的多种组成要素联系起来进行综合考察与实施，要求经济社会与生态发展全面协调，达到生态经济的最优目标。

循环经济与生态经济既有紧密联系，又各有特点。从本质上讲循环经济就是生态经济，就是运用生态经济规律来指导经济活动，也可称为一种绿色经济。生态经济强调的核心是经济与生态的协调，注重经济系统与生态系统的有机结合，强调宏观经济发展模式的转变；循环经济侧重于整个社会物质循环应用，强调的是循环和生态效率，资源被多次重复利用，并注重生产、流通、消费全过程的资源节约。生态经济与循环经济本质上是相一致的，都是要使经济活动生态化，都是要坚持可持续发展。

13.4.4 循环经济的"3R"原则

循环经济的核心理念是"物质循环使用,能量梯级利用,减少环境污染",而这些理念都集中体现在"3R"原则上,即"Reduce(减量化),Reuse(再利用),Recycle(资源化)"。

1. 减量化(Reduce)原则

减量化原则是循环经济最核心的原则,实现生产和消费过程中资源消耗减量化和废弃物排放减量化,也是建设资源节约型和环境友好型社会的基本原则;减量化一方面要求企业在生产中实现产品体积小型化和重量轻型化,避免过度包装等;另一方面要求把废弃物回收和再资源化,减少或减轻对生态环境的污染。

2. 再利用(Reuse)原则

延长产品使用寿命和服务时间,最大可能地增加产品使用方式和次数,防止物品过早被废弃。人们将可利用的或可维修的物品返回消费市场体系供别人使用。

3. 资源化(Recycle)原则

通过把社会消费领域的废弃物进行回收利用和再资源化,使经济流程闭合和循环,一方面减少污染环境的废弃物数量,另一方面可获得更多的再生资源,从而使那些不可再生的自然资源的消耗有所减少,实现经济的可持续发展。

13.4.5 发展循环经济的战略意义

1. 发展循环经济是落实科学发展观的具体体现

循环经济不仅充分体现了可持续发展理念,也体现了走"科技含量高、经济效益好、资源消耗低、环境污染少、人力资源优势得到充分发挥"的新型工业化道路的思想。循环经济是统筹人与自然关系的最佳方式,是促进经济、生态、社会三位一体协调发展的基本手段。由此可见,发展循环经济是落实科学发展观的具体体现。

2. 发展循环经济是经济增长方式变革的客观要求

目前,我国经济发展仍然以粗放型和外延型为主。传统的经济增长方式主要是以市场需要为导向,以利益最大化为驱动力,不计资源代价和环境成本,大量消耗自然资源,大量排放各类废弃物,大面积污染生态环境。我们很难想象,如果按照这样的经济增长方式发展下去,再过20年能以什么样的资源与环境来保障经济社会的发展。循环经济是以最小的资源代价谋求经济社会的最大发展,同时致力于以最小的经济社会成本来保护资源与环境。因此,循环经济是一条科技先导型、资源节约型、清洁生产型、生态保护型的经济发展之路。

3. 发展循环经济是加快转变发展方式,调整经济结构的重大举措

"十二五"期间,为保障我国经济的持续、稳定增长,应该以循环经济的理念对产业结构升级和调整的目标指向进行重新梳理,明确产业结构优化和调整的方向:构建循环型工业体系、循环型农业体系、循环型服务业体系,完善财税、金融、产业、投资、价格和收费政策推进循环经济发展。

4. 发展循环经济是引导科技进步和科技创新的行动指南

循环经济是一个集知识密集、技术密集、资本密集和劳动密集为一体的新经济发展模式。发展循环经济必须有强大的科技支撑体系，不论是企业清洁生产，还是工业园的生态化改造；不论是资源的生态化利用，还是废弃物的再生化处理，都离不开科技进步和科技创新。因此，大力发展循环经济对科技资源的整合、科技布局的调整、科技进步的方向和科技创新的重点都会产生深刻影响。

5. 发展循环经济是实现小康社会和文明社会的必由之路

循环经济不仅能促进传统的生产方式变革，而且也会促进社会公众的生活方式发生变革。发展循环经济的一个重要内容是不仅要求政府和企业积极参与，而且更需要社会公众的共同参与。因为，社会公众是社会物质资源和产品的直接消费主体以及废弃物的排放主体，每一个人都在循环经济和循环社会建设中扮演着角色和承担着责任，这是社会文明与进步的直接反映。

13.4.6 循环经济的主要模式

按循环经济实施层面的不同，可将循环经济分为三种模式：企业层面上的小循环，即推行清洁生产，减少产品和服务中的物料和能源的使用量，实现污染物排放的最小化；区域层面上的中循环，就是按照工业生态学的原理，建立或形成企业间有共生关系的生态工业园区，使得资源和能量充分利用；社会层面上的大循环，即通过废旧物资的再生利用，实现物质和能量的循环。

1. 循环型企业

（1）循环型企业的含义

循环型企业经济，即在企业层次上根据生态效率的理念，推行清洁生产，减少产品和服务中物料和能源的使用量，实现污染物排放的最小化。其要求企业做到：减少产品和服务的物料使用量，减少产品和服务的能源使用量，减少有害物质的排放，加强物质的循环使用能力，最大限度可持续地利用再生资源，提高产品的耐用性，提高产品与服务强度。

（2）循环型企业的循环系统

循环型企业经济是一个复杂的系统，它要求企业在产品设计上运用资源最佳利用、能源消耗最小和防止污染原则进行设计；在生产过程中，应该采用清洁生产技术和污染治理技术，对废品和废料进行资源化利用和再利用。其循环系统如图 13-8 所示。

（3）促进企业循环经济发展的基本措施

促进企业循环经济的发展，既要改变传统的消费观念，形成循环型的绿色消费观；也要创新体制，完善运行机制，形成促使企业自觉发展循环经济的外部环境；更要企业从战略高度出发，自觉进行绿色设计，节约资源，提高资源利用效率，减少废弃物排放。

① 企业责任。循环经济必将是未来经济发展的模式和方向，企业应该按照循环经济理念，开展绿色设计，合理配置资源，实现企业发展和循环经济发展的双赢。

首先，企业应该制定有助于企业循环经济发展的战略，加强企业技术创新，提高企业发展循环经济的自生能力。其次，实施有助于企业发展循环经济发展的管理。树立循环经济理念，培育绿色企业文化；完善管理制度，建立绿色管理体系。最后，企业按照循环经济理念生产和营销产品。在生产过程中，实行清洁生产，减少原料的投入，提高资源利用率，减少环境污染；按照对环境破坏性最小化原则实行绿色包装；以循环经济理论为指导，实行绿色营销。

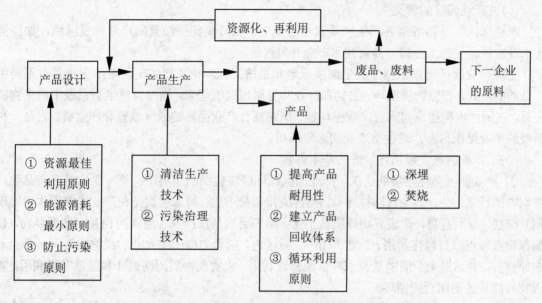

图 13-8　循环型企业循环模式

② 消费者参与。在市场经济条件下，企业为了多出售产品，实现个别价值转化为社会价值，就必须根据消费者的消费意愿，调整生产行为和投资方向，生产出符合消费者需求的产品和服务。因此，消费者的选择具有间接配置资源的作用，促进企业循环经济的发展，就需要消费者树立绿色的价值观和消费观。

在生活中，消费者的以下行为和选择能够推动企业循环经济的发展：优先选择绿色产品，从产品的主要功能出发，选择那些能满足基本需求的产品，拒绝消费过分包装和在添加性功能上投资过多的商品和服务；选择耐用性产品而不是选择一次性产品。

③ 政府作用。在企业循环经济的发展中，政府为企业发展循环经济提供一个良好的外部环境，是企业发展循环经济的保障。

第一，制定相关法制法规，加强和改进监管。制定相关法制法规，明确企业在产品设计、生产、包装、营销以及产品处置等方面应该承担的权利和义务。第二，重构国民经济成本—价格体系。重构原始资源价格体系，让价格真正反映资源稀缺程度、低废弃物资源化成本、高废弃物排放成本，使企业减少废弃物排放。第三，运用经济手段，建立激励机制。企业是循环经济实施的最终主体，政府可以充分运用多种经济手段，改变企业决策的客观经济环境，从而促使企业按照循环经济理念决策。第四，完善管理，规范企业生产和经营行为。政府可以通过制定各行业资源和能源消耗标准，积极开展企业清洁生产审核和环境标志认证，建立完善的废旧物品回收利用体系，促使企业循环经济的发展。第五，加大宣传力度，鼓励公众积极参与。通过教育培训等多种形式，宣传普及循环经济理念，提倡绿色生产方式和绿色消费方式。

2. 循环型产业园区

循环型产业园区处于企业循环与社会循环的衔接部位，它一方面包括小循环，另一方面又衔接大循环，在循环经济发展中起着承上启下的作用，是循环经济的关键环节和重要组成部分。

(1) 产业园区的含义

产业园区，是指各级各类生产要素相对集中，实行集约型经营的产业开发区域，如经济技术开发区、生态工业园、高新技术产业开发区等。

生态产业园区是指依据工业生态学原理和系统工程理论，将特定区域中多种具有不同生产目的的产业，按照物质循环、生物和产业共生原理组织起来，模拟自然生态系统中的生物链关系，在园区内构建纵向闭合产业循环链、横向耦合产业循环链或区域整合产业链。它是一种新型的产业组织形态，是生态产业的聚集场所。

(2) 产业园区发展循环经济的基本内容

① 产业园区循环经济的层次。产业园区循环经济包括三个层次：第一层次是在产品生产层次中推行清洁生产，全程防控污染，使污染排放最小化；第二层次是在产业内部层次中实现相互交换，互利互惠，使废弃物排放最小化；第三层次是在产业各层次间相互交换废弃物，使废弃物重新得以资源化利用。总之，在产业园区内，应努力使一个企业的废物成为另一个企业的原材料，并通过企业间能量及水等资源梯级利用，来实现物质闭路循环和能量多级利用，实现物质能量流的闭合式循环。

② 生态产业链的构建。产业园区的生态产业链是通过废物交换、循环利用、要素耦合和产业生态链等方式形成网状的相互依存、密切联系、协同作用的生态产业体系。各产业部门之间，在质上为相互依存、相互制约的关系，在量上是按一定比例组成的有机体。各系统内分别有产品产出，各系统之间通过中间产品和废弃物的相互交换来衔接，从而形成一个比较完整和闭合的生态产业网络，其资源得到最佳配置、废弃物得到有效利用、环境污染减少至最低水平。

③ 生态技术支撑体系。运用循环经济的理念，对产业园区可持续发展系统的物流和能流进行分析，确定生态产业园区建立过程中所必需的生态技术，然后借助现代高新技术、关键的资源回收利用技术、生态无害化技术、循环物质性能稳定技术、环保技术、闭路循环技术及清洁生产技术等进行研究，提高这些生态技术的可行性和经济效益，并以这些技术为支撑，构建发展循环经济的相关法规、优惠政策和保障体系等。

(3) 产业园区的循环系统

产业园区循环经济是一个复杂的循环系统，它在产业园区是如何构成的呢？下面通过广西贵港生态工业（制糖）示范园区的循环系统具体说明。

2001年，广西贵港制糖集团挂上了我国第一块生态工业示范园区的牌子。根据贵港国家生态工业园区建设规划，贵港国家生态工业示范园区由蔗田、制糖、酒精、造纸、热电联产、环境综合处理六个系统组成，各系统内分别有产品产出，各系统之间通过中间产品和废弃物的相互交换来衔接，从而形成一个比较完整和闭合的生态产业网络，其资源得到最佳配置、废弃物得到有效利用、环境污染减少至最低水平。

该园区形成以甘蔗制糖为核心，"甘蔗—制糖—废糖蜜制酒精—酒精废液制复合肥"，以及"甘蔗—制糖—蔗渣造纸—制浆黑液碱回收"等工业生态链。此外，还形成了"制糖滤泥—制水泥"，"造纸中段废水—锅炉除尘、脱硫、冲灰"，"碱回收白泥—制轻质碳酸钙"等多条副线工业生态链。这些工业生态链相互利用废弃物作为自己的原材料，既节约了资源，又能把污染物消除在工艺流程中，如图 13-9 所示。

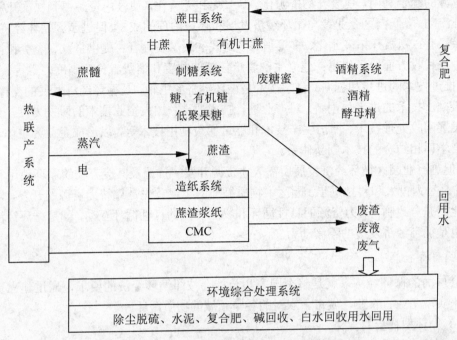

图 13-9　贵港国家生态工业（制糖）示范园区总体结构

- 甘蔗园：现代甘蔗园是园区循环系统的出发点，它输入肥料、水分、空气和阳光，输出制糖和造纸用的甘蔗。同时，酒精厂生产的专用复合肥和热电厂的部分煤灰则用作蔗田肥料。
- 水：制糖厂是水循环回收利用潜力较大的企业，通过采用清浊分流、干湿分离等措施，制糖工艺回收的冷凝水、凝结水可以进行回用。
- 固体废物：制糖厂炼制车间产生的滤泥和造纸制浆产生的白泥均可用于生产水泥，造纸制浆产生的白泥可用于生产轻质碳酸钙，改造传统碳酸法工艺设备产生的浮渣可用于生产复合肥，热电厂产生的煤灰用作污水处理的吸附剂，污水处理产生的污泥可用作蔗田肥料等。

（4）促进产业园区循环经济发展的对策

以产业园区为依托发展循环经济，是一个涉及自然、经济、社会等各方面的复杂系统工程。

① 把循环经济纳入产业园区决策和管理体系中。加大力度推进循环经济，力争把循环经济作为产业园区的中长期发展战略加以推进，并融入到产业园区经济发展、社会进步及环境建设的各个领域，在产业园区经济发展、城市规划建设及重大项目建设上努力体现循环经济的思想。

② 让政府成为产业园区循环经济发展的重要促进者。产业园区循环经济发展不仅仅是园区自己的事，也是全社会的事，政府应该通过提供风险资金和基础设施，来鼓励循环经济产业园区的发展。我国尚处于发展循环经济的起步阶段，中央、地方、园区三方合作共建是一个非常好的模式。因此，政府应作为循环经济产业园区建设的重要促进者和投资者。

③ 形成促进循环经济产业园区发展的激励体系。在产业园区内应该积极运用经济杠杆，提高对资源的综合利用，使废弃物资源化、减量化和无害化，使区内资源得到梯次开发和实现良性循环流动，降低园区企业参与循环经济发展和环境治理的成本，促进园区循环经济的发展。其经济手段有：积极开拓多元化、多渠道、多形式的投融资途径；提供贷款、经费和补贴等优惠政策；在税收方面给予优惠；建立生产者责任延伸制度和消费者付费制度，等等。

④ 推进技术的进步和创新。科学技术是循环经济的主轴，是循环经济发展的支撑。因此，必须积极推进技术的进步与创新，对产业进行技术改造，加大企业技术的研发力度，支持和鼓励企业发展回收处理技术、清洁生产技术和能量梯级利用技术等，以形成企业为主体、市场为导向，产学研相结合的技术创新体系。

⑤ 促进产业园区循环经济发展所需人才资源开发。资源及其废弃物的循环使用和再生利用，靠的是智力投入和科技进步。园区中物质循环的实现首先是靠智力资源的开发，以及人力资源潜能的充分改制，人力资源的良性循环和物质资源的良性循环互动，既是循环经济发展的要求，也是循环经济发展的不懈动力。

3. 循环型社会

社会层面的循环经济，就是整个国家和全社会按照循环经济的要求，通过建立资源循环型社会来实现工业、农业、城市、农村的各个领域的物质循环。

（1）循环型社会的含义

循环型社会就是将人性化、生态化作为社会创建的宗旨，从设计、消费和管理上始终贯彻绿色理念，达到既保护环境，又有益于人们的身心健康，而且与城市经济、社会环境的可持续发展相协调。循环型社会是一个环境友好型社会，是一个人与自然、人与人之间全面和谐的社会。

循环型社会是一个环境友好型社会，其最主要的特征就是按照生态规律来确定人类活动的方式。循环型社会是一个人与自然、人与人之间全面和谐的社会。从本质上讲，环境问题虽然是人与自然的和谐问题，而其实质上还是人与人之间的社会关系和谐问题。循环型社会是一个公众广泛参与的社会。循环型社会的形成和发展，不仅需要政府自上而下的推动和引导，更重要的是需要在全社会自下而上培养自然资源和生态环境的忧患意识和真正形成"发展循环经济、建设资源节约型社会"的广泛共识，并把这种意识与共识付诸到日常的行为中去。

（2）循环型社会的创建

创建"循环型社会"，就是建设资源节约型社会和建设资源回收利用的社区系统。具体包括以下几部分内容：

① 社区能源。积极使用液化气、管道煤气等清洁能源。推广新型能源，大力提倡使用太阳能。在建筑设计上，应尽可能采用自然采光的设计，减少电力照明。

② 社区消费。要倡导一种可持续的消费理念，从环境与发展相协调的角度来发展绿色消费模式。积极宣传、推广带有"绿色商标"的绿色产品；积极倡导绿色包装，积极倡导开展节水、节电、节气活动，反对浪费。

③ 垃圾分拣回收。建立社区范围内的生活废弃物资源回收系统，包括纸张、塑料、电池、旧电器、旧家具、生活垃圾等。回收要求做到分类，要把资源回收和社区建设、物业管理、社区服务和再就业有机结合起来，构建资源充分有效回收的社区系统。

（3）促进循环型社会发展的对策

循环经济是一种新型的、先进的经济形态，是集经济、环境和社会为一体的系统工程。要全面推动循环经济的发展，使整个社会成为循环型社会，需要政府、企业、科技界、社会公众的共同努力。

① 加强宣传教育，增强全社会的环境意识、节约意识和资源意识。要充分利用报刊、广播、电视、网络等宣传舆论工具广泛深入持久地宣传循环经济，使全社会充分认识循环经济在树立和落实科学发展观中的重要作用，以提高公众的环保意识、节约意识和资源意识。同时，在宣传教育活动中，积极发放介绍垃圾处理的知识和再生利用常识的小册子，鼓励人们积极参与废旧资源回收和垃圾减量工作。

② 推行社会循环经济发展的绿色技术支撑。众所周知，科学技术是第一生产力，同时，科学技术也是发展循环经济的重要支撑。要加大财政的支撑力度，逐步建立循环经济技术创新体系，提高社会循环经济的技术支撑和创新能力。积极促进技术进步和科技成果转化，实现由废物转变成资源的链接或进行无害化处理，以可再生资源代替自然资源，提高资源节约的整体技术水平。

③ 建立促进循环经济发展的激励约束机制。建立完善的循环经济法律法规是促进循环经济发展的基本保障，政府要制定和颁布一系列法律、法规和政策，对整个社会行为活动进行规范，促进生产者和消费者有足够的内在动机抑制废弃物的产生，并且在废弃物发生后重复对它们进行利用。积极实行有奖有惩的财政、税收等经济政策，利用经济杠杆抑制对环境不利的现象。

④ 大力发展循环产业，充分利用开发再生资源。我国废旧物资回收利用及再生资源化的总体水平还不高，二次资源利用率仅相当于世界先进水平的30%左右，大量的废家电和电子产品、废有色金属、废纸等，没有实现高效利用和循环利用。因此，要在社会层面上促进循环经济的发展，关键是建立一个废弃物回收、分类、加工利用体系，积极发展循环产业，加强对废弃物的综合利用，充分开发利用再生资源，延伸产业链。

13.5 资源节约型社会的构建

资源节约型社会是指在生产、流通、消费等领域，通过采取法律、经济和行政等综合性措施，提高资源利用效率，以最少的资源消耗获得最大的经济和社会收益，保障经济社会可持续发展。建设资源节约型社会，其目的在于追求更少资源消耗、更低环境污染、更大经济和社会效益，实现可持续发展。

此中"节约"具有双重含义：其一，是相对浪费而言的节约；其二，是要求在经济运行中对资源、能源需求实行减量化。即在生产和消费过程中，用尽可能少的资源、能源（或用可再生资源），创造相同的财富甚至更多的财富，最大限度地充分利用回收各种废弃物。这种节约要求彻底转变现行的经济增长方式，进行深刻的技术革新，真正推动经济社会的全面进步。

13.5.1 构建资源节约型社会的必要性

1. 构建资源节约型社会是由资源的有限性决定的

我国是一个人口众多、人均资源相对贫乏的国家。从资源拥有量来看，虽然我国资源总量不少，但人均资源相对贫乏，资源紧缺状况将长期存在。要缓解资源约束的矛盾，就必须树立和落实科学的发展观，充分考虑资源承载能力，建设资源节约型社会。

2. 建立资源节约型社会是我国实现现代化的必然选择

我国社会主义制度建立在社会生产力不发达的基础之上，要缩短与发达国家的差距，实现现代化，必须长期坚持艰苦奋斗、勤俭节约。而建立资源节约型社会，是长期坚持艰苦奋斗、勤俭节约的必然选择。

3. 节约资源是人类社会发展的永恒主题

人的需求的无限性与资源的有限性之间的矛盾是人类生存的永恒矛盾。古人说，"天育物有时，地生财有限，而人之欲无极。以有时有限奉无极之欲，而法制不生其间，则必物暴殄而财乏用矣"，可见，古人就已认识到人的需求的无限性与资源有限性的矛盾。到了今天，这一矛盾更加突出，因而更加需要节约资源。

13.5.2 资源节约型社会的构成

建设资源节约型社会，要求在社会各个领域、各个层面重点开展节能节水节材和资源综合利用，其中以下列五大领域为主：

1. 资源节约型农业

构建资源节约型农业的目标，是通过"三节"（节水、节地、节粮）实现"三增"（增产、增收、增效），促进农业可持续发展。要大力推广灌溉节水技术，如渠水防渗漏技术、喷灌技术、点灌技术等，以实现农业节水的目的。

2. 资源节约型工业

构建资源节约型产业体系，加快调整产业结构、产品结构和资源消费结构，是建立节约型工业的重要途径。明确限制类和淘汰类产业项目，促进有利于资源节约的产业项目发展；淘汰技术水平低、消耗大、污染严重的产业，积极发展资源节约型经济；大力发展循环经济，推行清洁生产；积极建设生态工业园区，合理布局，促进产业链的有效衔接。

3. 资源节约型服务业

随着产业结构的不断调整，服务业在国民经济中的比重越来越大。建设资源节约型服务业，重点应该关注物流业和宾馆业。对于物流行业，要淘汰高油耗的运输工具，提高物流业效率，鼓励小排量、省油型私家小汽车。在宾馆行业，应该降低单位面积能耗水平，减少"一次性服务品"的用量水平。构建提倡适度消费、勤俭节约型生活服务体系。

4. 资源节约型城市

城市是整个社会有机体的活力细胞，城市资源节约化的实现对于建设资源节约型社会具有重大意义。构建资源节约型城市，就要大力发展城市公共交通系统，尽量减少私家车的使用；创建节能型小区和住宅，加快绿色住宅设计，普及太阳能热水器和住宅隔热墙体材料，简化一次装修，提倡统一装修；推进城市固体废弃物的回收和再资源化水平，提高社区中水回用水平。

5. 资源节约型政府

在资源节约型社会的创建过程中，政府的引导作用不可或缺，而政府机构本身的资源节约情况，将直接影响到相关政策的有效程度。根据调查，政府机构人均耗能量、用水量和用电量分别是居民人均量的数倍，所以，政府在资源利用方面浪费严重，在政府机构开展资源节约潜力很大。可以通过控制办公室空调温度、随手关灯、关各类办公设备电源，使用再生纸、倡导无纸化办公等措施，达到资源节约的目标。还要建立政府能源消耗责任制，尽快建立一套严格、细致的"绿色采购"制度，将节水、节电、节能等设备产品纳入政府采购目录，并制定统一的政府机构能源消耗标准。

13.5.3 构建资源节约型社会的途径

根据我国资源紧缺的基本国情，建设资源节约型社会，必须选择一条与发达国家不同的资源组合方式，即非传统的现代化道路，关键在于促进资源的节约，杜绝资源的浪费，降低资源的消耗，提高资源的利用率、生产率和单位资源的人口承载力，以缓解资源的供需矛盾。

(1) 要将节约资源提升到基本国策的高度来认识，把建立资源节约型社会的目标纳入国家经济社会发展规划之中，将"控制人口，节约资源，保护环境"共同作为我国的基本国策，并在实践中推进这一基本国策。不仅要把建立资源节约型社会这一目标纳入国家经济社会发展规划之中，而且要以此为依据建立综合反映经济发展、社会进步、资源利用、环境保护等体现科学发展观、政绩观的指标体系，构建"绿色经济"考核指标体系，实现"政绩指标"与"绿色指标"的统一，彻底改变片面追求GDP增长的行为。

(2) 牢固树立以人为本的科学发展观，改变透支资源求发展的方式。要着眼于充分调动大众的积极性、主动性和创造性，着眼于满足大众的需要和促进人的全面发展。按照科学发展观，必须把资源保护和节约放在首位，充分考虑资源承载能力，辩证地认识资源和经济发展的关系。要加大合理开发资源的力度，努力提高有效供给水平；要着力抓好节能、节材、节水工作，实现开源与节流的统一。

(3) 通过经济杠杆，推动节约资源，倡导符合可持续发展理念的循环经济模式和绿色消费方式，实现经济社会与资源环境的协调发展，改变"高投入、高消耗、高排放、不协调、难循环、低效益"的粗放型经济增长方式，逐步建立资源节约型国民经济体系。要尽快建立以节能、节材为中心的资源节约型工业生产体系。通过技术进步改造传统产业和推动结构升级。对高物耗、高能耗、高污染的初级产品出口加以控制，按照新型工业化道路的要求，推进国民经济和社会信息化，促进产业结构优化升级。如在能源、交通、金融等行业大力推进信息化，力争用信息技术降低对能源的消耗。

（4）必须采取法律、经济和行政等综合手段，促进资源的有序、高效开发和利用。要在资源开采、加工、运输、消费等环节建立全过程和全面节约的管理制度，要健全和完善《中华人民共和国节约能源法》及《可再生能源法》并加大实施力度，推动可再生能源的发展。政府要进行制度设计，建立能源、资源审计制度，与现行的环境评价制度共同构成社会性管理的新框架。

总之，建设资源节约型社会，是我国人口、资源、环境与经济社会可持续发展的客观需要，也是全面建设小康社会的战略选择，具有重大的现实意义和深远的历史意义。

案例研究

<h3 style="text-align:center">山西太原太化集团公司化工厂清洁生产实例调查</h3>

一、概况

化工厂建于1958年，生产的主要产品有氯碱、苯酚、氯化苯、聚氯乙烯、环己酮、己二酸等，其中氯化苯是该厂的主要产品，对整个氯碱生产，平衡氯气，提高效益起有重要作用，直接关系到全厂整体生产能力的发挥。该厂40年给社会提供了大量的化学原料，对国家经济建设做出了重要贡献。但由于种种原因，主要工艺基本上是五六十年代的水平，工艺较落后，设备也告陈旧、技术呈现老化，致使单位产品物耗、能耗居高不下，物耗、能耗未能物尽其用，以废物的形式排入环境，水体中的有机物（COD）、空气中的苯类有害物质均超过国家或地方的排放标准，导致社会公众与企业矛盾十分突出，环境纠纷也有发生，环境问题已制约了企业生产发展。

为了改变企业被动状态，有两种模式可选择：一是采用先进技术对现有工艺进行全面更新换代，但根据目前企业经营状况，一时难以筹措巨额投资，二是对企业现有传统工艺进行剖析，找出物耗、能耗高，污染严重的工序，结合技术改造，分期分批解决。后一种选择是符合企业实际，最现实有效的途径。为此，该企业在1993年派员参加了国家组织的清洁生产培训，并在省、市有关部门的支持下，前后对己二酸、氯化苯两个产品作为示范开展了清洁生产审计。通过"审计"使领导发现了生产工艺中存在着许多降耗、节能、减少污染、降低生产成本的机会，增强了开展清洁生产信心，同时培养了"审计"师资队伍并积累了经验，为企业持续清洁生产打下了良好的基础。

二、实施清洁生产效果

其效果包括两方面，即通过清洁生产审计产生的替代方案及实施替代方案取得的经济效益和环境效益。

（一）己二酸产品"审计"及效果

己二酸生产工艺分为两个工段，即己二酸工段和尾气工段12个工序。己二酸工段包括氧化、结晶、压缩、压滤、离心和干燥6个工序；尾气工段包括供水、供料、配酸、风机、吸收和浓缩6个工序。其生产工艺流程图如图13-10所示。

该企业在1994年开展了己二酸产品清洁生产审计，通过"审计"提出了12项替代方案，其中无费方案8项，低费方案2项，中费和高费方案各1项。

第 13 章 清洁生产与循环经济

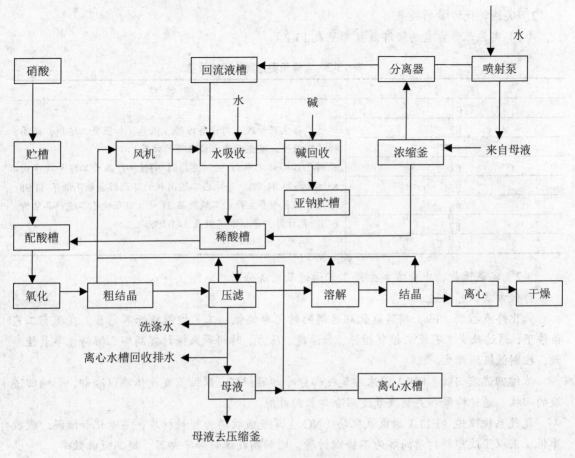

图 13-10 己二酸生产工艺流程

1. 不同替代方案名称及改进措施（见表 13-1）

表 13-1 己二酸工艺替代方案名称及改进措施

类 型	序 号	方案名称及问题	改进措施
无费方案	F1	氧化釜盖不严、漏料	更换氧化系统釜盖密封
	F2	氧化釜反应温度、时间难控制	在加料塔上加孔板
	F3	压滤工序常跑料	严格操作，加强员工培训
	F4	离心设备局部跑料	定期维修，严格控制加料速度
	F5	干燥尾气工序易跑料	严格控制风量、加料量
	F6	产品包装易跑料	及时更换布袋
	F7	氧化釜加料不合理	调整加料量和时间
	F8	压滤监控分析仪有故障	加强仪器维修和人员培训
低费方案	F9	氧化终点控制不合理，影响转化率	调整氧化反应温度和湿度
	F10	浓缩尾气冷却器损坏，影响回收	检修和更换冷却器提高回收回流液效率
中费方案	F11	尾气系统改造，吸收塔老化	改塑料塔为不锈钢塔
高费方案	F12	生产系统改造	改间断为连续生产工艺，扩大生产能力

2. 实施替代方案的效果

（1）实施无费方案的经济效益（见表13-2）

表13-2 实施无费方案的经济效益

序　号	经　济　效　益
F1	通过严格生产管理，对设备维修、保养、加强员工培训，提高操作有效性，实施无费方案取得的效果原料己二醇转化率由92%提高到93%。产品己二酸总收率由83%提高到84.5%。每吨己二酸消耗的环己醇定额下降了11.98千克，相当年多生产己二酸产品21吨，以每吨己二酸产品售价6 700元计算，年创经济效益14.07万元
F2	
F3	
F4	
F5	
F6	
F7	
F8	

（2）实施低价、中费方案生产工艺简述及经济分析

替代方案工艺简述

氧化终点控制（F9）硝酸氧化环己醇的转化率偏低，工艺控制指标不完善，在现有工艺条件下，通过改变工艺反应控制指标，如温度、压力、时间等来探讨提高环己醇转化率最佳参数，控制低级酸产生。

浓缩回流液回收（F10）因浓缩尾气部分冷却器损坏，浓缩蒸发气体难以冷却，影响回流液的回收。通过检修和更新恢复使用冷却器的效能。

尾气系统改造（F11）原氮氧化物（NO_x）尾气吸收塔为塑料材质，易老化和泄漏，吸收率低，采取了改塑料材质的塔为不锈钢材质。增加高效填料和冷却器，提高吸收效率。

实施替代方案的经济性分析如表13-3所示。

表13-3 实施替代方案的经济性分析　　　　　　　　　　单位：万元

方案类型	序　号	投　资	收　益	运行成本	净收益	投资回收期（年）
低费	F9	2.6	52.92	0.02	52.9	0.05
低费	F10	20.84	9.91	4.87	5.04	4.13
中费	F11	55	47.77	25.04	22.73	2.42
	合计	78.44	110.6	29.93	80.67	1.37

实施替代方案的环境效益如表13-4所示

表13-4 实施替代方案的环境效益分析

替代方案	非产品回收	环境效益
氧化终点控制（F9）	年回收己二酸3.25吨	年减少COD排放4吨
浓缩回流液回收（F10）	年回收回流液1300立方米，硝酸56吨	年减少COD排放81吨
硝酸尾气回收（F11）	年回收硝酸340吨	年减少NOx排放240吨

（二）氯化苯产品"审计"及效果

氯化苯生产工艺采用苯直接通氯气，在氯化铁催化下生成氯化苯的连续生产工艺。该装置分为：收送料、苯干燥、氯化、水洗中和、粗馏、精馏、包装、尾气吸收、多氯化物工序。

其生产工艺流程如图13-11所示。

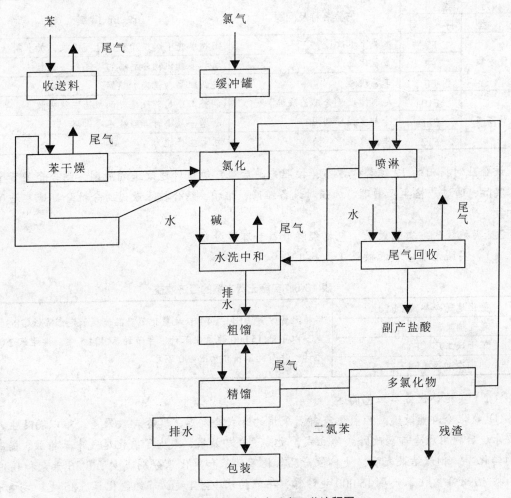

图13-11 氯化苯生产重点工艺流程图

该企业在完成了己二酸生产工艺"审计",基本上于1995年开展了对氯化苯生产工艺的清洁生产审计,通过"审计"提出了12项替代方案。其中无费方案4项,低费、中费和高费方案分别为2项、3项和3项。

1. 不同替代方案的名称及改进措施(见表13-5)

表13-5 氯化苯生产工艺替代方案名称及改进措施

方案类型	序号	方案名称及问题	改进措施
无费方案	F1	氯化尾气冷却器,冷却效果差	改并联喷淋为串联喷淋
	F2	尾气捕集器,废水直排	由直排为回收利用
	F3	苯干燥废水直排	由直排为回收利用
	F4	粗馏冷却器尾气放空	由放空为回收利用
低费方案	F5	氯化冷却器改造	改卧式冷却器为立式冷却器
	F6	碱洗下水改造	增1台氯化分离罐,改一级分离为二级分离

续表

方案类型	序号	方案名称及问题	改进措施
中费方案	F7	水洗下水改造	回收水洗下水用于氯化尾气吸收,加水制盐酸
	F8	多氯化物改	增加多氯化物分离塔的塔高和塔板数
	F9	工艺改造	更新粗馏、精馏加热器
高费方案	F10	尾气搬迁(含工艺改进)	调整工序局部改尾气两级为三级吸收
	F11	冷却水循环利用	新增一座小时400吨水冷却塔
	F12	生产改造	扩大生产能力

该企业对提出的12项替代方案,按照先易后难、边审计边改进的原则,结合企业资金、技术实际,通过严格生产管理,加强对设备维修、维护,结合技术改造,分批分期地实施了替代方案。

2. 实施替代方案的效果,包括经济效益和环境效益

(1) 实施无费方案的效果(见表13-6)

表13-6 实施无费方案的经济效益

氯化尾气冷却器(F1)	实施无费方案(F1~F4),吨氯化苯产品消耗苯定额降低28.3千克,以年产15 000吨氯化苯计,年节约苯424.5吨,按吨苯2 000元计,年节约苯价值为84.90万元
尾气捕集器(F2)	
苯干燥工序(F3)	
粗馏冷却器(F4)	

(2) 实施替代方案工艺简述

① 氯化冷却器改造。原氯化冷却器采用的卧式冷却器,其冷却效果差,难以满足生产工艺要求,后利用原冷却器改卧式为立式,改善了冷却效果,减少了氯化尾气中苯排放,提高了苯的转化率。测试结果表明,使单位产品氯化苯的苯和氯化苯分别减少了8.36千克和0.39千克。按1998年氯化苯产量15 000吨计算,年节约苯125.4吨,节约氯化苯5.85吨。按吨苯价值2 000元,吨氯化苯2 700元计,年节约价值分别为25.08万元和1.58万元,合计为26.66万元。

② 碱洗下水工序改造。氯化液经水洗除去部分氯化氢,剩余氯化氢需用碱中和,并经分离回收苯后的废液排入下水。由于原有装置为一级分离,加上设备、工艺落后,操作等原因,使氯化液和碱洗分离不完全,致使下水含苯达68g/L,氯化苯达26g/L。为了降低苯的消耗,减轻对环境的污染,投资了6.3万元,改一级分离为两级分离,提高了分离效果,吨氯化苯产品苯消耗降低了20千克,以年生产氯化苯15 000吨计,约节约苯3 000吨,按吨苯2 000元计,节约价值60万元,扣除年运行成本1.75万元,净收益58.25万元。

下水每升含苯由68克降到0.78克,下降了90%以上。

③ 水洗下水工序改造。水洗中和工序加入一定量的水,将氯化液中的氯化氢洗去后排入下水,它是氯化苯生产中一股主要酸性废水。为了利用酸性水制取盐酸,投资了14.7万元,对水洗下水工序进行了改造,采用了闭路循环工艺,将水洗下水(含8%~10%HCl)打入氯化气吸收工序,用于副产盐酸的吸收液,年制取27%的副产盐酸2 500吨左右,按吨盐酸200元,计其年经济效益为50万元左右,扣除年运行成本约10万元,净收益40万元左右。

每年减少排入水环境中含酸废水 1.8 万吨,减少排入大气环境中氯化氢 900 多吨,减轻了对环境的污染。

④ 多氯化物改造及真空泵下水回收。由于原有蒸馏是真空蒸馏,靠水环真空泵提供真空,蒸馏塔塔板较低,使塔的生产工艺无法按要求操作,影响了分离效果。为了提高分离效果,投资了 30.7 万元,增加了塔的高度和塔板数。实施该方案后,1998 年与 1994 年相比,每天苯的排放量由 19.5 千克降到 0.6 千克,年节约 7.2 吨,氯化苯由每天 30 千克降到 4.2 千克,年节约氯化苯 9.29 吨,以每吨苯和氯化苯价值 2 000 元和 2 700 元计,年节约价值分别为 1.44 万元和 2.51 万元,合计约 4 万元。其环境效益如表 13-7 所示。

表 13-7 真空泵排水污染物变化

年 份	苯		氯 化 苯		流量
	mg/l	kg/d	mg/l	kg/d	m^3/h
1994	1 300	19.5	2 000	30.0	2.5
1998	50	0.6	350	4.2	2.0
减少率(%)	96.15	18.90	82.5	86.0	20

由以上内容看出,实施该项替代方案,重要的改变是环境效益,而经济效益不太明显。

⑤ 尾气搬迁(含工艺改进)。尾气系统指氯化反应的气相经冷却,喷淋吸收后的部分,直到产生合格的副产盐酸。由于气相主要成分是氯化氢,属强腐蚀性介质,原该工序与氯化苯生产系统在同一厂房内,它不仅对员工操作岗位带来影响,而且对设备产生严重腐蚀。为了使尾气与氯化苯分开,1997 年投资了 87.96 万元,对尾气工序进行了搬迁,异地改造,将尾气系统搬到合成盐酸厂房,同时改进了工艺,改两级吸收为三级吸收。实施替代方案后,不仅节约了原料,而且污染物大幅度下降,如表 13-8 所示。

表 13-8 副产盐酸尾气污染物的变化

项 目		1994 年	1998 年	增减(±)%	环境标准
流量(Nm^3/h)		30	60	+100	
氯化氢	mg/nm^3	32 000	140	-99.56	150
	kg/h	0.96	0.009	-99.06	1.7
氯气	mg/nm^3	15 000	50	-99.67	85
	kg/h	0.45	0.003	-99.33	1.0
苯	mg/nm^3	1 700 000	45 000	-97.35	17
	kg/h	51.00	2.70	-94.71	3.3
氯化苯	mg/nm^3	120 000	750	-99.38	85
	kg/h	3.6	0.045	-98.75	2.9

由表 13-8 看出,1998 年与 1994 年相比,氯化氢、氯气、苯、氯化苯四项有害物均减少 90% 以上,除苯和氯化苯外(尚无国家标准),均符合国家规定的排放标准。

以年运行 330 天计,年减少苯排放为 382.54 吨,年减少氯化苯排放量 28.16 吨,按吨苯和氯化苯价值分别为 2 000 元和 2 700 元计,年节约价值分别为 76.51 万元和 7.6 万元,合计 84.11 万元。

⑥ 冷却水循环利用。为了节约用水，降低生产成本，投资了87.7万元。新建了一座小时400立方米冷却水系统，循环水用于各种换热器及其他工艺上，以减少新鲜水用量，使新鲜水用量由1994年的吨产品73.3吨下降到1998年的5.5吨，吨产品节约新鲜水67.8吨，按年生产氯化苯产品15 000吨计，年节约新鲜水101.7万吨，按吨新鲜水1.6元计，年节约水价值为162.72万元，扣除年运行成本32.3万元，年净效益为130.42万元。

⑦ 工艺改造。为了扩大生产能力、降低生产成本，需对生产工艺关键设备即粗馏、精馏加热器更新。为此，1997年投资22.13万元，进行了工艺改造。实施该替代方案后，不仅提高了生产能力，而且吨氯化苯生产成本由3 380元降到3 330元，吨产品节约蒸汽200千克，其污染物排放维持在原水平上，按吨氯化苯2 700元、吨蒸汽按47元计，年节约生产成本为75万元，年节约蒸汽价值14万元，合计经济价值89万元。

⑧ 生产改造。为了进一步提高产量，在前期工艺改造基础上，1998年投资334万元，通过增加设备，提高设备利用率来提高产量，该方案实施后，在不增加污染物排放量的情况下，氯化苯产量由原来不足10 000吨增加到目前的15 000吨。

（3）实施替代方案的效果

氯化苯生产工艺，通过实施清洁生产审计提出的替代方案取得了明显的经济效益（见表13-9）和环境效益（见表13-10）。

表13-9 实施不同替代方案经济性分析　　　　　　　　　　　　　　单位：万元

方案类型及名称		投资	收益	运行成本	净收益	投资偿还期（年）
低费方案	氯化冷却器改造（F5）	3.00	26.6		26.6	0.11
	碱洗下水改造（F6）	6.30	60	1.75	58.25	0.10
中费方案	水洗下水改造（F7）	14.70	50.0	10.00	40.0	0.35
	多氯化物改造（F8）	30.70	4.0		4.0	7.70
	工艺改造（F9）	22.13	89.0		89.0	0.35
高费方案	尾气搬迁（F10）	87.96	84.11		84.11	1.05
	冷却水循环（F11）	87.70	162.72	32.30	130.42	0.67
合计		252.49	476.43	44.05	432.38	0.62

表13-10 实施替代方案的环境效益

废物类型	有害物质名称	排放量（吨）
废水排放量 其中：		349 000
	氯化氢	900
	苯	47.94
	氯化苯	43.41
尾气排放 其中：	氯化氢	6.85
	氯气	3.22
	苯	347.76
	氯化苯	25.6

由表13-9可看出，实施7项替代方案的项目工程投资为252.49万元，年净收益为432.38万元，投资回收期不到一年。

由表 13-10 可见，实施替代方案后年减少废水 34.9 万吨，废水和尾气中氯化氢 906.85 吨，395.72 吨，氯化 69.01 吨，氯气 3.22 吨。

（4）实施清洁生产成功经验

太原太化集团公司化工厂自参加国家首批清洁生产培训以来，进行了不间断的清洁生产，各级领导清洁生产意识不断得到增强，克服了资金和技术方面的困难，分批分期实施了己二酸和氯化苯生产工艺审计提出的替代方案，取得了明显的经济效益和环境效益，积累了进行清洁生产的经验，增强了持续深入开展清洁生产的信心，其成功经验表现在：

① 培育了清洁生产意识。该企业 1994 年 7 月首次开展对己二酸生产工艺清洁生产审计，年底完成了"审计"报告，通过"审计"及实施无费、低费方案取得的效果，使企业领导认识到：生产工艺中存在很多"降耗、节能、减污"的机会，实施清洁生产对降低消耗、增加收益、减轻污染有着重要的意义，树立了开展清洁生产的信心。在完成己二酸产品"审计"后，1995 年年初相继对氯化苯生产工艺进行了"审计"，当年提出了"审计"报告，目前已起步对烧碱、乙烯两个产品进行清洁生产审计，做到"审计"工作不间断地进行。

② 克服了资金技术障碍。就全国企业实施清洁生产情况来看，资金和技术尤其资金短缺，是影响实施清洁生产普遍存在的关键障碍，该企业不消极地等待外部条件，而着眼自身努力，寻求多种途径克服资金和技术的困难：

按照先易后难的原则，优先实施无费、低费或中费方案获取的收益，来弥补实施高费方案的资金短缺；

依靠企业技术人员和员工的努力，完成替代方案中设备改进或制造及安装任务，节省工程投资；

把清洁生产替代方案，纳入企业设备检修或生产工艺技术改造中一并解决；

带着实施清洁生产中的技术难点，到同行业中调查和收集先进技术、信息，克服实施清洁生产中的技术障碍。

截至 1998 年，分期分批完成了己二酸和氯化苯两个产品清洁生产审计提出的 24 项替代方案。

③ 巩固清洁生产成果。为了巩固清洁生产成果，该企业针对清洁生产审计发现的生产管理中存在的缺陷，调整了环保机构，健全完善了环保、生产管理制度。

调整环保机构。在传统的尾端治理污染的模式下，该企业设了独立环保处，主要负责企业排污口的污染物是否符合国家或地方规定的污染物排放标准，忽视了生产工艺过程中原料消耗、污染物产生量，致使环保与生产相脱节。实施清洁生产后，为了在生产工艺过程中控制污染物的产生，调整了原单设的环保处为生产环保处，环保管理不仅监督尾端污染物排放情况，更重要的是把环保管理内容渗透到生产管理之中，互为补充，相互促进，求得了环保与生产内在统一。

健全完善了管理制度。针对清洁生产审计发现的生产工艺中跑、冒、漏及物料流失等问题，完善了设备完好率、运转率和定期检修制度以及修订了原料消耗定额等规章，并将每个员工工作优劣与奖金、工资挂钩，实行守章者有奖，违章者受罚，按月评定，奖惩兑现。运用行政管理制度和经济鼓励相结合的手段，增强了员工的工作责任感和学习技术的积极性，它对巩固清洁生产成果起有重要的作用。

设立环保、生产"监理员"。为了"管理"制度持续有效地实行，该企业建立了"监理员"制度。机构编制为：每班三人，其中监理人员两人，监测人员一人，每天三班24小时实行现场监督和环保监测。"监理员"职责范围是：涉及生产所有单位的监督管理。检查内容是：包括生产操作控制指标执行情况及查阅原始记录；环保装置运行检查；非正常排放管理；"三废"排放抽查。以上每项均有具体检查考核标准。"监理员"权限是："监理员"对现场监督检查发现的问题有权下发限期整改通知单；对生产现场出现的一些属设备管线问题，通知分厂立即抢修、维护，跟踪复查落实；对限期内不整改的进行处罚，直接下发经济处罚单；对属人为造成的问题，直接下发经济处罚单。

复习思考题

1. 什么是清洁生产？它是在什么样的历史背景下提出的？
2. 清洁生产的内容和意义是什么？
3. 清洁生产周期评价的概念是什么？该评价应用在哪些方面？
4. 生态设计的概念以及生态设计战略是什么？
5. 什么是绿色化学？
6. 简述清洁生产审核的概念、原理和程序。
7. 什么是循环经济？发展循环经济的重要意义有哪些？
8. 循环经济的主要模式有哪些？
9. 简述构建资源节约型社会的必要性和途径。

第14章 实　　验

14.1　水样物理性质及其 pH 值、溶解氧的测定

水样物理性质的测定包括水温、色度、嗅、味、悬浮物、浑浊度、电导率、蒸发残渣等项目。

14.1.1　第1部分

1. 色度的测定

天然和轻度污染水可用铂钴比色法测定色度，对工业有色废水常用稀释倍数法辅以文字描述。

（1）铂钴比色法

水是无色透明的，当水中存在某些物质时，会表现出一定的颜色。溶解性的有机物、部分无机离子和有色悬浮微粒均可使水着色。

pH 值对色度有较大的影响，在测定色度的同时，应测量溶液的 pH 值。

原理

用氯铂酸钾与氯化钴配成标准色列，与水样进行目视比色。每升水中含有 1mg 铂和 0.5mg 钴时所具有的颜色，称为 1 度，作为标准色度单位。

如水样浑浊，则放置澄清，亦可用离心法或用孔径为 0.45μm 的滤膜过滤以去除悬浮物，但不能用滤纸过滤，因滤纸可吸附部分溶解于水的颜色。

仪器和试剂

① 50mL 具塞比色管，其刻线高度应一致。

② 铂钴标准溶液：称取 1.246g 氯铂酸钾（K_2PtCl_6）（相当于 500mg 铂）及 1.000g 氯化钴（$CoCl_2 \cdot 6H_2O$）（相当于 250mg 钴），溶于 100mL 水中加入 100mL 盐酸，用水定容到 1 000mL。此溶液色度为 500 度，保存在密塞玻璃瓶中，存放暗处。

测定步骤

① 标准色列的配制：向 50mL 比色度管中加入 0mL、0.50mL、1.00mL、1.50mL、2.00mL、2.50mL、3.00mL、3.50mL、4.00mL、4.50mL、5.00mL、6.00mL 及 7.00mL 铂钴标准溶液，用水稀释至标线，混匀，各管的色度依次为 0 度、5 度、10 度、15 度、20 度、25 度、30 度、35 度、40 度、45 度、50 度、60 度和 70 度，密塞保存。

② 水样的测定

- 分取 50.0mL 澄清透明水样于比色管中，如水样色度较大，可酌情少取水样，用水稀释到 50.0mL。

- 将水样与标准色列进行目视比较。观察时，可将比色管置于白瓷板或白纸上，使光线从管底部向上透过液柱，目光自管口垂直向下观察，记下与水样色度相同的铂钴标准色列的色度。

计算

$$色度（度）= \frac{A \times 50}{B}$$

式中，A 为稀释后水样相当于铂钴标准色列的色度；B 为水样的体积（mL）。

注意事项

① 可用重铬酸钾代替氯铂酸钾配制标准色列。方法是：称取 0.043 7g 重铬酸钾和 1.00g 硫酸钴（$CoSO_4 \cdot 7H_2O$），溶于少量水中，加入 0.50mL 硫酸，用水稀释至 500mL。此溶液的色度为 500 度，不宜久存。

② 如果样品中有泥土或其他分散很细的悬浮物，虽经预处理而得不到透明水样时，则只测其表色。

③ 当水体受污染后，水样的颜色与标准色阶颜色不尽相同，此时也可用文字描述颜色的特征，如无色、微绿、淡黄等。

（2）稀释倍数法

原理

将有色工业废水用无色水稀释到接近无色时，记录稀释倍数，以此表示该水样的色度，并辅以文字描述颜色性质，如深蓝色、棕黄色等。

仪器

50mL 具塞比色管，其标线高度要一致。

测定步骤

① 取 100mL～150mL 澄清水样置烧杯中，以白色瓷板为背景，观察并描述其颜色种类。

② 分取澄清的水样，用水稀释成不同倍数，分取 50mL 分别置于 50mL 比色管中，管底部衬一白瓷板，由上向下观察稀释后水样的颜色，并与蒸馏水相比较，直至刚好看不到颜色，记录此时的稀释倍数。

注意事项

如测定水样的真色，应放置澄清取上清液，或用离心法去除悬浮物后测定；如测定水样的表色，待水样的大颗粒悬浮物沉降后，取上清液测定。

2. 臭

清洁水不应该有任何气味。水产生臭味是被污染的表征。

臭的检测主要靠嗅觉，其结论用文字描述或粗略地做定量测定，臭味的强度分为 6 级，如表 14-1 所示。

表 14-1 臭味强度等级

级 别	强 度	特 征
0	无	无任何臭味
1	极微弱	一般难以察觉，敏感者可以嗅出

续表

级 别	强 度	特 征
2	微弱	一般人则能察觉
3	显著	可以明显察觉，不加处理，此水不可饮用
4	强烈	有时显臭味，不宜饮用
5	很强烈	有强烈的臭味，不能饮用

水的臭味随水温发生变化，温度高或煮沸时，臭味更明显。因此，测定水的臭味时必须在室温或在加热的情况下进行。

3. 悬浮物的测定

原理

悬浮固体指剩留在滤料上并于 103℃～105℃烘至恒重的固体。测定的方法是将水样通过滤料后，烘干固体残留物及滤料，将所称重量减去滤料重量，即为悬浮固体（不可滤残渣）。

仪器

① 烘箱。

② 分析天平。

③ 干燥器。

④ 孔径为 0.45μm 的滤膜及相应的滤器或中速定量滤纸。

⑤ 玻璃漏斗。

⑥ 内径为 30mm～50mm 称量瓶。

测定步骤

① 将滤膜放在称量瓶中，打开瓶盖，在 103℃～105℃烘干 2h，取出放在干燥器中冷却后盖好瓶盖称重，直至恒重（两次称量相差不超过 0.000 5g）。

② 去除漂浮物后振荡水样，量取均匀适量水样（使悬浮物大于 2.5mg），通过上面称至恒重的滤膜过滤，用蒸馏水洗残渣 3～5 次。如样品中含油脂，用 10mL 石油醚分两次淋洗残渣。

③ 小心取下滤膜，放入原称量瓶内，在 103℃～105℃烘箱中，打开瓶盖烘 2h，在干燥器中冷却后盖好盖称重，直至恒重为止。

计算

$$悬浮固体（mg/L）=\frac{(A-B)\times 1\,000\times 1\,000}{V}$$

式中，A 为悬浮固体+滤膜及称量瓶重（g）；B 为滤膜及称量瓶重（g）；V 为水样体积（mL）。

注意事项

① 树叶、木棒、水草等杂质应先从水中除去。

② 废水粘度高时，可加 2～4 倍蒸馏水稀释，振荡均匀，待沉淀物下降后再过滤。

③ 也可采用石棉坩埚进行过滤。

14.1.2 第2部分

用水质分析仪测定水溶液中的 pH 值、电导率、温度、溶解氧以及浊度。

1. 仪器和试剂

仪器

水质分析仪（WQ-1 型或其他型号）。

试剂

① 标准缓冲溶液 A：称取在 110℃烘干的分析纯邻苯二甲酸氢钾 10.210 7g，溶于二次蒸馏水中，并稀释至 1 000mL，此溶液的 pH 值为 4.003（25℃）。

② 标准缓冲溶液 B：称取分析纯硼砂 3.803 6g，溶于二次蒸馏水中，并稀释到 1 000mL，此溶液的 pH 值为 9.182（25℃）。

以上两种溶液最好储存于塑料瓶中，能稳定 1~2 个月。

③ 浊度标准贮备液。

- 称取 10g 通过 0.1mm 筛孔（150 目）的硅藻土，于研钵中加入少许蒸馏水调成糊状并研细，移至 1 000mL 量筒中，加水至刻度。充分搅拌，静置 24h，用虹吸法仔细将上层 800mL 悬浮液移至第二个 1 000mL 量筒中。向第二个量筒内加水至 1 000mL，充分搅拌后再静置 24h。

虹吸出上层含较细颗粒的 800mL 悬浮液，弃去。下部沉积物加水稀释至 1 000mL。充分搅拌后贮于具塞玻璃中，作为浑浊度原液。其中含硅藻土颗粒直径大约为 400μm。

取上述悬浊液 50mL 置于已恒重的蒸发皿中，在水浴上蒸干。于 105℃烘箱内烘 2h，置干燥器中冷却 30min，称重。重复以上操作，即：烘 1h，冷却，称重，直至恒重。求出上述每毫升悬浮浊液中含硅藻土的重量（mg）。根据水样情况，配制标准使用液。

- 吸取 300mg 硅藻土的悬浊液，置于 1 000mL 容量瓶中，加水至刻度，摇匀。此溶液浊度为 300 度（300mg/L）。

于上述标准液中加入 1g 氯化汞，以防菌类生长。

④ 0.010 0NKCl。

2. 标定

（1）标定操作时，需拿掉探头前端电极保护罩。

（2）仪器标定按以下顺序进行。

温度→pH→溶解氧→电导率→浊度。

（3）插上电极，测量开关置于 "T℃" 档，打开后面板上的电源开关。

温度标定

① 打开电源开关，待读数稳定后读取温度值。

② 正常情况下温度不要调整。如发现偏差较大，可用水银温度计对照校正，调节后面板上的 "T℃" 校准钮达到正确值。

pH 标定

① 测量开关置于 "pH" 档，将活化好的 pH 电极插入 A 标液瓶中，调节前面板 pH（定

位）钮，使表头显示为零（2pH）。

② 取出电极用蒸馏水冲洗，滤纸轻轻擦净后，电极插入 B 标液瓶内，调节后面板上 pH 斜率钮，使表头显示 ΔpH。ΔpH=B-A，例：ΔpH=9.18-4.01=5.17，表头显示应为 7.17（pH 电极零点为 2pH）。

③ 电极仍放在 B 标内，调节前面板 pH（定位）钮，使表头显示为 B 标值，例：9.18。

④ 此时两点定位法完成 pH 标定，取出电极冲洗干净待用。

溶解氧 DO 标定

① 将测量开关置于"DO"档。

② 电极置于靠近水面的空气中（不要碰到水），待读数稳定后调节前面板"DO"校准钮，使表头显示为实测温度下的饱和溶解氧值，可查表 14-2。

表 14-2　各种温度饱和溶解氧值

°C	质量分数 /10^{-6}	°C	质量分数 /10^{-6}	°C	质量分数 /10^{-6}	°C	质量分数 /10^{-6}	°C	质量分数 /10^{-6}
0	13.15	10	10.92	20	8.84	30	7.53	40	5.05
1	13.77	11	10.69	21	8.68	31	7.40		
2	13.40	12	10.43	22	8.53	32	7.30		
3	13.04	13	10.20	23	8.39	33	7.20		
4	12.70	14	9.97	24	8.26	34	7.10		
5	12.37	15	9.76	25	8.11	35	7.00		
6	12.05	16	9.56	26	7.99	36	6.90		
7	11.75	17	9.37	27	7.87	37	6.80		
8	11.47	18	9.18	28	7.75	38	6.70		
9	11.19	19	9.01	29	7.64	39	6.60		

电导率 COND 标定

① 将测量开关置于"COND"档。

后面板上电导率量程开关置于"X100"档。

② 电导电极插入 KCl 标准溶液中，调节前面"COND"校准钮，使表头显示为 KCl，标准溶液在实测温度下的电导率值，如表 14-3 所示。

表 14-3　氯化钾溶液的电导率

温度/°C \ 浓度 电导率/S/cm	1mol/L	0.1mol/L	0.01mol/L	0.02mol/L
1	0.067 13	0.007 36	0.000 800	0.001 56
2	0.068 86	0.007 57	0.000 824	0.001 612
3	0.070 61	0.007 79	0.000 848	0.001 659
4	0.072 37	0.008 00	0.000 872	0.001 705
5	0.074 14	0.008 22	0.000 896	0.001 752

续表

电导率/S/cm \ 浓度 \ 温度/°C	1mol/L	0.1mol/L	0.01mol/L	0.02mol/L
6	0.075 93	0.008 44	0.000 921	0.001 800
7	0.077 73	0.008 66	0.000 945	0.001 848
8	0.079 54	0.008 88	0.000 970	0.001 896
9	0.081 36	0.009 11	0.000 995	0.001 954
10	0.083 16	0.009 33	0.001 020	0.001 934
11	0.085 04	0.009 56	0.001 045	0.002 043
12	0.086 87	0.009 79	0.001 017	0.002 093
13	0.088 76	0.010 02	0.001 095	0.002 142
14	0.090 63	0.010 25	0.001 121	0.002 193
15	0.092 50	0.010 48	0.001 147	0.002 243
16	0.094 41	0.010 72	0.001 173	0.002 294
17	0.096 31	0.010 95	0.001 199	0.002 345
18	0.098 22	0.011 19	0.001 225	0.002 397
19	0.100 14	0.011 43	0.001 251	0.002 449
20	0.102 07	0.011 67	0.001 278	0.002 501
21	0.104 00	0.011 91	0.001 305	0.002 553
22	0.105 54	0.012 15	0.001 332	0.002 606
23	0.107 89	0.012 39	0.001 359	0.002 659
24	0.109 84	0.012 64	0.001 386	0.002 712
25	0.111 80	0.012 88	0.001 313	0.002 765
26	0.113 77	0.013 18	0.001 441	0.002 819
27	0.115 74	0.013 37	0.001 468	0.002 873
28		0.013 62	0.001 406	0.002 927
29		0.013 87	0.001 524	0.002 981
30		0.014 12	0.001 552	0.003 036
31		0.014 37	0.001 581	0.003 091
32		0.014 62	0.001 609	0.003 146
33		0.014 88	0.001 638	0.003 201
34		0.015 13	0.001 667	0.003 256
35		0.015 39		0.003 312
36		0.015 64		0.003 368

③ 一般情况下，电导率只在仪器第一次使用时标定，以后可直接测量，不必重复标定，但必须保证前面板"COND"校准钮不动。

浊度 TURB 标定

将测量开关置于"TURB"档。

根据需要选择下述两种方法之一进行标定。

- 比浊法

① 此法适用于水体浊度在 0mg/L～100mg/L 的范围。

配制 50mL 浊度标准液 C_1；

配制标液 C_1 应与样液浊度 C_2 相近（如样液浊度为 100mg/L 以下时，则 C_1 应配制 100mg/L）。

② 将浊度传感器放入蒸馏水中，调节前面板"TURB"校准钮，使表针指向右边零点。

③ 取出传感器轻轻甩净水后，放入 C_1 浊度标准液中，读取表头上面一条线，记下 C_1 标液的吸光度 A_1，此时比浊法标定完毕。

- 差示比浊法

① 此法适用于水体浊度在 100mg/L 以上的测量。

② 配制校准用标液 C_0：

样液浊度在 100mg/L～200mg/L 之间时，C_0 应配制 100mg/L。

样液浊度在 200mg/L～300mg/L 之间时，C_0 应配制 200mg/L。

样液浊度在 300mg/L～400mg/L 之间时，C_0 应配制 300mg/L。

③ 配制浊度标准液 C_1：

C_1 浊度应尽量接近于水样液浊度。

例如，估测样液浊度为 150mg/L，则应配制 C_1 为 180mg/L～200mg/L。

④ 浊度传感器放入标液 C_0 中，调节前面板"TURB"校准钮，使表针指向右边零点。

⑤ 取出传感器，用蒸馏水冲洗甩净后，放入 C_1 浊度标准液中，读取表头上面一条线，记下 C_1 标液的吸光度 A_1，此时差示比浊法标定完毕。

注意

标定结束后应尽快进行测量，所有旋钮不应再动。

C_1 和 C_0 用浊度标准贮备液配制。

3. 测量

完成上述标定操作后，装上控头护罩，将头轻轻放入水中（或样液中），注意浸在水中的部分不要超过规定的入水线，测量顺序应为：浊度→电导率→溶解氧→pH→温度。

（1）浊度

测量开关不动，将电极在水中轻轻晃动，待表针稳定后，读取表头上面的一条线，记下样液的吸光度 A_2。

不同测量方法的计算方法表示如下。

比浊法应根据下式计算测量结果：

$$C_2 = \frac{A_2 \cdot C_1}{A_1}$$

差示比浊法应根据下式计算测量结果：

$$C_2 = C_0 + \frac{A_2 \cdot (C_1 - C_0)}{A_1}$$

式中，C_0 为校零点用标液。

（2）电导率

将测数开关拨到"COND"档。

电导率在一种量程标定后，测量过程中换量程不必重新标定。

测量电导率时，后面板量程开关应从高量程（X100档）向低量程转换，使表头指针尽量接近右边满度，以得到较精确的读数。

（3）溶解氧

将测量开关拨至"DO"档。

测量溶解氧时，应将电极在水中轻轻来回晃动以增加电极反应速度，待读数稳定后记下溶解氧值。

测量溶解氧时，传感器放入水中有时会打表，这是正常现象，稍等片刻就会指向正常值。

（4）pH

将测量开关拨至"pH"档，轻轻晃动电极，待读数稳定后，读取pH值。

（5）温度

将测量开关拨到"T℃"档，读取T℃值，测量温度时，传感器响应很快，等待稳定时间不必过长。至此一次测量完毕，如连续测量，应将电极用蒸馏水冲洗干净，再测量一个样液。

测量结束后将测量开关置于"T℃"档，关掉后面板电源开关，反复冲洗电极，并擦干待用。

14.2　氨氮的测定

氨氮的测定方法，通常有纳氏试剂比色法、苯酚-次氯酸盐（或水杨酸-氯酸盐）比色法和电极法等。纳氏试剂比色法具有操作简单、灵敏等特点，但钙、镁、铁等金属离子、硫化物、醛、酮类，以及水中色度和浑浊等干扰测定，需要相应的预处理。苯酚-次氯酸盐比色法具灵敏、稳定等优点，干扰情况和消除方法同纳氏试剂比色法。电极法通常不需要对水样进行预处理和具测量范围宽等优点。氨氮含量较高时，可采用蒸馏-酸滴定法。

下面介绍纳氏试剂比色法和电极法。

14.2.1　纳氏试剂比色法

原理

碘化汞和碘化钾的碱性溶液与氨反应生成淡红棕色胶态化合物，其色度与氨氮含量成正比，通常可在波长410nm～425nm范围内测其吸光度，计算其含量。

本法最低检出浓度为0.025mg/L（光度法），测定上限为2mg/L。采用目视比色法，最低检出浓度为0.02mg/L。水样做适当的预处理后，本法可适用于地面水、地下水、工业废水和生活污水。

仪器

1. 带氮球的定氮蒸馏装置：500mL凯氏烧瓶、氮球、直形冷凝管，如图14-1所示。
2. 分光光度计。

3．pH 计或精密试纸。

试剂

配制试剂用水均应为无氨水。

1．无氨水。

可选用下列方法之一进行配制：

（1）蒸馏法：每升蒸馏水中加 0.1mL 硫酸，在全玻璃蒸馏器中蒸馏，弃去 50mL 初馏液，接取其余馏出液于具塞磨口的玻璃瓶中，密塞保存。

（2）离子交换法：使蒸馏水通过强酸性阳离子交换树脂柱。

2．mol/L 盐酸溶液。

3．mol/L 氢氧化钠溶液。

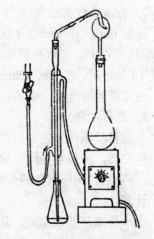

图 14-1 凯氏定氮蒸馏装置

4．轻质氧化镁：将氧化镁在 500℃下加热，以除去碳酸盐。

5．0.05%溴百里酚蓝指示液（pH=6.0～7.6）。

6．玻璃珠。

7．吸收液：硼溶液，称取 20g 硼酸溶于水，稀释至 1L，或 0.01mol/L 硫酸溶液。

8．纳氏试剂：可选择下列方法之一配制：

（1）称取 20g 碘化钾溶于约 25mL 水中，边搅拌边分次少量加入二氯化汞（$HgCl_2$）结晶粉末（约 10g），至出现朱红色沉淀不易溶解时，改为滴加饱和二氯化汞溶液，并充分搅拌，当出现微量朱红色沉淀不再溶解时，停止滴加氯化汞溶液。

另称取 60g 氢氧化钾溶于水，并稀释至 250mL，冷却至室温后，将上述溶液徐徐注入氢氧化钾溶液中，用水稀释至 400mL，混匀。静置过夜，将上清液移入聚乙烯瓶中，密塞保存。

（2）称取 16g 氢氧化钠，溶于 50mL 水中，充分冷却至室温。

另称取 7g 碘化钾和碘化汞（HgI_2）溶于水，然后将此溶液在搅拌下徐徐注入氢氧化钠溶液中。用水稀释至 100mL，贮于聚乙烯瓶中，密塞保存。

9．酒石酸钾钠溶液：称取 50g 酒石酸钾钠（$KNaC_4H_4O_6 \cdot 4H_2O$）溶于 100mL 水中，加热煮沸以除去氨。放冷，定容至 100mL。

10．铵标准贮备溶液：称取 3.819g 经 100℃干燥过的氯化铵（NH_4Cl）溶于水中，移入 1 000mL 容量瓶中，稀释至标线。此溶液每毫升含 1.00mg 氨氮。

11．铵标准使用溶液：移取 5.00mL 铵标准贮备液于 500mL 容量瓶中，用水稀释至标线。此溶液每毫升含 0.010 0mg 氨氮。

测定步骤

1．水样预处理。

取 250mL 水样（如氨氮含量较高，可取适量并加水至 250mL，使氨氮含量不超过 2.5mg），移入凯氏烧瓶中，加数滴溴百里酚蓝指示液，用氢氧化钠溶液或盐酸溶液调节 pH=7 左右。加入 0.25g 轻质氧化镁和数粒玻璃珠，立即连接氮球和冷凝管，导管下端插入吸收液液面下。加热蒸馏，至馏出液达 200mL 时，停止蒸馏。定容于 250mL。

2．标准曲线的绘制。

吸取 0mL、0.50mL、1.00mL、3.00mL、5.00mL、7.00mL 和 10.00mL 铵标准使用液滴于 50mL 比色管中，加水至标线，加 1.0mL 酒石酸钾钠溶液，混匀。加 1.5mL 纳氏试剂，混匀。放置 10 分钟后，在波长 420nm 处，用光程 10mm 比色皿，以零浓度溶液为参比，测定吸光度。

由测得的吸光度，绘制以氨氮含量（mg）对吸光度的标准曲线。

3．水样的测定。

取适量经蒸馏预处理后的馏出液，加入 50mL 比色管中，加一定量 1mol/L 氢氧化钠溶液以中和硼酸，稀释至标线。加 1.0mL 酒石酸钾钠溶液，混匀。加 1.5mL 纳氏试剂，混匀。放置 10 分钟后，同标准曲线步骤测量吸光度。

计算

由水样测得的吸光度，从标准曲线上查得氨氮含量（mg）。

$$氨氮（N，mg/L）= \frac{m}{v} \times 1000$$

式中，m 为由校准曲线查得的氨氮量（mg）；v 为水样体积（mL）。

注意事项

1．纳氏试剂中碘化汞与碘化钾的比例，对显色反应的灵敏度有较大影响。静置后生成的沉淀应除去。

2．滤纸中常含恒量铵盐，使用时注意用无氨水洗涤。所用玻璃器皿应避免实验室空气中氨的沾污。

14.2.2 电极法

原理

氨气敏电极为一复合电极，是以 pH 玻璃电极为指示电极，银-氯化银电极为参比电极。此电极置于盛有 0.1mol/L 氯化铵内充液的塑料套管中，管端紧贴指示电极敏感膜处装有疏水半渗透薄膜，使内电解液与外部试液隔开，半透膜与 pH 玻璃电极间有一层很薄的液膜，当水样中加入强碱溶液将 pH 提高到 11 以上，使铵盐转化为氨，生成的氨由于扩散作用而通过半透膜（水和其他离子则不能通过），使氯化铵电解质液膜层内 $NH_4^+ \rightleftharpoons NH_3 + H^+$ 的反应向左移动，引起氢离子浓度改变，由 pH 玻璃电极测得其变化。在恒定的离子强度下，测得的电动势与水样中氨氮浓度的对数呈一定的线性关系。由此，可从测得的电位值确定样品中氨氮的含量。

挥发性氨产生正干扰；汞和银因同氨铬合力强而有干扰；高浓度溶解离子影响测定。

该方法可用于测定饮用水、地面水、生活污水及工业废水中氨氮的含量。色度和浊度对测定没有影响，水样不必进行预蒸馏。标准溶液和水样的温度应相同，含有溶解物质的总浓度也要大致相同。

该方法的最低检出浓度为 0.03mg/L 氨氮；测定上限为 1 400mg/L 氨氮。

仪器

1．离子活度计或带扩展毫伏的 pH 计。

2．氨气敏电极。

3．电磁搅拌器。

试剂

所有试剂均用无氨水配制。

1. 铵标准贮备液：同纳氏试剂比色法试剂 10。
2. 100.0mg/L、10.0mg/L、1.0mg/L、0.1mg/L 的铵标准使用液：用铵标准贮备液稀释配制。
3. 电极内充液：0.1mol 氯化铵溶液。
4. 5mol/L 氢氧化钠（内含 EDTA 二钠盐 0.5mol/L）混合溶液。

测定步骤

1. 仪器和电极的准备：按使用说明书进行，调试仪器。
2. 标准曲线的绘制：吸取 10.00mL 浓度为 0.1mg/L、1.0mg/L、10.0mg/L、100.0mg/L、1 000.0mg/L 的铵标准溶液滴入 25mL 小烧杯中，浸入电极后加入 1.0mL 氢氧化钠溶液，在搅拌下，读取稳定的电位值（1 分钟内变化不超过毫伏时，即可读数）。在半对数坐标线上绘制 E-lgc 的标准曲线。
3. 水样的测定：吸取 10.00mL 水样，以下步骤与标准曲线绘制相同。由测得的电位值，在标准曲线上直接查得水样中的氨氮含量（mg/L）。

注意事项

1. 绘制标准曲线时，可以根据水样中氨氮含量，自行取舍三或四个标准点。
2. 实验过程中，应避免由于搅拌器发热而引起被测溶液温度上升，影响电位值的测定。
3. 当水样酸性较大时，应先用碱液调至中性后，再加离子强度调节液进行测定。
4. 水样不要加氯化汞保存。
5. 搅拌速度应适当，不可使其形成涡流，避免在电极处产生气泡。
6. 水样中盐类含量过高时，将影响测定结果。必要时，应在标准溶液中加入相同量的盐类，以消除误差。

14.3　化学需氧量的测定

14.3.1　重铬酸钾法（COD_{Cr}）

原理

在强酸性溶液中，准确加入过量的重铬酸钾标准溶液，加热回流，将水样中还原性物质（主要是有机物）氧化，过量的重铬酸钾以试亚铁灵作指示剂，用硫酸亚铁铵标准溶液回滴，根据所消耗的重铬酸钾标准溶液量计算水样化学需氧量。

仪器

1. 500mL 全玻璃回流装置。
2. 加热装置（电炉）。
3. 25mL 或 50mL 酸式滴式管、锥形瓶、移液管、容量瓶等。

试剂

1. 重铬酸钾标准溶液（$C_{1/6K_2Cr_2O_2} = 0.25$ mol/L）：称取预先在 120℃烘干 2h 的基准或优质纯重铬酸钾 12.258g 溶于水中，移入 1 000mL 容量瓶，稀释至标线，摇匀。

2．试亚铁灵指示液：称取 1.485g 邻菲啰啉（$C_{12}H_8N_2 \cdot H_2O$）、0.695g 硫酸亚铁（$FeSO_4 \cdot 7H_2O$）溶于水中，稀释至 100mL，贮于棕色瓶内。

3. 硫酸亚铁铵标准溶液[$C_{(NH_4)_2Fe(SO_4)_2 \cdot 6H_2O} \approx 0.1$mol/L]：称取 39.5g 硫酸亚铁铵溶于水中，边搅拌边缓慢加入 20mL 浓硫酸，冷却后移入 1 000mL 容量瓶中，加水稀释至标线，摇匀。临用前，用重铬酸钾标准溶液标定。

标定方法：准确吸取 10.00mL 重铬酸钾标准溶液于 500mL 锥形瓶中，加水稀释至 110mL 左右，缓慢加入 30mL 浓硫酸，混匀。冷却后，加入 3 滴试亚铁灵指示液（约 0.15mL），用硫酸亚铁铵溶液滴定，溶液的颜色由黄色经蓝绿色至红褐色为终点。

$$C = \frac{0.25 \times 10.00}{V}$$

式中，C 为硫酸亚铁铵标准溶液的浓度（mol/L）；V 为硫酸亚铁铵标准溶液的用量（mL）。

4. 硫酸-硫酸银溶液：于 500mL 浓硫酸中加入 5g 硫酸银。放置 1～2 天，不时摇动使其溶解。

5. 硫酸汞：结晶或粉末。

以上试剂配制用水均为重蒸水。

测定步骤

1. 取 20.00mL 混合均匀的水样（或适量水样稀释至 20.00mL）置于 250mL 磨口的回流锥形瓶中，准确加入 10.00mL 重铬酸钾标准溶液及数粒小玻璃珠或沸石，连接磨口冷凝管，从冷凝管上口慢慢地加入 30mL 硫酸-硫酸银溶液，轻轻摇动锥形瓶使溶液混匀，加热回流 2h（自开始沸腾时计时）。

对于化学需氧量高的废水样，可先取上述操作所需体积 1/10 的废水样和试剂于 15mm×150mm 硬质玻璃试管中，摇匀，加热后观察是否成绿色，如溶液显绿色再适当减少废水取样量，直至溶液不变绿色为止，从而确定废水样分析时应取用的体积。稀释时，所取废水样量不少于 5mL，如果化学需氧量很高，则废水样应多次稀释。废水中氯离子含量超过 30mg/L 时，应先把 0.4g 硫酸汞加入回流锥形瓶中，再加 20.00mL 废水（或适量废水稀释至 20.00mL），摇匀。

2. 冷却后，用 90mL 重蒸水冲洗冷凝管壁，取下锥形瓶。溶液总体积不少于 130mL，否则因酸度太大，滴定终点不明显。

3. 溶液再度冷却后，加 3 滴试亚铁灵指示液，用硫酸亚铁标准溶液滴定，溶液的颜色由黄色经蓝绿色至红褐色即为终点，记录硫酸亚铁铵标准溶液的用量（V_1）。

4. 测定水样的同时，取 20.00mL 重蒸馏水，按同样操作步骤做空白试验。记录滴定空白时硫酸亚铁铵标准溶液的用量（V_0）。

计算

$$\text{COD}_{Cr}(O_2, \text{mg}/L) = \frac{(V_0 - V_1) \cdot C \times 8 \times 1\,000}{V}$$

式中，C 为硫酸亚铁铵标准溶液的浓度（mol/L）；V_0 为滴定空白时硫酸亚铁铵标准溶液用量（mL）；V_1 为滴定水样时硫酸亚铁铵标准溶液的用量（mL）；V 为水样的体积（mL）；8 为氧（$\frac{1}{2}O$）摩尔质量（g/mol）。

注意事项

1. 使用 0.4g 硫酸汞络合氯离子的最高量可达 40mg，如取用 20.00mL 水样，即最高可络合 2 000mg/L 氯离子浓度的水样。若氯离子的浓度较低，也可少加硫酸汞，使保持硫酸汞:氯离子=10:1（W/W）。若出现少量氯化汞沉淀，并不影响测定。

2. 水样取用体积可在 10.00mL～50.00mL 范围内，但试剂用量及浓度需按表 14-4 进行相应调整，也可得到满意的结果。

表 14-4 水样取用量和试剂用量表

水样体积/mL	K_2CrO_7/mL	H_2SO_4-Ag_2SO_4 溶液/mL	$HgSO_4$/g	$(NH)_2Fe(SO_4)_2$/mol/L	滴定前总体积/mL
10.0	5.0	15	0.2	0.050	70
20.0	10.0	30	0.4	0.100	130
30.0	15.0	45	0.6	0.150	210
40.0	20.0	60	0.8	0.200	280
50.0	25.0	75	1.0	0.250	350

3. 对于化学需氧量小于 50mg/L 的水样，应改用 0.025mol/L 重铬酸钾标准溶液。回滴时用 0.01mol/L 硫酸亚铁铵标准溶液。

4. 水样加热回流后，溶液中重铬酸钾剩余量应为加入量的 1/5～4/5 为宜。

5. 用邻苯二甲酸氢钾标准溶液检查试剂的质量和操作技术时，由于每克邻苯二甲酸氢钾的理论 COD_{Cr} 为 1.176，所以溶解 0.425 1g 邻苯二甲酸氢钾（$HOOCC_6H_4COOK$）于重蒸馏水中，转入 1 000mL 容量瓶，用重蒸馏水稀释至标线，使之成为 500mg/L 的 COD_{Cr} 标准溶液。用时新配。

6. COD_{Cr} 的测定结果应保留三位有效数字。

7. 每次实验时，液压对硫酸亚铁铵标准滴定溶液进行标定，室温较高时尤其注意其浓度的变化。

14.3.2 库仑滴定法

原理

水样以重铬酸钾为氧化剂，在 10.2mol/L 硫酸介质中回流氧化后，过量的重铬酸钾用电解产生的亚铁离子作为库仑滴定剂，进行库仑滴定。根据电解产生亚铁离子所消耗的电量，按照法拉第定律计算水样 COD 值，即：

$$COD_{Cr}(O_2, mg/L) = \frac{Q_s - Q_m}{96\,500} \times \frac{8\,000}{V}$$

式中，Q_s 为标定与加入水样中相同量重铬酸钾溶液所消耗的电量；Q_m 为水样中过量重铬酸钾所消耗的电量；V 为水样的体积（mL）。

此法简便、快速、试剂用量少，简化了用标准溶液标定标准滴定溶液的步骤，缩短了回流时间，尤其适合工矿企业的工业废水控制分析。但由于其氧化条件与重铬酸钾法不完全一致，必要时，应与重铬酸钾法测定结果进行核对。

仪器

1．化学需氧量测定仪。

2．滴定池：150mL 锥形瓶。

3．电极：发生电极面积为 780mm² 铂片。对电极用铂丝做成，置于底部为垂熔玻璃的玻璃管（内充 3mol/L 的硫酸）中。指示电极面积为 300mm² 铂片。参比电极为直径 1mm 钨丝，也置于底部为垂熔玻璃的玻璃管（内充饱和硫酸钾溶液）中。

4．电磁搅拌器、搅拌子。

5．回流装置：34#标准磨口 150mL 锥形瓶的回流装置，回流冷凝管长度为 120mm。

6．电炉（300W）。

7．定时钟。

试剂

1．重蒸馏水：于蒸馏水中加入少量高锰酸钾进行重蒸馏。

2．重铬酸钾溶液（$C_{1/6 K_2Cr_2O_7} = 0.050 mol/L$）：称取 2.5g 硫酸钾溶于 1 000mL 重蒸馏水中，摇匀备用。

3．硫酸-硫酸银溶液：于 500mL 浓硫酸中加入 5g 硫酸银，使其溶解，摇匀。

4．硫酸铁溶液（$C_{1/2 Fe_2(SO_4)_3} = 1 mol/L$）：称取 200g 硫酸铁溶于 1 000mL 重蒸馏水中，混匀。若有沉淀物，需过滤除去。

5．硫酸汞溶液：称取 4g 硫酸汞置于 50mL 烧杯中，加入 20mL 的 3mol/L 硫酸，稍加热使其溶解，移入滴瓶中。

测定步骤

1．标定值的测定。

（1）吸取 12.00mL 重蒸馏水置于锥形瓶中，加 1.00mL 的 0.05mol/L 重铬酸钾溶液，慢慢加入 17mL 硫酸-硫酸银溶液，混匀。放入 2~3 粒玻璃珠，加热回流。

（2）回流 15 分钟后，停止加热，用隔热板将锥形瓶与电炉隔开，稍冷，由冷凝管上端加入 33mL 重蒸馏水。

（3）取下锥形瓶，置于冷水中冷却，加 1mol/L 的硫酸铁溶液 7mL，摇匀，继续冷却至室温。

（4）放入搅拌子，插入电极，开动搅拌器，撤下标定开关，进行库仑滴定。仪器自动控制终点并显示重铬酸钾相对应的 COD 标定值。将此值存入仪器的拨码盘中。

2．水样的测定。

（1）COD 值小于 20mg/L 的水样。

① 准确吸取 10.00mL 水样置于锥形瓶中，加入 1~2 滴硫酸汞溶液和 1.00mL 的 0.05mol/L 重铬酸钾溶液，加入 17mL 硫酸-硫酸银溶液，混匀。加 2~3 粒玻璃珠，加热回流，以下操作

按照"标定值的测定（2）、（3）"进行。

② 放入搅拌子，插入电极并开动搅拌器，揿下测定开关，进行库仑滴定，仪器直接显示水样的 COD 值。

如果水样氯离子含量度较高，可以少取水样，用重蒸馏水稀释至 10mL，测得该水样的 COD 值为：

$$COD_{Cr}(O_2, \ mg/L) = \frac{10}{V} \times COD$$

式中，V 为水样的体积（mL）；COD 为仪器 COD 读数（mg/L）。

（2）COD 值大于 20mg/L 的水样。

① 吸取 10.00mL 重蒸馏水置于锥形瓶中，加入 1～2 滴硫酸汞溶液和 3.00mL 的 0.05mol/L 重铬酸钾溶液，慢慢加入 17mL 硫酸-硫酸银溶液，混匀。放入 2～3 粒玻璃珠，加热回流。以下操作按"标定值的测定（2）、（3）、（4）"进行标定。

② 准确吸取 10.00mL 水样（或酌量少取，加水至 10mL）置于锥形瓶中，加入 1～2 滴硫酸汞溶液及 0.05mol/L 重铬酸钾溶液 3.00mL，再加 17mL 硫酸-硫酸银溶液，混匀，加入 2～3 粒玻璃珠，加热回流。以下操作按 COD 小于 20mg/L 的水样测定步骤②进行。

注意事项

1. 浑浊及悬浮物较多的水样，要特别注意取样的均匀性，否则会带来较大的误差。
2. 当铂电极沾污时，可将其浸入 2mol/L 氨水中浸洗片刻，然后用重蒸水洗净。
3. 切勿用去离子水配制试剂和稀释水样。
4. 对于不同型号的 COD 测定仪，应按照仪器使用说明书进行操作。

14.4 五日生化需氧量的测定（微机 BOD_5 测定法）

14.4.1 基本原理

生化需氧量是指在特定条件下，通过水中需氧量微生物的繁殖和呼吸作用，分解水中有机物质所消耗或所需要的溶解氧量。水中的 BOD_5 值通常以样品在 20℃ 放置 5 天所消耗溶解氧的量（mg/L）表示，记为"BOD_5"。

14.4.2 测定原理

放大器置于培养箱内，并按预先选择的量程及测量范围，量定体积的水样倒入培养瓶，放在放大器上连续搅拌。培养箱内的温度控制在 19℃～21℃，水样恒温后进行五日培养。培养瓶中必须保证足够的溶解氧。样品中的有机物经过生物氧化作用，转变为氮、碳和硫的氧化物，在这一过程中，从水样中跑出来的唯一气体 CO_2 被氢氧化钠（或氢氧化钾）吸收。因此，瓶中空气压力减少量相当于微生物所消耗的溶解氧量，这样，样品值 BOD_5 与瓶中空气压力减少的程度成正比，通过测量空气压力的变化可以得到 BOD_5 值。增加或减少所取样品的量可以增加或降低压力减少值。这样操作者无须繁杂的稀释步骤就能准确测量很宽范围的 BOD_5 值。

培养瓶中空气压力的变化是通过半导体压力传感器来进行检测的,经过信号放大和微处理机的运算处理,由六位数码显示器循环显示各样品的 BOD_5 值,并由打印机打印出数据,实验结束后可打印出完整的生化反应曲线。

14.4.3 仪器和试剂

仪器

890 型微机 BOD_5 测定仪或其他 BOD_5 测定仪。

试剂

1. 磷酸盐缓冲溶液：8.5g 磷酸二氢钾（KH_2PO_4）、21.75g 磷酸氢二钾（K_2HPO_4）、33.4g 磷酸氢二钠（$Na_2HPO_4 \cdot 7H_2O$）和 1.7g 氯化铵（NH_4Cl）溶于水中,稀释至 1 000mL。此溶液的 pH 值应为 7.2。
2. 硫酸镁溶液：将 22.5g 硫酸镁（$MgSO_4 \cdot 7H_2O$）溶于水中,稀释至 1 000mL。
3. 氯化钙溶液：将 27.5g 无水氯化钙（$CaCl_2$）溶于水,稀释至 1 000mL。
4. 氯化铁溶液：将 0.25g 氯化铁（$FeCl_3 \cdot 6H_2O$）溶于水,稀释至 1 000mL。

14.4.4 测定步骤

接种

BOD_5 实验要求水样含有供生物氧化的有机物和适量的氧化有机物的需氧细菌,以及吞食有机物和增进需氧细菌生长的其他微生物。如果水样中根本没有或几乎没有这类微生物,就必须对水样按一定比例加入这类微生物溶液,这个过程称为接种。与生活污水不同,工业废水可能不含足够量的细菌以供样品中所含有机物的完全生化分解,如果所测定的样品就是这种废水,应加入接种溶液。

用于接种的溶液为 20℃放置 24h～36h 的未经处理的新鲜生活污水的上清液。若要使用以前测定过的水样作为接种液应经滤纸过滤,这种滤液在冷藏（约 20℃）避光的条件下保存,一般在 2 个月内有效。

将准备测定的样品放入培养瓶中,使用吸管将 2～5 滴接种液加入到样品中（根据样品量）。

注意：当使用上述方法接种时,不必校正接种的 BOD_5 读数。因为所加入接种的量相对水样量来说实在太少了,以至于不影响 BOD_5 的读数。如果上述方法未能引起水样中有机物的生物分解,可增加所加入接种液的量。如果由于接种液的加入影响了 BOD_5 读数,可将接种液与样品同时实验进行平行样测定。

接种量常取 1%、5%、10% 3 种。

当 BOD_5 值在 1 000mg/L 以下,含有足够的需氧微生物的样品,则不需接种。

测量

将水样放在烧杯（1 000mL 或 2 000mL）中,按每升水样各加入 4 种无机盐各 1mL。放入培养箱中放大器上搅拌恒温 2h～3h,用适当浓度的氢氧化钠或硫酸调节 pH 值为 6.7～7.5（最佳 pH 值为 7.2）。用量筒按确定好的取样量量取水样倒入培养瓶中,取样量可参照仪器说明书。

培养瓶中放入搅拌子,放在培养箱中仪器放大器相应位置上,按仪器说明书操作。实验开始五日后读数可作为样品的 BOD_5 值。

注意事项

1. 应严格控制水样的 pH 值,否则水样的 BOD_5 读数可能会低于实际值。
2. 采样时样品温度不足或超过 20℃,可将样品放在培养箱中恒温。

14.5 尿液中氟化物的测定(氟离子选择电极法)

原理

将氟离子选择电极和外参比电极(如甘汞电极)浸入欲测含氟溶液,构成原电池。该原电池的电动势与氟离子活度的对数呈线性关系,故通过测量电极与已知 F^- 浓度溶液组成的原电池电动势和电极与待测 F^- 浓度溶液组成的原电池电动势,即可计算出待测水样中的 F^- 浓度。常用的定量方法是标准曲线法。

对于污染严重的生活污水和工业废水,以及含氟硼酸盐的水样均要进行预蒸馏。

仪器

1. 氟离子选择性电极。
2. 饱和甘汞电极或银-氯化银电极。
3. 离子活度计或 pH 计,精确到 0.1mV。
4. 磁力搅拌器、聚乙烯或聚四氟乙烯包裹的搅拌子。
5. 聚乙烯杯:100mL、150mL。
6. 其他常用的实验设备。

试剂

所用水为去离子或无氟蒸馏水。

1. 氟化物标准贮备液:称取 0.221g 基准氟化钠(NaF)(预先于 105℃~110℃烘干 2h,冷却),用水溶解后转入 1 000mL 容量瓶中,稀释至标线,摇匀。贮存在聚乙烯瓶中。此溶液每毫升含氟离子 100μg。

2. 氟气物标准使用液:用无分度吸管吸取氟化钠标准贮备液 10.00mL,注入 100mL 容量瓶中,稀释至标线,摇匀。此溶液每毫升含氟离子 10μg。

3. 总离子强度调节缓冲液(TISAB),称取氯化钠 85g 和 3.0g 柠檬酸钠,溶于 500mL 去离子水中,加 57mL 冰乙酸,慢慢加入 6mol/L 氢氧化钠(约 120mL)直至 pH 值调至 5.0~5.5 之间,冷至室温,定容至 1 000mL。

尿样采集

一般采集晨尿和工作后的尿。为减少污染应收集排尿时的中段尿样。用洁净的聚乙烯瓶存放。100mL 尿样中加入 0.2g $EDTA-Na_2$,冷保存。

测定步骤

1. 标准曲线的绘制。

（1）分别吸取 1.00mL、2.00mL、4.00mL、6.00mL、8.00mL、10.00mL 氟标准溶液（10μg/mL）于 25mL 容量瓶中，加入 10.0mL 总离子强度调节缓冲液，用去离子水稀释至刻线，即配成 0.4μg/mL、0.8μg/mL、1.6μg/mL、2.4μg/mL、3.2μg/mL、4.0μg/mL 的氟标准系列。

（2）将上述系列溶液分别放入 50mL 小烧杯中，其中各放入一个小搅拌子。安装好仪器，将电极插入溶液，搅拌后进行测量。待电位值稳定后，记下电位值读数。测定时严格按照由稀至浓进行。

（3）以电位值为纵坐标，氟离子浓度的对数 $\lg C_F$ 为横坐标作图。最低浓度标于横坐标的起点线上。

2. 尿样测定。

吸取尿样 10.00mL 于 25mL 容量瓶中，加入 TISAB 10.00mL，用去离子水稀释至标线。将上述测定溶液移入 50mL 小烧杯中，按上述标准曲线绘制法测定其电位值（E_1）。

3. 计算。

（1）根据 E_1 从标准曲线上查出被测溶液浓度，并作比重校正，求出被测液浓度 C_x：

$$C_x(F^-,\ mg/L) = M \frac{(1.024-1.00)}{\text{尿的实测比重}-1.00}$$

式中，C_x 为待测液浓度；M 为从标准曲线上查出的相应氟的浓度（μg/mL）。

（2）根据 C_x 值计算出原始尿样中 F^- 含量（mg/L）。

说明

1. 在测量前，氟电极需用去离子水清洗使其空白电位值（在去离子水中）小于 -320mV。

2. 电极从插入溶液到读数需经一定的时间，待电位稳定后方可读数，溶液浓度越低，电位达到稳定所需的时间越长。

3. 尿样中加入 EDTA-Na_2 可消除阳离子（尤其是 Ca^{2+} …）与 F^- 络合而产生的负干扰。

14.6 废液中酚类的测定（气相色谱法）

本法适用于含酚浓度为 1mg/L 以上废水中简单酚类组分的分析，其中难分离的异构体及多元酚的分析，可以通过选择其他固定液或配合衍生化技术得以解决。

原理

酚类化合物对以聚乙二醇和对苯二甲酸为固定液有较好的响应。色谱峰面积的大小与酚类浓度的大小有关，故根据标准样品及待测样品的色谱峰面积可确定酚类的浓度。

仪器

气相色谱仪。

试剂

1. 载气：高纯度的氮气。

2．氢气：高纯度的氢气。

3．水：要求无酚高纯水，可用离子交换树脂及活性炭处理，在色谱仪上检查无杂质峰。

4．酚类化合物：苯酚、邻二甲酚、对二甲酚、邻二氯酚、间二氯酚、对二氯酚等 1～5 种二氯酚，1～6 种二甲酚等。以上均为基准试剂或光谱纯。

色谱条件

1．固定液：5%聚乙二醇+1%对苯二甲酸（减尾剂）。

2．担体：101 酸洗硅烷化白色担体，或 ChromosorbW（酸洗、硅烷化），60～80 目。

3．色谱柱：柱长 1.2m～3m，内径 3mm～4mm。

4．柱温：114℃～118℃。

5．检测器：氢火焰检测器，温度 250℃。

6．气化温度：300℃。

7．载气：N_2，流速 20mL/min～30mL/min。

8．氢气：流速 25mL/min～30mL/min。

9．空气：流速 500mL/min。

10．记录纸速度：300mm/h～400mm/h。

测定步骤

1．标准溶液的配制：配单一标准溶液及混合标准溶液，先配制每种组分的浓度为 1 000.0mg/L，然后再稀释配成 100.0mg/L、10.0mg/L、1.0mg/L 3 种浓度；混合标准溶液中各组分的浓度，分别为 100.0mg/L、10.0mg/L、1.0mg/L。

2．色谱柱的处理：在 180℃～190℃的条件下（通载气 20mL/min～40mL/min），预处理 16h～20h。

3．保留时间的测定：在相同的色谱条件下，分别将单一组分标准溶液注入，测定每种组分的保留时间，并求出每种组分对苯酚的相对保留时间（以苯酚为 1），以此作出定性的依据。

4．响应值的测定：在相同的浓度范围和相同色谱条件下，注入混合标准溶液测出每种组分的色谱峰面积，然后求出每种组分的响应值及每种组分对苯酚响应值比率，公式如下：

$$响应值 = \frac{某组分的浓度（mg/L）}{某组分的峰面积（mm^2）}$$

$$响应值比率 = \frac{某组分的浓度（mg/L）}{某组分的峰面积（mm^2）} \div \frac{苯酚浓度}{苯酚峰面积}$$

5．水样的测定：根据预先选择好的进样量及同标准溶液相同色谱条件下，重复注入试样 3 次，求得每种组分的平均峰面积。

$$C_i（mg/L） = A_i \times \frac{C_{酚}}{A_{酚}} \times K_i$$

式中，C_i 为待测组分 i 的浓度（mg/L）；A_i 为待测组分 i 的峰面积（mm^2）；$C_{酚}$ 为苯酚的浓度（mg/L）；$A_{酚}$ 为苯酚的峰面积（mm^2）；K_i 为组分 i 的响应值比率。

14.7 大气中 SO_2 的测定
（盐酸副玫瑰苯胺分光光度法）

原理

大气中的 SO_2 被四氯汞钾溶液吸收后，生成稳定的二氯亚硫酸盐络合物，此络合物再与甲醛及盐酸副玫瑰苯胺发生反应，生成紫红色的络合物，据其颜色深浅，用分光光度法测定。按照所用的盐酸副玫瑰苯胺使用液含磷酸的多少，分为两种操作方法。方法一：含磷酸量少，最后溶液的 pH 值为 1.5~1.7；方法二：含磷酸量多，最后溶液的 pH 值为 1.1~1.3，是我国暂选为环境监测系统的标准方法。

本实验采用方法二测定。

仪器

1. 多孔玻板吸收管（用于短时间采样）；多孔玻板吸收瓶（用于24h采样）。
2. 空气采样器：流量 0L/min～1L/min。
3. 分光光度计。

试剂

1. 0.04mol/L 四氯汞钾吸收液：称取 10.9g 氯化汞（$HgCl_2$）、6.0g 氯化钾和 0.07g 乙二胺四乙酸二钠盐（EDTA-Na_2）溶解于水，稀释至 1 000mL。此溶液在密闭容器中储存，可稳定 6 个月。如发现有沉淀，不能再用。

2. 2.0g/L 甲醛溶液：量取 36%～38%甲醛溶液 1.1mL，用水稀释至 200mL。临用现配。

3. 6.0g/L 氨基磺酸铵溶液：称取 0.60g 氨基磺酸铵（$H_2NSO_3NH_4$），溶解于 100mL 水中，临用现配。

4. 碘贮备液（$C_{1/2I_2} = 0.10$mol/L）：称取 12.7g 碘置于烧杯中，加入 40g 碘化钾和 25mL 水，搅拌至全部溶解后，用水稀释至 1 000mL，贮于棕色试剂瓶中。

5. 碘使用液（$C_{1/2I_2} = 0.01$mol/L）：量取 50mL 碘贮备液，用水稀释至 500mL，贮于棕色试剂瓶中。

6. 2g/L 淀粉指示剂：称取 0.20g 可溶性淀粉，用少量水调成糊状，慢慢倒入 100mL 沸水中，继续煮沸直至溶液澄清，冷却后贮于试剂瓶中。

7. 碘酸钾标准溶液（$C_{1/6KIO_3} = 0.10$mol/L）：称取 3.566 8g 碘酸钾（KIO_3，优级纯，110℃烘干 2h），溶解于水，移入 1 000mL 容量瓶中，用水稀释至标线。

8. 盐酸溶液（$C_{HCl} = 1.2$mol/L）：量取 100mL 浓盐酸，用水稀释至 1 000mL。

9. 硫代硫酸钠贮备液（$C_{Na_2S_2O_3} \approx 0.1$mol/L）：称取 25g 硫代硫酸钠（$Na_2S_2O_3 \cdot 5H_2O$），溶解于 1 000mL 新煮沸并已冷却的水中，加 0.20g 无水碳酸钠，贮于棕色瓶中，放置一周后标定其浓度。若溶液呈现浑浊时，应该过滤。

标定方法：吸取碘酸钾标准溶液 25.00mL，置于 250mL 碘量瓶中，加 70mL 新煮沸并已冷却的水，加 1.0g 碘化钾，振荡至完全溶解后，再加 1.2mol/L 盐酸溶液 10.0mL，立即盖好瓶塞，混匀。在暗处放置 5 分钟后，用硫代硫酸钠溶液滴定至淡黄色，加淀粉指示剂 5mL，继续滴定至蓝色刚好消失。按下式计算硫代硫酸钠溶液的浓度：

$$C = \frac{25.00 \times 0.10}{V}$$

式中，C 为硫代酸钠溶液浓度（mol/L）；V 为消耗硫代硫酸钠溶液的体积（mL）。

10. 硫代硫酸钠标准溶液：取 50.00mL 硫代硫酸钠贮备液置于 500mL 容量瓶中，用新煮沸并已冷却的水稀释至标线，计算其准确浓度。

11. 亚硫酸钠标准溶液：称取 0.20g 亚硫酸钠（Na_2SO_3）及 0.01g 乙二胺四乙酸二钠，将其溶解于 200mL 新煮沸并已冷却的水中，轻轻摇匀（避免振荡，以防充氧）。放置 2h～3h 后标定。此溶液每毫升相当于含 320μg～400μg SO_2。

标定方法：取 4 个 250mL 碘量瓶（A_1、A_2、B_1、B_2），分别加入 0.01mol/L 碘溶液 50.00mL。在 A_1、A_2 瓶内各加 25mL 水，在 B_1 瓶内加入 25.00mL 亚硫酸钠标准溶液，盖好瓶塞。立即吸取 2.00mL 亚硫酸钠标准溶液于已加有 40mL～50mL 四氯汞钾溶液的 100mL 容量瓶中，使其生成稳定的二氯亚硫酸盐络合物。再吸取 25.00mL 亚硫酸钠标准溶液置于 B_2 瓶内，盖好瓶塞。然后用四氯汞钾吸收液将 100mL 容量瓶中的溶液稀释至标线。

A_1、A_2、B_1、B_2 4 瓶于暗处放置 5 分钟后，用 0.01mol/L 硫代硫酸钠标准溶液滴定至浅黄色，加 5mL 淀粉指示剂，继续滴定至蓝色刚好褪去。平行滴定所用硫代硫酸钠溶液体积之差应不大于 0.05mL。

所配 100mL 容量瓶中的亚硫酸钠标准溶液相当于 SO_2 的浓度，由下式计算：

$$SO_2(\mu g/mL) = \frac{(V_0 - V) \times C \times 32.02 \times 1000}{25.00} \times \frac{2.00}{100}$$

式中，V_0 为滴定 A 瓶时所用硫代硫酸钠标准溶液体积的平均值（mL）；V 为滴定 B 瓶时所用硫代硫酸钠标准溶液体积的平均值（mL）；C 为硫代硫酸钠标准溶液的准确浓度（mol/L）；32.02 为相当于 1mmol/L 硫代硫酸钠溶液的 SO_2（$1/2\ SO_2$）的质量（mg）。

根据上式计算的 SO_2 标准溶液的浓度，再用四氯汞钾吸收液稀释成每毫升含 2.0μg SO_2 的标准溶液，此溶液用于绘制标准曲线，在冰箱中存放，可稳定 20 天。

12. 0.2%盐酸副玫瑰苯胺（PRA，即对品红）贮备液：称取 0.20g 经提纯的盐酸副玫瑰苯胺，溶解于 100mL 的 1.0mol/L 盐酸溶液中。

13. 磷酸溶液（$C_{H_3PO_4}$=3mol/L）：量取 41mL 85%浓磷酸；用水稀释至 200mL。

14. 0.016%盐酸副玫瑰苯胺使用液：吸取 0.2%盐酸副玫瑰苯胺贮备液 20.00mL 置于 250mL 容量瓶中，加 3mol/L 磷酸溶液 200mL，用水稀释至标线。至少放置 24h 方可使用。存于暗处，可稳定 9 个月。

测定步骤

1. 标准曲线的绘制：取 8 支 10mL 具塞比色管，按表 14-5 所列参数配制标准色列。

在以上各管中加入 6.0g/L 氨基磺酸铵溶液 0.50mL，摇匀。再加入 2.0g/L 甲醛溶液 0.50mL 及 0.016%盐酸副玫瑰苯胺使用液 1.50mL，摇匀。当室温为 15℃～20℃时，显色 30 分钟；室温为 20℃～25℃时，显色 20 分钟；室温为 25℃～30℃时，显色 15 分钟。用 1cm 比色皿，于 575nm 波长处，以水为参比，测定吸光度。以吸光度对 SO_2 含量（μg）绘制标准曲线，或用最小二乘法计算出回归方程。

表 14-5　绘制标准曲线的相关参数

加入溶液	色列管编号							
	0	1	2	3	4	5	6	7
2.0μg/mL 亚硫酸钠标准溶液/mL	0	0.60	1.00	1.40	1.60	1.80	2.20	2.70
四氯汞钾吸收液/mL	5.00	4.40	4.00	3.60	3.40	3.20	2.80	2.30
SO_2 含量/μg	0	1.2	2.0	2.8	3.2	3.6	4.4	5.4

2．采样。

（1）短时间采样：用内装 5mL 四氯汞钾吸收液的多孔玻璃吸收管以 0.5L/min 流量采样 10L～20L。

（2）24h 采样：测定 24h 平均浓度时，用内装 50mL 吸收液的多孔玻璃板吸收瓶以 0.2L/min 流量，10℃～16℃恒温采样。

3．样品测定：样品浑浊时，应离心分离除去，采样后样品放置 20 分钟，以使臭氧分解。

（1）短时间样品：将吸收管中吸收液全部移入 10mL 具塞比色管内，用少量水洗涤吸收管，洗涤液并入具塞比色管中，使总体积为 5mL。加 6g/L 氨基磺酸铵溶液 0.50mL，摇匀。放置 10 分钟，以除去氮氧化物的干扰。以下步骤同标准曲线的绘制。

（2）24h 样品：将采集样品后的吸收液移入 50mL 容量瓶中，用少量水洗涤吸收瓶，洗涤液并入容量瓶中，使溶液总体积为 50.0mL，摇匀。吸取适量样品溶液置于 10mL 具塞比色管中，用吸收液定容为 5.00mL。以下步骤同短时间样品测定。

计算

$$二氧化硫（SO_2, mg/m^3）= \frac{W}{V_n} \times \frac{V_t}{V_a}$$

式中，W 为测定所取样品溶液中 SO_2 含量（μg，由标准曲线查知）；V_t 为样品溶液总体积（mL）；V_a 为测定时所取样品溶液体积（mL）；V_n 为标准状态下的采样体积（L）。

注意事项

1．温度对显色影响较大，温度越高，空白值越大。温度高时显色快，褪色也快，最好用恒温水控制显色温度。

2．对品红试剂必须提纯后方可使用，否则，其中所含杂质会引起试剂空白值增高，使方法灵敏度降低。已有经提纯合格的 0.2%对品红溶液出售。

3．六价铬能使紫红色络合物褪色，产生负干扰，故应避免用硫酸-铬酸洗涤所用玻璃器皿，若已用此洗液洗过，则需用（1+1）盐酸溶液浸洗，再用水充分洗涤。

4．用过的具塞比色管及比色皿应及时用酸洗涤，否则红色难于洗净。具塞比色管用（1+4）盐酸溶液洗涤，比色皿用（1+4）盐酸加 1/3 体积乙醇混合液洗涤。

5．四氯汞钾溶液为剧毒试剂，使用时应小心，若溅到皮肤上，应立即用水冲洗。使用过的废液要集中回收处理，以免污染环境。

14.8 大气中 CO 的测定（非色散红外吸收法）

原理

CO 对以 4.5μm 为中心波段的红外辐射具有选择性吸收，在一定的浓度范围内，其吸光度与 CO 浓度呈线性关系，故根据气样的吸光度可确定 CO 的浓度。

水蒸气，悬浮颗粒物干扰 CO 的测定。测定时，气样需经硅胶、无水氯化钙过滤管除去水蒸气，经玻璃纤维滤膜除去颗粒物。

仪器

1. 非色散红外 CO 分析仪。
2. 记录仪：0mV～10mV。
3. 聚乙烯塑料采气袋、铝箔采气袋或衬铝塑料采气袋。
4. 弹簧夹。
5. 双联球。

试剂

1. 高纯氮气：99.99%。
2. 变色硅胶。
3. 无水氯化钙。
4. 霍加拉特管。
5. CO 标准气。

采样

用双联球将现场空气抽入采气袋内，洗 3～4 次，采气 500mL，夹紧进气口。

测定步骤

1. 启动和调零：开启电源开关，稳定 1h～2h，将高纯氮气连接在仪器进气口，通入氮气校准仪器零点。也可以用经霍加拉特管（加热至 90℃～100℃）净化后的空气调零。
2. 校准仪器：将 CO 标准气连接在仪器进气口，使仪表指针指示满刻度的 95%。重复 2～3 次。
3. 样品测定：将采气袋连接在仪器进气口，则样气被抽入仪器，由指示表直接指示出 CO 的浓度（ppm）。

计算

$$CO\,(mg/m^3) = 1.25C$$

式中，C 为实测空气中的 CO 浓度（ppm）；1.25 为 CO 浓度从 ppm 换算为标准状态下质量浓度的换算系数。

注意事项

1. 仪器启动后，必须预热，稳定一定时间再进行测定。仪器具体操作按仪器说明书的规定进行。
2. 空气样品应经硅胶干燥，玻璃纤维滤膜过滤后再进入仪器，以消除水蒸气和颗粒物的干扰。

3. 仪器接上记录仪，将空气连续抽入仪器，可连续监测空气中 CO 浓度的变化。

14.9 土壤中镉的测定（原子吸收分光光度法）

原理

土壤样品用 HNO_3-HF-$HClO_4$ 或 HCl-HNO_3-HF-$HClO_4$ 混酸体系消化后，将消化液直接喷入空气-乙炔火焰。在火焰中形成的 Cd 基态原子蒸汽对光源发射的特征电磁辐射产生吸收。测得试液吸光度扣除全程序空白吸光度，从标准曲线查得 Cd 含量。计算土壤中 Cd 含量。

该方法适用于高背景土壤（必要时应消除基体元素干扰）和受污染土壤中 Cd 的测定。该方法检出限范围为 0.05mg/kg～2mg/kg Cd。

仪器

1. 原子吸收分光光度计，空气-乙炔火焰原子化器，镉空心阴极灯。
2. 仪器工作条件。

测定波长：228.8nm；

通带宽度：1.3nm；

灯电流：7.5mA；

火焰类型：空气-乙炔，氧化型，蓝色火焰。

试剂

1. 盐酸：特级纯。
2. 硝酸：特级纯。
3. 氢氟酸：优级纯。
4. 高氯酸：优级纯。
5. 镉标准贮备液：称取 0.50g 金属镉粉（光谱纯），溶于 25mL（1+5）HNO_3（微热溶解）。冷却，移入 500mL 容量瓶中，用去离子水稀释并定容。此溶液每毫升含 1.0mg 镉。
6. 镉标准使用液：吸取 10mL 镉标准贮备液于 100mL 容量瓶中，用水稀至标线，摇匀备用，吸取 5mL 稀释后的标液于另一 100mL 容量瓶中，用水稀释至标线即得每毫升含 5μg 镉的标准使用液。

测定步骤

1. 土样试液的配制：准确称取 0.5g～1.0g 土样置于 25mL 聚四氟乙烯坩埚中，用少许水润湿，加入 10mL 的 HCl，在电热板上加热（<450℃消解 2h，然后加入 15mL 的 HNO_3，继续加热至溶解物剩余约 5mL 时，再加入 5mL 的 HF 并加热分解去硅化合物，最后加入 5mL 的 $HClO_4$，加热至消解物呈淡黄色时，打开盖，蒸至近干。取下冷却，加入 1mL 的（1+5）HNO_3 微热溶解残渣，移入 50mL 容量瓶中，定容。同时进行全程序试剂空白实验。
2. 标准曲线的绘制：吸取镉标准使用液 0mL、0.50mL、1.00mL、2.00mL、3.00mL、4.00mL 分别于 6 个 50mL 容量瓶中，用 0.2% HNO_3 溶液定容、摇匀。此标准系列分别含镉 0μg/mL、0.05μg/mL、0.10μg/mL、0.20μg/mL、0.30μg/mL、0.4μg/mL。测其吸光度，绘制标准曲线。
3. 样品测定：按绘制标准曲线条件测定试样溶液的吸光度，扣除全程序空白吸光度，从标准曲线上查得镉含量。

$$镉（mg/kg）= \frac{m}{W}$$

式中，m 为从标准曲线上查得的镉含量（μg）；W 为称量土样干重量（g）。

注意事项

1. 土样消化过程中，最后除 $HClO_4$ 时必须防止将溶液蒸干涸，不慎蒸干时 Fe、Al 盐可能形成难溶的氧化物而包藏镉，使结果偏低。注意：无水 $HClO_4$ 会爆炸！

2. 镉的测定波长为 228.8nm，该分析线处于紫外光区，易受光散射和分子吸收的干扰，特别是在 220.0nm～270.0nm 之间，NaCl 有强烈的分子吸收，覆盖了 228.8nm 线。另外，Ca、Mg 的分子吸收和光散射也十分强。这些因素都可造成镉的表观吸光度增大。为消除基体干扰，可在测量体系中加入适量基体改进剂,如在标准系列溶液和试样中分别加入 $0.5gLa(NO_3)_3 \cdot 6H_2O$。此法适用于测定土壤中含镉量较高和受镉污染的土壤中的镉含量。

3. 高氯酸的纯度对空白值的影响很大，直接关系到测定结果的准确度，因此必须注意全过程空白值的扣除，并尽量减少加入量以降低空白值。

14.10 环境噪声监测

测量条件

1. 天气条件要求在无雨无雪的时间，声级计应保持传声器膜片清洁，风力在三级以上必须加风罩（以避免风噪声干扰），五级以上大风应停止测量。

2. 使用仪器是 PSJ-2 型声级计或其他普通声级计，使用方法参看本章最后。

3. 手持仪器测量，传声器要求距离地面 1.2m。

测定步骤

1. 将学校（或某一地区）划分为 25m×25m 的网格，测量点选在每个网格的中心，若中心点的位置不宜测量，可移到旁边能够测量的位置。

2. 每组三人配置一台声级计，顺序到各网点测量，时间为 8:00～17:00，每一网格至少测量 4 次，时间间隔尽可能相同。

3. 读数方式用慢档，每隔 5 秒读一个瞬时 A 声级，连续读取 200 个数据，读数的同时要判断和记录附近主要噪声来源（如交通噪声、施工噪声、工厂或车间噪声、锅炉噪声……）和天气条件。

数据处理

环境噪声是随时间而起伏的无规律噪声，因此测量结果一般用统计值或等效声级来表示，本实验用等效声级表示。

将各网点每一次的测量数据（200 个）依序排列，找出 L_{10}、L_{50}、L_{90}，求出等效声级 L_{eq}，再将该网点一整天的各次 L_{eq} 值求出算术平均值，作为该网点的环境噪声评价量。

以 5dB 为一等级，如表 14-6 所示，用不同颜色或阴影线绘制学校（或某一地区）的噪声污染图。

表 14-6 噪声污染图的绘制方法

噪 声 带	颜 色	阴 影 线
35dB 以下	浅绿色	小点，低密度
36dB～40dB	绿色	中点，中密度
41dB～45dB	深绿色	大点，高密度
46dB～50dB	黄色	垂直线，低密度
51dB～55dB	褐色	垂直线，中密度
56dB～60dB	橙色	垂直线，高密度
61dB～65dB	朱红色	交叉线，低密度
66dB～70dB	洋红色	交叉线，中密度
71dB～75dB	紫红色	交叉线，高密度
76dB～80dB	蓝色	宽条垂直线
81dB～85dB	深蓝色	全黑

附：PSJ-2 型声级计使用方法

1．按下电源按钮（ON），接通电源，预热半分钟，使整机进入稳定的工作状态。

2．电池校准：分贝拨盘可在任意位置，按下电池（BAT）按钮，当表针指示超过表面所标的"BAT"刻度时，表示机内电池电能充足，整机可正常工作，否则需要更换电池。

3．整机灵敏度校准：先将分贝拨盘选择于 90dB 位置，然后按下校准"CAL"和"A"（或"C"按键），这时指针应有指示，用起子放入灵敏度校正孔进行调节，使表针指在"CAL"刻度上，此时整机灵敏度正常，可进行测量使用。

4．分贝（dB）拨盘的使用与读数法：转动分贝拨盘选择测量量程，读数时应将量程数加上表针指示数，如：当分贝（dB）拨盘选择在 90 档，而表针指示为 4dB 时，则实际读数为 90+4=94（dB）；若指针指示为-5dB 时，则读数应为 90-5=85（dB）。

5．+10dB 按钮的使用，在测试中当有瞬时大讯号出现时，为了能快速正确地进行读数，可按下+10dB 按钮，此时应按分贝拨盘和表针指示的读数再加上 10dB 作读数。如再按下+10dB 按钮后，表针指示仍超过满度，则应将分贝拨盘转动至更高一档再进行读数。

6．表面刻度：有 0.5dB 与 1dB 两种分度刻度。0 刻度以上指示为正值，长刻度为 1dB 的分度；短刻度为 0.5dB 的分度，0 刻度以下为负值。长刻度为 5dB 的分度，短刻度为 1dB 的分度。

7．计权网络：本机的计权网络有 A、C 两档，当按下 A 或 C 时，则表示测量的计权网络为 A 或 C，当不按按键时，整机不反映测试结果。

8．表头阻尼开关：当开关处于"F"位置时，表示表头为"快"的阻尼状态；当开关在"S"位置时，表示表头为"慢"的阻尼状态。

9．输出插口：可将测出的电信号送至示波器、记录仪等仪器。

参 考 文 献

[1] 林肇信，刘天齐，刘逸农．环境保护概论．北京：高等教育出版社，1999
[2] 环境科学大辞典．北京：中国环境科学出版社，1991
[3] 中国统计年鉴．北京：中国统计出版社，2000
[4] 中华环保实用手册．长沙：国防科技大学出版社，1994
[5] 何强，井文涌，王羽亭．环境学导论．北京：清华大学出版社，1987
[6] 张为民．'98中国环境统计．北京：中国统计出版社，1999
[7] 能源资源与可持续发展．北京：中国科学技术出版社，1999
[8] 地球科学与可持续发展．北京：中国科学技术出版社，1999
[9] 气象与可持续发展．北京：中国科学技术出版社，1999
[10] 刘天齐，林肇信等．环境保护概论．北京：高等教育出版社，1982
[11] 刘桐．环境学概论．北京：高等教育出版社，1995
[12] 张国泰．环境保护概论．北京：中国轻工业出版社，1998
[13] 周永康．资源与环境知识读本．北京：地质出版社，2000
[14] 张坤．环境与可持续发展（续）．北京：气象出版社，1999
[15] 关伯仁．环境科学基础教程．北京：中国环境科学出版社，1997
[16] 张坤民，马中等．可持续发展论．北京：中国环境科学出版社，1997
[17] 陆雍森．环境评价．上海：同济大学出版社，1999
[18] 王华东，张义生．环境质量评价．天津：科学技术出版社，1991
[19] 王连生．环境健康化学．北京：科学出版社，1994
[20] 叶文虎，栾胜基．环境质量评价学．北京：高等教育出版社，1994
[21] 杨承义．环境监测．天津：天津大学出版社，1992
[22] 何燧源．环境污染物分析监测．北京：化学工业出版社，2000
[23] 李玉文．环境分析与评价．哈尔滨：东北林业大学出版社，1999
[24] 国家环境保护总局，中共中央文献研究室．新时期环境保护重要文献选编．北京：中央文献出版社，中国环境科学出版社，2001
[25] 中国标准出版社第二编辑室．中国环境保护标准汇编．北京：中国标准出版社，2000
[26] 吴邦灿，费龙．现代环境监测技术．北京：中国环境科学出版社，1999
[27] 奚旦立，孙裕生，刘秀英．环境监测．北京：高等教育出版社，1995
[28] 樊祥熹．环境分析．北京：首都师范大学出版社，1995
[29] WQ-1型水质及析仪说明书．江苏：国营江苏电分析仪器厂
[30] 890型微机BOD_5测定仪使用说明书．江苏：江苏电分析仪器厂
[31] 中华人民共和国国家标准《放射防护规定》（GB 8703—88）
[32] 中华人民共和国国家标准《电磁辐射防护规定》（GB 8702—88）

[33] 刘天齐．环境保护．第 2 版．北京：化学工业出版社，2001
[34] 殷维君．环境保护基础．武汉：武汉工业大学出版社，1998
[35] 郑楚光等．温室效应及其控制对策．北京：中国电力出版社，2001
[36] 李训贵．环境与可持续发展．北京：高等教育出版社，2004
[37] 杨志峰，刘静玲等．环境科学概论．北京：高等教育出版社，2004
[38] 赵景联．环境科学导论．北京：机械工业出版社，2007
[39] [美]William P. Cunningham, Barbara Woodworth Saigo．环境科学：全球关注（上、下册）．戴树桂译．北京：科学出版社，2004
[40] 郎铁柱，钟定胜．环境保护与可持续发展．天津：天津大学出版社，2005
[41] 田京城，缪娟．环境保护与可持续发展．北京：化学工业出版社，2005
[42] 国务院法制办编．中华人民共和国环境保护法（实用版）．北京：中国法制出版社，2010
[43] 曲福田．资源与环境经济学．北京：中国农业出版社，2011
[44] 宋秀杰等．农村面源污染控制及环境保护．北京：化学工业出版社，2011
[45] 李洪远．环境生态学．北京：化学工业出版社，2012
[46] 曲向荣．环境生态学．北京：清华大学出版社，2012
[47] 李国建，赵爱华，张益．城市垃圾处理工程．北京：科学出版社，2007
[48] 胡筱敏．环境学概论．武汉：华中科技大学出版社，2010
[49] 朱蓓丽．环境工程概论．北京：科学出版社，2011